21 世纪高职高专计算机课程规划教材

# 中文 AutoCAD 2008 基础教程

郭 秦　主编

西北工业大学出版社

【内容简介】本书为面向 21 世纪高职高专计算机课程规划教材，强调理论与实践相结合，充分体现了高职高专教育的特色，突出了实用性。书中主要介绍了中文 AutoCAD 2008 的绘图环境、基本操作、各种绘制与编辑工具的使用方法、二维图形和三维图形的绘制技巧、文字与表格的创建方法、控制图形的显示方法以及图层的管理方法等。书中配有大量生动典型的实例以及习题，并附有实训，即对每章所讲内容进行上机操作练习，这将使读者在学习、使用中文 AutoCAD 2008 的过程中更加得心应手，做到学以致用。

本书为高职高专计算机基础课程的规划教材，可作为各种培训班的培训教材，也可供广大 AutoCAD 爱好者自学参考。

图书在版编目（CIP）数据

中文 AutoCAD 2008 基础教程/郭秦主编. —西安：西北工业大学出版社，2008.9（2016.7 重印）
（21 世纪高职高专计算机课程规划教材）
ISBN 978-7-5612-2454-0

Ⅰ. 中…　Ⅱ. 郭…　Ⅲ. 计算机辅助设计—应用软件，AutoCAD 2008—高等学校：技术学校—教材　Ⅳ. TP391.72

中国版本图书馆 CIP 数据核字（2008）第 127153 号

出版发行：西北工业大学出版社
通信地址：西安市友谊西路 127 号　邮编：710072
电　　话：029-88493844　88491757
网　　址：www.nwpup.com
电子邮箱：computer@nwpup.com
印 刷 者：陕西向阳印务有限公司
开　　本：787 mm×1 092 mm　1/16
印　　张：18
字　　数：475 千字
版　　次：2008 年 9 月第 1 版　2016 年 7 月第 2 次印刷
定　　价：40.00 元

**主　　编：** 郭　秦

**参编人员：** 张建林　兰　鑫　赵智勇　高　红

李学军　马小娟　刘　睿　闫晓敏

周永红　李　帅　郭云波

# 序

21 世纪是信息时代，是科学技术高速发展的年代。提高全民族的竞争力，积极发展高职高专教育，完善职业教育体系，是我国职业教育改革和发展的一项重要工作。

高等职业教育有其自身的特点。正如教育部“面向 21 世纪教育振兴行动计划”所指出的那样，“高等职业教育必须面向地区经济建设和社会发展，适应就业市场的实际需要，培养生产、管理、服务第一线需要的实用人才，真正办出特色。”因此，不能以本科压缩和变形的形式组织高等职业教育，必须按照高等职业教育的自身规律组织教学体系。为此，我们根据高等职业教育的特点及社会对教材的普遍需求，组织高等职业院校有丰富教学经验的老师编写了本套“21 世纪高职高专计算机课程规划教材”。

本套教材充分考虑了高等职业教育的培养目标、教学现状和发展方向，在编写过程中突出了实用性，重点讲述目前在信息技术行业实践中不可缺少的知识，并结合具体实践加以介绍。大量具体操作步骤、众多实践应用技巧、接近实际的实训材料保证了本套教材的实用性。

在本套教材编写大纲的制定过程中，我们广泛收集了高等职业院校的教学计划，调研了多个省市高等职业教育的实际情况，经过反复讨论和修改，使编写大纲能最大限度地符合我国高等职业教育的要求，切合高等职业教育实际情况。

在选择作者时，我们特意挑选了在高等职业教育一线的优秀骨干教师。他们熟悉高等职业教育的教学实际，并有多年的教学经验；其中许多是“双师型”教师，既是教授、副教授，同时又是高级工程师、认证高级设计师；他们既有坚实的理论知识，很强的实践能力，又有较多的写作经验及较好的文字水平。

本套教材是高等职业院校、高等技术院校、高等专科院校计算机课程规划教材，适用于信息技术的相关专业，如计算机应用、计算机网络、信息管理、电子商务、计算机科学与技术、会计电算化等，也可供优秀高职学校选作教材。对于那些要提高自己应用技能或参加证书考试的读者，本套教材也不失为一套较好的参考用书。

最后，希望广大师生在使用过程中提出宝贵意见，以便我们在今后的工作中不断地改进和完善，使本套教材成为高等职业教育的精品教材。

21 世纪高职高专计算机教材研究与编审委员会

# 前　言

AutoCAD 2008 是由美国 Autodesk 公司开发的通用计算机辅助设计软件包，它具有易于掌握、使用方便、体系结构开放等优点，能够绘制平面图形与三维图形、标注尺寸、渲染图形及打印输出图纸等功能，被广泛应用于机械、建筑、电子、航天、造船、石油化工、土木工程、冶金、地质、气象、纺织、轻工、商业等领域。

AutoCAD 2008 中文版是 AutoCAD 系列软件中的新版本，它是继 AutoCAD 2007 之后的又一开发利器，对广大用户的工作必将起到巨大的推动作用。AutoCAD 2008 以设计为中心，为多用户合作提供了便捷的工具与规范的标准，以及方便的管理功能。与以前版本相比，AutoCAD 2008 中文版在性能和功能两方面都有较大的增强和改善，新增了图纸集管理器、表格等选项，并增强了图层管理器功能。

本书在内容的取舍和章节上充分考虑了用户的特点和实际需求，以 AutoCAD 在实际绘图中的运用为线索，由浅入深地了解 AutoCAD 的相关知识。同时，书中还列举了大量的练习实例、技巧和经验。本书思路新颖、图文并茂，读者对象主要是高职高专的学生，也可作为各种培训班学生 AutoCAD 基础课程的首选学习用书，同时也可作为各类用户的参考用书。

本书共分为 16 章：

- AutoCAD 绘图基础
- 绘制二维图形
- 精确绘制图形
- 编辑二维图形
- 编辑图形对象
- 使用文字与表格
- 控制图形显示
- 创建与管理图层
- 标注图形尺寸
- 绘制基本三维对象
- 绘制三维实体
- 编辑与渲染三维对象
- 使用块、外部参照和设计中心
- 建筑设计类行业应用实例
- 机械设计类行业应用实例
- 实训

由于笔者水平有限，疏漏之处在所难免，希望广大读者批评指正。

编　者

# 目　　录


第一章　AutoCAD 绘图基础 ........ 1

第一节　AutoCAD 的基本功能 ........ 1

一、绘制与编辑图形 ........ 1

二、标注尺寸 ........ 2

三、渲染与着色 ........ 2

四、输出与打印 ........ 2

第二节　AutoCAD 2008 的新增功能 ........ 3

一、管理工作空间功能 ........ 3

二、面板的使用功能 ........ 3

三、选项板的使用 ........ 3

四、自定义用户界面 ........ 4

五、附着 DGN 文件 ........ 5

六、模型空间的新增功能 ........ 5

第三节　AutoCAD 2008 的工作界面 ........ 5

一、标题栏 ........ 6

二、菜单栏 ........ 6

三、工具栏 ........ 7

四、绘图窗口 ........ 7

五、命令栏 ........ 7

六、状态栏 ........ 7

第四节　AutoCAD 的基本操作 ........ 8

一、新建图形文件 ........ 8

二、打开图形文件 ........ 8

三、保存图形文件 ........ 10

四、命令执行方法 ........ 11

第五节　绘图环境设置 ........ 11

一、参数设置 ........ 11

二、单位设置 ........ 12

三、绘图界限设置 ........ 13

习题一 ........ 14

第二章　绘制二维图形 ........ 15

第一节　二维图形的绘制方法 ........ 15

第二节　绘制点 ........ 16

一、绘制单点 ........ 16

二、绘制多点 ........ 17

三、绘制定数等分点 ........ 17

四、绘制定距等分点 ........ 18

第三节　绘制线 ........ 18

一、直线 ........ 18

二、多段线 ........ 19

三、构造线 ........ 20

四、射线 ........ 20

五、多线 ........ 21

六、样条曲线 ........ 22

七、修订云线 ........ 22

第四节　绘制矩形和正多边形 ........ 23

一、矩形 ........ 23

二、正多边形 ........ 24

第五节　绘制圆与圆弧 ........ 25

一、圆 ........ 25

二、圆弧 ........ 27

第六节　绘制椭圆和椭圆弧 ........ 29

一、椭圆 ........ 29

二、椭圆弧 ........ 30

习题二 ........ 31

第三章　精确绘制图形 ........ 32

第一节　使用坐标系 ........ 32

一、AutoCAD 2008 的坐标系统 ........ 32

二、点坐标的输入方法 ........ 33

三、控制坐标的显示......34
四、用户坐标系的使用方法......34
第二节 使用捕捉、栅格和正交......37
一、设置栅格与捕捉......37
二、栅格捕捉......38
三、正交功能......38
第三节 使用对象捕捉......39
第四节 使用自动追踪......41
一、极轴追踪......41
二、对象追踪......41
习题三......42
第四章 编辑二维图形......43
第一节 编辑多线......43
一、设置多线样式......43
二、编辑多线......46
第二节 编辑多段线......49
第三节 编辑样条曲线......50
第四节 徒手绘制图形......52
第五节 创建区域覆盖......52
习题四......53
第五章 编辑图形对象......55
第一节 选择对象......55
一、直接点取法创建选择集......56
二、使用选项法创建选择集......56
三、快速构造选择集......58
第二节 删除和恢复对象......59
一、删除对象......59
二、恢复已删除的对象......59
第三节 改变对象位置......60
一、移动对象......60
二、旋转对象......61
第四节 复制对象......62
一、直接复制对象......62
二、镜像复制对象......63
三、偏移复制对象......65
四、阵列复制对象......65
第五节 修改对象......68
一、修剪......69
二、延伸......70
三、缩放......71
四、拉伸......72
五、打断......73
第六节 倒角和圆角......74
一、倒角......74
二、圆角......75
第七节 夹点编辑......77
一、控制夹点显示......77
二、使用夹点编辑对象......78
习题五......80
第六章 使用文字与表格......81
第一节 设置文字样式......81
第二节 创建与编辑文字......83
一、创建单行文字......83
二、创建多行文字......84
三、输入特殊字符......85
四、编辑文字......87
第三节 创建表样式......87
一、新建表样式......87
二、设置表样式参数......88
第四节 创建与编辑表......90
一、创建表......90
二、编辑表......91
习题六......92
第七章 控制图形显示......94
第一节 缩放与平移图形......94
一、缩放图形......94
二、平移视图......99
第二节 使用命名视图......100
第三节 使用鸟瞰视图和平铺视口......101
一、鸟瞰视图......101
二、平铺视口......102
习题七......103

第八章　创建与管理图层 ........ 104
第一节　创建和设置图层 ........ 104
一、创建新图层 ........ 105
二、设置图层颜色 ........ 105
三、设置图层线型 ........ 106
四、设置图层线宽 ........ 107
第二节　管理图层 ........ 107
一、图层特性管理器 ........ 108
二、“图层”工具栏 ........ 109
三、“特性”工具栏 ........ 109
第三节　使用图层绘制图形 ........ 110
习题八 ........ 111
第九章　标注图形尺寸 ........ 113
第一节　尺寸标注基础 ........ 113
一、尺寸标注规则 ........ 113
二、尺寸标注的组成 ........ 113
第二节　创建与设置标注样式 ........ 114
一、创建标注样式 ........ 114
二、设置尺寸标注 ........ 115
第三节　尺寸标注 ........ 119
一、快速标注 ........ 119
二、线性标注 ........ 120
三、对齐标注 ........ 121
四、弧长标注 ........ 121
五、坐标标注 ........ 122
六、半径标注 ........ 123
七、折弯标注 ........ 123
八、直径标注 ........ 123
九、角度标注 ........ 124
十、基线标注 ........ 125
十一、连续标注 ........ 125
十二、标注间距 ........ 126
十三、标注打断 ........ 126
十四、多重引线 ........ 127
十五、公差 ........ 129
十六、圆心标记 ........ 130
十七、检验 ........ 130
十八、折弯线性 ........ 131
第四节　尺寸标注的编辑 ........ 131
一、使用 dimedit 命令编辑尺寸标注 ........ 131
二、使用 dimtedit 命令编辑尺寸标注 ........ 132
习题九 ........ 133
第十章　绘制基本三维对象 ........ 135
第一节　三维坐标系 ........ 135
一、柱面坐标 ........ 135
二、球面坐标 ........ 135
第二节　设置视点 ........ 136
一、创建视点 ........ 136
二、视点预置 ........ 136
三、标准视点 ........ 137
第三节　观察三维图形 ........ 137
第四节　绘制简单三维对象 ........ 139
一、绘制三维点 ........ 139
二、绘制三维直线 ........ 139
三、绘制三维多段线 ........ 140
四、绘制三维样条曲线 ........ 140
五、绘制螺旋线 ........ 141
第五节　绘制三维曲面 ........ 141
一、绘制平面曲面 ........ 141
二、绘制三维面 ........ 142
三、绘制三维网格 ........ 142
四、绘制旋转网格 ........ 143
五、绘制平移网格 ........ 144
六、绘制直纹网格 ........ 144
七、绘制边界网格 ........ 144
习题十 ........ 145
第十一章　绘制三维实体 ........ 147
第一节　绘制基本实体对象 ........ 147
一、绘制多段体 ........ 147
二、绘制长方体 ........ 148

三、绘制球体 149
四、绘制圆柱体 149
五、绘制圆锥体 150
六、绘制楔体 151
七、绘制圆环体 151
八、绘制棱锥面 152
第二节　通过二维对象绘制实体 153
一、拉伸实体 153
二、旋转实体 154
三、扫掠创建实体 154
四、放样创建实体 155
第三节　与实体有关的系统变量 156
一、ISOLINES 变量 156
二、FACETRESS 变量 157
三、DISPSILH 变量 157
第四节　布尔运算 157
一、并集运算 158
二、差集运算 158
三、交集运算 159
习题十一 159
第十二章　编辑与渲染三维对象 161
第一节　在三维空间中编辑对象 161
一、三维移动 161
二、三维旋转 162
三、对齐 163
四、三维镜像 164
五、三维阵列 164
第二节　编辑三维实体对象 165
一、对三维实体面的编辑 165
二、对三维实体边的编辑 171
三、对三维实体体的编辑 172
四、倒角和圆角 175
第三节　渲染三维对象 178
一、渲染环境 179
二、设置高级渲染环境 179
三、设置贴图 180
四、设置材质 181
五、设置光源 182
六、渲染 184
习题十二 185
第十三章　使用块、外部参照和设计中心 186
第一节　创建与插入块 186
一、创建块 186
二、插入块 188
第二节　创建与编辑块属性 192
一、创建块属性 192
二、编辑块属性 193
三、块属性管理器 195
第三节　创建与编辑动态块 196
一、“块编辑器”工具栏 197
二、“块编写选项板”面板 199
三、创建动态块 204
第四节　使用外部参照 207
一、外部参照与图块 207
二、附着外部参照 208
三、管理外部参照 208
第五节　使用 AutoCAD 设计中心 210
习题十三 212
第十四章　建筑设计类行业应用实例 213
实例 1　独立的标准窗户 213
实例 2　经典户型设计 215
实例 3　客厅立面图 221
实例 4　建筑实体模型 226
第十五章　机械设计类行业应用实例 236
实例 1　机械零件截面图 236
实例 2　支撑架轴测图 239
实例 3　单机叉架基座 245

第十六章　实训 252
实训 1　熟悉 AutoCAD 2008 界面 252
实训 2　绘制简单二维图形 253
实训 3　使用辅助绘图工具绘制图形 254
实训 4　绘制复杂二维图形 255
实训 5　绘制表格与标注文字 257
实训 6　标注图形尺寸 259
实训 7　绘制块与外部参照 261
实训 8　绘制三维实体 262
实训 9　编辑与渲染三维对象 264
实训 10　创建动态块 265
附录　AutoCAD 命令表 268

# 第一章　AutoCAD 绘图基础

**教学目标**

CAD 全名 Computer Aided Design，它是美国 Autodesk 公司开发的通用计算机辅助绘图与设计软件包，经过多次的升级后，现在的新版本是 AutoCAD 2008。本章详细介绍应用 AutoCAD 2008 绘图的基础知识。

**教学难点与重点**

（1）AutoCAD 的基本功能。

（2）AutoCAD 2008 的新增功能。

（3）AutoCAD 2008 的工作界面。

（4）AutoCAD 的基本操作。

（5）绘图环境设置。

## 第一节　AutoCAD 的基本功能

AutoCAD 作为一款计算机辅助绘图软件，其基本功能主要包括：绘制与编辑图形、标注图形尺寸、渲染与着色、输出与打印等。

### 一、绘制与编辑图形

AutoCAD 为用户提供了多种绘图工具，包括点、直线、构造线、多线、多段线、样条曲线、圆、圆弧、椭圆、椭圆弧、矩形、正多边形等基本二维图形的绘制与编辑命令，还包括长方体、圆柱体、圆锥体、楔体、球体和圆环体等基本三维实体的绘制与编辑命令。如图 1.1.1 所示为利用 AutoCAD 绘制二维和三维图形。

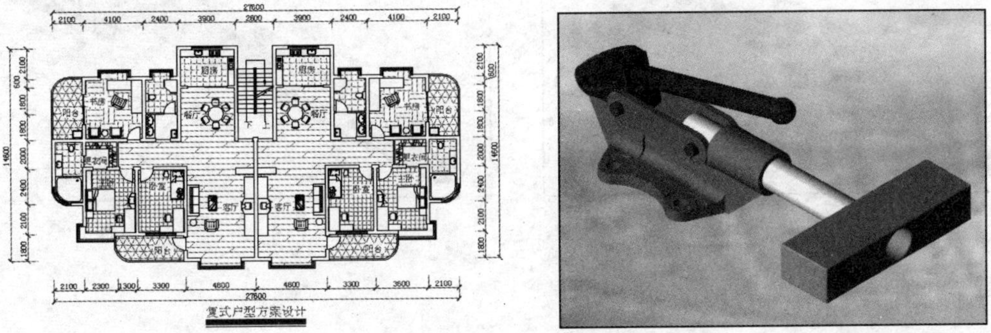


图 1.1.1　利用 AutoCAD 绘制二维和三维图形

## 二、标注尺寸

标注尺寸是指标注图形对象的长度、宽度、半径、直径、角点以及对象之间的位置关系，这是绘图过程中非常重要的环节。AutoCAD 系统为用户提供了一套完整的尺寸标注和编辑工具，如线性标注、对齐标注、角度标注、圆弧标注、弧长标注、半径标注、直径标注、基线标注、连续标注、圆心标注和形位公差等，可以满足不同行业设计者的需要。如图 1.1.2 所示为利用标注尺寸功能标注二维和三维图形尺寸。

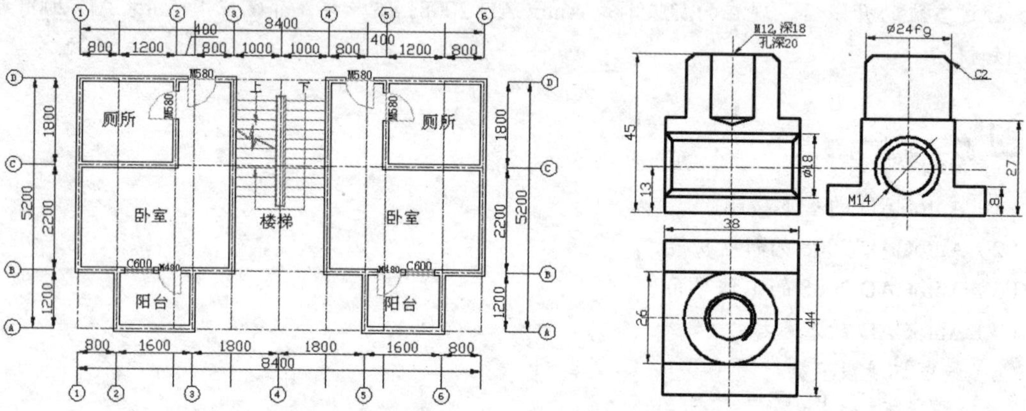


图 1.1.2　利用标注尺寸功能标注图形尺寸

## 三、渲染与着色

在 AutoCAD 中可以使用渲染和着色功能对三维图形进行处理，从而得到更加逼真、清晰的效果。对三维图形进行着色处理后，系统会自动隐去当前视口中看不到的线条，并为图形附着指定的颜色，如图 1.1.3 所示。但这样处理的图形真实感不强，只能作为临时效果图，如果要得到逼真的三维实体模型，就必须为图形设置光源、附着材质、添加场景、背景等，然后进行渲染，这样就可以得到逼真的三维实体模型，如图 1.1.4 所示。

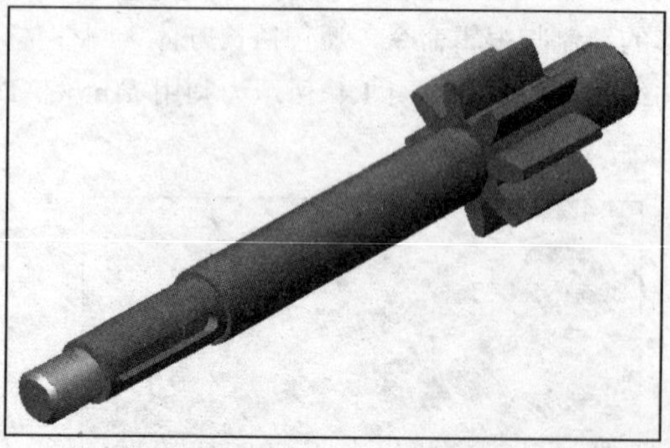

图 1.1.3　着色处理

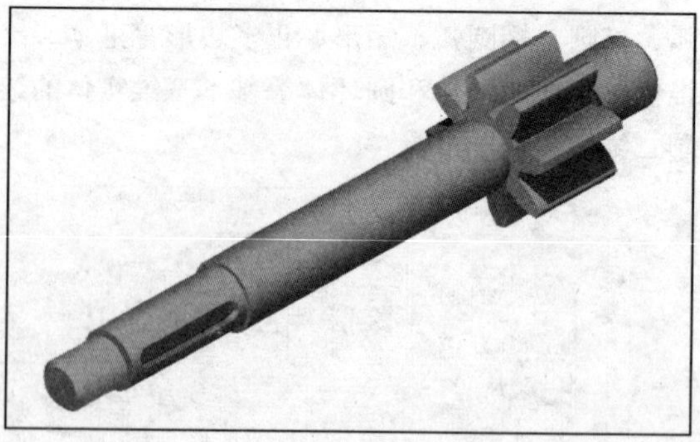

图 1.1.4　渲染处理

## 四、输出与打印

在 AutoCAD 中绘制的图形可以输出为其他的文件格式，以便应用于其他应用程序或进行进一步处理。AutoCAD 的图形保存格式为 DWG 格式。AutoCAD 可以输出的格式有图元文件（wmf）、ACIS（sat）、平板印刷（stl）、封装 PS（eps）、DXX 提取（dxx）、位图（bmp）和 3D Studio（3ds）等。

另外，用户还可以为绘制的图形设置合适的布局，然后将其直接打印到图纸上。

# 第二节 AutoCAD 2008 的新增功能

Autodesk 公司升级产品 AutoCAD 2008 在界面、工作空间、面板、选项板、模型空间等方面进行了改进。下面详细介绍 AutoCAD 2008 的新增功能。

## 一、管理工作空间功能

新增的工作空间功能提供了用户使用最多的二维草图和注解工具的直达访问方式，如图 1.2.1 所示。它包括菜单、工具栏和工具选项板组以及面板。二维草图和注解工作空间以自定义用户界面（CUI）文件方式提供，以便用户可以容易地将其整合到自己的自定义界面中。除了新的二维草图和注解工作空间外，三维建模工作空间也做了一些增强。

## 二、面板的使用功能

AutoCAD 2007 引入的面板，在 AutoCAD 2008 中有了新的增强。它包含 9 个新的控制台，更易于访问图层、注解比例、文字、标注、多种箭头、表格、二维导航、对象属性以及块属性等多种控制，如图 1.2.2 所示。

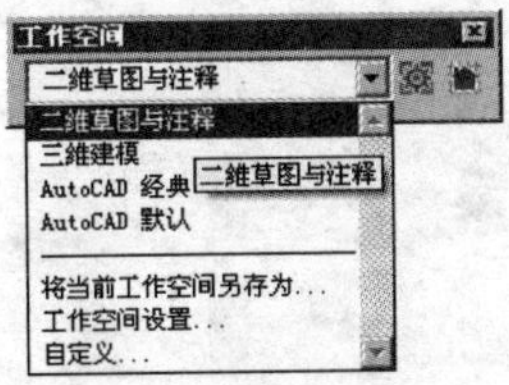


图 1.2.1 AutoCAD 2008 工作空间

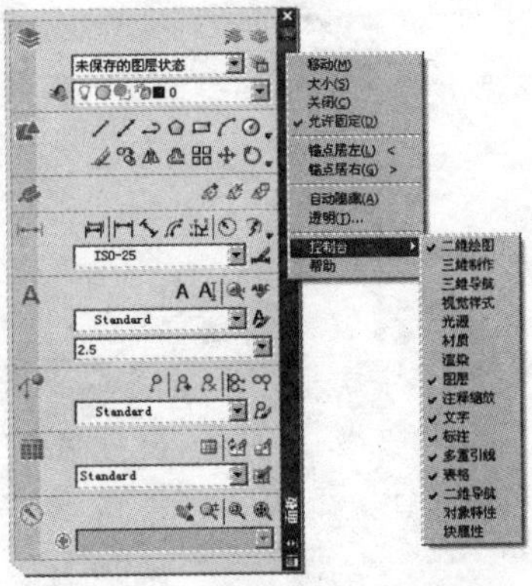

图 1.2.2 AutoCAD 2008 面板

除了加入面板控制台外，对现有的控制台也做了改进，用户可使用自定义用户界面（CUI）工具来自定义面板控制台。用户界面还有更加自动化的一项，即当用户从面板中选定一个工具时，如果该选定的面板控制台与一个工具选项板组相对应，则工具选项板将自动显示该组。例如，如果用户在面板上调整一个可视样式属性，则样式选项板组将自动显示。

## 三、选项板的使用

在 AutoCAD 2008 中，用户可基于现有的几何图形，非常容易地创建新的选项板工具，当用户从图形中拖动对象到非活动的工具选项板时，AutoCAD 会自动激活它，使用户可以将对象放入到相应的位置。

用户可以自定义工具选项板中关联的工具图标，在工具栏上单击鼠标右键，在弹出的快捷菜单中选择 指定图像... 命令即可完成（见图 1.2.3）。如果用户以后不再使用选定的图像做为该工具的图标，同样可通过右键菜单项来移除它，移除后，将恢复原来默认的图像。

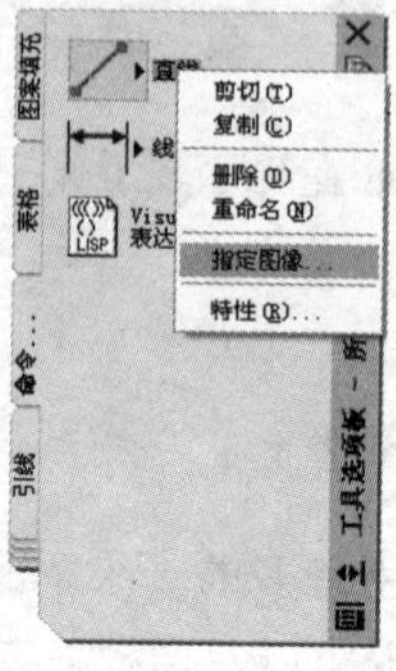


图 1.2.3　AutoCAD 2008 选项板

## 四、自定义用户界面

在 AutoCAD 2008 中，系统对 自定义用户界面 窗口做了更新、更强的改进。增强了窗格头、边框、分隔条、按钮和工具提示，使用户更易于掌握在 自定义用户界面 窗口中的控件和数据。在该窗口打开的情况下，用户可直接在工具栏中拖放按钮重新排列或删除。另外，用户可粘贴或复制 自定义用户界面 中的命令、菜单、工具栏等元素，如图 1.2.4 所示。

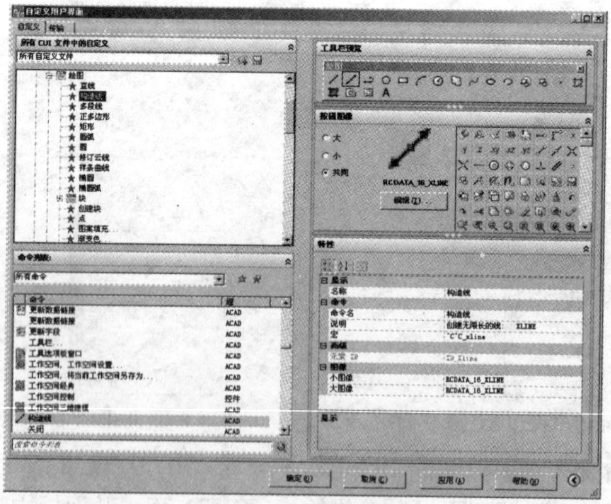

图 1.2.4　“自定义用户界面”窗口

命令列表屏包含了新的搜索工具，使用户可以过滤所需要的命令名。用户只须将鼠标移动到命令名上就可查看关联于命令的宏，也可将命令从命令列表中拖放到工具栏中。

新的面板节点可让用户自定义 AutoCAD 面板中的选项板。自定义面板选项板和自定义工具栏十分相似，可以在 自定义用户界面 窗口中编辑，也可直接在面板中编辑。另外，用户可通过从工具节点中拖动工具栏到面板节点中的方法在面板选项板中创建一个新的工具行。

当用户在自定义树中选定工具条或面板时，选定的元素将会以预览的方式显示在预览屏中。用户可从自定义树或命令列表中直接拖动命令，将它们拖放到工具条中预览。用户可以在预览屏中拖动工具来重新排列或删除。如在预览屏中选定了某个工具，在自定义树和命令列表中与该工具关联的工具会自动处于选定状态。同样地，在自定义树中选定了工具，在预览屏中和命令列表中相关的工具也会自动亮显。

## 五、附着 DGN 文件

用户可以使用新的 Dgnattach 命令，将 DGN 文件作为外部参照绑定到 AutoCAD 图形中。绑定 DGN 文件后，它与图像、DWG 外部参照和 DWF 等的其他外部参照文件一样，显示在“外部参照”对话框中。可使用新的 Dgnclip 命令来修剪 DGN 的显示区域，可使用“属性”选项板或“Dgnadjust”命令来调整 DGN 的属性，包括对比度、褪色度和色调。

## 六、模型空间的新增功能

用户可以双击模型空间标签修改标签名称，如图 1.2.5 所示。

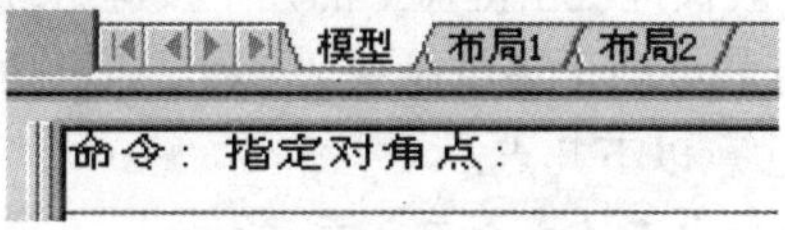


图 1.2.5　修改模型空间标签名称

# 第三节　AutoCAD 2008 的工作界面

中文 AutoCAD 2008 的工作界面主要由标题栏、菜单栏、工具栏、绘图窗口、命令行和状态栏等部分组成。运行中文版 AutoCAD 2008 后，其工作界面如图 1.3.1 所示。

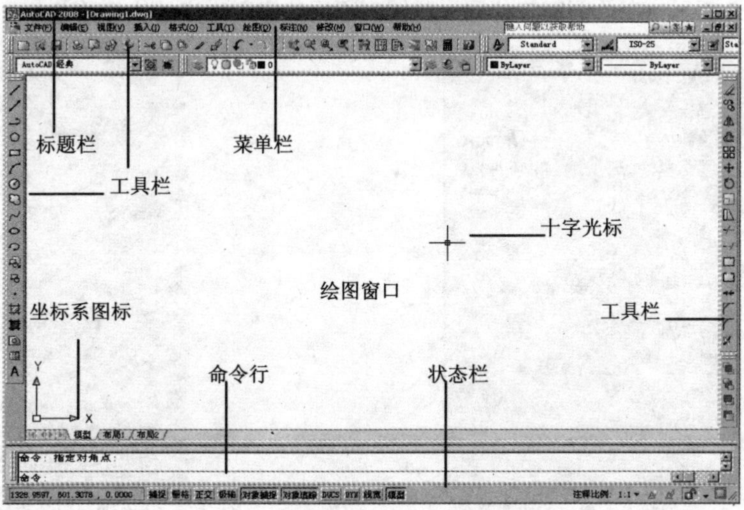


图 1.3.1　中文版 AutoCAD 2008 的工作界面

## 一、标题栏

标题栏位于工作界面的最上方，用来显示 AutoCAD 2008 的程序图标以及当前所操作图形文件的名称。单击位于标题栏右侧的各按钮，可分别实现 AutoCAD 2008 窗口的最小化、最大化（或还原）以及关闭操作。

## 二、菜单栏

菜单栏位于标题栏的下方，由 11 个主菜单组成，每个主菜单下又包含数目不同的子菜单，有些子菜单还包含下一级菜单。其中，下拉菜单几乎包括了 AutoCAD 2008 的所有命令，用户可以运用菜单栏中的命令进行各种操作。

为了让用户能够熟练使用下拉菜单，下面介绍其特点。

（1）带有▶的子菜单：单击该符号，系统将弹出子菜单，表示该菜单具有下一级菜单。

（2）带有…的子菜单：单击该符号，系统将弹出一个对话框，用户可在该对话框中进行相关的参数设置。

（3）带快捷键的子菜单：一般快捷键由键盘上的几个按键组合而成，用户可以在不打开子菜单的情况下，直接按下快捷键，执行相应的子菜单命令。例如，通过按“Ctrl+O”快捷键，可清除屏幕。

在使用菜单栏中的命令时应注意以下几点：

（1）命令后跟有右三角符号，表示该命令下还有子命令。

（2）命令后跟有快捷键，表示按下快捷键即可执行该命令。

（3）命令后跟有组合键，表示直接按组合键即可执行该命令。

（4）命令后跟有省略号，表示选择该命令后会弹出相应的对话框。

（5）命令呈现灰色，表示该命令在当前状态下不可用。

除了菜单栏中的菜单项外，AutoCAD 中还有另外一种菜单，即快捷菜单。在工作界面中单击鼠标右键，就会弹出快捷菜单，并且该菜单中菜单项的数目会根据当前状态与光标所处位置的不同而有所变化，如图 1.3.2 所示为在绘图窗口的同一位置，不同状态下弹出的快捷菜单。

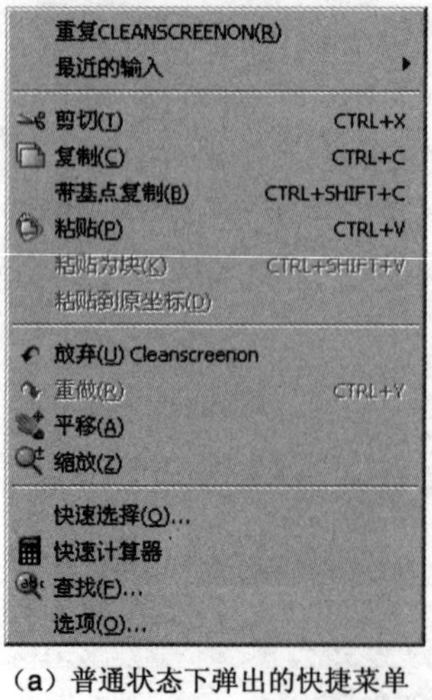


（a）普通状态下弹出的快捷菜单

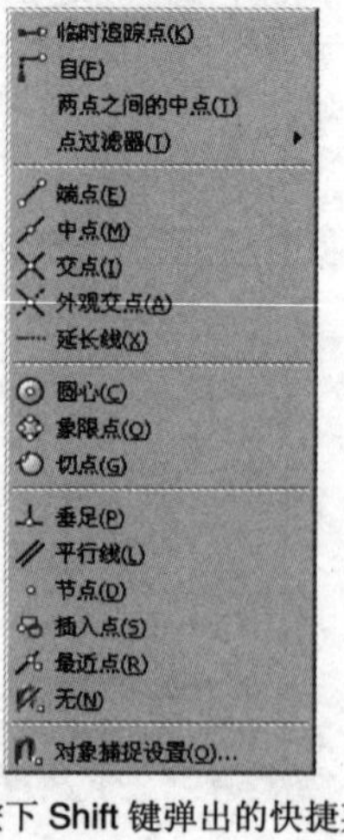


（b）按下 Shift 键弹出的快捷菜单

图 1.3.2 鼠标右键快捷菜单

## 三、工具栏

在 AutoCAD 2008 中，用户可以利用工具栏快捷而直观地获取各种命令，从而完成大部分绘图工作。默认情况下，系统只显示某些常用的工具栏，如“标准”、“修改”、“绘图”和“对象特征”工具栏。工具栏上的每一个图标都形象地代表一个命令，用户只须单击图标按钮，即可执行该命令。如图 1.3.3 所示为“标准”工具栏。

图 1.3.3　“标准”工具栏

## 四、绘图窗口

绘图窗口是显示绘制、编辑图形及文字的区域。在绘图窗口的右边和下边分别有滚动条，拖动滚动条可使视窗口上下或左右移动。绘图区没有边界，利用视窗功能可使绘图区无限增大或减小。另外，在绘图窗口中还有一个类似于光标的十字，其交点表示光标在当前坐标系中的位置。

## 五、命令栏

命令行位于图形窗口的下方，如图 1.3.4 所示。默认情况下，命令行由命令栏和历史窗口两部分组成，前者显示输入命令的内容及提示信息，后者存有 AutoCAD 2008 启动后所用过的命令及提示信息，该窗口中的内容可通过滑动滚动条进行查看。

图 1.3.4　命令行

拖动命令行窗口也可以使它变成浮动窗口（见图 1.3.5），命令行窗口浮动在 AutoCAD 系统窗口中不同的位置显示出不同的形状。在命令行窗口中单击鼠标右键，在弹出的快捷菜单中选择命令，系统将弹出如图 1.3.6 所示的对话框，利用该对话框可以设置命令行窗口的透明度。滑块越向右移，透明度的级别越高，隐藏在命令行窗口下的图形显示越清晰。

图 1.3.5　命令行窗口

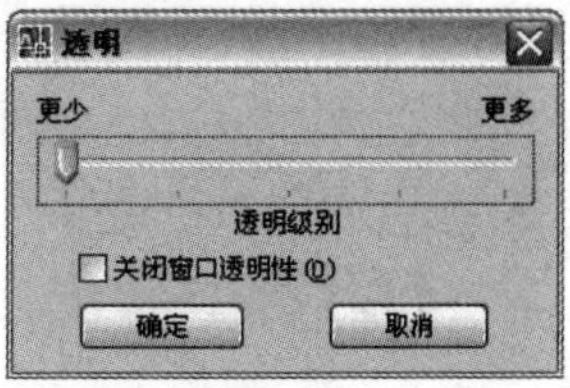


图 1.3.6　“透明”对话框

## 六、状态栏

状态栏位于主窗口底部，用于显示用户当前的工作状态，如图 1.3.7 所示为“AutoCAD 经典”模式下的状态栏；如图 1.3.8 所示为“三维建模”模式下的状态栏。

图 1.3.7 “AutoCAD 经典”模式下的状态栏

图 1.3.8 “三维建模”模式下的状态栏

状态栏显示了当前十字光标所处的位置、菜单或工具栏命令的帮助提示，以及各种模式的开关状态等信息。

# 第四节 AutoCAD 的基本操作

在 AutoCAD 中，基本操作包括新建、打开和保存图形文件以及命令的执行操作，本节主要介绍这些基本操作的使用方法。

## 一、新建图形文件

在绘制图形之前，首先要创建一个新的图形文件，在 AutoCAD 2008 中，创建新建图形文件的方法有以下 4 种：

（1）选择 文件(F) → 新建(N)... CTRL+N 命令。

（2）单击“标准”工具栏中的“新建”按钮。

（3）在命令行中输入 new。

（4）按“Ctrl＋N”组合快捷键。

启动 AutoCAD 2008 时，如果用户没有对打开的 启动 对话框做任何选择，而是单击 取消 按钮，系统会自动打开一幅新图，绘图环境为默认值，图形文件名为“Drawing.dwg”，如图 1.4.1 所示。

图 1.4.1 “选择样板”对话框

## 二、打开图形文件

打开一个图形文件有以下 4 种方法：

（1）选择 文件(F) → 打开(O)... CTRL+O 命令。

（2）单击“标准”工具栏中的“打开”按钮。

（3）在命令行中输入 open。

（4）按“Ctrl＋O”组合快捷键。

执行打开图形文件后，系统弹出 选择文件 对话框，如图 1.4.2 所示。默认情况下，系统弹出的对话框文件列表中显示用户以前曾经操作的图形文件。另外，用户还可通过鼠标拖动的方法，利用 Windows 资源管理器打开图形。如果将一个或多个选定图形直接拖至 AutoCAD 绘图区以外的任何位置，AutoCAD 将打开这些图形。但是，如果将一个图形拖至已打开的图形区，新图形将被作为外部参照插入到当前图形中。

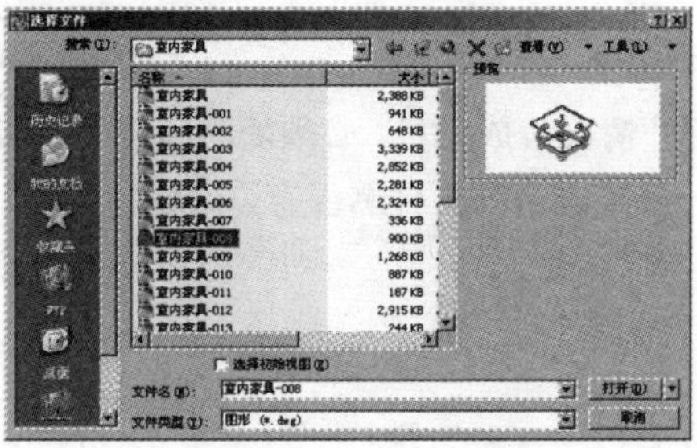

图 1.4.2　“选择文件”对话框

使用 窗口(W) 菜单，用户还可以控制在 AutoCAD 任务中显示多个图形的方式，既可以以层叠方式显示图形（见图 1.4.3）；也可以将它们垂直或水平平铺，如图 1.4.4 所示。

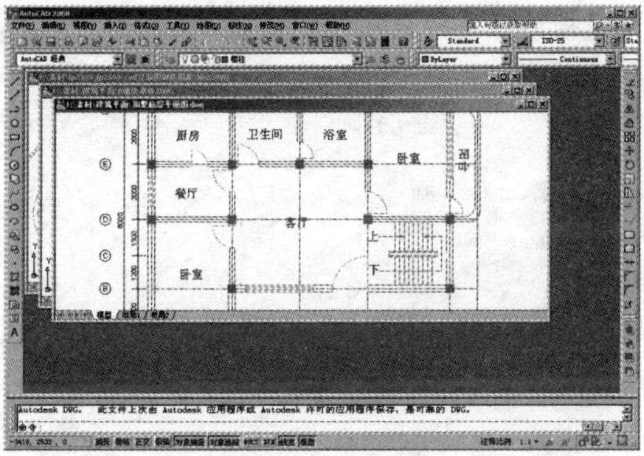

图 1.4.3　以层叠方式显示图形

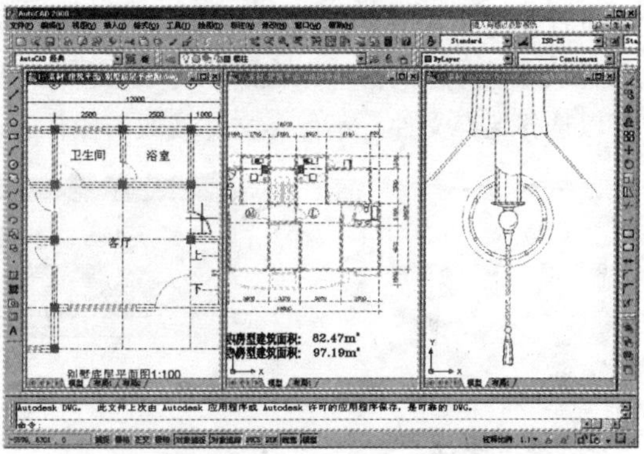

图 1.4.4　以垂直平铺方式显示图形

如果要处理一个很大的图形，可以使用“局部打开”功能只打开图形中要处理的视图和图层中的对象。

局部打开操作步骤如下：

（1）选择 文件(F) → 打开(O)... CTRL+O 命令。

（2）在 选择文件 对话框中选择一个图形文件，然后从 打开(O) ▾ 按钮后的下拉菜单中选择 局部打开(P) 命令，系统弹出 局部打开 对话框，如图 1.4.5 所示。

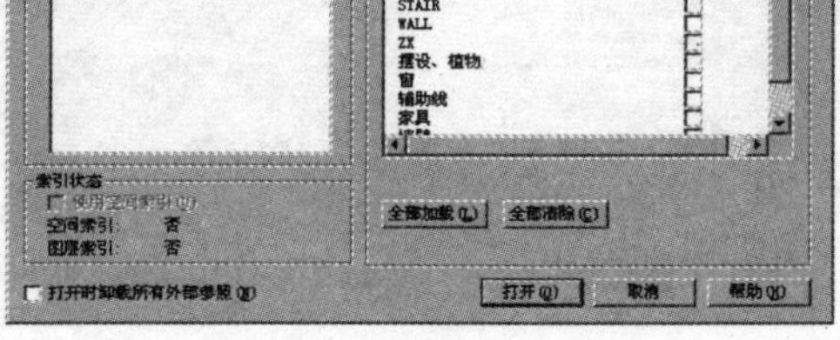

图 1.4.5　“局部打开”对话框

（3）在要加载几何图形的视图选项区中选择一个视图，然后在要加载几何图形的图层选项区选择一个或多个图层。

（4）单击打开(O)按钮，即可按所做的设置局部打开图形。

## 三、保存图形文件

在绘图过程中，为了防止意外情况造成死机，必须随时将已绘制的图形文件存盘。AutoCAD 2008 为用户提供了两种保存方式：一种是以当前文件名保存，即快速保存；另一种是以指定的新文件名保存，即换名保存。

### 1. 快速保存

启动快速保存图形文件命令有以下 3 种方法：

（1）选择文件(F)→保存(S) CTRL+S命令。

（2）单击“标准”工具栏中的“保存”按钮。

（3）在命令行中输入 qsave。

执行快速保存命令后，AutoCAD 把已命名的图形直接以原文件名保存，而不显示任何对话框。如果将从未保存过的图形存盘，这时 AutoCAD 将弹出如图 1.4.6 所示的提示框。利用该提示框，用户可以选择保存文件、不保存文件或取消操作。

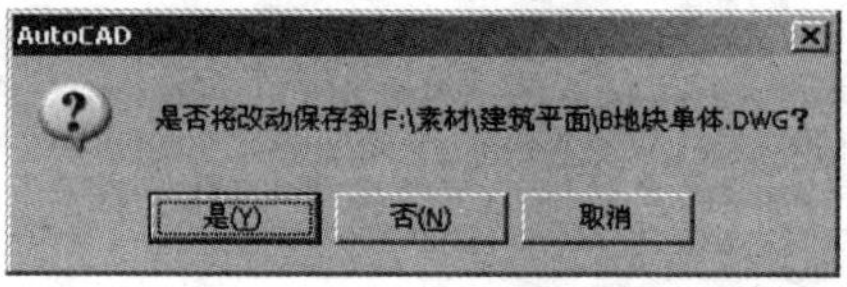


图 1.4.6　保存提示框

### 2. 换名保存

启动换名保存图形文件命令有以下两种方法：

（1）选择文件(F)→另存为(A)... CTRL+SHIFT+S命令。

（2）在命令行中输入 save as。

执行换名保存命令后，系统弹出图形另存为对话框，如图 1.4.7 所示。在该对话框中用户可以为图形文件指定要保存的文件名称和文件路径，并在文件类型(T):下拉列表中根据需要选择一种图形文件的保存类型。

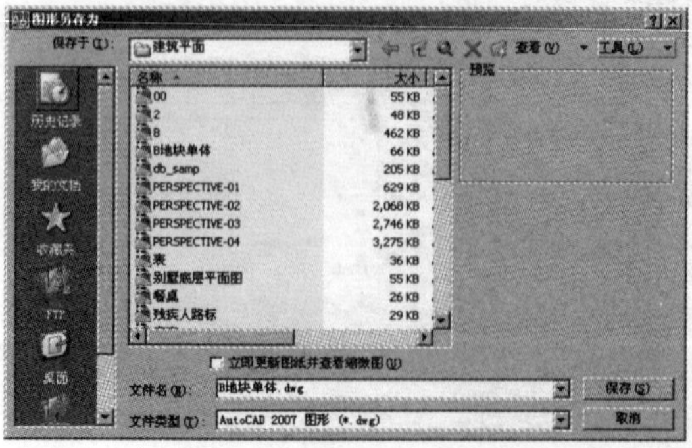


图 1.4.7　“图形另存为”对话框

另外，为了对重要的图形进行保密，用户可以在保存文件时设置密码，其操作方法为：在图形另存为对话框中单击工具(L)按钮，在其下拉菜单中选择安全选项(S)...命令，系统弹出安全选项对话框（见图 1.4.8），在该对话框中可以设置图形密码。

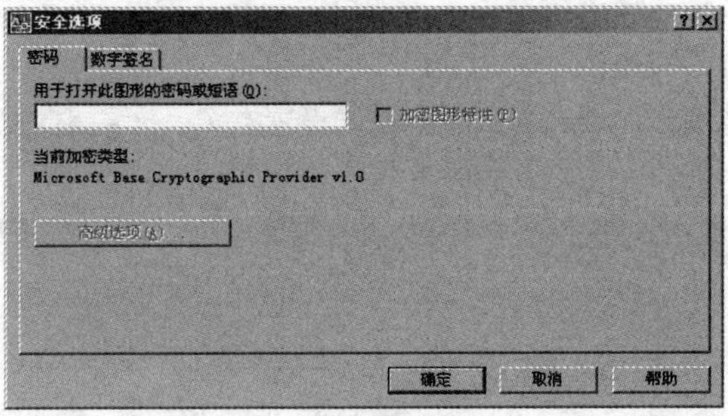


图 1.4.8　“安全选项”对话框

## 四、命令执行方法

在 AutoCAD 2008 中，命令的执行方法主要可以分为以下 3 种：

（1）单击工具栏中的命令按钮执行命令。

（2）选择菜单栏中的子菜单项执行命令。

（3）直接在命令行中输入命令，按回车键执行。

在 AutoCAD 中，通过以上 3 种方式可以执行大多数命令，但部分命令却只能通过其中的一种或两种方法才能执行。例如，绘制多线命令就只能通过第二种或第三种方法执行，不能通过第一种方法执行，这是因为在“绘图”工具栏中没有相应的绘制多线命令按钮；再例如，执行修改系统变量时，就只能通过在命令行中输入系统变量的方法执行相应的命令。

为了操作方便，提高绘图速度，AutoCAD 系统还允许用户在执行简捷命令时即可执行相应的命令。例如，在命令行中输入 pl 后按回车键，即可执行绘制多段线命令；在命令行中输入 c 后按回车键，即可执行绘制圆命令。有关这些命令的简捷命令，用户可以在本书的附录中进行查找。

另外，当前命令执行完毕后，直接按回车键即可重复执行该命令。通过按键盘上的上、下方向键，用户还可以调出最近执行的一些命令，并在命令行中显示出来。

# 第五节　绘图环境设置

绘图环境设置是否得当，将直接影响用户绘制图形的效率和效果，所以，在绘制图形之前，用户首先要对绘图环境进行设置。绘图环境的设置主要包括参数设置、单位设置和绘图界限设置。

## 一、参数设置

参数设置主要是在选项对话框中进行。选择工具(T)→选项(N)...命令，即可弹出选项对话框，如图 1.5.1 所示。

该对话框中包含了“文件”、“显示”、“打开和保存”、“打印和发布”、“系统”、“用户系统配置”、

“草图”、“三维建模”、“选择集”和“配置”共 10 个选项卡，这些选项卡的功能分别介绍如下：

（1）“文件”选项卡：该选项卡主要用于在列出的程序中搜索支持文件、驱动程序文件、菜单文件和其他文件的文件夹。

（2）“显示”选项卡：该选项卡主要用于设置窗口元素、布局元素、显示精度、显示性能以及十字光标大小和参照编辑的褪色度等。

（3）“打开和保存”选项卡：该选项卡主要用于设置有关 AutoCAD 2008 文件打开和保存的相关内容。

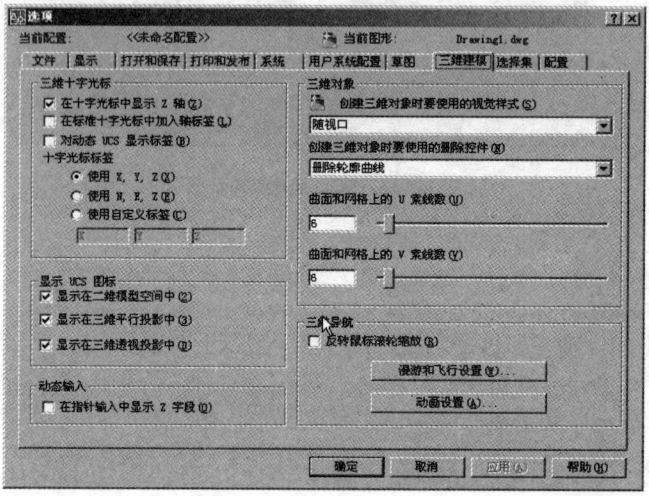


图 1.5.1　“选项”对话框

（4）“打印和发布”选项卡：该选项卡主要用于设置有关打印图形文件的信息。

（5）“系统”选项卡：该选项卡主要用于 AutoCAD 2008 的系统设置。

（6）“用户系统配置”选项卡：该选项卡主要用于设置优化 AutoCAD 2008 系统配置，使其在更好的状态下发挥功能。

（7）“草图”选项卡：该选项卡主要用于设置与捕捉、追踪等选项有关的内容。

（8）“三维建模”选项卡：该选项卡主要用于创建三维实体。

（9）“选择集”选项卡：该选项卡主要用于设置选择对象的方法。

（10）“配置”选项卡：该选项卡主要用于设置显示可用配置。用户可以对选中的配置进行设置为当前、添加到列表、重命名、删除、输出、输入和重置等操作。

另外，在状态栏或命令行中单击鼠标右键，在弹出的快捷菜单中选择 设置(S)... 命令，也可以打开 选项 对话框。

## 二、单位设置

绘图单位的设置将直接影响到绘制图形的比例和统一性。一般来讲，不同行业（如机械行业、建筑行业、电气行业以及科学试验等）在使用 AutoCAD 绘制图形时采用的度量单位也不一样。另外，不同国家采用的单位也不一样，如我国习惯使用公制单位，而西方国家习惯使用英寸、英尺等英制单位。

在 AutoCAD 2008 中，选择 格式(O) → 单位(U)... 命令，弹出 图形单位 对话框，如图 1.5.2 所示。用户可以在该对话框中设置长度类型、角度类型、精度以及用于缩放插入内容的单位。

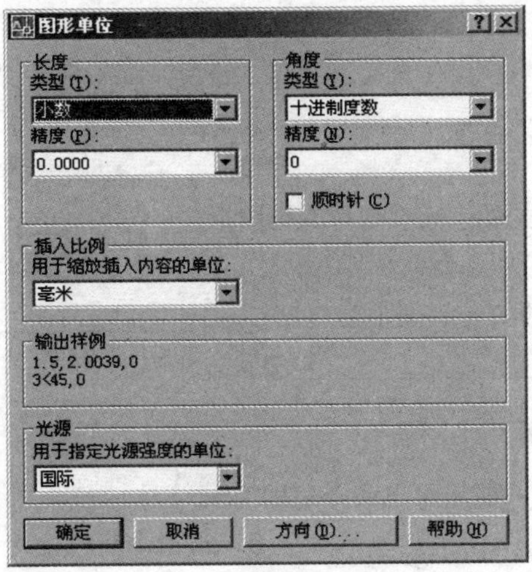


图 1.5.2　“图形单位”对话框

该对话框中各选项功能介绍如下：

（1）长度选项组：该选项组主要用于指定测量的当前单位及当前单位的精度。系统为用户提供了“建筑”、“小数”、“工程”、“分数”和“科学”5 种测量单位类型。

（2）角度选项组：该选项组主要用于指定当前角度格式和当前角度显示的精度。系统为用户提供了“百分度”、“十进制度数”、“度/分/秒”、“弧度”和“勘测单位”5 种角度类型。系统默认的角度测量正方向为逆时针方向，如果用户选中☑顺时针(C)复选框，则设置角度的测量正方向为顺时针方向。

（3）插入比例选项组：该选项组主要用于控制插入到当前图形中的块和图形的测量单位。系统为用户提供了包括“毫米”、“米”、“千米”、“微英寸”、“密耳”、“码”等多种单位可供用户选择。

（4）光源选项组：该选项组主要用于指定光源强度的单位。系统为用户提供了包括“国际”、“美国”、“常规”三种单位。

## 三、绘图界限设置

绘图界限是指将绘图空间想象成一个矩形区域，用户绘制的所有图形都只会显示在该区域内。绘图界限准确标明了用户的工作区域和图纸边界。

在 AutoCAD 2008 中设置绘图界限的方法有以下两种：

（1）选择格式(O)→图形界限(A)命令。

（2）在命令行中输入命令 limits。

执行该命令后，命令行提示如下：

命令: limits　　　　//执行图形界限命令

重新设置模型空间界限:　　　　//系统提示

指定左下角点或 [开(ON)/关(OFF)] <0.0000,0.0000>:　　　　//输入图形界限的左下角点坐标

指定右上角点 <420.0000,297.0000>:　　　　//输入图形界限的右上角点坐标

其中各命令选项功能介绍如下：

（1）开(ON)：打开界限检查。当界限检查打开时，将无法输入栅格界线外的点。

（2）关(OFF)：关闭界限检查，但是保持当前的值用于下一次打开界限检查。

# 习 题 一

## 一、填空题

1．AutoCAD 的基本功能主要包括绘制与编辑图形、__________、__________和__________等。

2．中文 AutoCAD 2008 的工作界面主要包括__________、__________、工具栏、__________、__________和状态栏等。

## 二、选择题

1．在 AutoCAD 的菜单中，如果菜单命令后跟有符号，表示（ ）。

A．该命令下还有子命令　　B．该命令具有快捷键

C．单击该命令可打开一个对话框　　D．该命令在当前状态下不可使用

2．以下（ ）命令可以打开已经存在的图形文件。

A．新建　　B．打开

C．保存　　D．另存为

## 三、问答题

1．什么是动态输入？

2．AutoCAD 的基本操作包括哪些内容？

3．与以前版本相比，AutoCAD 2008 新增了哪些功能？

## 四、上机操作题

1．新建一个图形文件，单击绘图工具栏中的命令按钮，试着绘制几个基本图形，并保存绘制的图形文件。

2．图形文件操作命令主要包括文件的新建、打开和保存。练习打开如题图 1.1 所示的文件，并将其另存为“某某.dwg”。

题图　1.1

# 第二章　绘制二维图形

## 教学目标

任何复杂的二维图形都是由最简单的点、线、面、弧等基本二维图形构成的，它们是 AutoCAD 的绘图基础。本章详细介绍了 AutoCAD 2008 中绘制二维图形的各种命令。

## 教学难点与重点

（1）二维图形的绘制方法。

（2）绘制点。

（3）绘制线。

（4）绘制矩形和正多边形。

（5）绘制圆与圆弧。

（6）绘制椭圆和椭圆弧。

## 第一节　二维图形的绘制方法

在 AutoCAD 2008 中，执行绘制二维图形命令的方法有很多种，本节主要介绍以下 4 种：

（1）“绘图”工具栏：该工具栏中包含了 AutoCAD 2008 大部分二维图形的绘制命令，单击该工具栏中的命令按钮，即可执行二维图形的绘制命令，如图 2.1.1 所示。

（2）“绘图”菜单：该菜单中包含了 AutoCAD 2008 中所有二维图形的绘制命令，选择该菜单的子菜单项，即可执行相应图形的绘制命令，如图 2.1.2 所示。

图 2.1.1　“绘图”工具栏

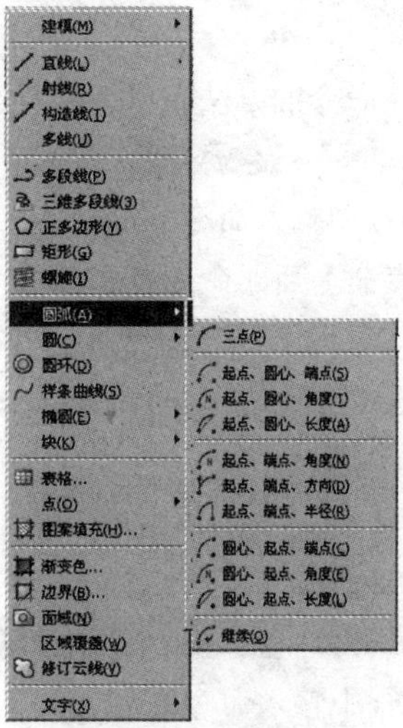


图 2.1.2　“绘图”菜单

（3）屏幕菜单：屏幕菜单是 AutoCAD 的另一种菜单形式，如图 2.1.3 所示。选择 工具(T) → 选项(N)... 命令，弹出 选项 对话框，在该对话框中选择 显示 选项卡，选中该选项卡中的 ☑ 显示屏幕菜单(U) 复选框，最后单击 应用(A) 按钮，即可打开屏幕菜单。

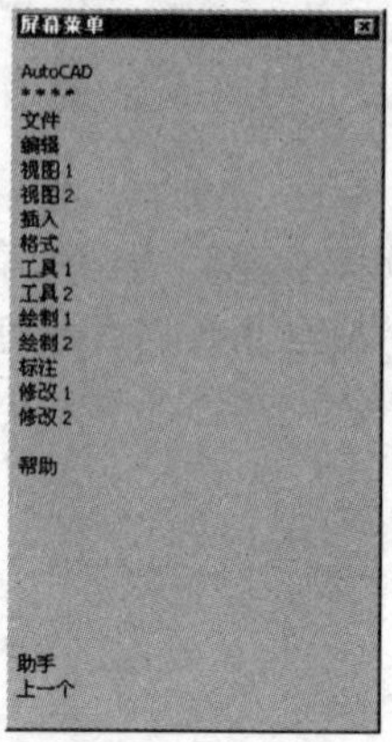


图 2.1.3　屏幕菜单

（4）绘图命令：在 AutoCAD 中，执行每一个操作都有相应的命令。用户只需在命令行中输入绘图命令，按回车键，根据命令行的提示即可执行绘图操作。使用这种方法绘制图形不仅方便，而且准确性高，但需要用户准确掌握相应的绘图命令。为了方便用户操作，AutoCAD 系统允许用户使用简捷命令（参照本书附录）。

# 第二节　绘 制 点

在 AutoCAD 2008 中，点的绘制方法主要有 4 种：绘制单点、绘制多点、绘制定数等分点和绘制定距等分点。本节将详细介绍这 4 种点的绘制方法。

## 一、绘制单点

执行绘制单点命令的方法有以下两种：

（1）选择 绘图(D) → 点(O) → 单点(S) 命令。

（2）在命令行中输入命令 point。

执行绘制单点命令后，命令行提示如下：

命令: _point　　//执行绘制单点命令
当前点模式:　PDMODE=0　PDSIZE=0.0000　　//系统提示
指定点:　　//拖动鼠标在绘图窗口中指定一点，同时结束绘制单点命令

AutoCAD 2008 提供了多种点样式，用户可以通过以下两种方法来设置点样式：

（1）选择 格式(O) → 点样式(P)... 命令。

（2）在命令行中输入命令 ddptype。

执行以上任意一种命令，都会弹出 点样式 对话框，如图 2.2.1 所示，用户可以根据不同的需要，在该对话框中设置点的大小及样式。

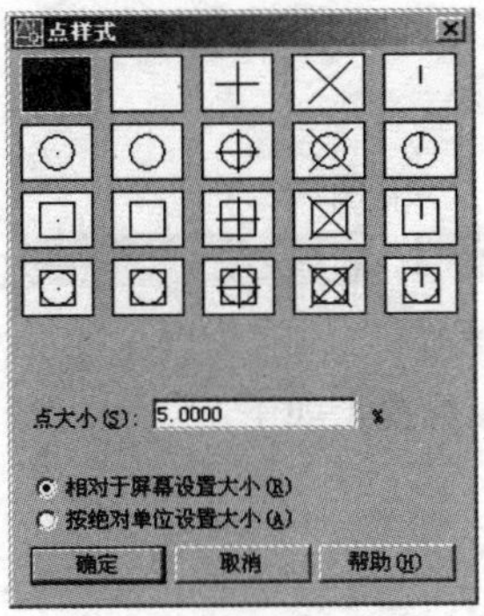


图 2.2.1　“点样式”对话框

## 二、绘制多点

执行绘制多点命令的方法有以下两种：

（1）选择 绘图(D) → 点(O) → 多点(P) 命令。

（2）在命令行中输入命令 point（与绘制单点命令相同）。

执行绘制多点命令后，命令行提示如下：

命令: _point　　　　//执行绘制多点命令

当前点模式:　PDMODE=34　PDSIZE=0.0000　　　　//系统提示

指定点:　　　　//在绘图窗口中依次指定多个点，按“Esc”键结束绘制多点命令

## 三、绘制定数等分点

执行绘制定数等分点命令的方法有以下两种：

（1）选择 绘图(D) → 点(O) → 定数等分(D) 命令。

（2）在命令行中输入命令 divide。

执行绘制定数等分点命令后，命令行提示如下：

命令: _divide　　　　//执行绘制定数等分点命令

选择要定数等分的对象:　　　　//选择需要等分的对象

输入线段数目或 [块(B)]:　　　　//输入等分的数目，按回车键结束命令

如果选择“块（B）”命令选项，则表示在等分点处插入指定的块。

如图 2.2.2 所示为定数等分点后的线段。

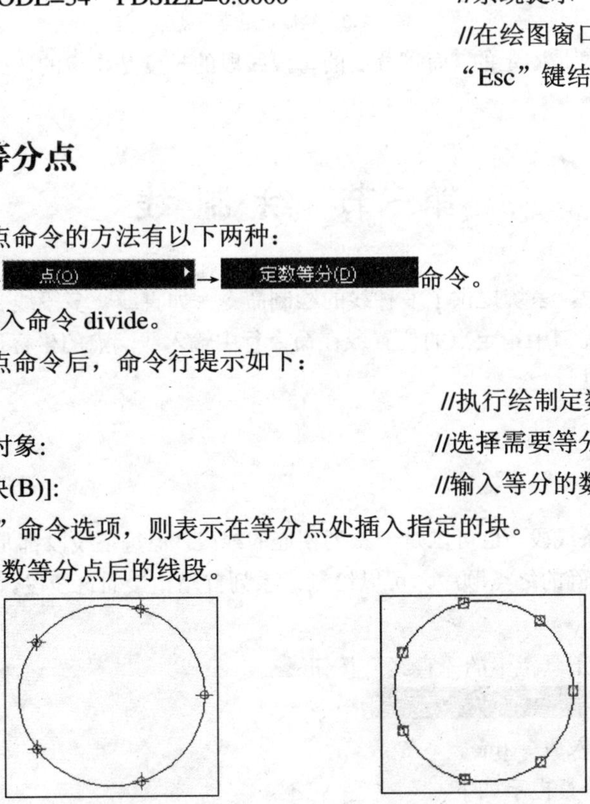

（a）插入等分点　　　　（b）插入指定块

图 2.2.2　绘制定数等分点

### 四、绘制定距等分点

执行绘制定距等分点命令的方法有以下两种：

（1）选择 绘图(D)→点(O)→定距等分(M) 命令。

（2）在命令行中输入命令 measure。

执行绘制定距等分点命令后，命令行提示如下：

命令: _measure　　//执行绘制定距等分点命令

选择要定距等分的对象:　　//选择需要等分的对象

指定线段长度或 [块(B)]:　　//输入等分的距离，按回车键结束命令

如果选择“块（B）”选项，则表示在测量点处插入指定的块。

如图 2.2.3 所示为定距等分后的线段。

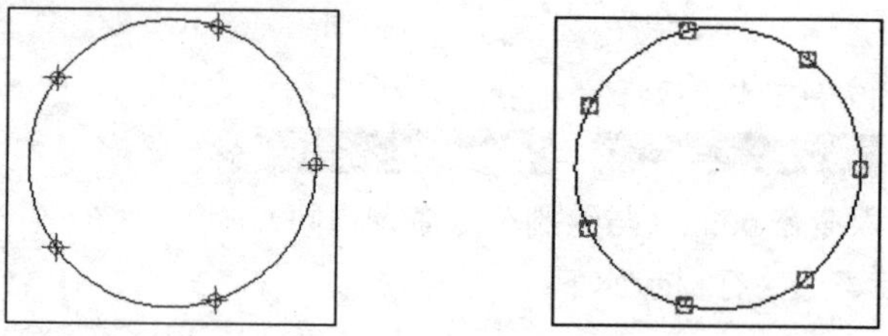

（a）插入等分点　　（b）插入指定块

图 2.2.3　绘制定距等分点

由于等分对象的长度是固定的，而等分后的每段线段的长度是指定的，所以最后一段测量长度不一定等于指定的长度。

## 第三节　绘 制 线

在 AutoCAD 2008 中，系统提供了多种线的绘制命令，如直线、多段线、构造线、样条曲线等，用户可以用鼠标在绘图窗口中指定点的位置或在命令行中输入线端点的坐标值来绘制对象。本节将详细介绍这些线的绘制方法。

### 一、直线

直线对象可以是一条线段，也可以是一系列相连的线段，但每条线段都是独立的直线对象。通过调用 line 命令及选择正确的终点顺序，可以绘制一系列首尾相接的直线段。启动直线命令有以下 3 种方法：

（1）单击“绘图”工具栏中的“直线”按钮。

（2）选择 绘图(D)→直线(L) 命令。

（3）在命令行中输入命令 line。

执行该命令后，命令行提示如下：

命令: _line　　//执行绘制直线命令

指定第一点:　　//指定直线的起点

指定下一点或 [放弃(U)]:　　//指定直线的端点

指定下一点或 [放弃(U)]:　　//指定直线的下一个端点

指定下一点或 [闭合(C)/放弃(U)]:　　//指定直线的下一个端点或选择其他命令选项，按回车键结束命令

其中各命令选项功能介绍如下：

（1）放弃(U)：选择该命令选项，取消上一步绘制的直线。在 AutoCAD 中使用绘制直线命令，一次可以绘制一条直线，也可绘制相互连接，但又相互独立的多条直线。

（2）闭合(C)：选择该命令选项，系统会将直线的最后一个端点与直线的第一个端点用直线进行连接。只有绘制两条以上线段后该选项才可用。

## 二、多段线

多段线是由直线和圆弧连接而成的折线或曲线。组成多段线的直线和圆弧的数量是任意的，但无论多少，该多段线始终被视为一个实体对象进行编辑。执行绘制多段线命令的方法有以下 3 种：

（1）单击“绘图”工具栏中的“多段线”按钮。

（2）选择 绘图(D) → 多段线(P) 命令。

（3）在命令行中输入命令 pline。

执行绘制多段线命令后，命令行提示如下：

命令: _pline　　//执行绘制多段线命令

指定起点:　　//指定多段线的起点

当前线宽为 0.0000　　//系统提示

指定下一个点或 [圆弧(A)/半宽(H)/长度(L)/放弃(U)/宽度(W)]:　　//指定多段线的下一个端点或选择其他命令选项

指定下一点或 [圆弧(A)/闭合(C)/半宽(H)/长度(L)/放弃(U)/宽度(W)]: //按回车键结束命令

其中各命令选项功能介绍如下：

（1）圆弧(A)：选择此命令选项，将弧线段添加到多段线中，如图 2.3.1 所示。

（2）闭合(C)：选择此命令选项，将多段线在当前的位置与多段线的起点用一条直线连接。只有绘制两段多段线后该选项才可用。

（3）半宽(H)：选择此命令选项，指定具有宽度的多段线的线段中心到其一边的宽度。

（4）长度(L)：选择此命令选项，在与前一线段相同的角度方向上绘制指定长度的直线段。如果前一线段是圆弧，程序将绘制与该弧线段相切的新直线段。

（5）放弃(U)：选择此命令选项，删除最近一次添加到多段线上的直线段。

（6）宽度(W)：选择此命令选项，指定下一条直线段的宽度。起点宽度将成为默认的端点宽度，端点宽度在再次修改宽度之前将作为所有后续线段的统一宽度。具有宽度的线段的起点和终点位于宽线的中心，如图 2.3.2 所示为具有宽度的多段线。

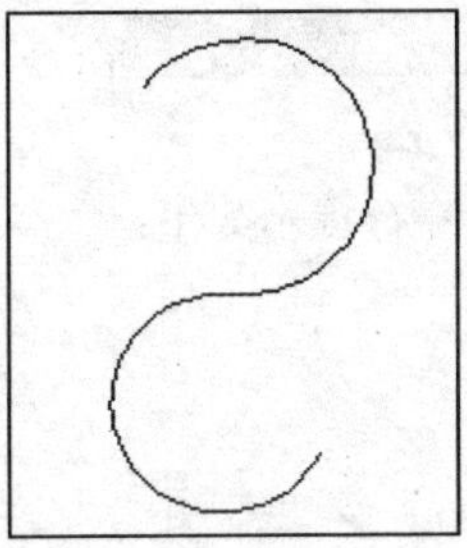

图 2.3.1　绘制带圆弧的多段线

图 2.3.2　具有宽度的多段线

## 三、构造线

构造线是一条向两边无限延伸的直线，通常用于绘制其他对象的参照。在 AutoCAD 2008 中，可以使用多种方法指定构造线的方向，也可以被放置在三维空间的任何地方。绘制构造线的方法有以下 3 种：

（1）单击“绘图”工具栏中的“构造线”按钮。

（2）选择 绘图(D) → 构造线(T) 命令。

（3）在命令行中输入命令 xline。

执行绘制构造线命令后，命令行提示如下：

命令: _xline　　//执行绘制构造线命令

指定点或 [水平(H)/垂直(V)/角度(A)/二等分(B)/偏移(O)]:　　//指定构造线的起点或选择其他命令选项

指定通过点:　　//指定构造线通过的点

指定通过点:　　//按回车键结束命令

其中各命令选项功能介绍如下：

（1）水平(H)：选择此命令选项，创建一条通过选定点的水平参照线。

（2）垂直(V)：选择此命令选项，创建一条通过选定点的垂直参照线。

（3）角度(A)：选择此命令选项，以指定的角度创建一条参照线。

（4）二等分(B)：选择此命令选项，创建一条参照线，它经过选定的角顶点，并且将选定的两条线之间的夹角平分。

（5）偏移(O)：选择此命令选项，创建平行于另一个对象的参照线。

绘制构造线时，第一个点（根）是构造线的中点，即通过捕捉对象“中点”得到的点，如图 2.3.3 所示为在三维空间中绘制的构造线。

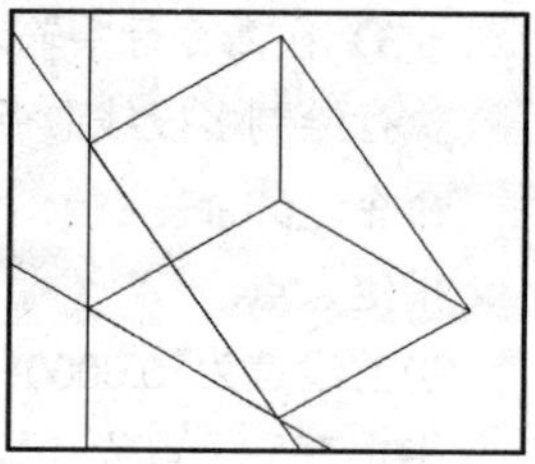

图 2.3.3　绘制构造线

提示：使用 XLINE 命令可以绘制出无限长的构造线，利用它能直接绘制出水平方向、竖直方向、倾斜方向及平行的线段，作图过程中使用此命令绘制定位或绘图辅助线是很方便的。

## 四、射线

射线是三维空间中起始于指定点并且无限延伸的直线，可用做创建其他对象的参照。执行绘制射线命令的方法有以下两种：

（1）选择 绘图(D) → 射线(R) 命令。

（2）在命令行中输入命令 ray。

执行绘制射线命令后，命令行提示如下：

命令: _ray　　//执行绘制射线命令

指定起点:　　//指定射线的起点

指定通过点:　　//指定射线通过的点

指定通过点:　　//按回车键结束命令

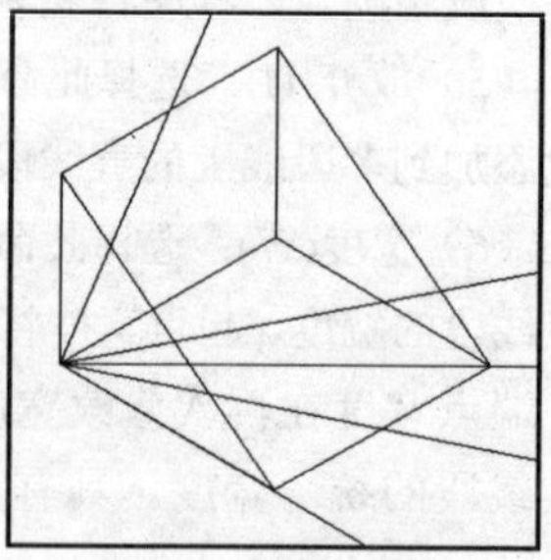

图 2.3.4　绘制射线

绘制的射线如图 2.3.4 所示。

## 五、多线

多线是由多条相互平行的直线组成的一组平行线。执行绘制多线命令的方法有以下两种：

（1）选择 绘图(D) → 多线(M) 命令。

（2）在命令行中输入命令 mline。

执行绘制多线命令后，命令行提示如下：

命令: _mline　　//执行绘制多线命令

当前设置: 对正 = 上，比例 = 20.00，样式 = STANDARD　　//系统提示

指定起点或 [对正(J)/比例(S)/样式(ST)]:　　//指定多线的起点，或选择其命令选项

指定下一点:　　//指定多线的下一点

指定下一点或 [放弃(U)]:　　//按回车键结束命令

其中各命令选项功能介绍如下：

（1）对正(J)：选择此命令选项，设置如何在指定的点之间绘制多线。对正的类型有 3 种，分别为“上(T)”、“无(Z)”和“下(B)”，其中“上(T)”表示在光标下方绘制多线，因此在指定点处将会出现具有最大正偏移值的直线；“无(Z)”表示将光标作为原点绘制多线；“下(B)”表示在光标上方绘制多线，如图 2.3.5 所示。

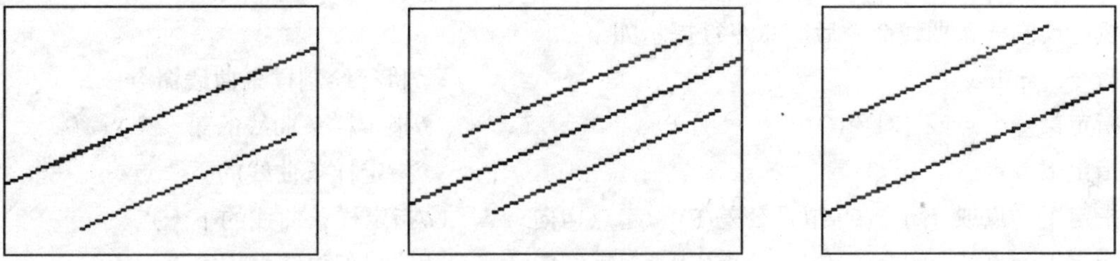

（a）上　　（b）无　　（c）下

图 2.3.5　多线的对正类型

（2）比例(S)：选择此命令选项，将控制多线的全局宽度。该比例是基于在多线样式定义中建立的宽度。当比例因子为样式定义比例因子的两倍时绘制多线，其宽度是样式定义宽度的两倍。负比例因子将翻转偏移线的次序，且负比例因子的绝对值也会影响比例。当从左至右绘制多线时，偏移最小的多线绘制在顶部。比例因子为 0 将使多线变为单一的直线，如图 2.3.6 所示。

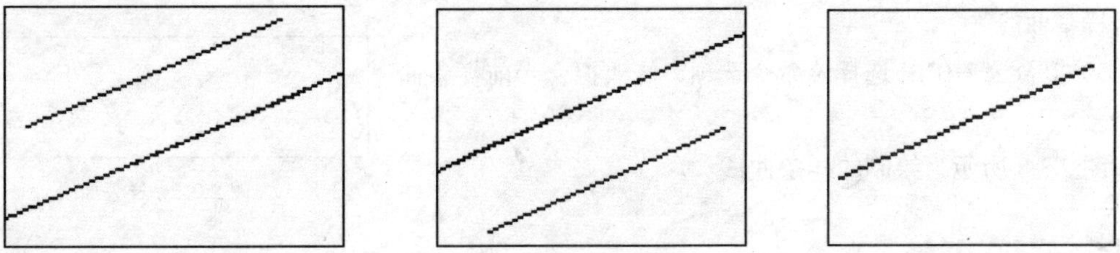

（a）比例因子为 10　　（b）比例因子为-10　　（c）比例因子为 0

图 2.3.6　绘制多线

（3）样式(ST)：选择此命令选项，指定多线的样式。在命令行中输入命令 mlstyle，将弹出 多线样式 对话框，如图 2.3.7 所示，在该对话框中可创建新的多线样式或修改已经创建的多线样式。

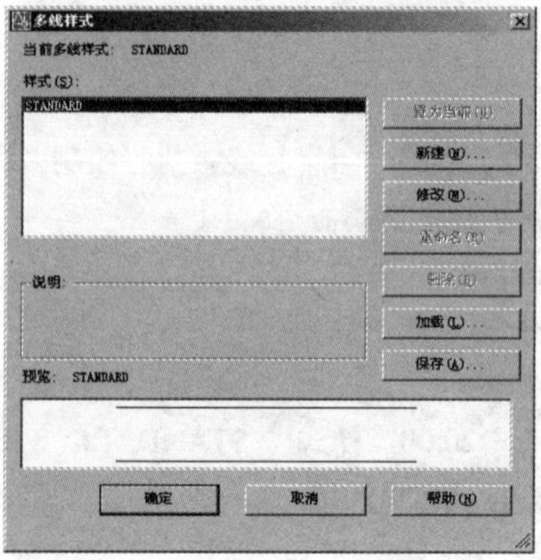


图 2.3.7　“多线样式”对话框

## 六、样条曲线

样条曲线是经过一系列指定点的光滑曲线。执行绘制样条曲线命令的方法有以下 3 种：

（1）单击“绘图”工具栏中的“样条曲线”按钮。

（2）选择 绘图(D) → 样条曲线(S) 命令。

（3）在命令行中输入命令 spline。

执行绘制样条曲线命令后，命令行提示如下：

命令: _spline　　//执行绘制样条曲线命令

指定第一个点或 [对象(O)]:　　//指定样条曲线的第一个点

指定下一点:　　//指定样条曲线的下一点

指定下一点或 [闭合(C)/拟合公差(F)] <起点切向>:　　//指定样条曲线的下一点

指定下一点或 [闭合(C)/拟合公差(F)] <起点切向>:　　//按回车键结束指定下一点

指定起点切向:　　//拖动鼠标指定起点切向

指定端点切向:　　//拖动鼠标指定端点切向

其中各命令选项功能介绍如下：

（1）对象：选择该命令选项，将二维或三维的二次或三次样条拟合多段线转换成等价的样条曲线并删除多段线。

（2）闭合(C)：选择该命令选项，将最后一点定义为与第一点一致并使它在连接处相切，这样可以闭合样条曲线。

（3）拟合公差(F)：选择该命令选项，修改拟合当前样条曲线的公差。

如图 2.3.8 所示为绘制的样条曲线。

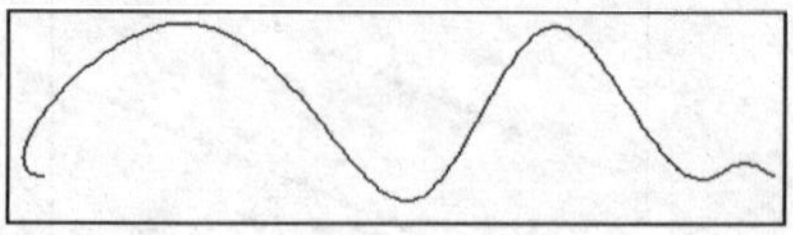

图 2.3.8　样条曲线

## 七、修订云线

修订云线是由连续圆弧组成的多段线，用于在检查阶段提醒用户注意图形的某个部分。执行绘制修订云线命令的方法有以下 3 种：

（1）单击“绘图”工具栏中的“修订云线”按钮。

（2）选择绘图(D)→修订云线(U)命令。

（3）在命令行中输入命令 revcloud。

执行此命令后，命令行提示如下：

命令: _revcloud　　//执行绘制修订云线命令

最小弧长: 15　最大弧长: 15　样式: 普通　　//系统提示

指定起点或 [弧长(A)/对象(O)/样式(S)] <对象>:　　//指定修订云线的起点或选择其他命令选项

沿云线路径引导十字光标...　　//拖动鼠标绘制修订云线

修订云线完成　　//系统提示

其中各命令选项功能介绍如下：

（1）弧长(A)：选择该命令选项，指定修订云线中弧线的长度。系统限定修订云线的最大弧长不能大于最小弧长的 3 倍。

（2）对象(O)：选择该命令选项，可以将其他选定的对象转换为修订云线。

（3）样式(S)：选择该命令选项，指定修订云线的样式。

如图 2.3.9 所示为绘制的修订云线。

图 2.3.9　绘制修订云线

# 第四节　绘制矩形和正多边形

矩形和正多边形是 AutoCAD 中另外两个重要的基本图形。在 AutoCAD 2008 中，用户可以使用多种方法绘制各种样式的矩形和正多边形。

## 一、矩形

矩形命令是 AutoCAD 最基本的平面绘图命令。用户在绘制矩形时仅需提供两个对角的坐标即可。在 AutoCAD 2008 中，用户绘制矩形时可进行多种设置。使用该命令创建的矩形是由封闭的多段线作为矩形的 4 条边。启动矩形命令有以下 3 种方法：

（1）选择绘图(D)→矩形(G)命令。

（2）单击“绘图”工具栏中的“矩形”按钮。

（3）在命令行中输入 rectang。

例如，绘制如图 2.4.1 所示的矩形，执行矩形命令后，命令行提示如下：

指定第一个角点或[倒角(C)/标高(E)/圆角(F)/厚度(T)/宽度(W)]:　　//捕捉点 A

指定另一个角点或[面积(A)/尺寸(D)/旋转(R)]:　　//捕捉点 B

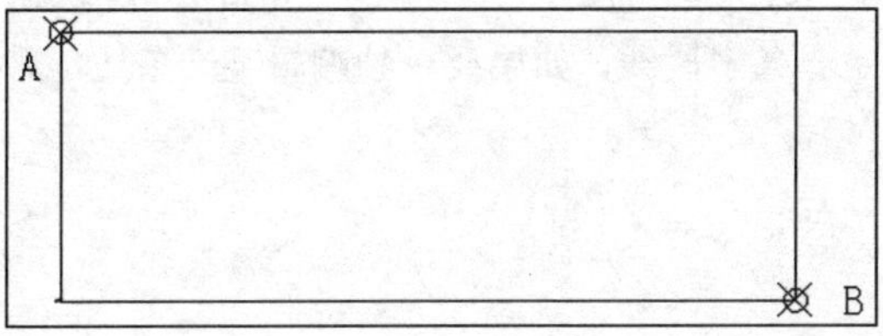


图 2.4.1　绘制矩形

其命令含义介绍如下：

（1）倒角(C)：用于绘制一个 4 个角有相同斜角的矩形，如图 2.4.2 所示。

（2）标高(E)：用于指定矩形所在平面的高度，如图 2.4.3 所示，该图只有在三维模式下才能观察出效果。

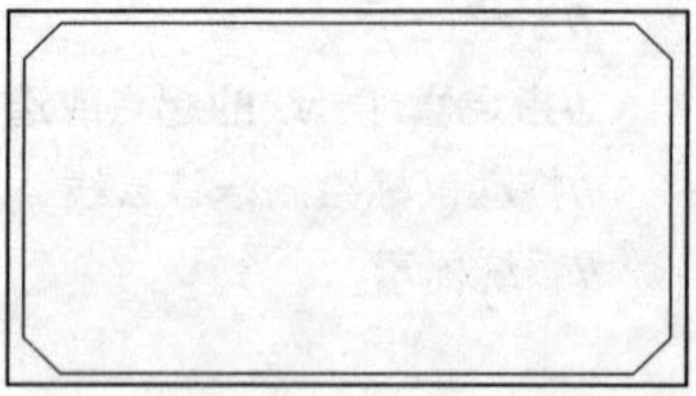

图 2.4.2　倒角矩形

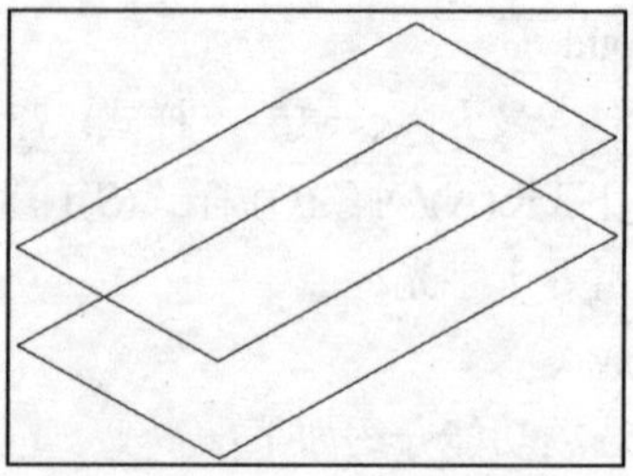

图 2.4.3　不同标高的两个矩形

（3）圆角(F)：用于绘制一个 4 个角有相同圆角的矩形，如图 2.4.4 所示。

（4）厚度(T)：用于设置矩形厚度，即 Z 轴方向的高度，如图 2.4.5 所示。

图 2.4.4　圆角矩形

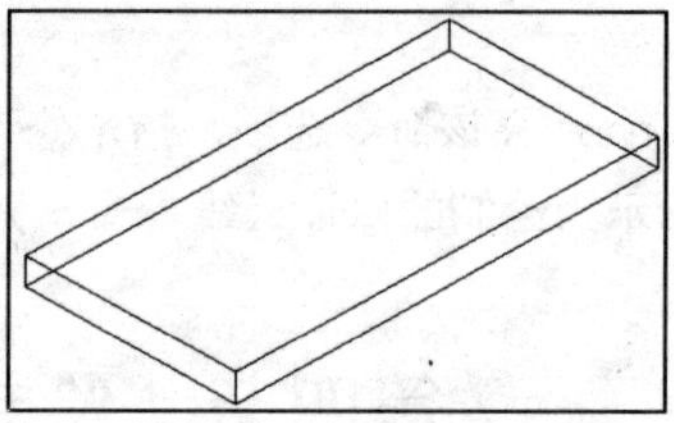

图 2.4.5　设置矩形的厚度

（5）宽度(W)：用于绘制一个重新指定线宽的矩形，如图 2.4.6 所示。

（6）面积(A)：通过指定矩形面积的大小绘制矩形，输入 A 后，命令行提示："输入以当前单位计算的矩形面积 <100.0000>："，输入矩形面积值，继续提示："计算矩形标注时依据 [长度(L)/宽度(W)] <长度>："，输入 L 或 W，确定长度和宽度标注值。

（7）尺寸(D)：使用长和宽创建矩形，第二个指定点将矩形定位在与第一个角点相关的 4 个位置之一。

（8）旋转(R)：用于绘制带有旋转角度的矩形，如图 2.4.7 所示。

图 2.4.6　设置矩形的线宽

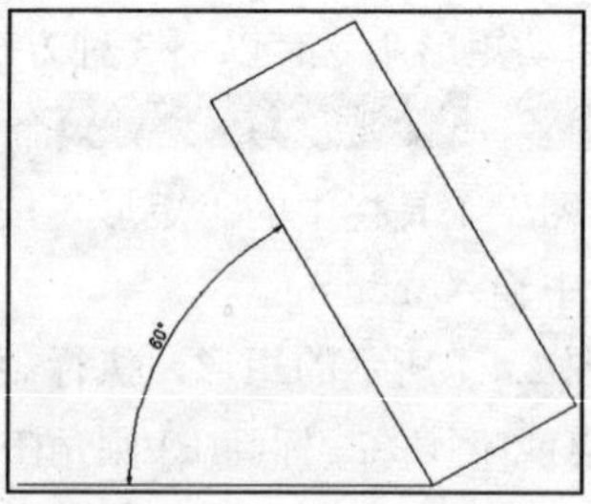


图 2.4.7　绘制旋转矩形

矩形命令绘制的多边形是一条多段线，如果要单独编辑某一条边，需要选择"分解"命令将其分解后，才能进行操作。

## 二、正多边形

在 AutoCAD 2008 中，执行绘制正多边形命令的方法有以下 3 种：

（1）单击"绘图"工具栏中的"正多边形"按钮。

（2）选择 绘图(D) → 正多边形(Y) 命令。

（3）在命令行中输入命令 polygon。

执行此命令后，命令行提示如下：

命令: _polygon

//执行绘制正多边形命令

输入边的数目 <4>:　　　　　　　　　　//输入正多边形的边数或按回车键

指定正多边形的中心点或 [边(E)]:　　　　//指定正多边形的中心点或选择其他命令选项

输入选项 [内接于圆(I)/外切于圆(C)] <I>:　//选择绘制正多边形的方式

指定圆的半径:　　　　　　　　　　　　//输入圆的半径

其中各命令选项功能介绍如下：

（1）边(E)：选择此命令选项，通过指定正多边形一条边的两个端点来定义正多边形，如图 2.4.8 所示。

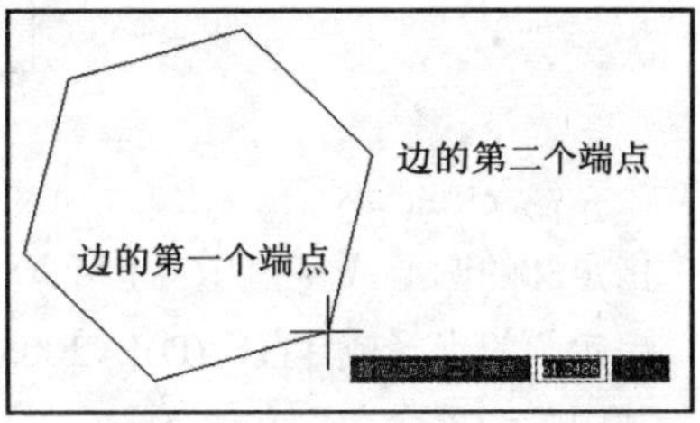


图 2.4.8　通过指定边绘制正多边形

（2）内接于圆(I)：选择此命令选项，通过指定正多边形的外接圆来确定正多边形的大小，正多边形中心点到各边端点的距离就是内接圆的半径，如图 2.4.9 所示。

（3）外切于圆(C)：选择此命令选项，通过指定正多边形外切圆来确定正多边形的大小，正多边形中心点到各边中点的距离就是外切圆的半径，如图 2.4.10 所示。

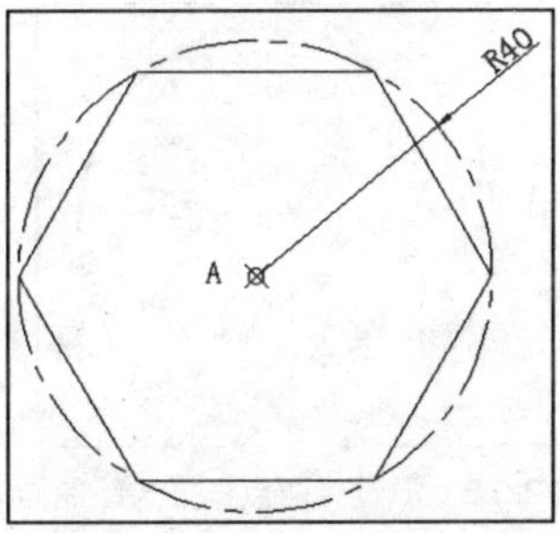


图 2.4.9　内接圆法绘制正多边形

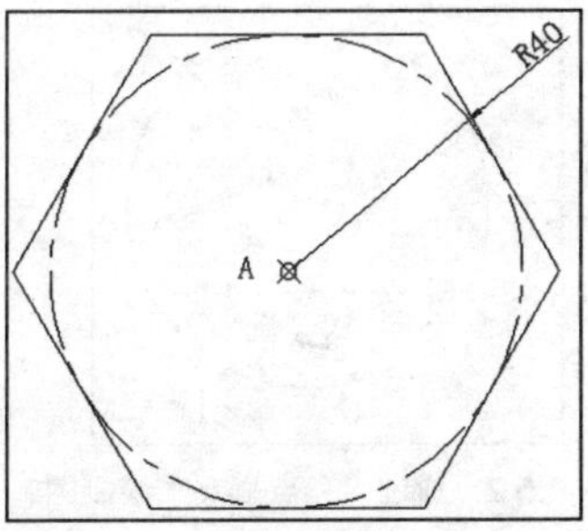


图 2.4.10　外切圆法绘制正多边形

提示：无论用内接圆法绘制正多边形，还是用外切圆法绘制正多边形，用户都只能看到随着光标缩放的正多边形，而内接圆与外切圆都是假想的。

# 第五节　绘制圆与圆弧

圆与圆弧是 AutoCAD 中两种重要的弧线，在绘图过程中经常会用到。在 AutoCAD 2008 中，系统提供了多种绘制圆与圆弧的方法。

## 一、圆

圆是工程制图中另一种常见的基本实体。在 AutoCAD 2008 中提供了 6 种绘制圆的方法。启动圆命令有以下 3 种方法：

（1）选择 绘图(D) → 圆(C) 菜单下的子命令。

（2）单击“绘图”工具栏中的“圆”按钮。

（3）在命令行中输入 circle。

例如，绘制如图 2.5.1 所示的圆。执行圆命令后，命令行提示如下：

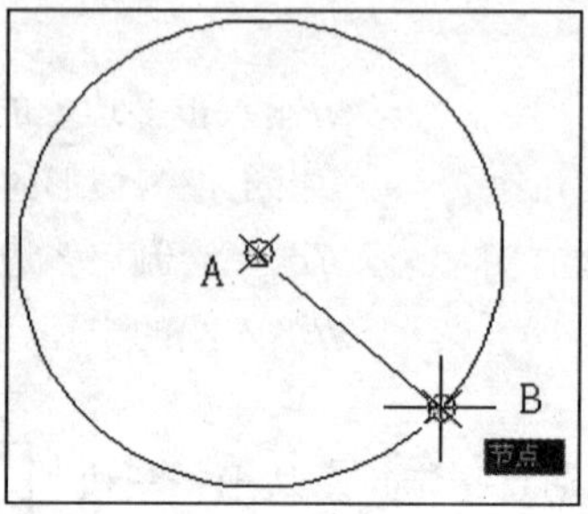


图 2.5.1　绘制圆

命令：_circle

指定圆的圆心或 [三点(3P)/两点(2P)/相切、相切、半径(T)]:　　　　//捕捉圆心 A

指定圆的半径或 [直径(D)] <200.0000>:　　　　//捕捉节点 B

其中各选项命令含义如下：

（1）三点(3P)：通过指定圆周上的 3 个点来绘制圆，如图 2.5.2 所示。

（2）两点(2P)：通过确定直径的两个点绘制圆，如图 2.5.3 所示。

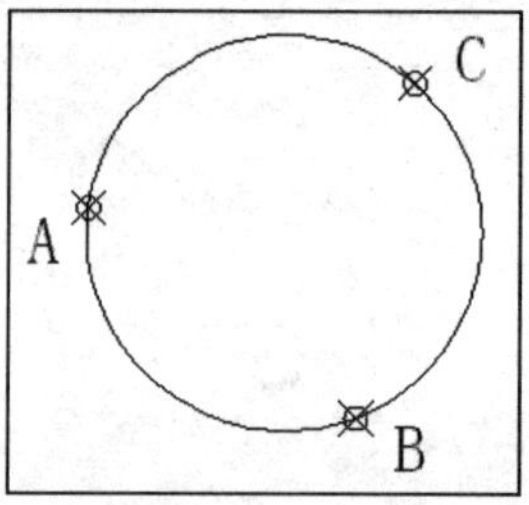


图 2.5.2　通过“三点”方式绘制圆

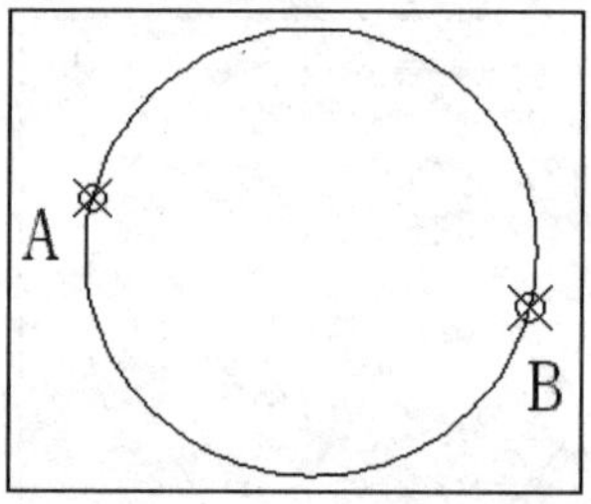


图 2.5.3　通过“两点”方式绘制圆

（3）相切、相切、半径(T)：通过指定两个切线对象和半径绘制圆，如图 2.5.4 所示。

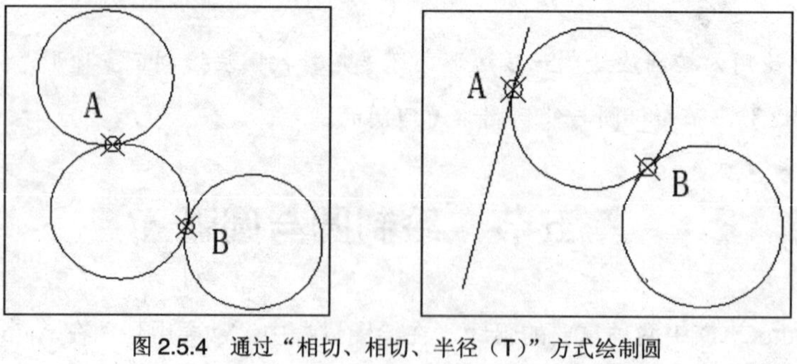


图 2.5.4　通过“相切、相切、半径（T）”方式绘制圆

**提示** 使用“相切、相切、半径(T)”命令绘制圆时，系统总是在距拾取点最近的部位绘制相切的圆。因此，拾取与圆相切的实体对象时，拾取的位置不同，最后得到的结果有可能不同。

另外，用户可以绘制与 3 个对象相切的圆，如图 2.5.5 和图 2.5.6 所示。

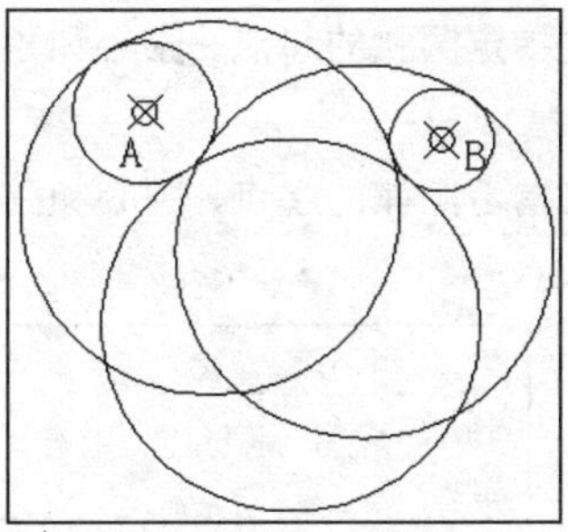


图 2.5.5　不同拾取位置绘制的圆

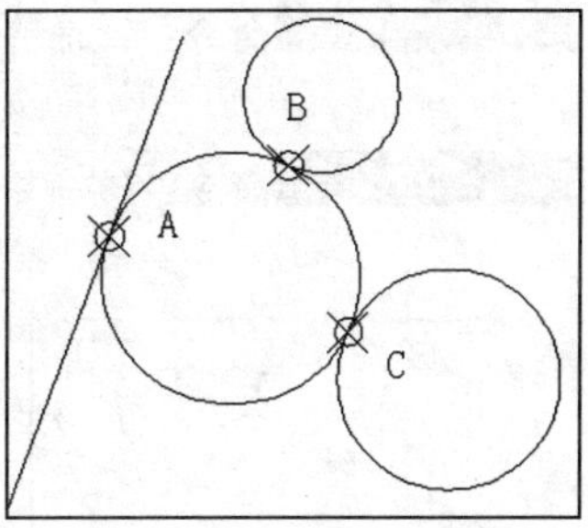


图 2.5.6　绘制与 3 个对象相切的圆

## 二、圆弧

圆弧是图形中的重要实体，AutoCAD 2008 根据实际绘图的已知条件，为用户提供了 11 种绘制圆弧的方式。启动圆弧命令有以下 3 种方法：

（1）选择 绘图(D) → 圆弧(A) 菜单下的子命令。

（2）单击“绘图”工具栏中的“圆弧”按钮。

（3）在命令行中输入 arc。

### 1. 命令执行步骤

例如，绘制如图 2.5.7 所示的圆弧，执行圆弧命令后，命令行提示如下：

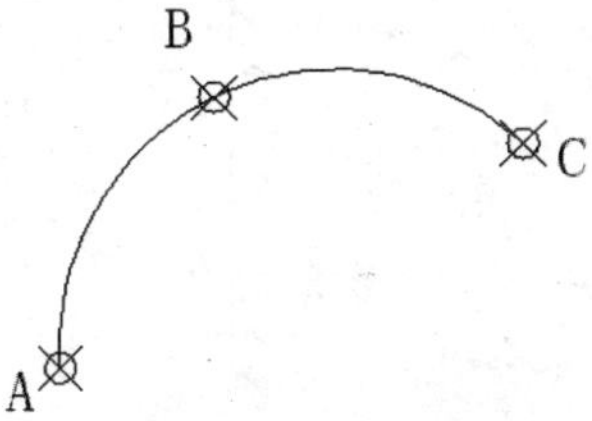


图 2.5.7　绘制圆弧

命令：_arc

指定圆弧的起点或 [圆心(C)]:　　　　　　//拾取点 A

指定圆弧的第二个点或 [圆心(C)/端点(E)]:　　//拾取点 B

指定圆弧的端点：

### 2. 选项含义

选择 绘图(D) → 圆弧(A) 命令，系统弹出如图 2.5.8 所示的子菜单，该菜单提供了 11 种方法绘制圆弧，下面分别进行介绍。

（1）三点(P) 命令：该命令是通过 3 个指定的点来绘制圆弧，第一个点是起始点，第二点是圆弧上任意一点，第三个点是终点，这是系统默认绘制圆弧的方式，如图 2.5.7 所示。

（2）起点、圆心、端点(S) 命令：该命令是通过指定圆弧的起点、圆心和端点来绘制圆弧，如图 2.5.9 所示。

图 2.5.8　圆弧子菜单

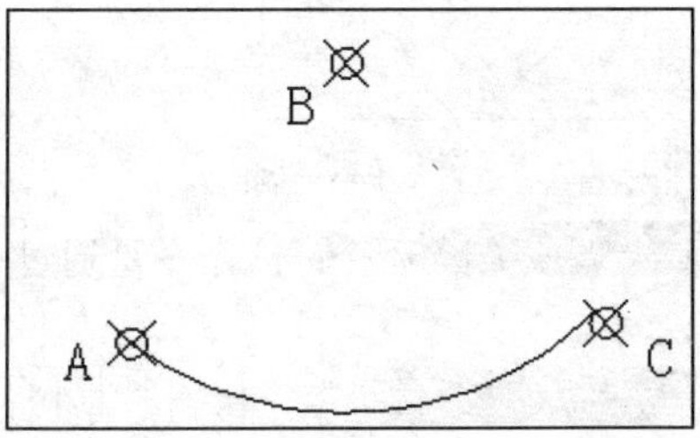


图 2.5.9　指定起点、圆心和端点绘制圆弧

（3）起点、圆心、角度(T)命令：该命令是通过指定圆弧的起点、圆心和角度来绘制圆弧，如图 2.5.10 所示。

（4）起点、圆心、长度(A)命令：该命令是通过指定圆弧的起点、圆心和弦长来绘制圆弧，如图 2.5.11 所示。

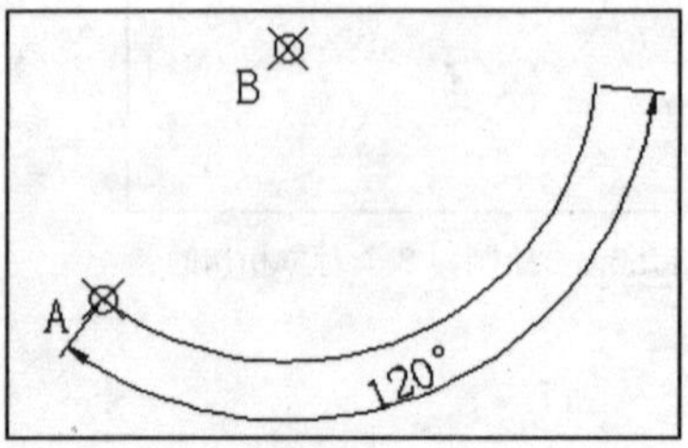


图 2.5.10　指定起点、圆心和角度绘制

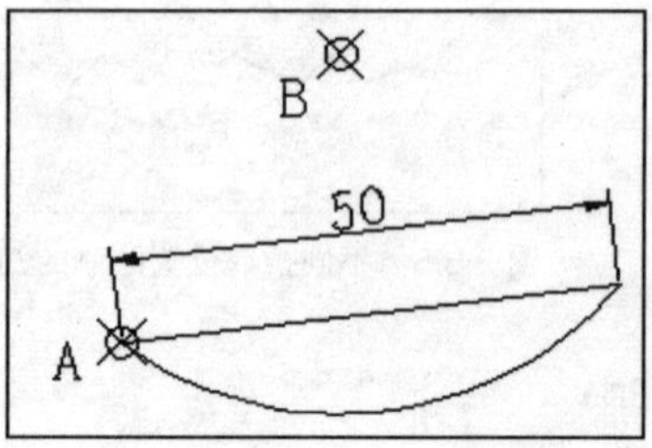


图 2.5.11　指定起点、圆心和弦长绘制圆弧

（5）起点、端点、角度(N)命令：该命令是通过指定圆弧的起点、端点和角度来绘制圆弧，如图 2.5.12 所示。

（6）起点、端点、方向(D)命令：该命令是通过指定圆弧的起点、端点和方向来绘制圆弧，如图 2.5.13 所示。

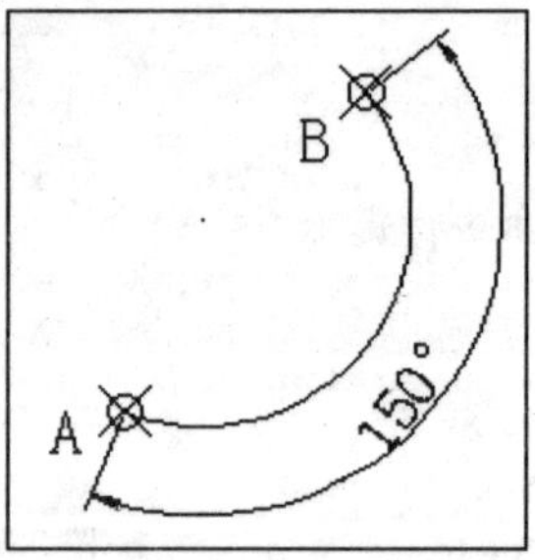


图 2.5.12　指定起点、端点和角度绘制圆弧

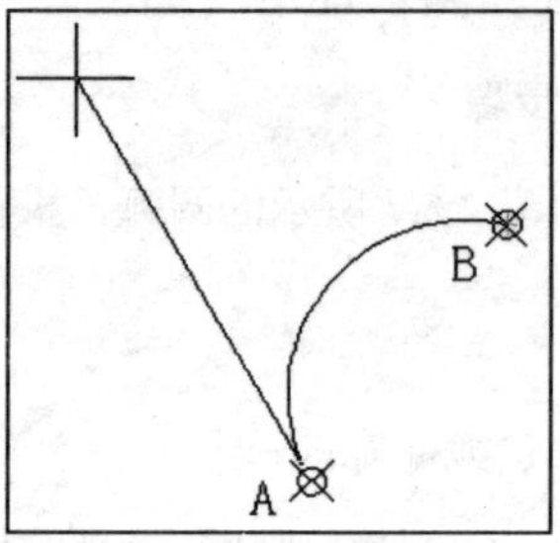


图 2.5.13　指定起点、端点和方向绘制圆弧

（7）起点、端点、半径(R)命令：该命令是通过指定圆弧的起点、端点和半径来绘制圆弧，如图 2.5.14 所示。

（8）圆心、起点、端点(C)命令：该命令是通过指定圆弧的圆心、起点和端点来绘制圆弧，如图 2.5.15 所示。

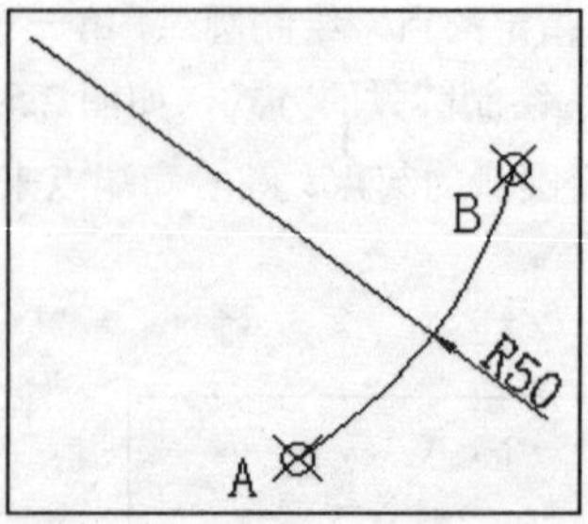


图 2.5.14　指定起点、端点和半径绘制圆弧

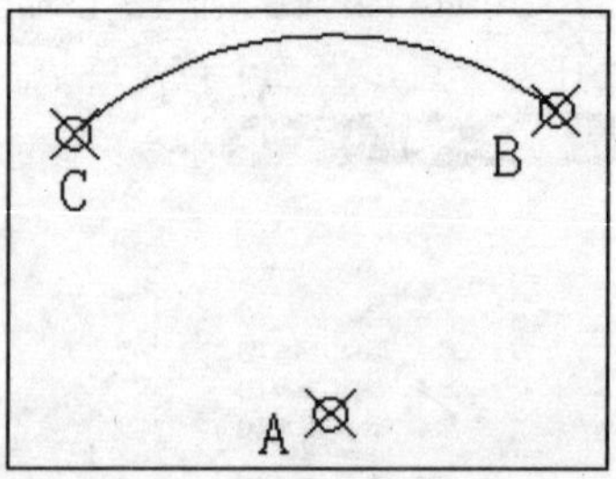


图 2.5.15　指定圆心、起点和端点绘制圆弧

（9）圆心、起点、角度(E)命令：该命令是通过指定圆弧的圆心、起点和角度来绘制圆弧，如图 2.5.16 所示。

（10）圆心、起点、长度(L)命令：该命令是通过指定圆弧的圆心、起点和长度来绘制圆弧，如图 2.5.17 所示。

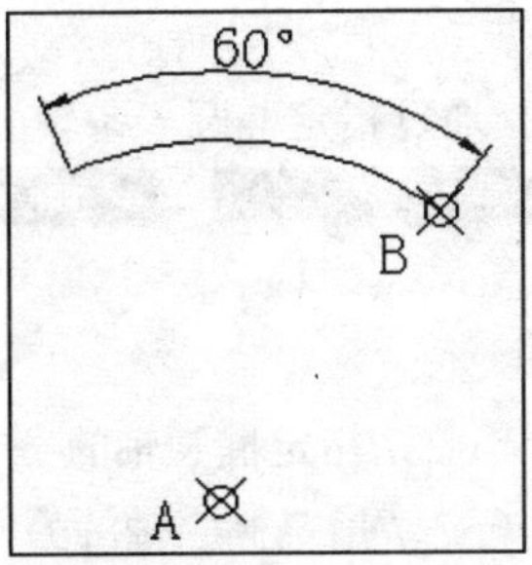


图 2.5.16 指定圆心、起点和角度绘制圆弧

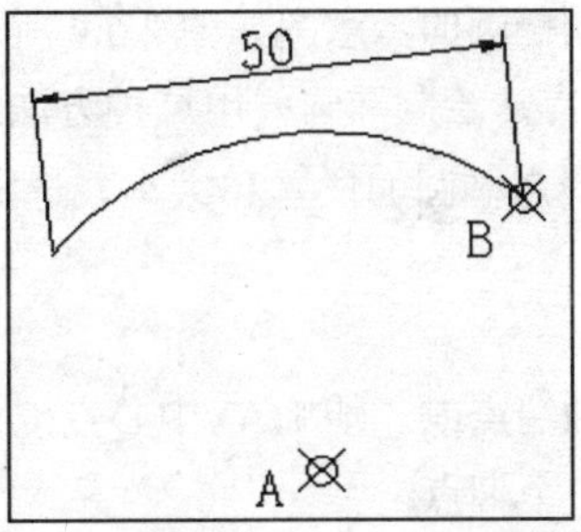


图 2.5.17 指定圆心、起点和长度绘制圆弧

（11）继续(O)命令：该命令是将最后一次绘制的线段或圆弧的终点作为新圆弧的起点，以最后所绘圆弧终止点的切线方向为新圆弧的起始点处的切线方向来绘制新圆弧，如图 2.5.18 所示。

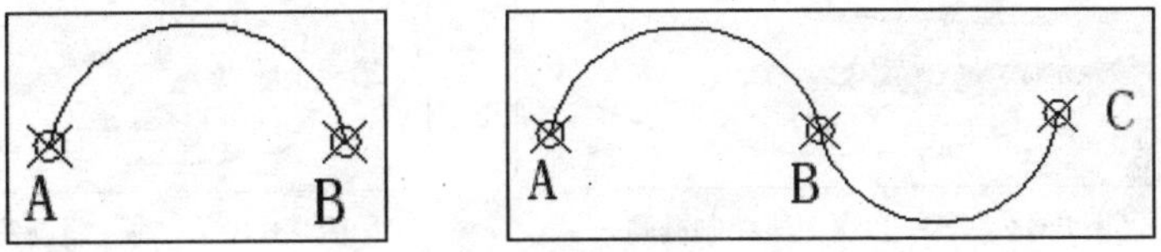


图 2.5.18 连续绘制圆弧

# 第六节 绘制椭圆和椭圆弧

椭圆和椭圆弧是 AutoCAD 中另外两种重要的弧线，本节将详细介绍这两种弧线的绘制方法。

## 一、椭圆

绘制椭圆的默认方法是指定第一个轴的端点和距离，此距离是第二个轴长度的一半。在椭圆中，较长的轴称为长轴，较短的轴称为短轴。长轴和短轴与定义轴的次序无关。启动椭圆命令有以下 3 种方法：

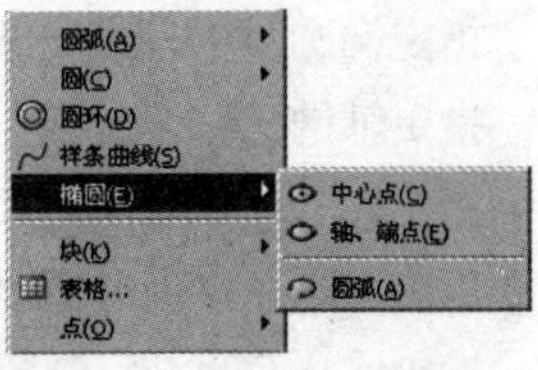


图 2.6.1 “椭圆”子菜单命令

（1）单击“绘图”工具栏中的“椭圆”按钮。

（2）选择绘图(D)→椭圆(E)命令中的子命令，如图 2.6.1 所示。

（3）在命令行中输入命令 ellipse 或 el。

在 AutoCAD 2008 中，椭圆的绘制方法有以下两种：

（1）中心点法绘制椭圆：用这种方法绘制椭圆，是指通过指定椭圆的中心点、一条轴的端点和另一条半轴的长度来确定椭圆的位置和大小。选择绘图(D)→椭圆(E)→中心点(C)命令，命令行提示如下：

命令: _ellipse

指定椭圆的轴端点或 [圆弧(A)/中心点(C)]: _c //系统提示

指定椭圆的中心点: //指定椭圆的中心点

指定轴的端点: //指定椭圆一条轴的端点

指定另一条半轴长度或 [旋转(R)]: //指定椭圆另一条半轴的长度

用该方法绘制椭圆的示意图如图 2.6.2 所示。

（2）轴、端点法绘制椭圆：用这种方法绘制椭圆，是指通过指定椭圆一条轴的两个端点和另一条半轴的长度来确定椭圆的位置和大小。选择 绘图(D) → 椭圆(E) → 轴、端点(E) 命令，命令行提示如下：

命令: _ellipse
指定椭圆的轴端点或 [圆弧(A)/中心点(C)]:　　//指定椭圆轴的一个端点
指定轴的另一个端点:　　//指定椭圆轴的另一个端点
指定另一条半轴长度或 [旋转(R)]:　　//指定椭圆的另一条半轴长度

用该方法绘制椭圆的示意图如图 2.6.3 所示。

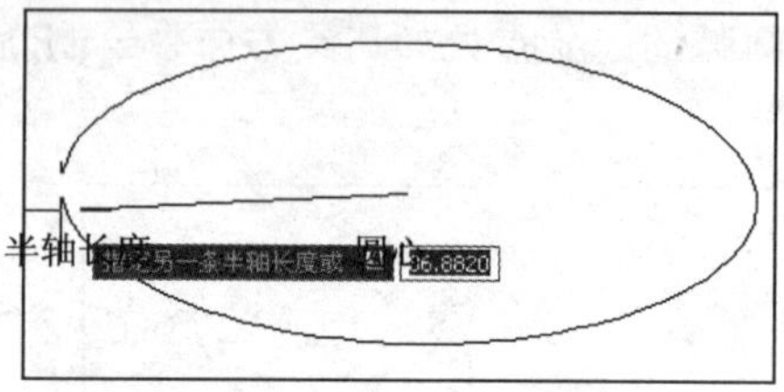

图 2.6.2　“中心点”法绘制椭圆

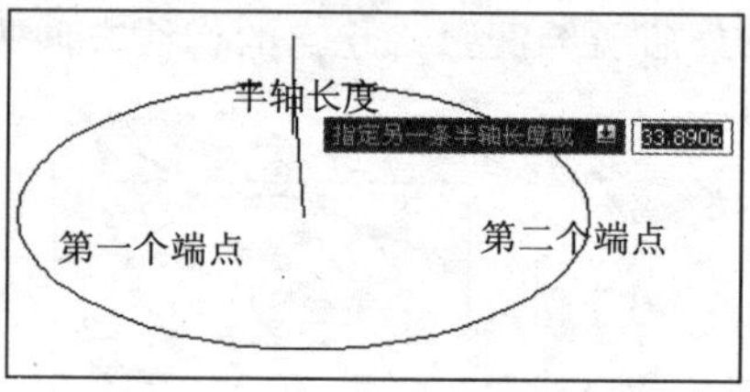

图 2.6.3　“轴、端点”法绘制椭圆

## 二、椭圆弧

椭圆弧的绘制方法类似于椭圆的绘制方法，用户只需要利用前面介绍的椭圆的绘制方法绘制一个虚拟的椭圆后，在命令行的提示下依次指定椭圆弧的起始点和终止点即可。在 AutoCAD 2008 中，执行绘制椭圆弧命令的方法有以下两种：

（1）单击“绘图”工具栏中的“椭圆弧”按钮。

（2）选择 绘图(D) → 椭圆(E) → 圆弧(A) 命令。

执行此命令后，命令行提示如下：

命令: _ellipse　　//执行绘制椭圆弧命令
指定椭圆的轴端点或 [圆弧(A)/中心点(C)]: _a　　//系统提示
指定椭圆弧的轴端点或 [中心点(C)]:　　//指定椭圆弧的轴端点
指定轴的另一个端点:　　//指定椭圆弧的另一个轴端点
指定另一条半轴长度或 [旋转(R)]:　　//指定另一条半轴长度
指定起始角度或 [参数(P)]:　　//指定椭圆弧的起始角度
指定终止角度或 [参数(P)/包含角度(I)]:　　//指定椭圆弧的终止角度

其中部分命令选项的功能介绍如下：

（1）参数(P)：此选项是 AutoCAD 绘制椭圆弧的另一种模式。选择此项后，命令行提示如下：

指定起始参数或[角度(A)]:　　//指定起始参数
指定终止参数或[角度(A)/包含角度(I)]:　　//指定终止参数

使用“起始参数”选项可以从“角度”模式切换到“参数”模式。

（2）包含角度(I)：定义从起始角度开始的包含角度。选择此项后，命令行提示如下：

指定弧的包含角度<180>:　　//输入椭圆弧包含的角度值

绘制的椭圆弧的示意图如图 2.6.4 所示。

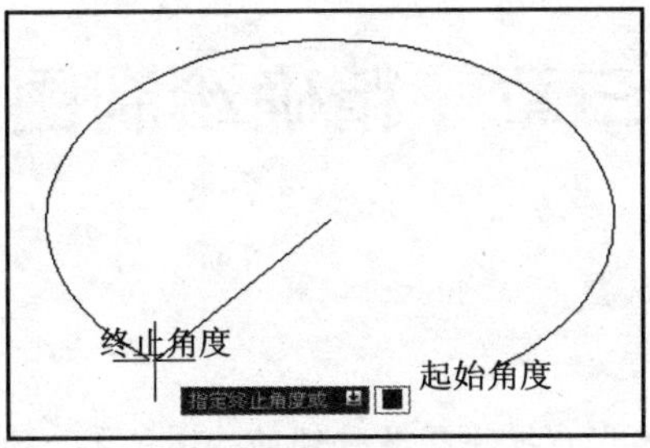


图 2.6.4　绘制椭圆弧

# 习 题 二

## 一、填空题

1．在 AutoCAD 2008 中，系统为用户提供了多种线的绘制命令，如__________、__________、__________、__________等。

2．决定椭圆形状的重要因素有 3 个，即__________、__________和__________。

## 二、选择题

1．在 AutoCAD 中，使用矩形命令可以绘制多种图形，其中包括（ ）。

A．圆角矩形　　B．倒角矩形　　C．带线宽的矩形　　D．以下答案均正确

2．在 AutoCAD 中，应用构造线的（ ）选项可以绘制通过顶点且平分两条线之间的夹角。

A．水平　　B．偏移　　C．二等分　　D．角度

## 三、问答题

1．什么是标高？如何绘制具有标高的圆角矩形？

2．在 AutoCAD 2008 中，绘制圆弧的方法有多少种？

## 四、上机操作题

1．绘制如题图 2.1 所示的图形。

2．绘制如题图 2.2 所示的图形。

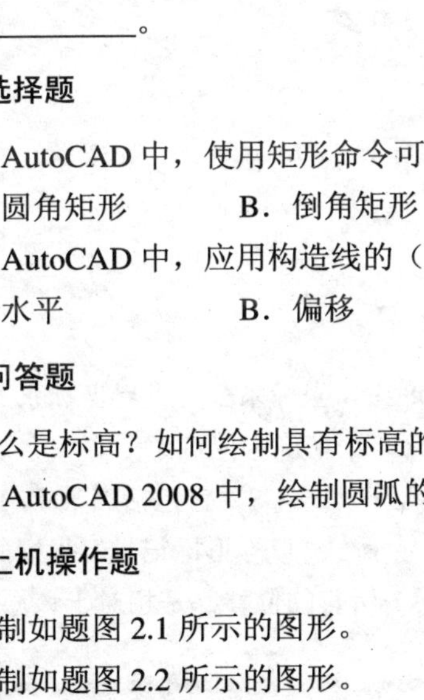


题图　2.1

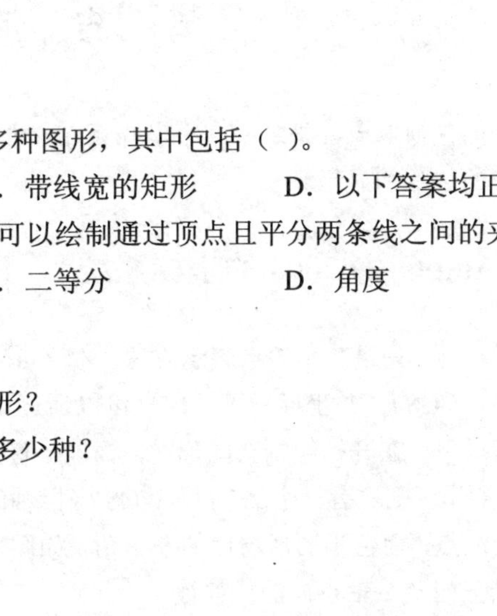


题图　2.2

# 第三章　精确绘制图形

## 教学目标

在 AutoCAD 2008 中，系统为用户提供了多种辅助绘图工具，能够有效地帮助用户精确定位，提高绘图速度和精确度。本章详细介绍了 AutoCAD 2008 中各种辅助绘图工具的使用方法。

## 教学难点与重点

（1）使用坐标系。

（2）使用捕捉、栅格和正交。

（3）使用对象捕捉。

（4）使用自动跟踪。

## 第一节　使用坐标系

图形中的任何对象都是基于某个坐标系而存在的，熟练掌握 AutoCAD 的坐标系统，将有利于用户控制图形的位移和显示。

### 一、AutoCAD 2008 的坐标系统

坐标（x，y）是最基本的点表示方法。在 AutoCAD 2008 中，坐标系分为世界坐标系（WCS）和用户坐标系（UCS）。在坐标系下，用户可以通过坐标（x，y）来精确定位点。

默认情况下，在开始绘制新图形时，当前坐标系为世界坐标系 WCS，它包括 X 轴和 Y 轴（如果在 3D 空间工作，则还有一个 Z 轴）。WCS 坐标轴的交汇处显示一“口”形标记，但坐标原点并不在坐标系的交汇点，而位于图形窗口的左下角，如图 3.1.1 所示。所有的位移都是相对于该原点计算的，并且沿 X 轴正向及 Y 轴正向的位移被规定为正方向。

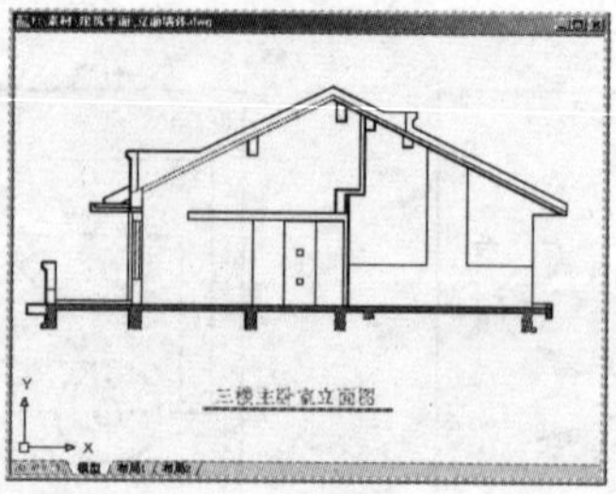

图 3.1.1　世界坐标系（WCS）

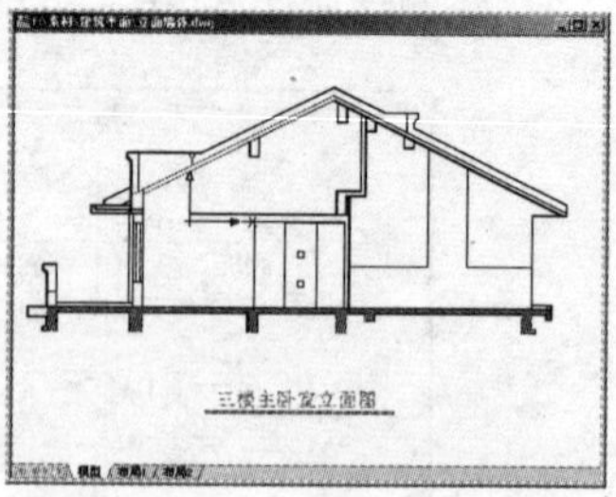

图 3.1.2　用户坐标系（UCS）

在 AutoCAD 中，为了能够更好地辅助绘图，用户经常需要修改坐标系的原点和方向，这时世界坐标系将变为用户坐标系，即 UCS。UCS 的原点以及 X、Y、Z 轴方向都可以移动及旋转，甚至可以依赖于图形中某个特定的对象。尽管用户坐标系中 3 个轴之间仍然互相垂直，但是在方向及位

置上却都有更大的灵活性。另外，UCS 没有“口”形标记，如图 3.1.2 所示。

要设置 UCS，可以在命令行输入 UCS，命令行提示如下：

指定 UCS 的原点或 [面(F)/命名(NA)/对象(OB)/上一个(P)/视图(V)/世界(W)/X/Y/Z/Z 轴(ZA)] <世界>:

在该提示中，如果要恢复用户坐标系为世界坐标系，可以按回车键。

## 二、点坐标的输入方法

绘图时通过坐标系可以在图形中确定点的位置。用户可以设置和使用可移动的用户坐标系，从而更好地在等轴测图和三维视图中绘图。

在 AutoCAD 中，常用的坐标输入方式有绝对坐标输入和相对坐标输入。

### 1. 绝对坐标输入

以坐标原点（0，0，0）为基点来定位其他所有点。用户可以通过输入（X，Y，Z）坐标来确定一个点在坐标系中的位置。X 值表示此点在 X 轴方向到原点间的距离；Y 值表示此点在 Y 轴方向到原点间的距离；Z 值表示此点在 Z 轴方向到原点间的距离。

绝对坐标又可分为绝对直角坐标和绝对极坐标。

（1）绝对直角坐标：是用点的 X，Y，Z 坐标值来表示，坐标值之间用逗号隔开，例如（20,30,40）。

下面以绘制一个直角三角形为例介绍绝对直角坐标的输入方法，如图 3.1.3 所示。

```
命令：line
指定第一点：0,0                              //输入直线起点坐标
指定下一点或 [放弃(U)]：220，0               //输入直线端点坐标
指定下一点或 [放弃(U)]：220，260             //输入下一段直线端点坐标
指定下一点或 [闭合(C)/放弃(U)]：c            //闭合绘制的直线
```

（2）绝对极坐标：是用极径和极角来定位二维点的位置，在 AutoCAD 中输入绝对极坐标的方式是“极径<极角”，例如，“120<60”。

下面以绘制一个等边三角形为例介绍绝对极坐标的输入方法，如图 3.1.4 所示。

```
命令：line
指定第一点：0,0                              //输入直线起点坐标
指定下一点或 [放弃(U)]：300<60               //输入直线端点坐标
指定下一点或 [放弃(U)]：300<120              //输入下一段直线端点坐标
指定下一点或 [闭合(C)/放弃(U)]：c            //闭合绘制的直线
```

### 2. 相对坐标输入

相对坐标是以某点相对于参考点的相对位置来定义该点的位置。它的表示方法是在绝对坐标表达式前加@号，如“@120,60”、“@120<60”等。

下面仍以绘制一个等边三角形为例介绍相对极坐标的输入方法，如图 3.1.5 所示。

```
命令：line
指定第一点：0,0                              //输入直线起点坐标
指定下一点或 [放弃(U)]：@240<0               //输入直线端点坐标
```

指定下一点或 [放弃(U)]：@240<120　　　　　//输入下一段直线端点坐标

指定下一点或 [闭合(C)/放弃(U)]：c　　　　　//闭合绘制的直线

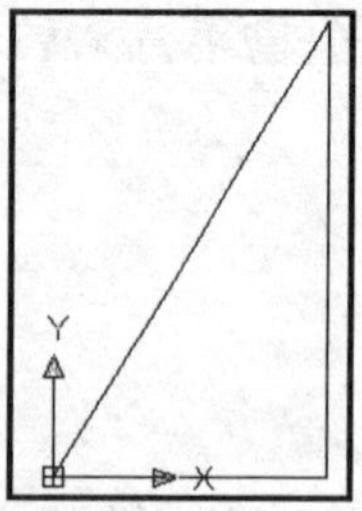


图 3.1.3　绘制直角三角形

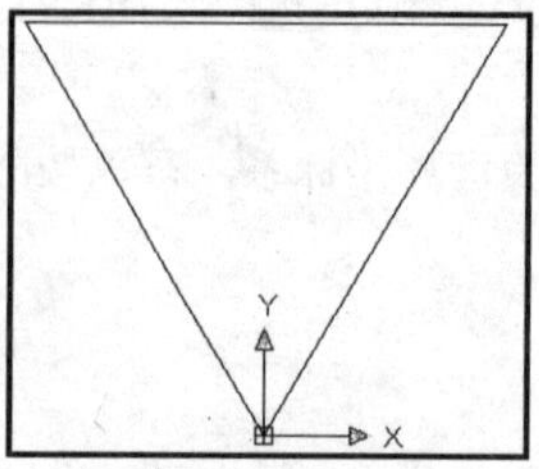


图 3.1.4　绘制等边三角形

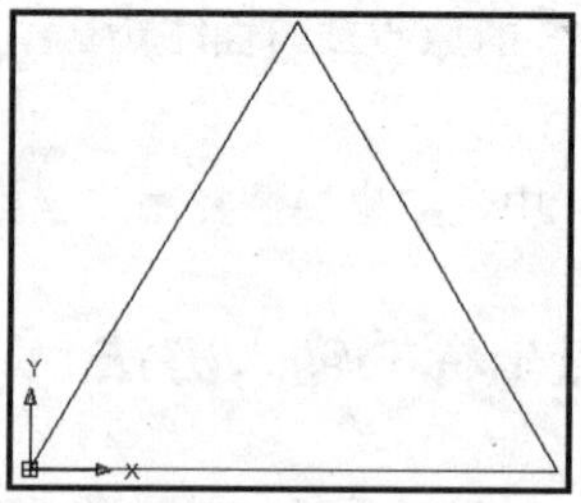


图 3.1.5　绘制等边三角形

## 三、控制坐标的显示

在绘图窗口中移动光标的十字指针时，状态栏的左端将动态地显示当前指针的坐标，如图 3.1.6 所示。在 AutoCAD 2008 中，坐标显示取决于所选择的模式和程序中运行的命令，在指针坐标显示区域内单击鼠标右键，在弹出的快捷菜单中有 3 种显示方式，分别为“相对”、“绝对”和“关”，下面对这 3 种方式进行介绍。

图 3.1.6　状态栏

（1）相对：显示一个相对极坐标。当选择该方式时，如果当前处在拾取点状态，系统将显示光标所在位置相对于上一个点的距离和角度。当离开拾取点状态时，系统将恢复到“绝对”。

（2）绝对：显示光标的绝对坐标，该值是动态更新的，默认情况下该显示方式是打开的。

（3）关：显示上一个拾取点的绝对坐标。此时，指针坐标不能动态更新，只有在拾取一个新点时，显示才会更新。但是，从键盘输入一个新点坐标时，不会改变该显示方式。

## 四、用户坐标系的使用方法

在绘图过程中，灵活使用用户坐标系，可以提高绘图的速度和精度。在 AutoCAD 2008 中，用户可以创建、移动、命名和正交用户坐标系。

### 1．创建用户坐标系

在 AutoCAD 2008 中，执行创建用户坐标系的方法有以下两种：

（1）选择 工具(T) → 新建 UCS(W) 命令的子菜单命令，如图 3.1.7 所示。

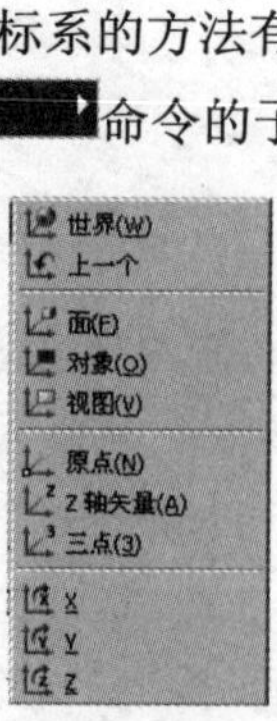


图 3.1.7　新建的子菜单

（2）在命令行中输入命令 UCS 后按回车键，然后在命令行的提示下选择“新建”命令选项。

无论使用哪一种方法，都会出现许多命令选项，这些命令选项功能介绍如下：

1）指定新 UCS 的原点：选择此命令选项，通过移动当前 UCS 的原点，保持其 X，Y 和 Z 轴方向不变，从而定义新的 UCS。

2）上一个：选择此命令选项，用上次保存的 UCS 来定义新的 UCS。

3）Z 轴(ZA)：选择此命令选项，用特定的 Z 轴正半轴定义 UCS。

4）三点(3)：选择此命令选项，指定新 UCS 的原点及其 X 轴和 Y 轴的正方向，Z 轴由右手定则确定。

5）世界(W)：选择此命令项，坐标原点位于图形窗口的左下角，所有的位移都是相对于该原点计算的，并且沿 X 轴正向及 Y 轴正向的位移被规定为正方向，从而定义了新的 WCS。

6）对象(OB)：选择此命令选项，根据选定三维对象定义新的坐标系。根据选择对象的不同，定义的新 UCS 也不一样，具体参照表 3.1。

**表 3.1　根据对象定义新 UCS**

| 对　象 | 确定 UCS 的方法 |
| --- | --- |
| 圆弧 | 圆弧的圆心成为新 UCS 的原点，X 轴通过离选择点最近的圆弧端点 |
| 圆 | 圆的圆心成为新 UCS 的原点，X 轴通过选择点 |
| 标注 | 标注文字的中点成为新 UCS 的原点，新 X 轴的方向平行于当绘制该标注时生效的 UCS 的 X 轴 |
| 直线 | 离选择点最近的端点成为新 UCS 的原点，将设置新的 X 轴，使该直线位于新 UCS 的 XZ 平面上，在新 UCS 中，该直线的第二个端点的 Y 坐标为零 |
| 点 | 该点成为新 UCS 的原点 |
| 二维多段线 | 多段线的起点成为新 UCS 的原点，X 轴沿从起点到下一顶点的线段延伸 |
| 实体 | 二维实体的第一点确定新 UCS 的原点，新 X 轴沿前两点之间的连线方向延伸 |
| 宽线 | 宽线的“起点”成为新 UCS 的原点，X 轴沿宽线的中心线方向延伸 |
| 三维面 | 取第一点作为新 UCS 的原点，X 轴沿前两点的连线方向，Y 的正方向取自第一点和第四点，Z 轴由右手定则确定 |
| 形、文字、块参照、属性定义 | 该对象的插入点成为新 UCS 的原点，新 X 轴由对象绕其拉伸方向旋转定义，用于建立新 UCS 的对象在新 UCS 中的旋转角度为零 |

7）面(F)：选择此命令选项，将实体对象中选定的面所在的平面作为 UCS 的 XY 平面。

8）视图(V)：选择此命令选项，以垂直于观察方向（平行于屏幕）的平面为 XY 平面，建立新的坐标系，UCS 原点保持不变。

9）X/Y/Z：选择此命令选项，将绕指定轴旋转当前 UCS。

### 2. 移动用户坐标系

移动坐标系是指不改变坐标轴的方向，只移动坐标系的原点位置。在 AutoCAD 2008 中，执行移动坐标系命令的方法有以下两种：

（1）选择 工具(T) → 移动 UCS(V)... 命令。

（2）在命令行中输入命令 UCS，然后在命令行的提示下选择“移动”命令选项。

执行该命令后，命令行提示如下：

指定新原点或 [Z 向深度(Z)] <0,0,0>:

其中命令选项“Z 向深度(Z)”是指确定 UCS 原点在 Z 轴上移动的距离。在绘制图形的过程中，尤其是在绘制三维图形的过程中，灵活地移动 UCS 可以简化绘图过程。

### 3. 命名用户坐标系

在 AutoCAD 2008 中，用户可以将当前 UCS 进行命名，以便在绘制图形过程中重复调用。选择工具(T) → 命名 UCS(U)... 命令，弹出 UCS 对话框，如图 3.1.8 所示。

在用户坐标系下打开该对话框，如果当前用户坐标系还没有保存，则会出现一个名称为“未命名”的坐标系，在该坐标系名称上单击鼠标右键，在弹出的快捷菜单中选择 重命名(R) 命令，即可对该未命名的坐标系命名。另外还有一个名称为“世界”和一个名称为“上一个”的坐标系，这两个坐标系是系统默认的，不能删除也不能重新命名。

在该对话框的列表框中选择一个坐标系，然后单击 置为当前(C) 按钮，即可将选中的坐标系设置为当前坐标系。在列表框中选中一个坐标系，单击该对话框中的 详细信息(T) 按钮，弹出 UCS 详细信息 对话框，该对话框中显示了相对于在该对话框中的 相对于: 下拉列表中选择的 UCS 的原点、X 轴、Y 轴和 Z 轴的值，如图 3.1.9 所示。

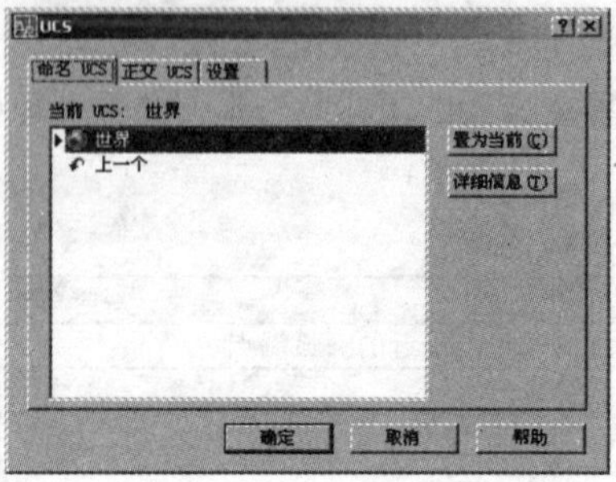


图 3.1.8 “UCS”对话框

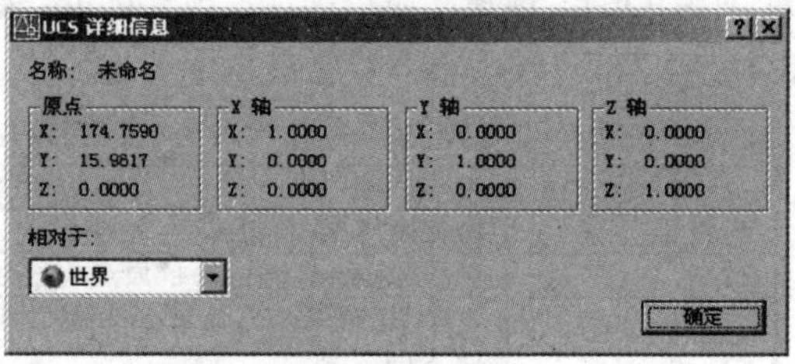


图 3.1.9 “UCS 详细信息”对话框

## 4．正交用户坐标系

在 AutoCAD 2008 中，系统为用户提供了 6 种正交用户坐标系，分别为俯视、仰视、主视、后视、左视和右视，使用正交用户坐标系，用户可以方便地从多个角度观察图形的不同部分。

设置相对于 WCS 的正交 UCS 有以下 3 种方法：

（1）单击“视图”工具栏中的相应按钮，如图 3.1.10 所示。

（2）选择 工具(T) → 正交 UCS(H) 命令的子菜单命令，如图 3.1.11 所示。

图 3.1.10 “视图”工具栏

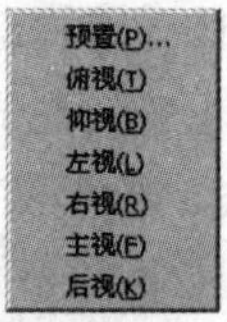


图 3.1.11 “正交 UCS（H）”子菜单命令

（3）选择 工具(T) → 正交 UCS(H) → 预置(P)... 命令，在弹出的 UCS 对话框中选择 正交 UCS 选项卡，如图 3.1.12 所示，在该对话框中的 当前 UCS: 列表中选择需要使用的的正交坐标系。

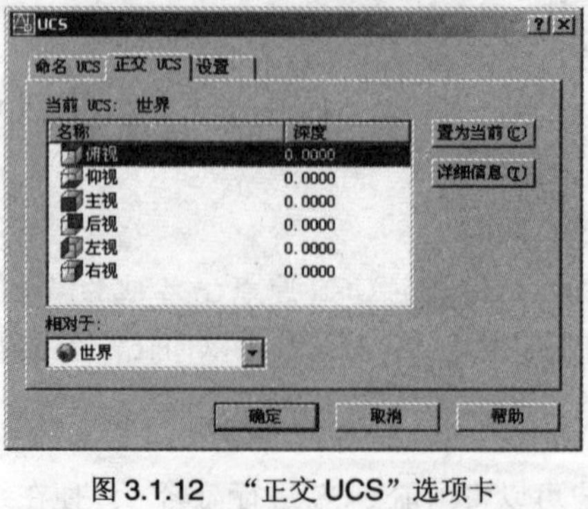


图 3.1.12 “正交 UCS”选项卡

# 第二节　使用捕捉、栅格和正交

在绘制图形时，将通过系统提供的栅格、捕捉和正交捕捉等功能，使用光标对绘制的图形进行准确定位。

## 一、设置栅格与捕捉

捕捉是指当光标在绘图窗口中移动时，系统自动显示指针移动的距离和角度。选择 工具(T) → 草图设置(F)... 命令，在弹出的 草图设置 对话框中选择 捕捉和栅格 选项卡，如图 3.2.1 所示。

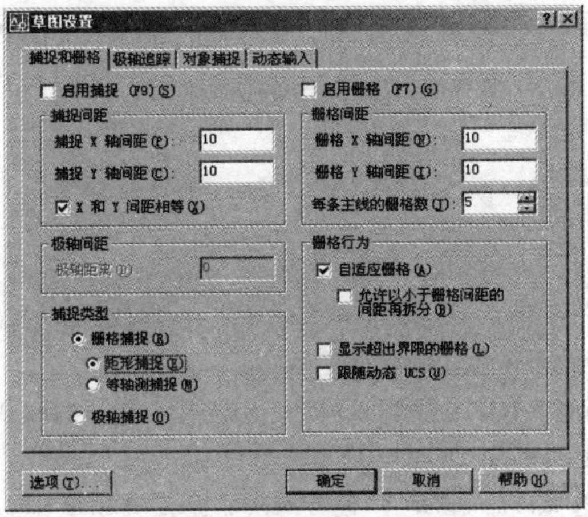


图 3.2.1　“捕捉和栅格”选项卡

该对话框中各选项功能介绍如下：

（1）☑ 启用捕捉 (F9)(S) 复选框：选中此复选框，打开捕捉模式；若不选中此复选框，则关闭捕捉。

（2）捕捉间距 选项组：该选项组用于控制不可见的栅格，使光标按指定的间距移动。在该选项组中可以设置捕捉 X 轴和 Y 轴的间距值、捕捉栅格的角度以及 X 轴和 Y 轴的基点。

（3）☑ 启用栅格 (F7)(G) 复选框：选中此复选框，显示栅格点，如图 3.2.2 所示。

（4）栅格间距 选项组：该选项组用于设置栅格的距离。用户可以在该选项组中设置栅格间 X 轴间的距离和 Y 轴间的距离。

（5）捕捉类型 选项组：该选项组用于控制捕捉模式。系统提供了“栅格捕捉”和“极轴捕捉”两种模式，选中 ⊙ 栅格捕捉(R) 或 ⊙ 极轴捕捉(O) 单选按钮，即可执行相应的捕捉模式。在“栅格捕捉”模式下，又分为“矩形捕捉”和“等轴测捕捉”两种样式，选中 ⊙ 矩形捕捉(E) 或 ⊙ 等轴测捕捉(M) 单选按钮，即可执行相应的捕捉样式。在“矩形捕捉”样式下，系统显示与当前 UCS 的 XY 平面平行的矩形栅格，X 轴与 Y 轴的间距可以不同。在“等轴测捕捉”样式下，系统显示等轴测栅格，栅格点初始化为 30° 和 150° 角，等轴测捕捉可以旋转，但 X 轴和 Y 轴的间距值必须相同。等轴测包括上等轴测平面（30° 和 150° 角）、左等轴测平面（90° 和 150° 角）和右等轴测平面（30° 和 90° 角），如图 3.2.3 所示。

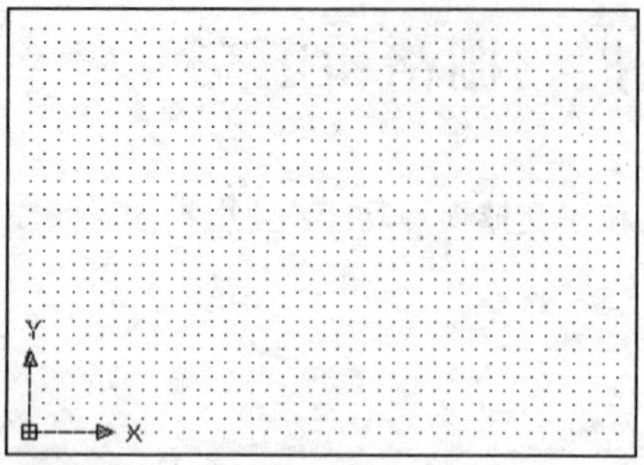


图 3.2.2　显示栅格点

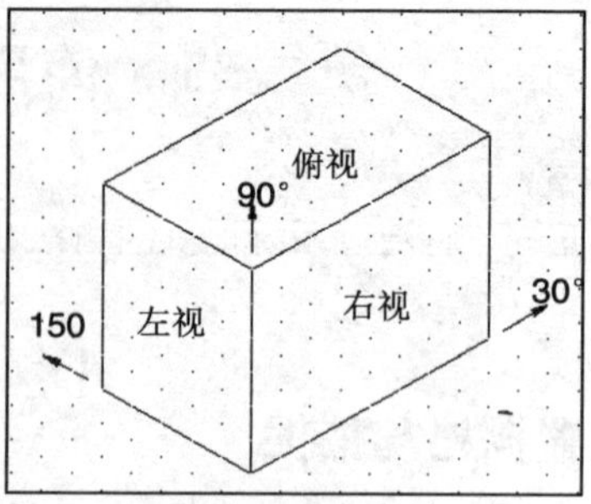


图 3.2.3　等轴测模式

（6）极轴间距选项组：该选项组用于在选定捕捉类型下的“极轴捕捉”选项时，设置捕捉增量距离。只有当在捕捉类型选项组中选中 ⦿ 极轴捕捉(O) 单选按钮时，该选项才可用。

**提示**：单击状态栏中的捕捉和栅格按钮，也可以打开或关闭捕捉和栅格功能。直接按 F7 键可以打开或关闭栅格功能，按 F9 键可以打开或关闭捕捉功能。

## 二、栅格捕捉

执行栅格与捕捉功能后，光标指针就只能停留在各栅格点上，这样用户每移动一下光标，指针就会以固定的位移量和角度进行移动。在 AutoCAD 2008 中，用户还可以在命令行中输入命令 SNAP 来打开或关闭捕捉模式，执行此命令后，命令行提示如下：

指定捕捉间距或 [开(ON)/关(OFF)/旋转(R)/样式(S)/类型(T)] <10.0000>:

其中各选项功能介绍如下：

（1）指定捕捉间距：选择该命令选项，设置每次捕捉 X 轴和 Y 轴的间距值。

（2）开(ON)：选择该命令选项，打开捕捉模式。

（3）关(OFF)：选择该命令选项，关闭捕捉模式。

（4）旋转(R)：选择该命令选项，指定栅格旋转角度。

（5）样式(S)：选择该命令选项，指定“捕捉”栅格的样式为矩形捕捉还是等轴测捕捉。

（6）类型(T)：选择该命令选项，指定捕捉类型为栅格捕捉还是极轴捕捉。

使用栅格捕捉必须同时打开捕捉和栅格功能。如图 3.2.4 所示为利用等轴测捕捉绘制的图形。

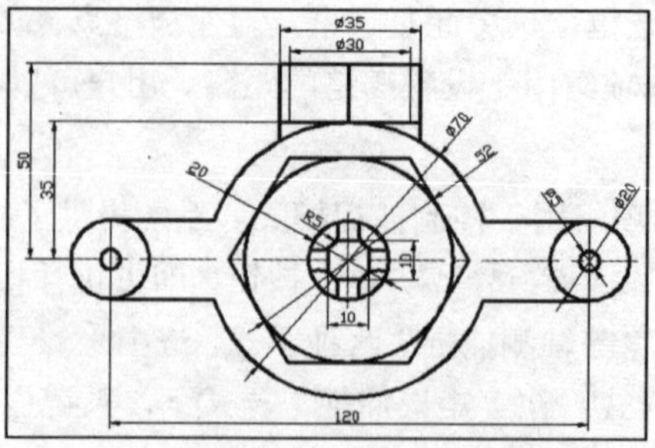


图 3.2.4　利用等轴测捕捉绘制的图形

## 三、正交功能

利用正交功能，用户可以在绘图过程中方便地绘制出水平或垂直的直线，而且光标的移动也只能是在水平或垂直方向上。单击状态栏中的 正交 按钮或按 F8 键可以执行正交功能。执行正交功能后，光标从一点引出的指向任何方向的直线都显示为水平或垂直的直线，只有当用户确定了直线的两个端点坐标后，该直线的位置和旋转角度才能被确定。

## 第三节　使用对象捕捉

在绘制图形的过程中，用户经常会以图形中已经存在的对象上的某个点作为下一个对象的起点、中间点或终点，但精确地拾取这些点非常麻烦。在 AutoCAD 2008 中，系统提供了多种捕捉模式，可以有效地帮助用户捕捉这些点。单击“对象捕捉”工具栏中的相应按钮，或在绘图窗口中按下 Shift 键的同时单击鼠标右键，在弹出的快捷菜单中也可以打开捕捉模式，如图 3.3.1 所示。

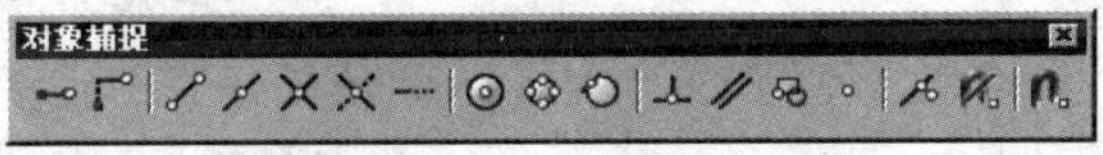


“对象捕捉”工具栏

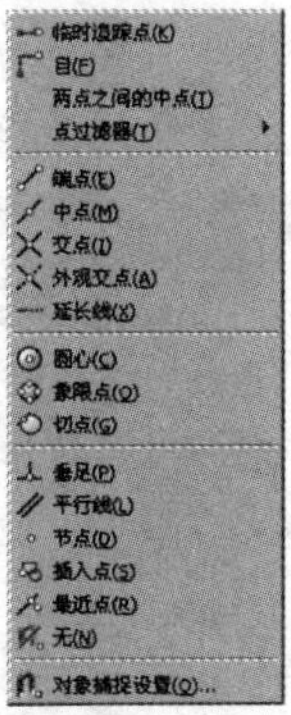


“对象捕捉”快捷菜单

图 3.3.1　“对象捕捉”工具栏和快捷菜单

各种捕捉模式的名称和功能如表 3.2 所示。

表 3.2　对象捕捉模式的名称及功能

| 按　钮 | 名　称 | 功　能 |
|---|---|---|
| | 临时追踪点 | 创建对象所使用的临时点 |
| | 捕捉自 | 从临时参照点偏移 |
| | 捕捉到端点 | 捕捉线段或圆的最近端点 |
| | 捕捉到中点 | 捕捉线段或圆弧等对象的中点 |
| | 捕捉到交点 | 捕捉线段、圆弧、圆、各种曲线之间的交点 |
| | 捕捉到外观交点 | 捕捉线段、圆弧、圆、各种曲线之间的外观交点 |
| | 捕捉到延长线 | 捕捉到直线或圆弧延长线上的点 |
| | 捕捉到圆心 | 捕捉到圆或圆弧的圆心 |
| | 捕捉到象限点 | 捕捉到圆或圆弧的象限点 |
| | 捕捉到切点 | 捕捉到圆或圆弧的切点 |
| | 捕捉到垂足 | 捕捉到垂直于线、圆或圆弧上的点 |
| | 捕捉到平行线 | 捕捉到与指定线平行的线上的点 |
| | 捕捉到插入点 | 捕捉块、图形、文字等对象的插入点 |
| | 捕捉到节点 | 捕捉对象的节点 |
| | 捕捉到最近点 | 捕捉离拾取点最近的线段、圆弧、圆等对象上的点 |
| | 无捕捉 | 关闭对象捕捉方式 |
| | 对象捕捉设置 | 设置自动捕捉方式 |

当执行命令时，捕捉功能也随之启用；当命令结束后，捕捉功能也关闭。选择 工具(T) → 草图设置(F)... 命令，弹出 草图设置 对话框，在该对话框中选择 对象捕捉 选项卡（见图 3.3.2），选中该对话框中各捕捉模式名称前面的复选框，可使设置的捕捉在绘图的整个过程中打开，用户可以通过按 F3 键打开或关闭设置的这些捕捉模式。

该对话框中的各选项含义介绍如下：

（1）☑ 启用对象捕捉 (F3)(O) 复选框：打开或关闭对象捕捉方式。

（2）☑ 启用对象捕捉追踪 (F11)(K) 复选框：打开或关闭自动追踪功能。

（3）对象捕捉模式 选项组：该选项组列出了所有捕捉模式，选中相应的复选框，即可设置该捕捉模式。

（4）全部选择 按钮：单击此按钮，选中所有捕捉模式。

（5）全部清除 按钮：单击此按钮，取消选中所有的捕捉模式。

（6）选项(T)... 按钮：单击此按钮，弹出 选项 对话框，选择 草图 选项卡，在该选项卡中可以设置有关对象捕捉的其他参数，如图 3.3.3 所示。

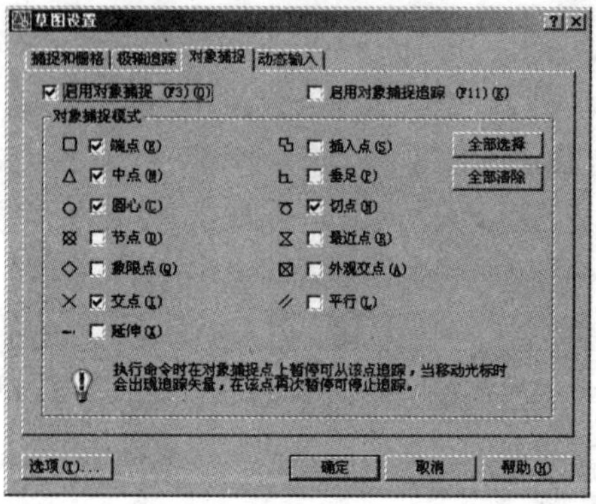


图 3.3.2　“对象捕捉”选项卡

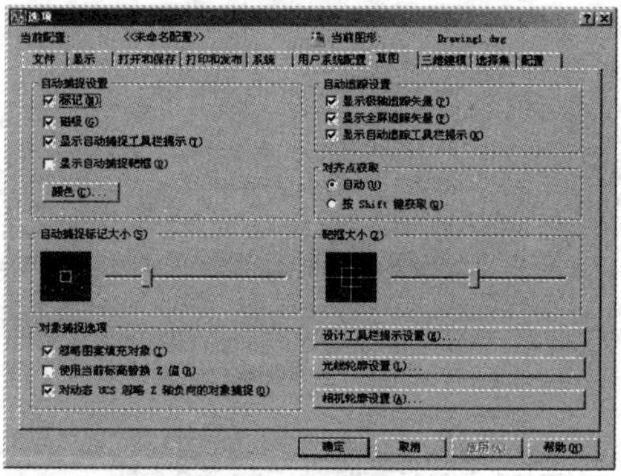


图 3.3.3　“草图”选项卡

**例 3.3.1**　利用对象捕捉功能绘制如图 3.3.4 所示的图形，具体操作步骤如下：

（1）选择 工具(T) → 草图设置(F)... 命令，弹出 草图设置 对话框，在“对象捕捉”选项卡的 对象捕捉模式 选项区中选中 ☑ 交点(I) 和 ☑ 切点(N) 两个复选框，然后单击 确定 按钮。

（2）利用直线命令在屏幕上绘制两条互相垂直的直线，如图 3.3.5 所示。

（3）利用圆命令，将指针移动到如图 3.3.6 所示的交点处，绘制半径分别为 30 和 10 的同心圆，如图 3.3.7 所示。

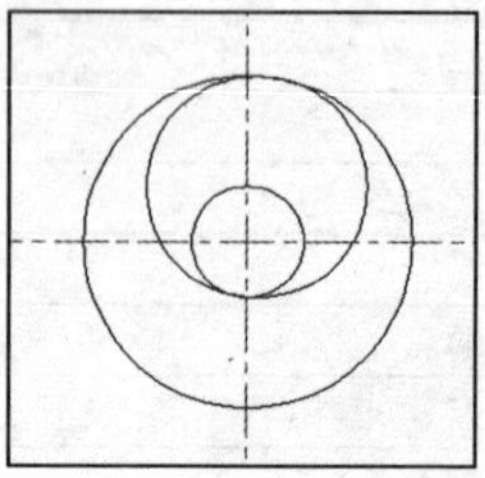

图 3.3.4　绘制两条垂线

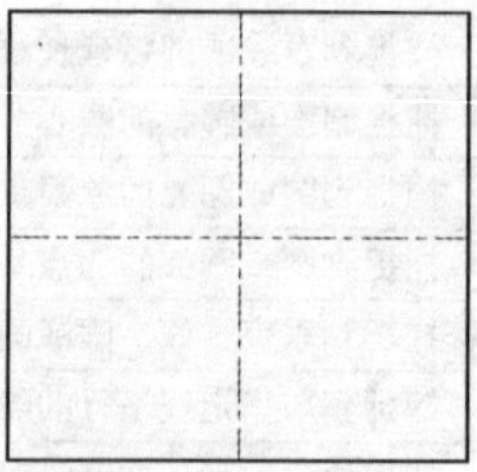

图 3.3.5　指定交点

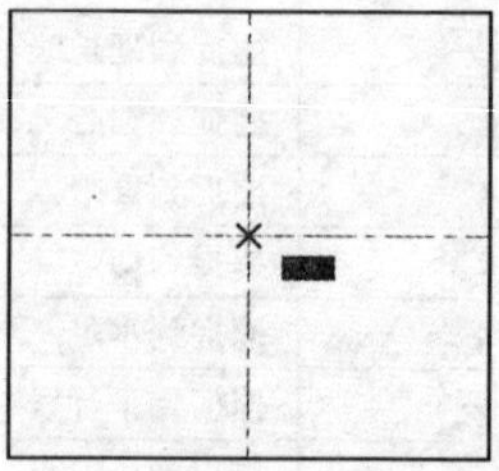

图 3.3.6　绘制两个同心圆

（4）重复圆命令，将指针移动到如图 3.3.8 所示的切点处，绘制一个半径为 20 的圆，得到如图 3.3.4 所示效果图。

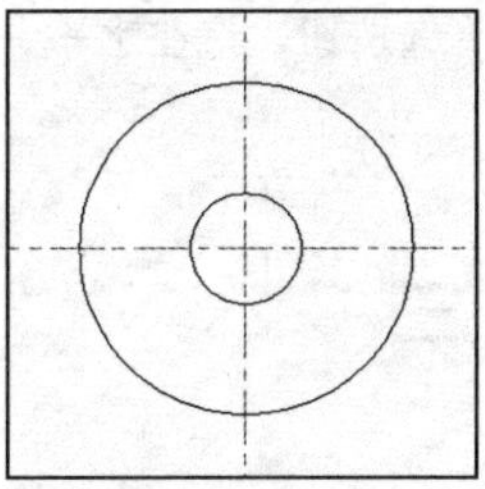

图 3.3.7　指定切点

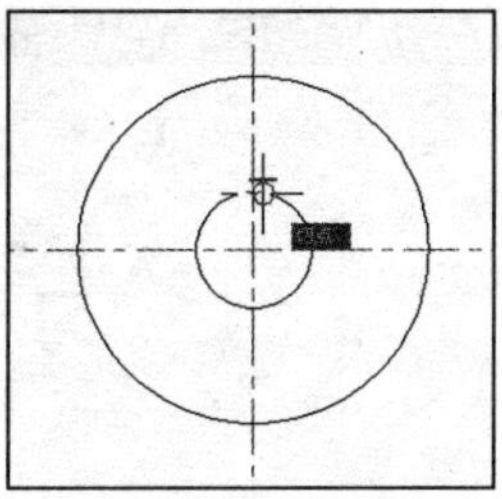

图 3.3.8　绘制圆

# 第四节　使用自动追踪

在 AutoCAD 中，通过图形中其他点精确定位点的方法称为追踪。使用自动追踪功能可以按指定角度绘制对象，或者绘制与其他对象有特定关系的对象。自动追踪包括极轴追踪和对象追踪两种。

## 一、极轴追踪

极轴追踪是按事先给定的角度增量来追踪点。选择 工具(T) → 草图设置(F)... 命令，弹出 草图设置 对话框，在该对话框中选择 极轴追踪 选项卡，如图 3.4.1 所示。

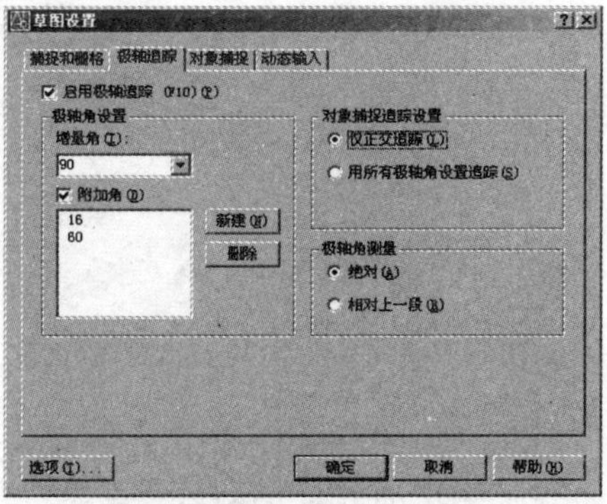


图 3.4.1　“极轴追踪”选项卡

该对话框中各选项功能介绍如下：

（1）启用极轴追踪 (F10)(P) 复选框：打开或关闭极轴追踪方式。

（2）极轴角设置 选项组：设置极轴追踪的对齐角度。

（3）对象捕捉追踪设置 选项组：用于设置对象捕捉追踪的模式。

（4）极轴角测量 选项组：用于设置极轴角的角度测量是采用绝对角度测量，还是相对于上一个对象进行测量。

## 二、对象追踪

对象追踪是指按与对象的某种特定关系进行追踪，该模式必须与对象捕捉配合使用才能起作用。单击状态栏中的 对象捕捉 按钮或按 F11 键执行对象追踪功能。对象捕捉追踪有两种模式，可以在如图 3.4.1 所示的 极轴追踪 选项卡中进行设置。选中 仅正交追踪(L) 单选按钮，将只在水平或垂直方向上显示追踪辅助线；选中 ⊙ 用所有极轴角设置追踪(S) 单选按钮，将在水平、垂直和所设定的任意极轴角上显示追踪辅助线。

# 习 题 三

## 一、填空题

1. 在 AutoCAD 2008 中，系统为用户提供了两种坐标系：一种是__________________，另一种是__________________。

2. 在 AutoCAD 2008 中，点坐标的输入方法有 4 种，分别为__________________、__________________、__________________和__________________。

3. 在 AutoCAD 2008 中，F3 键用于打开__________________功能，F8 键用于打开__________________功能，F11 键用于打开__________________。

## 二、选择题

1. 在 AutoCAD 中，使用（ ）命令可以设置绘图界限。

A．Limits　　B．Units　　C．Circle　　D．Poiygon

2. 在 AutoCAD 中，使用（ ）功能键可以打开或关闭正交模式。

A．F3　　B．F8　　C．F9　　D．F10

3. 用户可通过（ ）方式设置捕捉方式。

A．ON　　B．OFF　　C．FILL　　D．SNAP

## 三、问答题

1. 世界坐标系与用户坐标系有什么不同？
2. 如何使用栅格捕捉功能绘制图形？

## 四、上机操作题

1. 利用点的各种输入方法绘制如题图 3.1 所示的图形。
2. 利用捕捉、栅格和追踪功能绘制如题图 3.2 所示的图形。

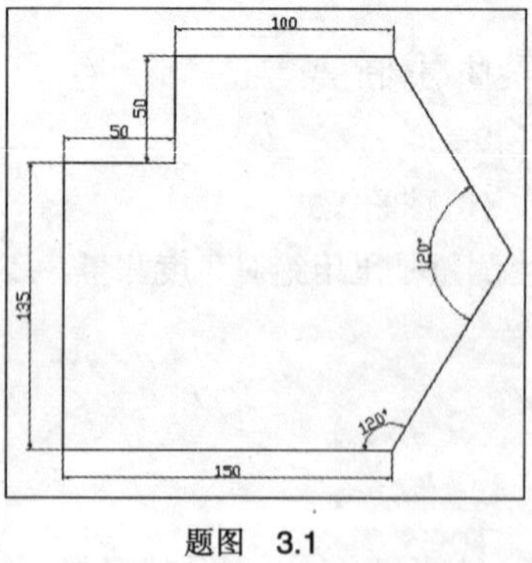


题图 3.1

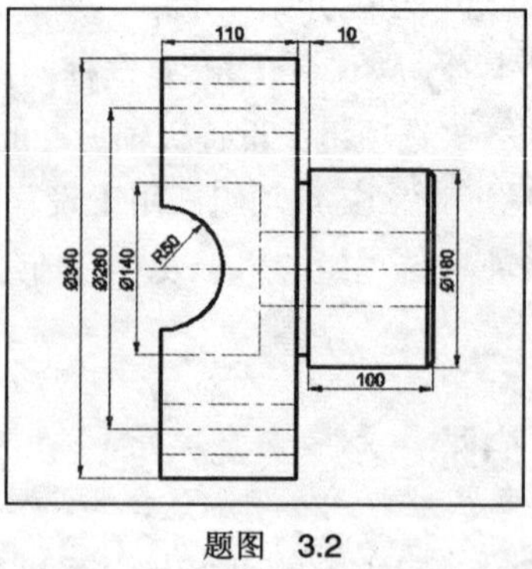


题图 3.2

# 第四章　编辑二维图形

## 教学目标

在 AutoCAD 2008 中，系统不仅为用户提供了二维图形的绘制工具，而且还可以对这些图形对象进行编辑。本章详细介绍 AutoCAD 2008 中二维图形的编辑方法。

## 教学难点与重点

（1）编辑多线。

（2）编辑多段线。

（3）编辑样条曲线。

（4）徒手绘制图形。

（5）创建区域覆盖。

## 第一节　编辑多线

多线是一组比较特殊的平行线，在建筑图形中经常用到。在 AutoCAD 2008 中，首先要掌握多线的样式，然后才能对多线进行有效的编辑。

### 一、设置多线样式

在 AutoCAD 2008 中，多线可以是由 1 到 16 条不等的平行线组成的，多线中平行线的条数以及多线端口的封闭形式都是由多线的样式定义的。选择 格式(O) → 多线样式(M)... 命令，弹出 多线样式 对话框，如图 4.1.1 所示。

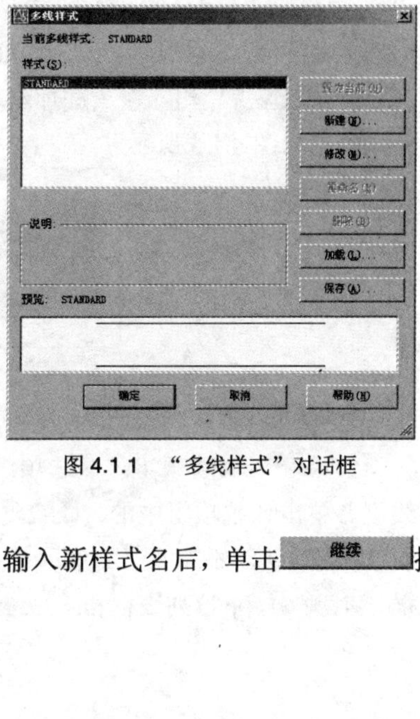


图 4.1.1　“多线样式”对话框

该对话框中各选项功能介绍如下：

（1）样式(S): 列表框：该列表框中列出了所有当前图形中的多线样式。

（2）置为当前(U) 按钮：在 样式(S): 列表框中选中一个多线样式，然后单击 置为当前(U) 按钮，即可将该多线样式设置为当前多线样式。

（3）新建(N)... 按钮：单击此按钮，弹出 创建新的多线样式 对话框，如图 4.1.2 所示。

在该对话框中的 新样式名(N): 列表框中输入新的多线样式名，在 基础样式(S): 下拉列表中选择一种样式作为新建多线样式的基础，默认情况下，系统以样式“STANDARD”作为基础。输入新样式名后，单击 继续 按钮，弹出新建多线样式对话框，如图 4.1.3 所示。

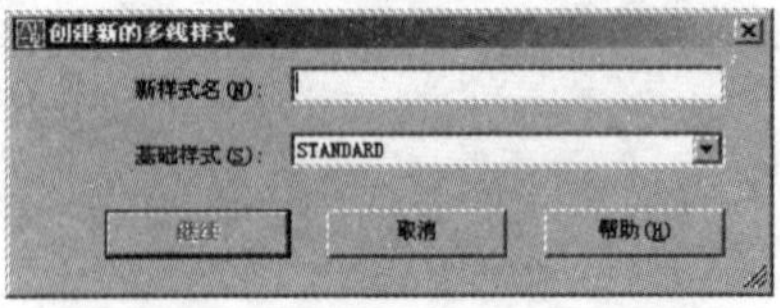


图 4.1.2　“创建新的多线样式”对话框

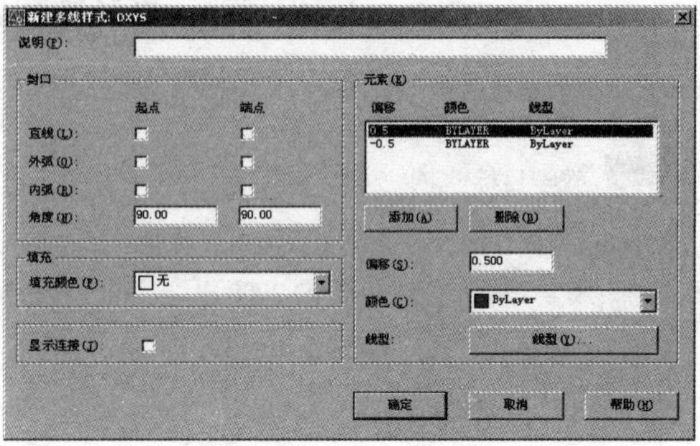


图 4.1.3　“新建多线样式”对话框

该对话框中各选项功能介绍如下：

1）说明(P): 文本框：用户可以在该文本框中为多线样式添加说明。

2）封口 选项组：该选项组用于控制多线起点和端点的封口形状。系统为用户提供了直线、外弧、内弧和角度 4 种起点与端点的封口形状，其效果如图 4.1.4 所示。

（a）直线封口

（b）外弧封口

（c）内弧封口

（d）角度为 45°

图 4.1.4　多线起点与端点的封口形状

3）填充 选项组：在该选项组中的 填充颜色(F): 下拉列表中选择一种颜色，即可为绘制的多线填充颜色，如图 4.1.5 所示。

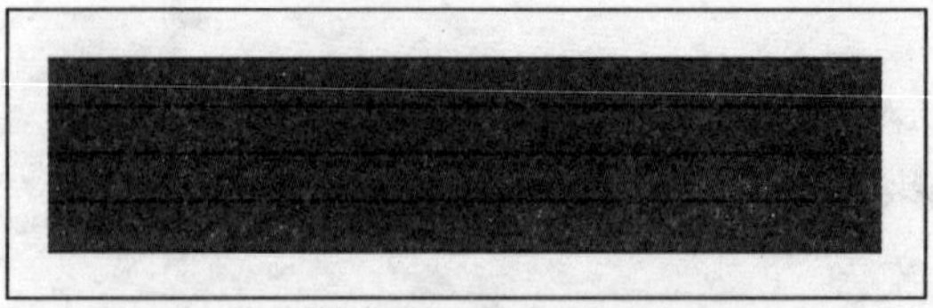

图 4.1.5　为多线填充颜色

4）显示连接(J): 复选框：选中该复选框，即可显示多线的连接线，如图 4.1.6 所示。

5）元素(E) 选项组：该选项组用于设置新的和现有的多线元素的元素特性，例如偏移、颜色和线型。单击该选项组中的 添加(A) 按钮，即可为多线添加一个元素，也就是为多线添加了一条平行线，系统默认新添加元素的偏移量为 0，颜色和线型均随层，用户可以通过该选项组中的 偏移(S): 文本框、颜色(C): 下拉列表框和 线型(Y)... 按钮设置添加元素的特性。

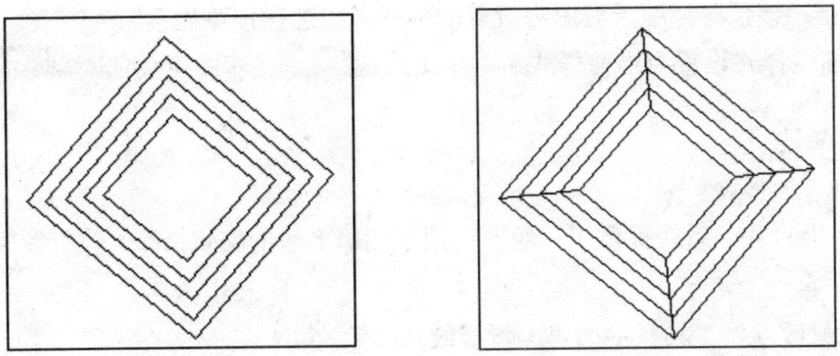

（a）不显示连接　　　　　　　　　　　　　　　　　（b）显示连接

图 4.1.6　多线的连接显示

设置完多线的各项参数后，单击该选项组中的 确定 按钮，完成新样式参数的设置，返回到 多线样式 对话框。

（4）加载(L)... 按钮：单击此按钮，弹出 加载多线样式 对话框，如图 4.1.7 所示，用户可以在该对话框中将已经保存的多线样式加载到当前图形中。

（5）重命名(R) 按钮：单击此按钮，重新定义左边 样式(S): 列表框中选中的样式名称。

（6）删除(D) 按钮：单击此按钮，删除左边 样式(S): 列表框中选中的样式。

（7）修改(M)... 按钮：单击此按钮，弹出 修改多线样式: STANDARD 对话框，如图 4.1.8 所示，用户可以在该对话框中对多线的参数进行重新设置。

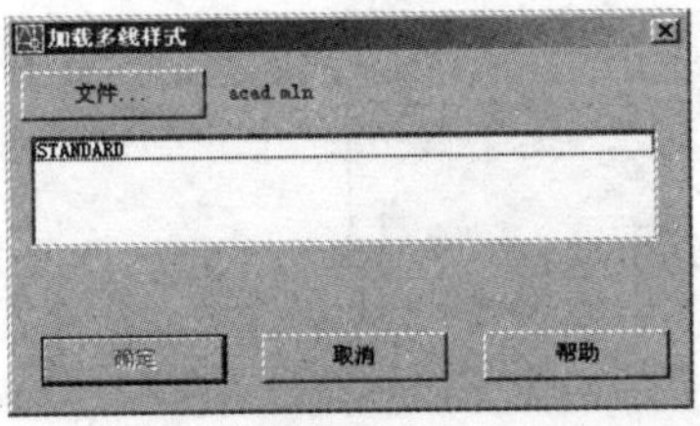


图 4.1.7　“修改多线样式：STANDARD”对话框

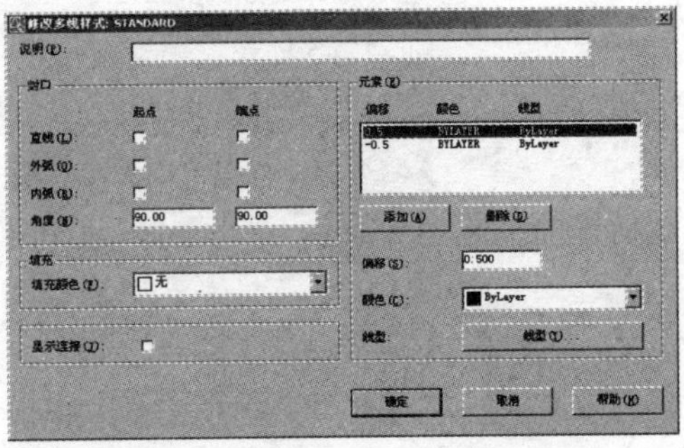

图 4.1.8　“加载多线样式”对话框

（8）保存(A)... 按钮：单击此按钮，弹出 保存多线样式 对话框，如图 4.1.9 所示，用户可以在该对话框中对当前选中的多线样式进行保存。

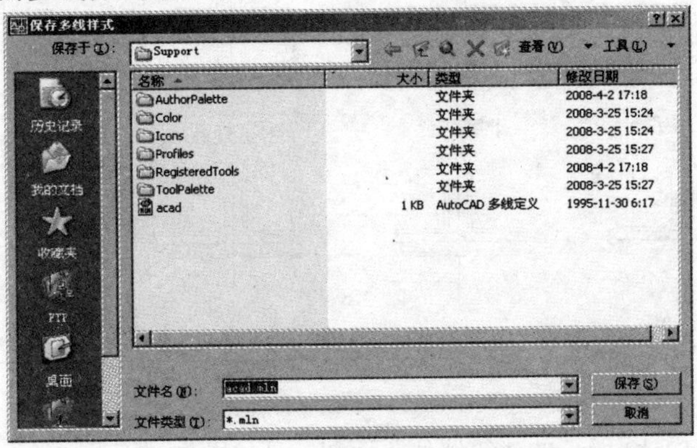


图 4.1.9　“保存多线样式”对话框

（9）预览：框：该预览框用于对用户设置的多线样式进行预览显示。

将创建的新多线样式设置为当前样式后，单击确定按钮即可关闭多线样式对话框。

## 二、编辑多线

在 AutoCAD 2008 中，系统提供了一组专门用于编辑多线的编辑命令。执行编辑多线命令的方法有以下 3 种：

（1）单击“修改 II”工具栏中的“编辑多线”按钮。

（2）选择修改(M)→对象(O)→多线(M)...命令。

（3）在命令行中输入命令 mledit。

执行编辑多线命令后，弹出多线编辑工具对话框，如图 4.1.10 所示。在该对话框中选择相应的多线编辑工具，即可对多线进行编辑。

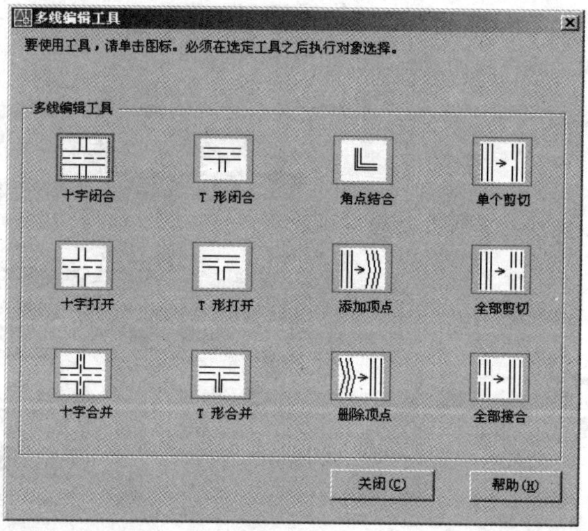


图 4.1.10　“多线编辑工具”对话框

部分多线编辑命令编辑多线的效果如图 4.1.11 所示。

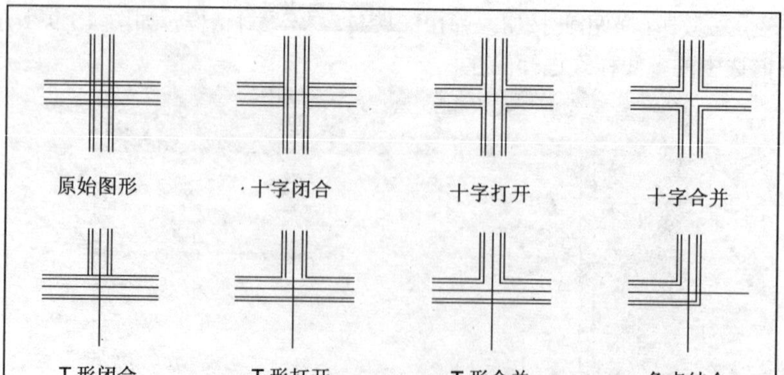


图 4.1.11　多线编辑效果

**例 4.1.1**　绘制如图 4.1.12 所示的建筑墙体平面图，具体操作如下：

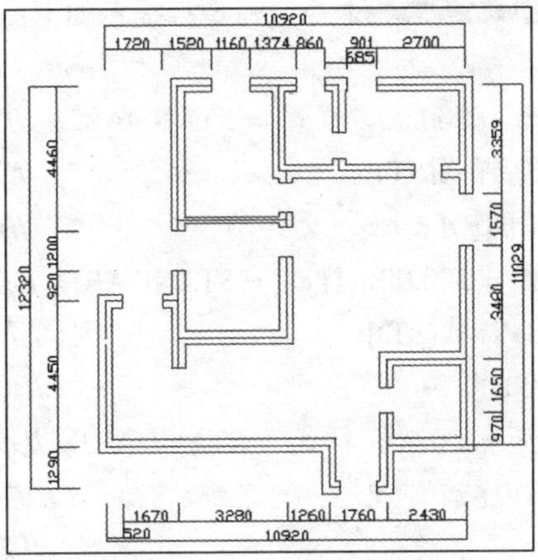


图 4.1.12　建筑墙体平面图

（1）单击“绘图”工具栏中的“直线”按钮，在绘图窗口中水平方向上绘制一条长为 10 920 的水平轴线，在垂直方向上绘制一条长为 12 320 的垂直轴线，如图 4.1.13 所示。

（2）单击“修改”工具栏中的“偏移”按钮，偏移绘制轴线，结果如图 4.1.14 所示。

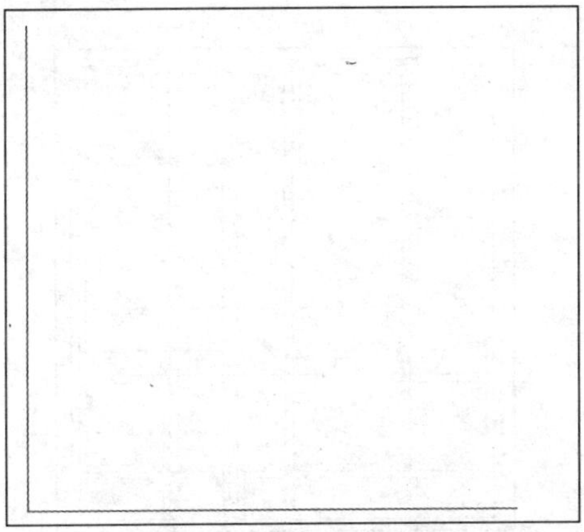

图 4.1.13　绘制两条垂直直线

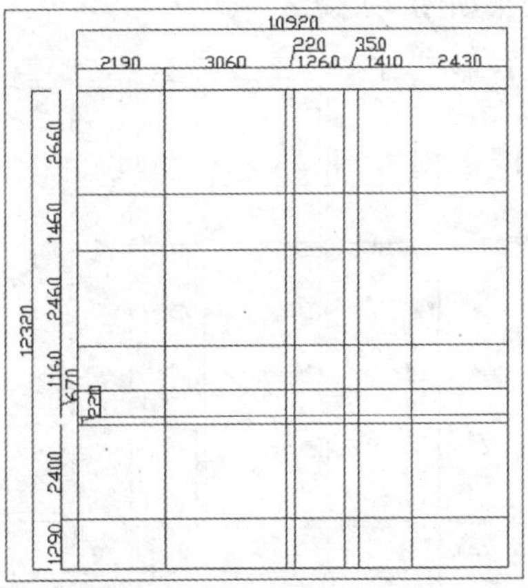


图 4.1.14　偏移直线

（3）选择 工具(T) → 草图设置(F)... 命令，弹出 草图设置 对话框，在该对话框中的 对象捕捉 选项卡中设置对象捕捉模式如图 4.1.15 所示，按“F3”键启用对象捕捉功能。

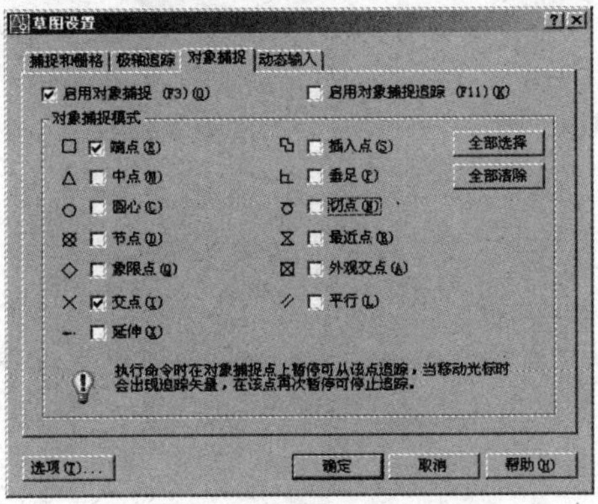


图 4.1.15　设置对象捕捉模式

（4）选择 绘图(D) → 多线(M) 命令，命令行提示如下：

命令: _mline　　//执行绘制多线命令
当前设置: 对正 ＝ 上，比例 ＝200.00，样式 ＝STANDARD　　//系统提示
指定起点或 [对正(J)/比例(S)/样式(ST)]: j　　//选择“对正”命令选项
输入对正类型 [上(T)/无(Z)/下(B)] <上>: z　　//选择“无”命令选项
当前设置: 对正 ＝ 无，比例 ＝200.00，样式 ＝STANDARD　　//系统提示
指定起点或 [对正(J)/比例(S)/样式(ST)]: s　　/选择“比例”命令选项
输入多线比例 <20.00>: 200.00　　//输入多线比例
当前设置: 对正 ＝ 无，比例 ＝200.00，样式 ＝STANDARD　　//系统显示
指定起点或 [对正(J)/比例(S)/样式(ST)]:　　//捕捉如图 4.1.16 所示图形中的 A 点
指定下一点:　　//依次绘制如图 4.1.16 所示图形中其他多线，按回车键结束命令

（5）选择 修改(M) → 对象(O) → 多线(M)... 命令，在弹出的 多线编辑工具 对话框中选择“十字合并”工具，对如图 4.1.16 所示图形中 B 点处的多线进行编辑，然后用鼠标双击图形中的多线，在弹出的 多线编辑工具 对话框中选择“T 形打开”工具，对图形中的多线进行编辑，结果如图 4.1.17 所示。

图 4.1.16　捕捉 A 点并绘制直线

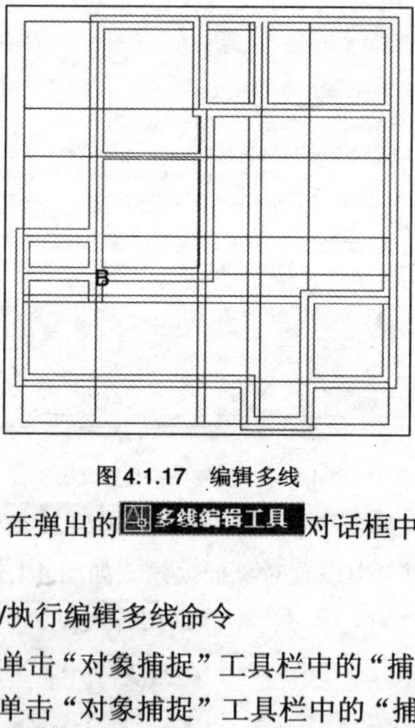


图 4.1.17　编辑多线

（6）用鼠标双击如图 4.1.17 所示图形中的多线，在弹出的 多线编辑工具 对话框中选择“全部剪切”工具，命令行提示如下：

命令: _mledit　　//执行编辑多线命令
选择多线: _from 基点:　　//单击“对象捕捉”工具栏中的“捕捉自”按钮
_endp 于　　//单击“对象捕捉”工具栏中的“捕捉自端点”按钮，捕捉如图 4.1.18 所示图形中的角点
<偏移>: @0,-700　　//输入偏移距离
选择第二个点: @0,-1700　　//输入多线上第二个点的坐标值
选择多线或[放弃(U)]:　　//按回车键结束命令

执行绘制直线命令，将断开的多线的端口用直线连接。然后用同样的方法绘制其他门洞和窗洞，关闭直线所在的图层，结果如图 4.1.18 所示。

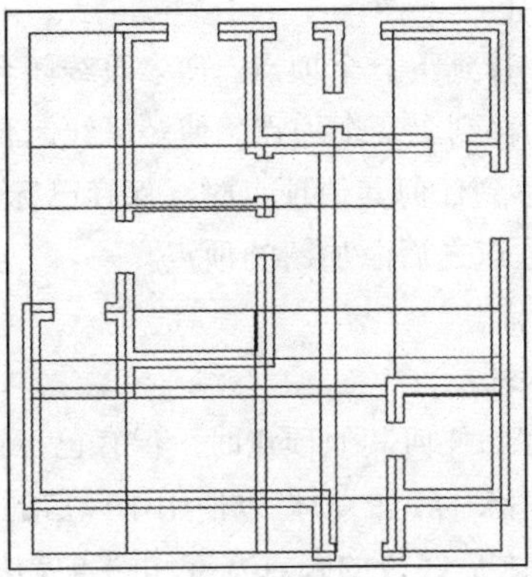

图 4.1.18 绘制的最终效果图

# 第二节 编辑多段线

在 AutoCAD 2008 中，用户对绘制的多段线也可以进行编辑。编辑多段线的方法有以下 3 种：

（1）单击“修改Ⅱ”工具栏中的“编辑多段线”按钮。

（2）选择 修改(M) → 对象(O) → 多段线(P) 命令。

（3）在命令行中输入命令 pedit。

执行编辑多段线命令后，命令行提示如下：

命令: _pedit //执行编辑多段线命令

输入选项[闭合(C)/合并(J)/宽度(W)/编辑顶点(E)/拟合(F)/样条曲线(S)/非曲线化(D)/线型生成(L)/放弃(U)]: //选择编辑多段线命令选项

其中各命令选项功能介绍如下：

（1）闭合(C)：选择此命令选项，创建多段线的闭合线，将首尾连接。除非使用“闭合”选项闭合多段线，否则将会认为多段线是开放的。

（2）合并(J)：选择此命令选项，在开放的多段线的尾端点添加直线、圆弧或多段线和从曲线拟合多段线中删除曲线拟合。

（3）宽度(W)：选择此命令选项，为整个多段线指定新的统一宽度，如图 4.2.1 所示。

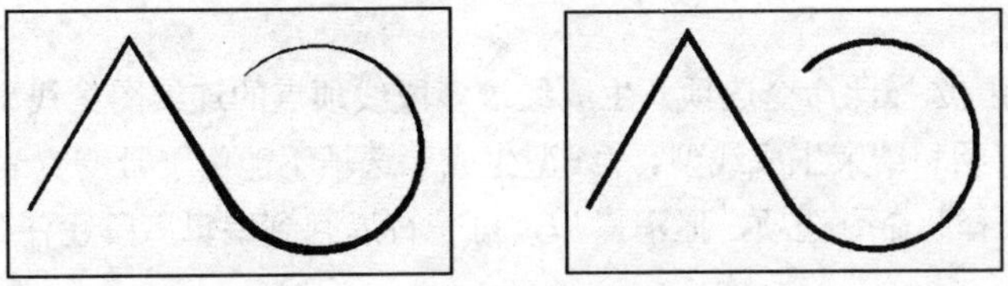

（a）原始图形 （b）指定统一宽度的图形

图 4.2.1 为多段线指定统一宽度

（4）编辑顶点(E)：选择此命令选项，在屏幕上绘制“X”标记多段线的第一个顶点。如果已指定此顶点的切线方向，则在此方向上绘制箭头，同时命令行提示如下：

输入顶点编辑选项[下一个(N)/上一个(P)/打断(B)/插入(I)/移动(M)/重生成(R)/拉直(S)/切向(T)/宽度(W)/退出(X)] <P>:

其中各命令选项的功能介绍如下：

1）下一个(N)：将标记“X”移到下一个顶点。使多段线闭合，标记也不会从端点绕回到起点。

2）上一个(P)：将标记“X”移到上一个顶点。使多段线闭合，标记也不会从起点绕回到端点。

3）打断(B)：将“X”标记移到任何其他顶点时，保存已标记的顶点位置。

4）插入(I)：在多段线标记顶点之后添加新的顶点。

5）移动(M)：移动标记的顶点。

6）重生成(R)：重生成多段线。

7）拉直(S)：将“X”标记移到任何其他顶点时，保存已标记的顶点位置。

8）切向(T)：将切线方向附着到标记的顶点以便用于以后的曲线拟合。

9）宽度(W)：修改标记顶点之后线段的起点宽度和端点宽度。

10）退出(X)：退出“编辑顶点”模式。

（5）拟合(F)：将多段线用双圆弧曲线进行拟合，效果如图 4.2.2 所示。

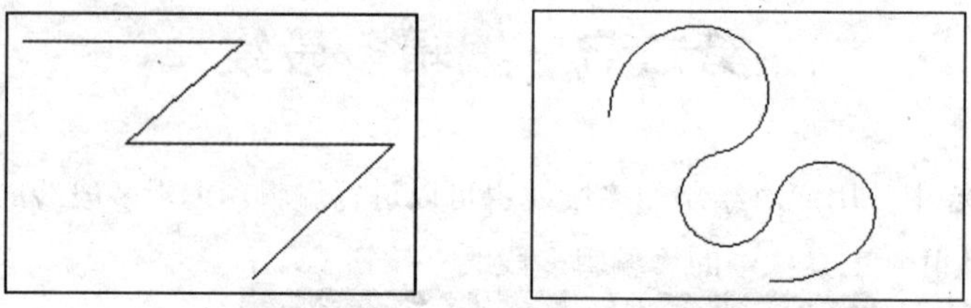

（a）原始图形　　（b）编辑后的图形

图 4.2.2　拟合多段线

（6）样条曲线(S)：选择此命令选项，用样条曲线对多段线进行拟合，此时多段线的各个顶点将作为样条曲线的控制点，如图 4.2.3 所示。

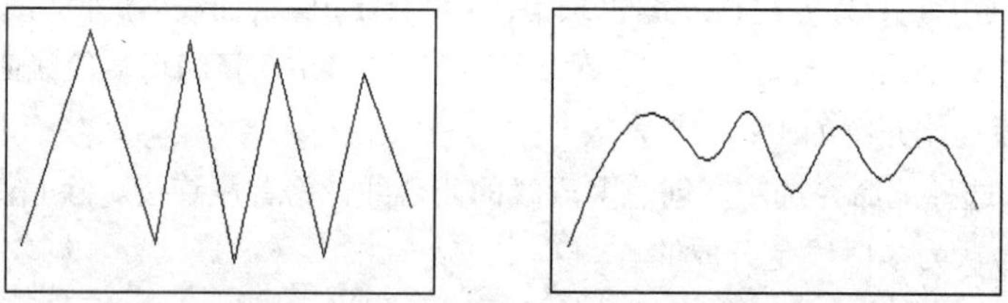

（a）原始图形　　（b）编辑后的图形

图 4.2.3　多段线样条曲线化的效果

（7）非曲线化(D)：选择此命令选项，删除由拟合曲线或样条曲线插入的多余顶点，拉直多段线的所有线段。

（8）线型生成(L)：选择此命令选项，生成经过多段线顶点的连续图案线型。关闭此选项，将在每个顶点处以点画线开始和结束生成线型。“线型生成”选项不能用于带变宽线段的多段线。

（9）放弃(U)：选择此命令选项，撤消操作，可一直返回到编辑多段线任务的开始状态。

# 第三节　编辑样条曲线

在 AutoCAD 2008 中，用户同样也可以对绘制的样条曲线进行编辑。执行编辑样条曲线命令的方法有以下 3 种：

（1）单击“修改Ⅱ”工具栏中的“编辑样条曲线”按钮。

（2）选择 修改(M) → 对象(O) → 样条曲线(S) 命令。

（3）在命令行中输入命令 splinedit。

执行编辑样条曲线命令后，命令行提示如下：

命令: _splinedit　　　　//执行编辑样条曲线命令

输入选项 [拟合数据(F)/闭合(C)/移动顶点(M)/精度(R)/反转(E)/放弃(U)]:　　　　//选择命令选项

其中各命令选项功能介绍如下：

（1）拟合数据(F)：选择此命令选项，命令行提示如下：

输入拟合数据选项[添加(A)/闭合(C)/删除(D)/移动(M)/清理(P)/相切(T)/公差(L)/退出(X)] <退出>:

其中各命令选项功能介绍如下：

1）添加(A)：选择此命令选项，在样条曲线中增加拟合点。

2）闭合(C)：选择此命令选项，闭合开放的样条曲线，使其在端点处切向平滑。如果选定的样条曲线为闭合，则该选项变为“打开”。

3）删除(D)：选择此命令选项，从样条曲线中删除拟合点并且用其余点重新拟合样条曲线。

4）移动(M)：选择此命令选项，把拟合点移动到新位置。

5）清理(P)：选择此命令选项，从图形数据库中删除样条曲线的拟合数据。

6）相切(T)：选择此命令选项，编辑样条曲线的起点和端点切向。

7）公差(L)：选择此命令选项，使用新的公差值将样条曲线重新拟合至现有点。

8）退出(X)：选择此命令选项，返回到上一级提示。

其中部分编辑效果如图 4.3.1 所示。

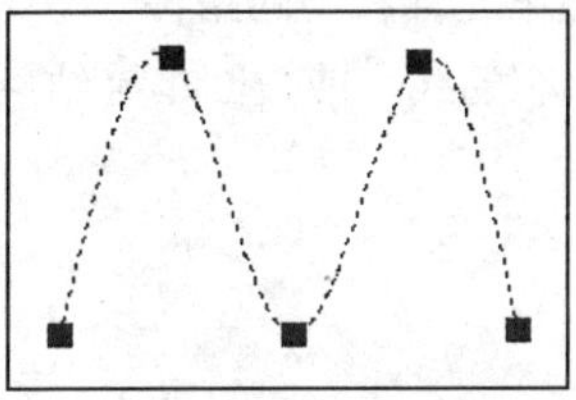
（a）原始样条曲线

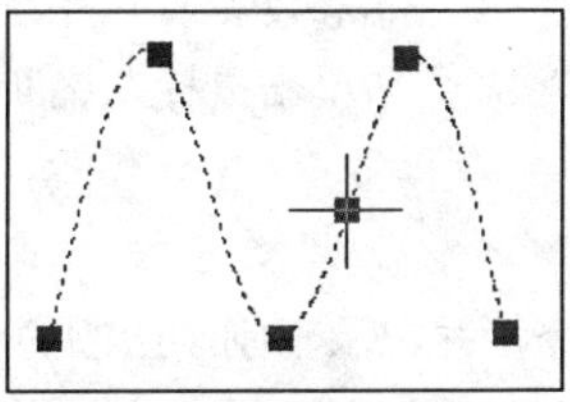
（b）新增控制点

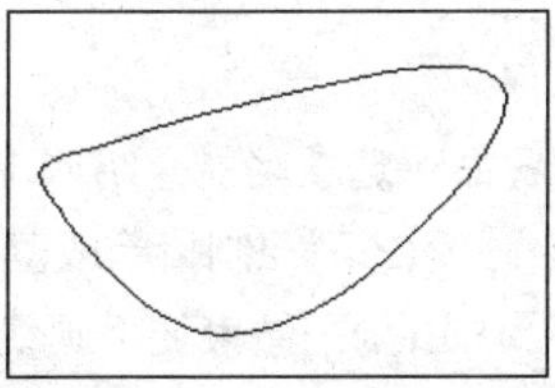
（c）闭合样条曲线

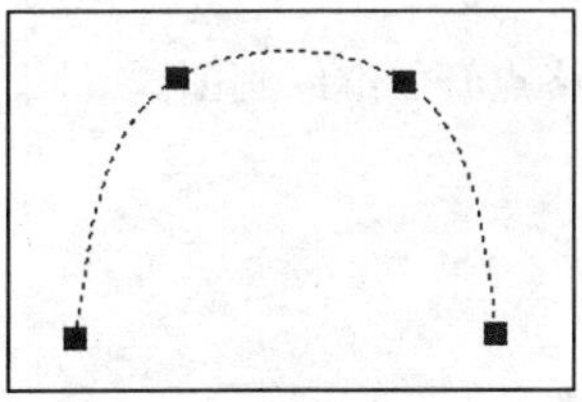
（d）删除控制点

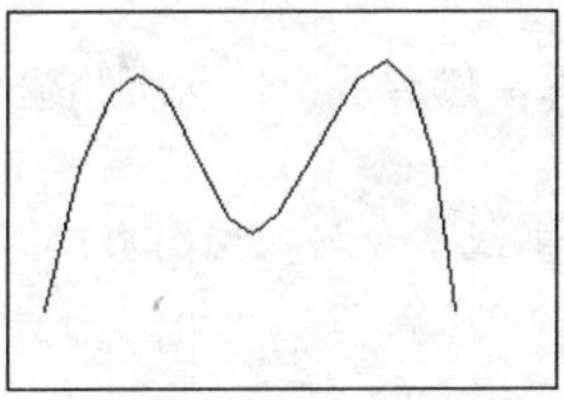
（e）移动控制点

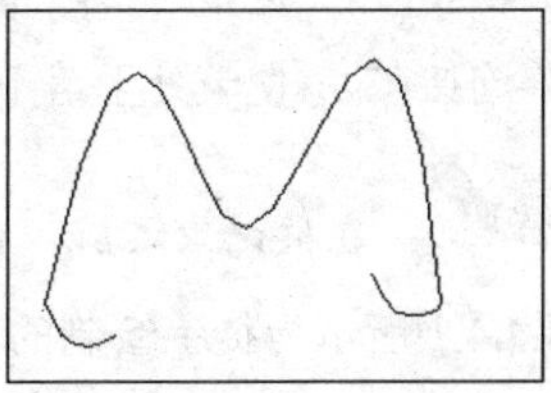
（f）指定端点切向

图 4.3.1　拟合数据编辑样条曲线

（2）闭合(C)：选择此命令选项，闭合开放的样条曲线，使其在端点处切向连续。如果选择的样条曲线已经闭合，则该命令选项将变为“打开”。

（3）移动顶点(M)：选择此命令选项，重新定位样条曲线的控制顶点并且清理拟合点。

（4）精度(R)：选择此命令选项，精确调整样条曲线。选择此命令选项，命令行将提示“输入精度选项 [添加控制点(A)/提高阶数(E)/权值(W)/退出(X)] <退出>:”。其中各命令选项功能介绍如下：

1）添加控制点(A)：增加控制样条曲线的控制点数。

2）提高阶数(E)：增加样条曲线上控制点的数目。

3）权值(W)：修改不同样条曲线控制点的权值。较大的权值将样条曲线拉近其控制点。

4）退出(X)：返回到编辑样条曲线主提示。

（5）反转(E)：反转样条曲线的方向，即反向排列样条曲线的控制点，如图 4.3.2 所示。

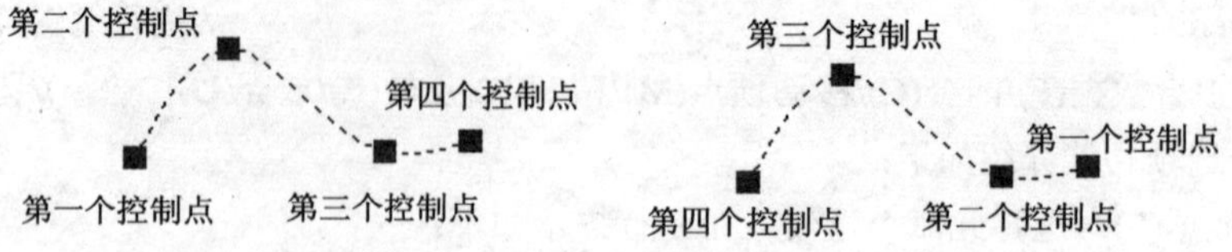


（a）反转前　　（b）反转后

图 4.3.2　反转样条曲线

（6）放弃(U)：选择此命令选项，取消上一次的编辑操作。

# 第四节　徒手绘制图形

在 AutoCAD 2008 中，用户还可以利用 sketch 命令徒手绘制图形、轮廓线以及签名。在命令行中输入命令 sketch，按回车键，命令行提示如下：

命令: _sketch　　//执行徒手画线命令

记录增量 <1.0000>:　　//输入绘制的线的增量

徒手画.　画笔(P)/退出(X)/结束(Q)/记录(R)/删除(E)/连接(C):　　//指定线的起点

<笔 落>　　//移动鼠标，系统便记下光标移动的路径

<笔 提>　　//单击鼠标左键断开绘制的线，或按回车键结束命令

其中各命令选项功能介绍如下：

（1）画笔(P)：控制抬笔或落笔。

（2）退出(X)：结束徒手画线命令，并记录下刚刚绘制的草图。

（3）结束(Q)：结束徒手画线命令，但不记录刚刚绘制的草图。

（4）记录(R)：记录所绘的草图。

（5）连接(C)：使笔处于落下状态，然后从上一次所绘草图的终点开始继续画图。

提示：在被记录之前，徒手画线不会加入到图形中。

如图 4.4.1 所示为徒手绘制的图形。

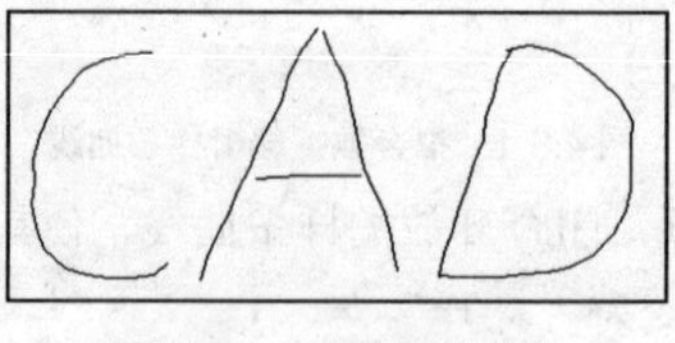

图 4.4.1　徒手绘制图形

# 第五节　创建区域覆盖

区域覆盖是指使用空白区域覆盖现有对象。执行区域覆盖命令的方法有以下两种：

（1）选择绘图(D)→区域覆盖(W)命令。

（2）在命令行中输入命令 wipeout。

执行该命令后，命令行提示如下：

命令: _wipeout　　　　//执行区域覆盖命令

指定第一点或 [边框(F)/多段线(P)] <多段线>:　　　　//在要覆盖对象的周边指定第一点

指定下一点:　　　　//在要覆盖对象的周边指定第二点

指定下一点或 [放弃(U)]:　　　　//在要覆盖对象的周边指定第三点

指定下一点或 [闭合(C)/放弃(U)]:　　　　//继续指定区域边界线的下一点或按回车键结束命令

其中各命令选项功能介绍如下：

（1）边框(F)：选择此命令选项，确定是否显示所有区域覆盖对象的边。

（2）多段线(P)：选择此命令选项，根据选定的多段线确定区域覆盖对象的多边形边界。

创建区域覆盖的效果如图 4.5.1 所示。

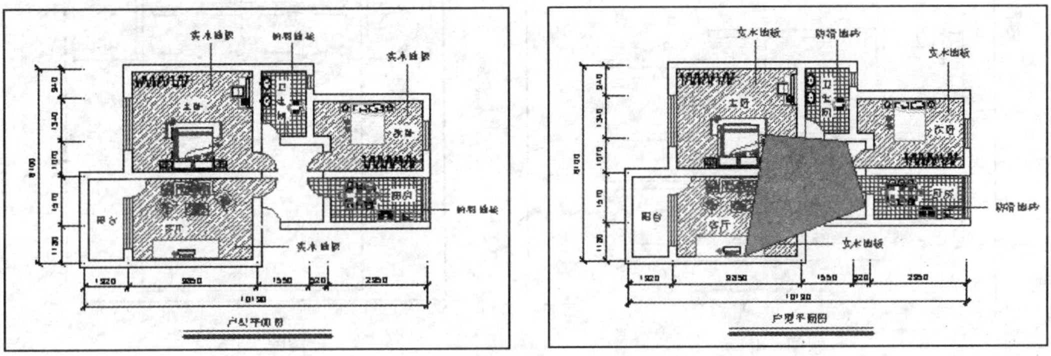

（a）区域覆盖前的效果　　　　（b）区域覆盖后的效果

图 4.5.1　创建区域覆盖的效果

# 习 题 四

## 一、填空题

1. 在 AutoCAD 2008 中，多线可以是由________到________条不等的平行线组成的。

2. 选择________→________→________命令，可以执行编辑多段线命令。

3. 在 AutoCAD 2008 中，区域覆盖是指________。

4. 在 AutoCAD 2008 中，用户还可以利用________命令徒手绘制图形、轮廓线以及签名。

## 二、选择题

1. 在 AutoCAD 中，可以通过（ ）命令来控制多线样式。

A. DONUT　　B. POINT　　C. STANDARD　　D. WALL

2．在 AutoCAD 中，可以通过（ ）来执行多线命令。

A．MLIEN　　B．LINE　　C．SUPPORT　　D．FILL

3．使用（ ）功能键可以打开 AutoCAD 的文本窗口，便于随时查看输入的信息。

A．F2　　B．F3　　C．F5　　D．F8

## 三、问答题

1．如何设置多线样式？

2．如何对样条曲线的顶点进行编辑？

3．在 AutoCAD 2008 中，如何执行创建区域覆盖命令？

## 四、上机操作题

1．利用多线的绘制与编辑命令绘制如题图 4.1 所示的图形。

2．利用样条曲线与编辑修改绘制如题图 4.2 所示的图形。

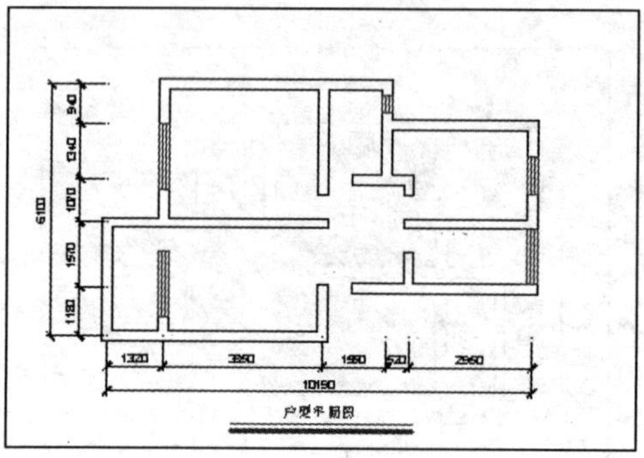


题图　4.1

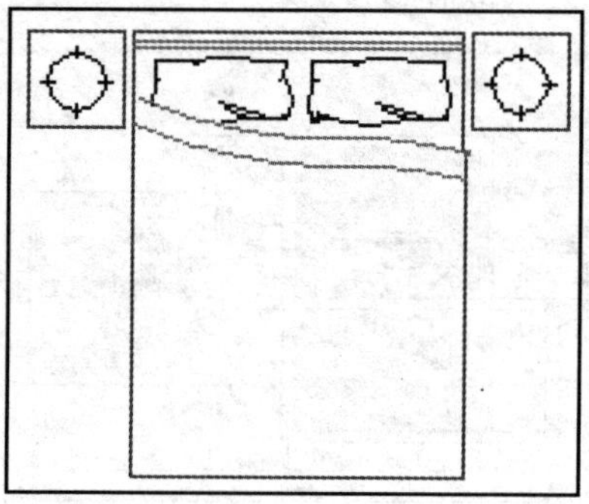

题图　4.2

# 第五章　编辑图形对象

**教学目标**

在 AutoCAD 2008 中，利用系统提供的图形编辑工具，对基本图形对象进行编辑，可以得到各种复杂的图形。本章详细介绍 AutoCAD 2008 中各种编辑工具的使用方法及技巧。

**教学难点与重点**

（1）选择对象。

（2）删除和恢复对象。

（3）改变对象位置。

（4）复制对象。

（5）修改对象。

（6）倒角和圆角。

（7）夹点编辑。

## 第一节　选择对象

在 AutoCAD 中，选择对象的方法有很多种，可以根据不同的需要使用不同的方法来选择对象，以便更快地达到编辑对象的目的。

用户可以通过选择 工具(T) → 选项(N)... 命令，在弹出的 选项 对话框中选择 选择集 选项卡，可在其中设置选择模式，如图 5.1.1 所示。

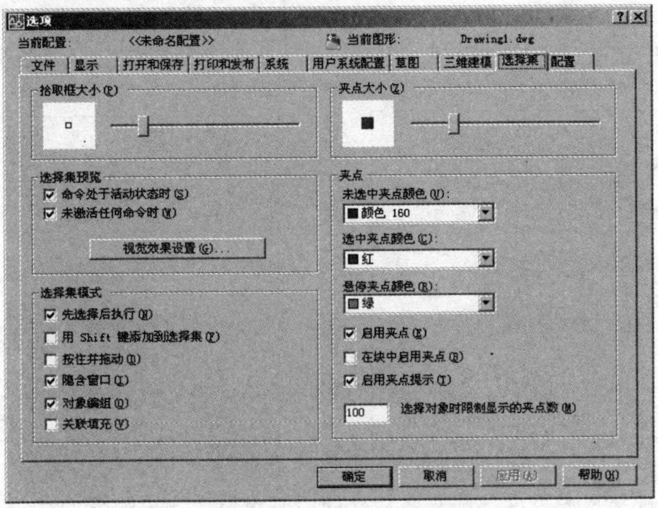


图 5.1.1　“选项”对话框

## 一、直接点取法创建选择集

在执行某些命令的过程中，系统会提示用户选择对象，此时十字光标显示为“拾取框”形状，被拾取框单击的对象即可被选中，被选中的对象显示为虚线。如果需要选择多个对象，可以在按下“Shift”键的同时选择其他对象。

## 二、使用选项法创建选择集

使用选项法创建选择集是指在执行命令的过程中，当命令行提示“选择对象”时输入“？”后，按回车键，命令行提示如下：

需要点或窗口(W)/上一个(L)/窗交(C)/框(BOX)/全部(ALL)/栏选(F)/圈围(WP)/圈交(CP)/编组(G)/添加(A)/删除(R)/多个(M)/前一个(P)/放弃(U)/自动(AU)/单个(SI) 选择对象:

其中各命令选项的功能介绍如下：

（1）窗口(W)：选择矩形框中的所有对象。拖动鼠标从左到右指定角点创建窗口选择，如图 5.1.2 所示。拖动鼠标从右到左指定角点则创建窗交选择。

（2）上一个(L)：选择最近一次创建的可见对象。

（3）窗交(C)：选择区域框内部或与之相交的所有对象。窗交显示的方框为虚线或高亮度方框，这与窗口选择框不同。拖动鼠标从左到右指定角点创建窗交选择，如图 5.1.3 所示。拖动鼠标从右到左指定角点则创建窗口选择。

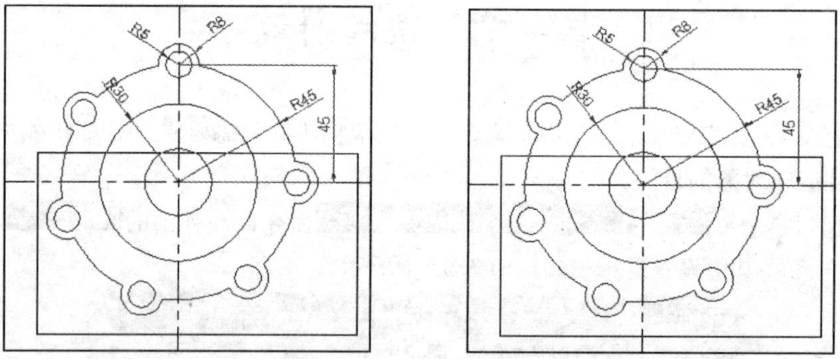


图 5.1.2　“窗口”选择对象

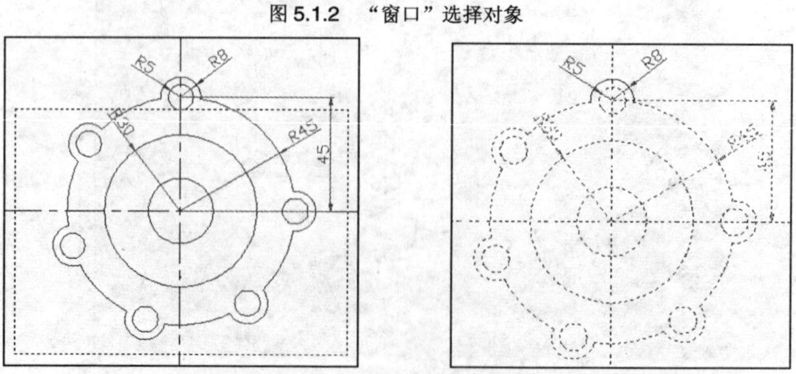


图 5.1.3　“窗交”选择对象

（4）框(BOX)：选择矩形框内部或与之相交的所有对象。如果矩形的点是从右至左指定的，框选与窗交等价。否则，框选与窗口选择等价。

（5）全部(ALL)：选择解冻的图层上的所有对象。

（6）栏选(F)：选择与指定直线相交的所有对象。栏选方法与圈交方法相似，只是栏选不闭合，并且栏选线可以相交，如图 5.1.4 所示。

（7）圈围(WP)：选择多边形中的所有对象。该多边形可以为任意形状，但不能与自身相交或相切，且该多边形在任何时候都是闭合的，如图 5.1.5 所示。

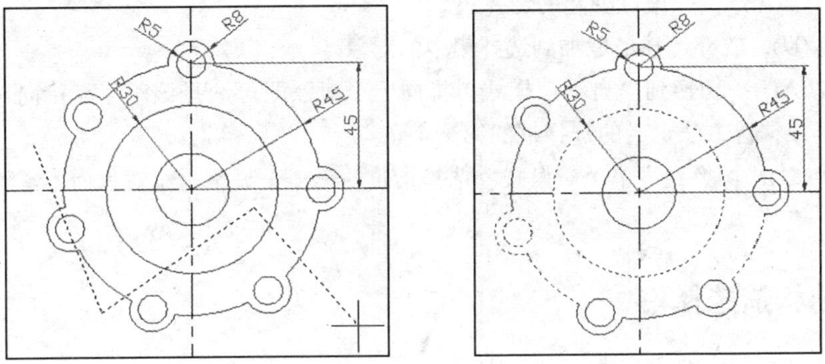


图 5.1.4　“栏选”选择对象

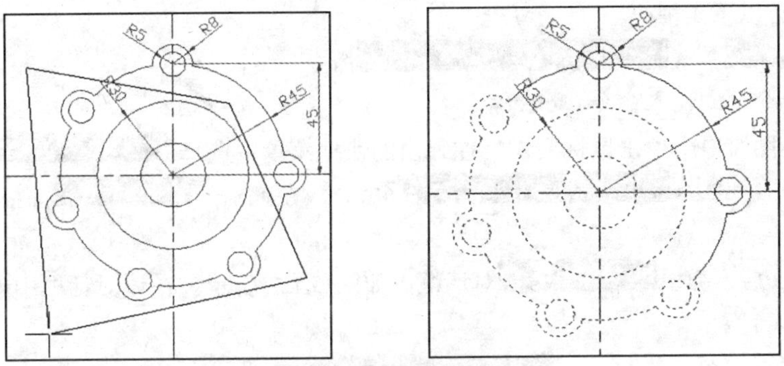


图 5.1.5　“圈围”选择对象

（8）圈交(CP)：选择多边形（通过在待选对象周围指定点来定义）内部或与之相交的所有对象。该多边形可以为任意形状，但不能与自身相交或相切，且该多边形在任何时候都是闭合的，如图 5.1.6 所示。

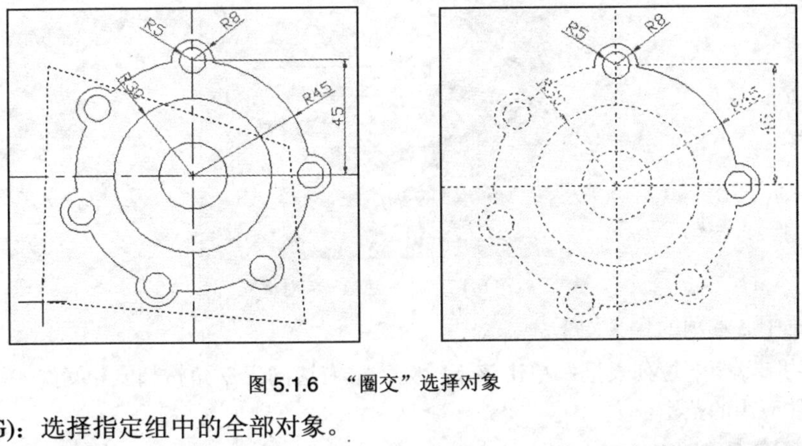


图 5.1.6　“圈交”选择对象

（9）编组(G)：选择指定组中的全部对象。

（10）添加(A)：切换到“添加”模式，可以使用任何对象选择方法将选定对象添加到选择集。

“自动”和“添加”为默认模式。

（11）删除(R)：切换到“删除”模式，可以使用任何对象选择方法从当前选择集中删除对象。“删除”模式的替换模式是在选择单个对象时按下“Shift”键，或者使用“自动”选项。

（12）多个(M)：指定多次选择而不高亮显示对象，从而加快对复杂对象的选择过程。如果两次指定相交对象的交点，“多个”也将选中这两个相交对象。

（13）前一个(P)：选择最近创建的选择集。

（14）放弃(U)：放弃选择最近加到选择集中的对象。

（15）自动(AU)：切换到“自动”模式，指向一个对象即可选择该对象。指向对象内部或外部的空白区，将形成框选方法定义的选择框的第一个角点。

（16）单个(SI)：切换到“单个”模式，选择指定的第一个或第一组对象而不继续提示进一步选择对象。

## 三、快速构造选择集

在 AutoCAD 2008 中，通过快速过滤选择条件来构造选择集的方法就是快速选择法。执行快速选择命令的方法有以下 4 种：

（1）选择 工具(T) → 快速选择(K)... 命令。

（2）在命令行中输入命令 qselect。

（3）在绘图窗口中单击鼠标右键，在弹出的快捷菜单中选择 快速选择(Q)... 命令。

（4）选择 工具(T) → 特性(P) CTRL+1 命令，在弹出的 特性 面板中单击“快速选择”按钮。

执行该命令后，弹出 快速选择 对话框，如图 5.1.7 所示。在该对话框中设置选择条件后即可快速创建选择集。

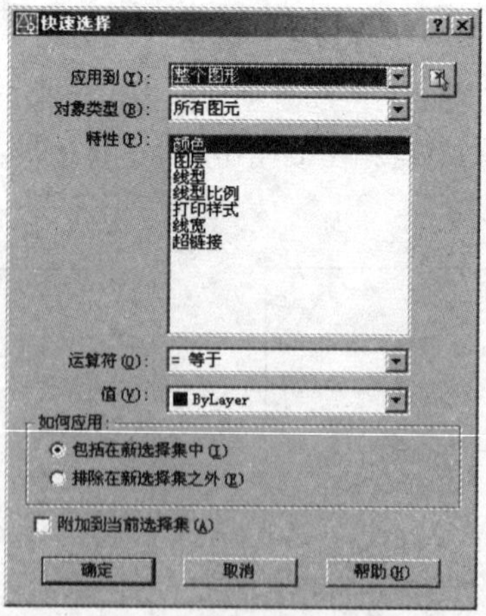


图 5.1.7　“快速选择”对话框

该对话框中各选项的含义如下：

（1）应用到(Y): 下拉列表框：单击该下拉列表框右边的下三角按钮，可在弹出的下拉列表中选择过滤条件应用的范围。

（2）对象类型(B): 下拉列表框：单击该下拉列表框右边的下三角按钮，可在弹出的下拉列表中选择包含在过滤条件中的对象类型。

（3）特性(P):列表：在该列表中选择对象的特性，指定过滤器的对象特性。

（4）运算符(O):下拉列表框：单击该下拉列表框右边的下三角按钮，在弹出的下拉列表中选择控制过滤的范围，包括“等于”、“不等于”、“大于”、“小于”和“通配符匹配”5个选项。

（5）值(V):下拉列表框：单击该下拉列表框右边的下三角按钮，在弹出的下拉列表中选择指定过滤器的特性值。

（6）如何应用:选项组：确定将选中的对象包括在新选择集内还是排除在新选择集之外。选中◉ 包括在新选择集中(I)单选按钮，将创建其中只包含符合过滤条件的对象的新选择集；选中◉ 排除在新选择集之外(E)单选按钮，将创建其中只包含不符合过滤条件的对象的新选择集。

（7）☑ 附加到当前选择集(A)复选框：选中此复选框，将快速选择命令创建的选择集附加到当前选择集。

# 第二节　删除和恢复对象

在 AutoCAD 2008 中，用户可以将不需要的图形对象删除，还可以将误删除的对象恢复。本节将详细介绍删除和恢复图形对象的方法。

## 一、删除对象

执行删除命令的方法有以下 3 种：

（1）单击“修改”工具栏中的“删除”按钮。

（2）选择修改(M)→删除(E)命令。

（3）在命令行中输入命令 erase 或 e。

执行此命令后，命令行提示如下：

命令: _erase　　　　　　　　　　　　　　　　　　　　//执行删除命令
选择对象:　　　　　　　　　　　　　　　　　　　　　//选择要删除的对象
选择对象:　　　　　　　　　　　　　　　　　　　　　//按回车键结束命令

技巧：选中要删除的图形对象后按“Delete”键，也可以将图形对象删除。

## 二、恢复已删除的对象

在绘制图形的过程中，如果误将图形对象删除，还可以利用恢复命令恢复已删除的对象。执行恢复命令的方法有以下两种：

（1）单击“标准”工具栏中的“放弃”按钮，可以取消错误操作，每单击一次该按钮，就可以取消一次上一步的操作。同样，单击“标准”工具栏中的“重做”按钮，可以恢复被放弃的操作，每单击一次该按钮，就可以恢复一次被放弃的操作。

（2）使用“oops”命令恢复对象。在命令行中输入命令 oops，可以恢复最近一次的操作。但该命令只能恢复一次操作，如果要恢复多步操作，还需使用“放弃”命令。

# 第三节　改变对象位置

在绘制图形的过程中，经常需要改变图形对象的位置，这样才能绘制出准确的图形。在 AutoCAD 2008 中，用户可以通过移动和旋转命令改变图形对象的位置。本节将详细介绍这两种改变对象位置命令的使用方法。

## 一、移动对象

移动对象是指将图形对象从一个位置移动到另一个位置，图形对象的形状和大小均不发生改变。执行移动命令的方法有以下 3 种：

（1）单击“修改”工具栏中的“移动”按钮。

（2）选择 修改(M) → 移动(V) 命令。

（3）在命令行中输入命令 move。

执行移动命令后，命令行提示如下：

| | |
|---|---|
| 命令: _move | //执行移动命令 |
| 选择对象: | //选择要移动的对象 |
| 选择对象: | //按回车键结束对象选择 |
| 指定基点或 [位移(D)] <位移>: | //指定移动对象的基点 |
| 指定第二个点或 <使用第一个点作为位移>: | //指定对象移动的具体位置 |

其中各命令选项功能介绍如下：

（1）指定基点：确定对象移动矢量的第一个点。移动命令是通过指定两个点来定义对象移动的位移，它指明了选定对象移动的距离和方向。

（2）位移(D)：指定位移量。输入的坐标值将指定相对于基点的距离和方向。

**例 5.3.1**　用移动命令移动如图 5.3.1（a）所示的图形，结果如图 5.3.1（b）所示，具体操作步骤如下：

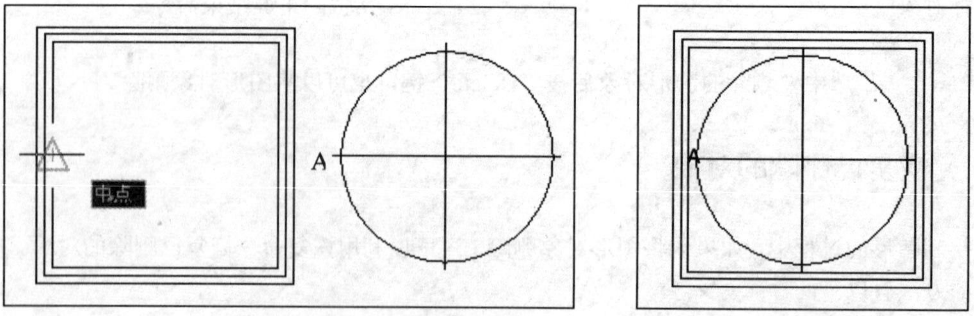


（a）移动前的图形对象　　（b）移动后的图形对象

图 5.3.1　移动图形对象

（1）绘制如图 5.3.1（a）所示的图形。

（2）选择 工具(T) → 草图设置(F)... 命令，弹出 草图设置 对话框，在该对话框中的 对象捕捉 选项卡中设置对象捕捉模式为中点和端点，如图 5.3.2 所示。

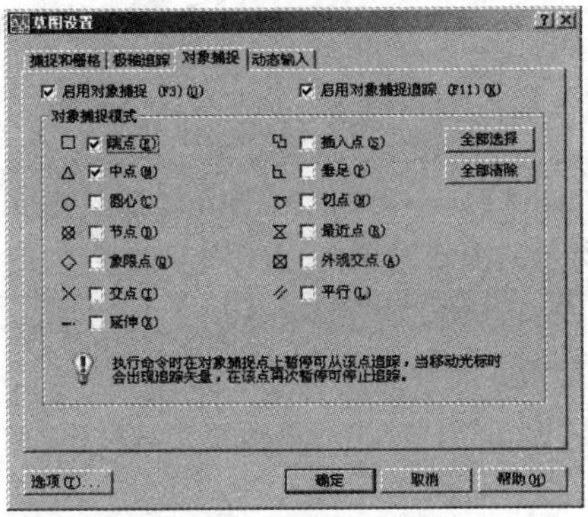


图 5.3.2　“对象捕捉”选项卡

（3）按“F3”键打开对象捕捉功能。单击“修改”工具栏中的“移动”按钮，命令行提示如下：

命令: _move　　//执行移动命令
选择对象: 找到 3 个　　//选择如图 5.3.1（a）右边所示的图形
选择对象:　　//按回车键结束对象选择
指定基点或 [位移(D)] <位移>:　　//捕捉如图 5.3.1（a）右边所示图形中的 A 点
指定第二个点或 <使用第一个点作为位移>:　　//捕捉如图 5.3.1（a）左边所示图形中最小矩形的中点

移动图形后的效果如图 5.3.1（b）所示。

## 二、旋转对象

旋转对象是指将对象绕指定的基点进行旋转，在旋转的过程中不改变其大小。执行旋转命令的方法有以下 3 种：

（1）单击“修改”工具栏中的“旋转”按钮。

（2）选择 修改(M) → 旋转(R) 命令。

（3）在命令行中输入命令 rotate 或 ro。

执行旋转命令后，命令行提示如下：

命令: _rotate　　//执行旋转命令
UCS 当前的正角方向: ANGDIR=逆时针　ANGBASE=0　　//系统提示
选择对象:　　//选择要旋转的对象
选择对象:　　//按回车键结束对象选择
指定基点:　　//捕捉对象的旋转基点
指定旋转角度，或 [复制(C)/参照(R)] <0>:　　//指定旋转角度或选择其他命令选项

其中各命令选项的功能介绍如下：

1）复制(C)：选择此命令选项，则在旋转对象的同时创建其副本。

2）参照(R)：选择此命令选项，则在图形中指定参照角，以新角度旋转对象。命令行提示如下：

指定旋转角度，或 [复制(C)/参照(R)] <30>:　r　　//选择“参照”命令选项
指定参照角 <15>:　　//指定参照角的第一点
指定第二点:　　//指定参照角的第二点

指定新角度或 [点(P)] <45>:　　//拖动鼠标指定新角度

**注意**：在 AutoCAD 中，系统通过输入值或指定两点来指定参照角和新角度。

**例 5.3.2**　用旋转命令旋转如图 5.3.3（a）所示的图形，旋转角度为 45°。其具体操作步骤如下：

（1）绘制如图 5.3.3（a）所示的图形对象。

（2）选择 工具(T) → 草图设置(F)... 命令，弹出 草图设置 对话框，在该对话框中的 对象捕捉 选项卡中设置对象捕捉模式为中点。

（3）按“F3”键打开对象捕捉功能，单击“修改”工具栏中的“旋转”按钮，其命令行提示如下：

命令: _rotate　　//执行旋转命令
UCS 当前的正角方向: ANGDIR=逆时针　ANGBASE=0　　//系统提示
选择对象:　　//指定选择框的第一个交点
指定对角点: 找到 4 个　　//指定选择框的第二个角点
选择对象:　　//按回车键结束对象选择
指定基点:　　//捕捉如图 5.3.3（a）所示图形中的点 A
指定旋转角度，或 [复制(C)/参照(R)] <0>: 45　　//输入旋转角度值

旋转后的效果如图 5.3.3 所示。

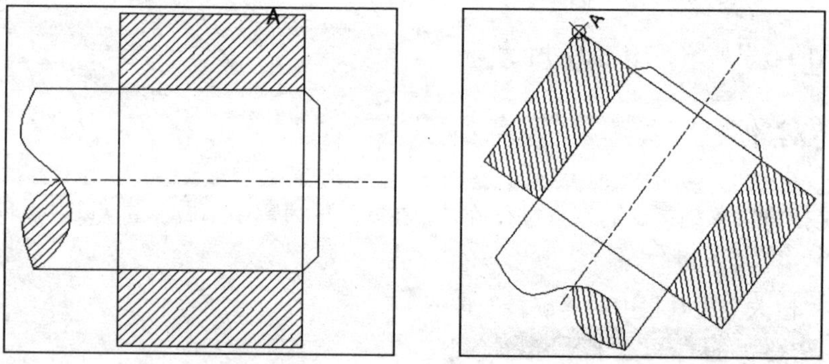


（a）旋转前的图形　　（b）旋转后的图形

图 5.3.3　旋转图形对象

# 第四节　复制对象

在 AutoCAD 2008 中，复制对象的方法有很多种，如直接复制对象、镜像复制对象、偏移复制对象和阵列复制对象等。

## 一、直接复制对象

直接复制对象是指利用 copy 命令直接复制对象。执行该命令的方法有以下 3 种：

（1）单击“修改”工具栏中的“复制”按钮。

（2）选择 修改(M) → 复制(Y) 命令。

（3）在命令行中输入命令 copy。

执行直接复制对象命令后，命令行提示如下：

命令: copy

选择对象:　　//选择要复制的对象

指定基点或位移:　　//指定基点或位移

指定位移的第二点或<用第一点作位移>:　　//指定对象的新位置

指定位移的第二点或<用第一点作位移>:　　//继续指定对象的新位置或按回车键结束命令

**例 5.4.1**　利用 copy 命令复制如图 5.4.1（a）所示图形中的圆，结果如图 5.4.1（b）所示。具体操作步骤如下：

（1）绘制如图 5.4.1（a）所示的图形。

（2）选择 工具(T) → 草图设置(F)... 命令，弹出 草图设置 对话框，在该对话框中的 对象捕捉 选项卡中设置对象捕捉模式为圆心和交点。

（3）按“F3”键打开捕捉功能，单击修改工具栏中的“复制”按钮，命令行提示如下：

命令：copy　　//执行复制命令

选择对象：　　//选择如图 5.4.1（a）所示图形中的圆 A

选择对象：　　//按回车键结束对象选择

指定基点或位移：　　//捕捉如图 5.4.1（a）所示图形中的圆 A 的圆心

指定位移的第二点或<用第一点作位移>：　　//捕捉如图 5.4.1（a）所示图形中的交点 B。

指定位移的第二点：　　//按回车键结束对象选择

复制后的结果如图 5.4.1（b）所示。

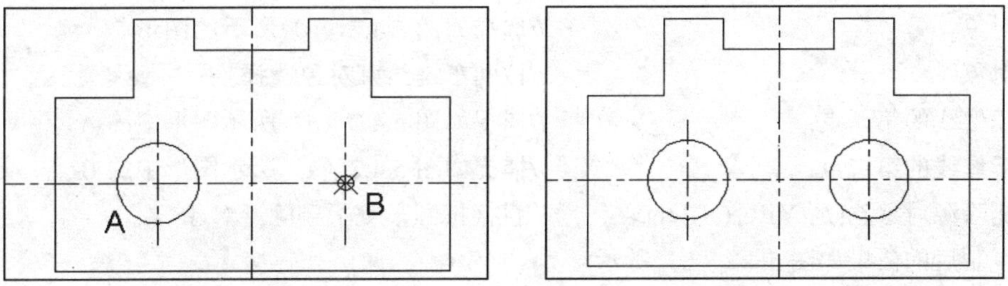


（a）复制前的图形　　（b）复制后的图形

图 5.4.1　直接复制对象

## 二、镜像复制对象

镜像复制对象是指利用指定的轴创建轴对称图形来复制对象。执行镜像复制对象命令的方法有以下 3 种：

（1）单击“修改”工具栏中的“镜像”按钮。

（2）选择 修改(M) → 镜像(I) 命令。

（3）在命令行中输入命令 mirror。

执行镜像复制对象命令后，命令行提示如下：

命令:_mirror　　//执行镜像命令

选择对象:　　//选择源对象

指定镜像线的第一点:　　//指定轴线上的第一点

指定镜像线的第二点:　　//指定轴线上的另一点

是否删除源对象？[是(Y)/否(N)]<N>:　　//确定是否要删除源对象，同时结束镜像命令

其中各命令选项功能介绍如下：

（1）是(Y)：选择此命令选项，将删除源对象，只保留镜像后的图形。

（2）否(N)：选择此命令选项，将保留镜像前和镜像后的图形。

**例 5.4.2**　镜像复制如图 5.4.2（a）所示图形，效果如图 5.4.2（b）所示，具体操作步骤如下：

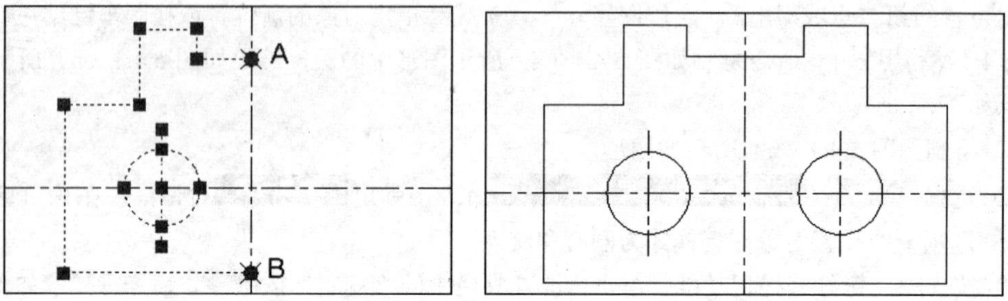


（a）镜像前的图形　　（b）镜像后的图形

图 5.4.2　效果图

（1）绘制如图 5.4.2（a）所示的图形。

（2）选择 工具(T) → 草图设置(F)... 命令，弹出“草图设置”对话框，在该对话框中的“对象捕捉”选项中设置对象捕捉模式为端点。

（3）按“F3”键打开对象捕捉功能，单击“修改”工具栏中的“镜像”按钮，命令行提示如下：

命令：mirror　　//执行镜像命令

选择对象：　　//选择如图 5.4.2（a）所示的图形

选择对象：　　//按回车键结束对象选择

指定镜像线的第一点：　　//捕捉如图 5.4.2（a）所示图形中的 A 点

指定镜像线的第二点：　　//捕捉如图 5.4.2（a）所示图形中的 B 点

是否删除源对象？[是(Y)/否(N)]<N>:　　//直接按回车键不删除源对象

镜像复制后的效果如图 5.4.2（b）所示。

系统变量 mirrtext 控制镜像命令反映文字的方式为镜像前的文字，当系统变量 mirrtext 的值为 0 时，保持文字方向不变，如图 5.4.3（a）所示；当系统变量 mirrtext 的值为 1 时，镜像显示文字，其效果如图 5.4.3（b）所示。

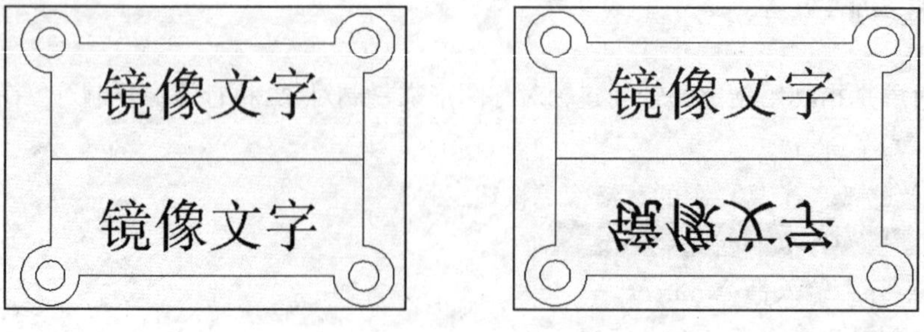


（a）MIRRTEXT=0 时镜像结果　　（b）MIRRTEXT=1 时镜像结果

图 5.4.3　镜像文字

## 三、偏移复制对象

偏移是创建一个选定对象的等距曲线对象，即创建一个与选定对象类似的新对象，并把它放在离原对象一定距离的位置。可以偏移的对象包括直线、圆、圆弧、椭圆、椭圆弧、多段线、构造线和样条曲线等。启动偏移命令有以下 3 种方法：

（1）选择 修改(M) → 偏移(S) 命令。

（2）单击“修改”工具栏中的“偏移”按钮。

（3）在命令行中输入 offset。

**例 5.4.3** 偏移如图 5.4.4（a）所示的图形，偏移后的效果如图 5.4.4（b）所示，其操作步骤如下：

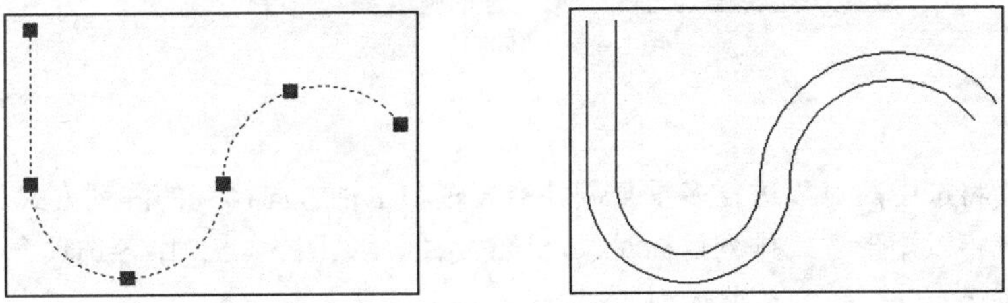

（a）选择偏移对象　　（b）偏移后的效果

图 5.4.4　偏移、复制对象

命令：_offset

当前设置：删除源=否　图层=源　OFFSETGAPTYPE=0　　//系统提示

指定偏移距离或 [通过(T)/删除(E)/图层(L)] <通过>：5　　//输入偏移距离

选择要偏移的对象，或 [退出(E)/放弃(U)] <退出>：　　//选择如图 5.4.4（a）所示的线段

指定要偏移的一侧上的点，或 [退出(E)/多个(M)/放弃(U)] <退出>：//在直线的上侧任意单击一点

选择要偏移的对象，或 [退出(E)/放弃(U)] <退出>：　　//按回车键结束

其中各选项含义介绍如下：

（1）通过(T)：用于通过确定通过点来偏移复制图形对象。

（2）删除(E)：确定是否在偏移后删除源对象。

（3）图层(L)：指定偏移对象的图层特性。

（4）退出(E)：结束偏移命令。

（5）放弃(U)：取消偏移操作。

## 四、阵列复制对象

使用阵列命令可以按矩形方式或环形方式重复复制指定的对象。对于矩形阵列，可以控制行和列的数目以及它们之间的距离；对于环形阵列，可以控制对象的数目和决定是否旋转对象。启动阵列命令有以下 3 种方法：

（1）单击“修改”工具栏中的“阵列”按钮。

（2）选择 修改(M) → 阵列(A)... 命令。

（3）在命令行中输入命令 array 或 ar。

执行阵列命令后，弹出 阵列 对话框，如图 5.4.5 所示。阵列的方式分为矩形阵列和环形阵列两种。

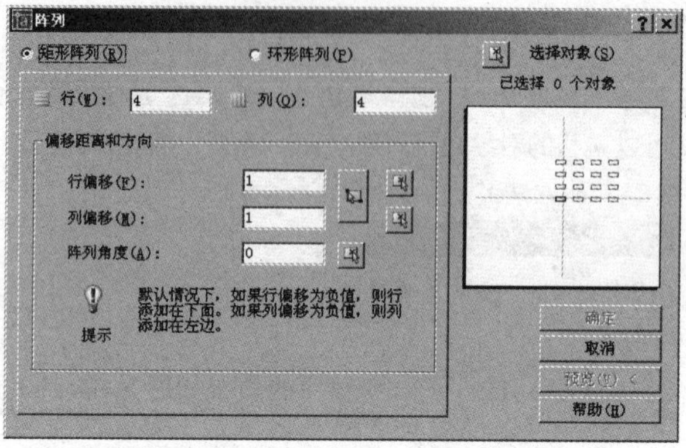


图 5.4.5　“阵列”对话框

### 1. 矩形阵列

矩形阵列是指将选中的对象进行多重复制并沿 X 轴和 Y 轴方向排列的阵列方式，选中 ⊙矩形阵列(R) 单选按钮时，系统将以矩形方式排列目标对象，该对话框（见图 5.4.5）中各选项含义如下：

（1） 行(W): 文本框：输入矩形阵列的行数。

（2） 列(O): 文本框：输入矩形阵列的列数。

（3）“选择对象”按钮：单击该按钮， 阵列 对话框暂时消失，系统返回到绘图窗口，用户在此选择要进行阵列复制的图形对象。

（4） 偏移距离和方向 选项区：用于指定行、列间距和阵列旋转角度。

1） 行偏移(F): 文本框：用于输入矩形阵列的行间距，输入正值表示向 Y 轴正方向阵列，反之则向 Y 轴负方向阵列。

2） 列偏移(M): 文本框：用于输入矩形阵列的行间距，输入正值表示向 X 轴正方向阵列，反之则向 X 轴负方向阵列。

3） 阵列角度(A): 文本框：用于输入矩形阵列的旋转角度。

（5） 预览(V) < 按钮：单击该按钮可在绘图窗口预览阵列生成效果，此时弹出提示框，如图 5.4.6 所示。

图 5.4.6　“阵列”提示框

将如图 5.4.7 所示的图形进行矩形阵列，阵列效果如图 5.4.8 所示。其中，选项设置为 3 行 2 列，行间距为 30，列间距为 60，阵列角度为 0°。

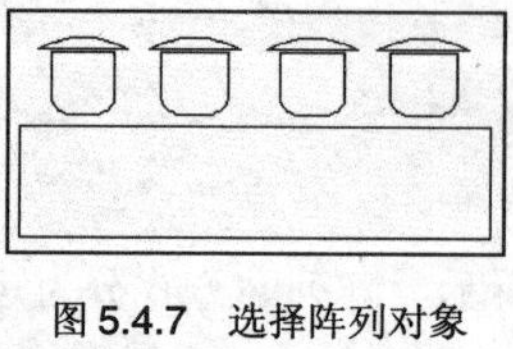

图 5.4.7　选择阵列对象

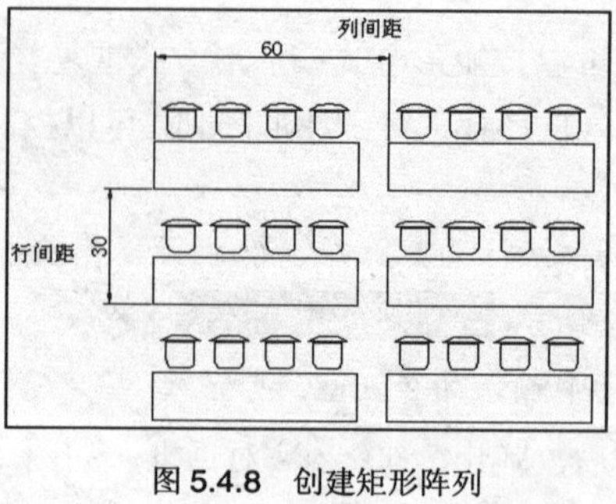


图 5.4.8　创建矩形阵列

### 2. 环形阵列

环形阵列是以指定的一点为中心点，环绕该点创建对象的副本。执行环形阵列时，用户还可以指定创建对象副本的数目以及是否旋转副本对象。在"阵列"对话框中选中"◉ 环形阵列(P)"单选按钮，则执行环形阵列命令，如图 5.4.9 所示。

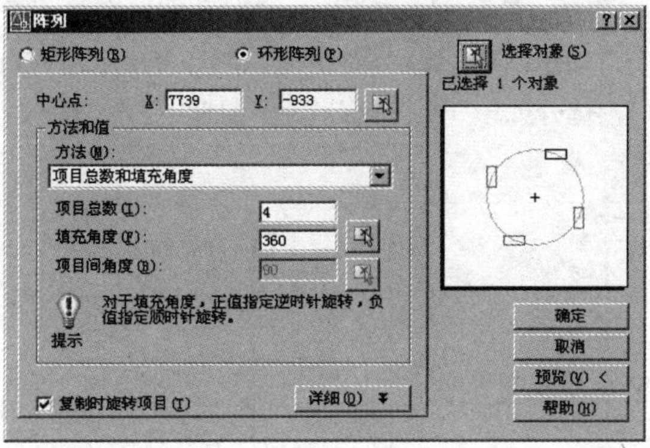


图 5.4.9 "环形阵列"选项设置

该对话框中各选项功能介绍如下：

（1）"中心点: X: 7739 Y: -933"文本框：指定环形阵列的中心点。输入 X 和 Y 坐标值，或单击此文本框右边的"拾取中心点"按钮，在绘图窗口中指定中心点。

（2）"方法和值"选项组：用于设置环形阵列的排列方式。该选项组中各选项功能如下：

1）"方法(M):"下拉列表框：设置定位对象所用的方法。单击下拉列表框右边的▾按钮，在弹出的下拉列表中选择定位对象的方法。

2）"项目总数(I):"文本框：设置在阵列结果中显示的对象数目，默认值为"4"。

3）"填充角度(F):"文本框：通过定义阵列中第一个和最后一个元素的基点之间的包含角度来设置阵列大小，正值指逆时针旋转，负值指顺时针旋转。默认值为"360"，值不允许为"0"。

4）"项目间角度(B):"文本框：设置阵列对象的基点和阵列中心之间的包含角。输入的值必须为正值，默认值为"90"。

（3）"☑ 复制时旋转项目(T)"复选框：预览区域所示旋转阵列中的项目。选中此复选框，阵列时每个对象都朝向中心点，如图 5.4.10（a）所示；若不选中此复选框，阵列时每个对象都保持原方向，如图 5.4.10（b）所示。

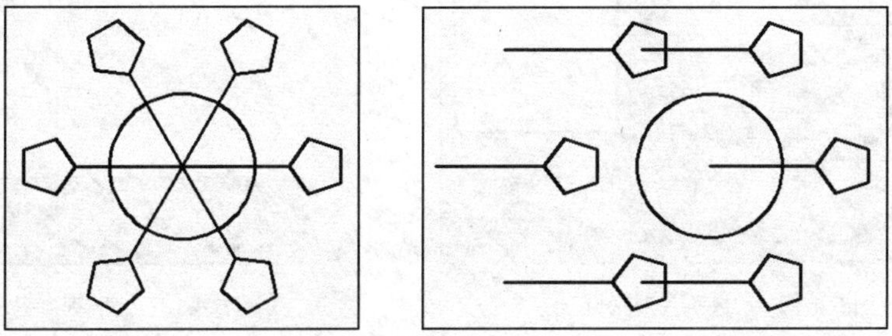

（a）旋转阵列　　　　（b）不旋转阵列

图 5.4.10 环形阵列的不同效果

（4）"详细(O) ▾"按钮：单击此按钮，打开或关闭"阵列"对话框中附加选项的显示，其中的附加选项为设置对象基点的默认值。

**例 5.4.4**　环形阵列如图 5.4.11（a）所示图形，效果如图 5.4.11（b）所示，具体操作步骤如下：

（1）绘制如图 5.4.11（a）所示的图形。

（2）单击“修改”工具栏中的“阵列”按钮，在弹出的“阵列”对话框中选中“环形阵列(P)”单选按钮。

（3）单击“阵列”对话框中的“拾取中心点”按钮，系统切换到绘图窗口，捕捉如图 5.4.11（a）所示图形中的交点 B，系统自动返回到“阵列”对话框。然后再次单击该对话框中的“选择对象”按钮，系统切换到绘图窗口，选择如图 5.4.11（a）所示图形中的小圆 A，系统自动返回到“阵列”对话框。

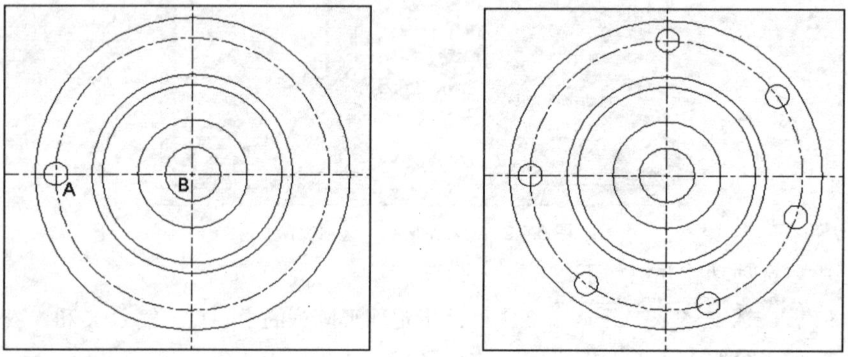


（a）环形阵列前的图形　　（b）环形阵列后的图形

图 5.4.11　环形阵列

（4）在“阵列”对话框中的“项目总数(I):”文本框中输入环形阵列的个数，同时选中该对话框下边的“复制时旋转项目(T)”复选框，如图 5.4.12 所示。

（5）其他参数设置如图 5.4.12 所示。单击该对话框中的“预览(V) <”按钮，弹出如图 5.4.13 所示的“阵列”提示框，同时在绘图窗口中显示阵列后的效果。

（6）如果对阵列后的效果满意，则单击“接受”按钮结束阵列操作；如果对阵列后的效果不满意，则单击“修改”按钮返回到“阵列”对话框，重新设置阵列参数。

环形阵列后的效果如图 5.4.11（b）所示。

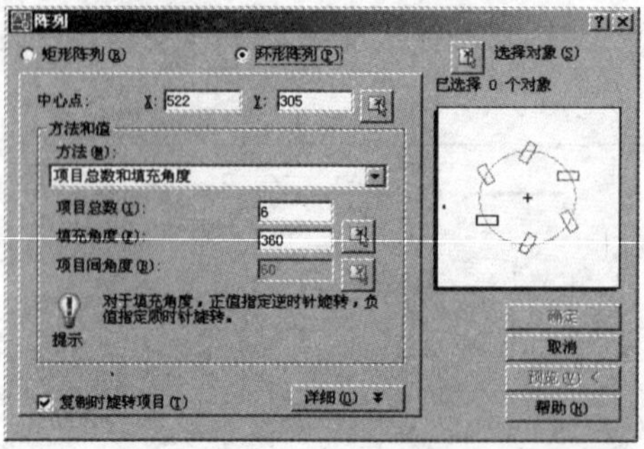


图 5.4.12　“阵列”对话框

图 5.4.13　“阵列”提示框

# 第五节　修改对象

在 AutoCAD 2008 中，修改对象的命令有修剪、延伸、缩放、拉伸、拉长等。本节将详细介绍这些修改命令的使用方法。

## 一、修剪

使用修剪命令可以在一个或多个对象定义的边上精确修剪对象。剪切边可以是直线、圆弧、圆、多段线、椭圆、样条曲线、构造线以及图纸空间中的视口，并且可以修剪到隐含交点。对于有宽度的多段线，剪切是沿着中心线进行的。启动修剪命令有以下 3 种方式：

（1）选择 修改(M) → 修剪(T) 命令。

（2）单击“修改”工具栏中的“修剪”按钮。

（3）在命令行中输入 trim。

**例 5.5.1** 修剪如图 5.5.1（a）所示的图形，修剪效果如图 5.5.1（b）所示。其操作步骤如下：

命令：_trim 当前设置：投影=UCS，边=无 //执行修剪命令

选择剪切边... //系统提示

选择对象或 <全部选择>： //选择图 5.5.1（a）中的所有直线

选择对象： //按回车键结束选择对象

选择要修剪的对象，或按住“Shift”键选择要延伸的对象，或[栏选(F)/窗交(C)/投影(P)/边(E)/删除(R)/放弃(U)]： //依次单击如图 5.5.1（a）所示的 A，B，C 点所在的边

选择要修剪的对象，或按住“Shift”键选择要延伸的对象，或[栏选(F)/窗交(C)/投影(P)/边(E)/删除(R)/放弃(U)]： //按回车键结束修剪命令

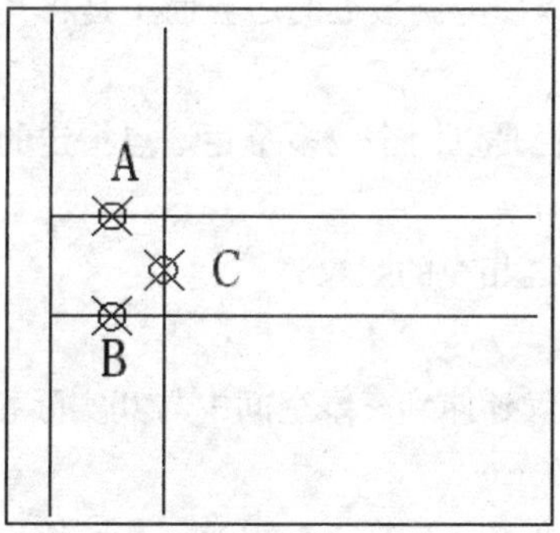


（a）修剪对象

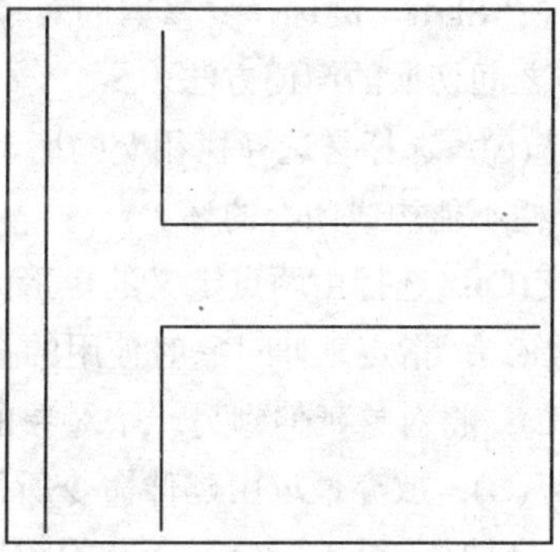

（b）修剪效果

图 5.5.1 修剪对象

其各选项含义介绍如下：

（1）栏选(F)：通过指定栏选点修剪图形对象。

（2）窗交(C)：通过指定窗交对角点修剪图形对象。

（3）投影(P)：用于设置在修剪对象时系统使用的投影模式，默认设置是当前用户坐标。

（4）边(E)：用于设置修剪边的隐含延伸模式。

（5）删除(R)：确定要删除的对象。

（6）放弃(U)：用于取消上一次操作。

技巧：在 AutoCAD 2008 中，用户可以用矩形框一次选择多个对象进行修剪，可以极大地提高绘图效率。

## 二、延伸

延伸是指将图形中选中的对象延伸到指定对象处，以方便绘制图形。执行延伸命令的方法有以下 3 种：

（1）单击“修改”工具栏中的“延伸”按钮。

（2）选择 修改(M) → 延伸(D) 命令。

（3）在命令行中输入命令 extend 或 ex。

执行延伸命令后，命令行提示如下：

命令: _extend　　//执行延伸命令

当前设置:投影=UCS，边=无　　//系统提示

选择边界的边...　　//系统提示

选择对象或 <全部选择>:　　//选择作为边界的边

选择对象:　　//按回车键结束对象选择

选择要延伸的对象，或按住“Shift”键选择要修剪的对象，或[栏选(F)/窗交(C)/投影(P)/边(E)/放弃(U)]:　　//选择要延伸的对象

选择要延伸的对象，或按住“Shift”键选择要修剪的对象，或[栏选(F)/窗交(C)/投影(P)/边(E)/放弃(U)]:　　//按回车键结束命令

其中各命令选项功能介绍如下：

（1）按住“Shift”键选择要修剪的对象：将选定对象修剪到最近的边界而不是将其延伸。这是在修剪和延伸之间切换的简便方法。

（2）栏选(F)：选择与选择栏相交的所有对象。选择栏是以两个或多个栏选点指定的一系列临时直线段。选择栏不能构成闭合的环。

（3）窗交(C)：选择由两点定义的矩形区域内部或与之相交的对象。

（4）投影(P)：指定延伸对象时使用的投影方法。

（5）边(E)：将对象延伸到另一个对象的隐含边，或仅延伸到三维空间中与其实际相交的对象。

（6）放弃(U)：放弃最近由延伸命令所做的修改。

**例 5.5.2**　延伸如图 5.5.2（a）所示的图形，延伸效果如图 5.5.2（b）所示。其操作步骤如下：

（1）绘制如图 5.5.2（a）所示的图形。

（2）单击“修改”工具栏中的“延伸”按钮，命令行提示如下：

命令：extend　　//执行延伸命令

当前设置：投影=UCS，边=无。　　//系统提示

选择边界的边..　　//系统提示

选择对象：　　//选择如图 5.5.2（a）所示的大圆

选择对象：　　//按回车键结束对象选择

选择要延伸的对象，或按住“Shift”键选择要修剪的对象，或[投影(P)/边(E)/放弃(U)]:

　　//选择直线 AB。

选择要延伸的对象，或按住“Shift”键选择要修剪的对象，或[投影(P)/边(E)/放弃(U)]:

　　//按回车键，重复延伸命令，延伸其他的直线

结果如图 5.5.2 所示。

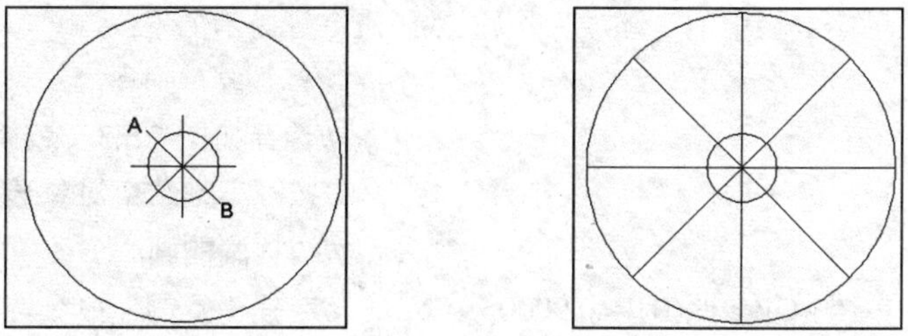


（a）延伸前的对象　　（b）延伸后的对象

图 5.5.2　延伸对象

## 三、缩放

缩放是指以指定的点为基点，按比例因子对图形进行放大或缩小。执行缩放命令的操作方法有以下 3 种：

（1）单击“修改”工具栏上的“缩放”按钮。

（2）选择 修改(M) → 缩放(L) 命令。

（3）在命令行中输入命令 scale。

执行缩放命令后，命令行提示如下：

命令: _scale　　//执行缩放命令

选择对象:　　//选择要缩放的对象

选择对象:　　//按回车键结束对象选择

指定基点:　　//指定对象的基点

指定比例因子或 [复制(C)/参照(R)] <1.0000>:　　//指定缩放的比例因子或选择其他命令选项

其中各命令选项功能介绍如下：

（1）复制(C)：选择此命令选项，在缩放对象的同时创建对象的副本。

（2）参照(R)：选择此命令选项，以指定的参照对图形进行缩放。命令行提示如下：

指定比例因子或 [复制(C)/参照(R)] <1.5000>:　r　　//选择“参照”命令选项

指定参照长度 <200.0000>:　　//指定参照长度的起点

指定第二点:　　//指定参照长度的终点

指定新的长度或 [点(P)] <200.0000>:　　//指定新长度的终点

**例 5.5.3**　缩放如图 5.5.3（a）所示图形，效果如图 5.5.3（b）所示，具体操作步骤如下：

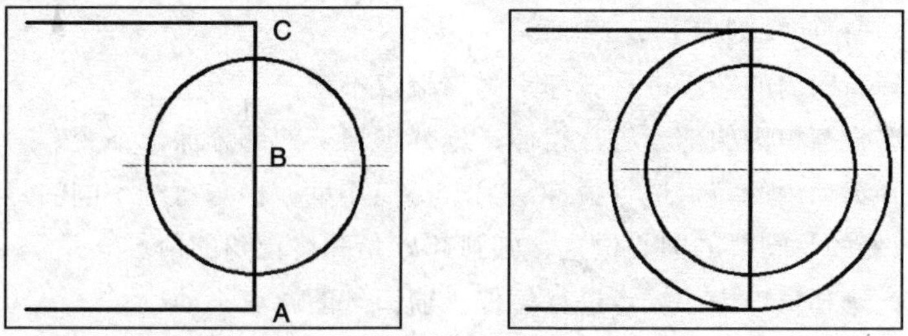


（a）缩放前的对象　　（b）缩放后的对象

图 5.5.3　缩放对象

（1）绘制如图 5.5.3（a）所示的图形。

（2）单击“修改”工具栏中的“缩放”按钮，命令行提示如下：

命令: _scale //执行缩放命令
选择对象: 找到 1 个 //选择如图 5.5.3（a）所示图形中的圆
选择对象: //按回车键结束对象选择
指定基点: //捕捉圆的圆心 B
指定比例因子或 [复制(C)/参照(R)] <0.9000>: c //选择“复制”命令选项
缩放一组选定对象。 //系统提示
指定比例因子或 [复制(C)/参照(R)] <0.9000>: r //选择“参照”命令选项
指定参照长度 <1.0000>: //捕捉圆心 B
指定第二点: //捕捉端点 A
指定新的长度或 [点(P)] <1.0000>: //捕捉端点 C

利用缩放绘制的图形如图 5.5.3（b）所示。

注意：如果输入的比例因子介于 0～1 之间，则缩小对象；如果输入的比例因子大于 1，则放大对象。

## 四、拉伸

拉伸是指通过移动对象的端点、顶点或控制点来改变对象的局部形状。执行拉伸命令的方法有以下 3 种：

（1）单击“修改”工具栏中的“拉伸”按钮。

（2）选择 修改(M) → 拉伸(H) 命令。

（3）在命令行中输入命令 stretch 或 s。

执行拉伸命令后，命令行提示如下：

命令: _stretch //执行拉伸命令
以交叉窗口或交叉多边形选择要拉伸的对象... //系统提示
选择对象: //选择要拉伸的对象
选择对象: //按回车键结束对象选择
指定基点或 [位移(D)] <位移>: //指定拉伸对象的基点
指定第二个点或 <使用第一个点作为位移>: //指定位移点

在选择要拉伸的图形对象时，如果将图形对象全部选中，则 AutoCAD 执行移动命令；如果选择图形对象的一部分，则拉伸规则如下：

（1）直线：选择窗口内的端点进行拉伸，另一端点不动。

（2）多段线：选择窗口内的部分进行拉伸，选择窗口外的部分保持不变。

（3）圆弧：选择窗口内的端点进行拉伸，另一端点不动。但与直线不同的是，圆弧在拉伸过程中弦高保持不变，改变的是圆弧的圆心位置、圆弧起始角和终止角的值。

（4）区域填充：选择窗口内的端点进行拉伸，窗口外的端点不动。

（5）其他对象：如果定义点位于选择窗口内，则进行拉伸；如果定义点位于选择窗口外，则不进行拉伸。

**例 5.5.4** 拉伸如图 5.5.4（a）所示的图形，效果如图 5.5.4（c）所示，具体操作步骤如下：

（1）绘制如图 5.5.4（a）所示的图形。

（2）单击“修改”工具栏中的“拉伸”按钮，命令行提示如下：

命令: _stretch　//执行拉伸命令

以交叉窗口或交叉多边形选择要拉伸的对象... //系统提示

选择对象:　//选择如图 5.5.4（b）所示图形中选择框中的对象

指定对角点: 找到 9 个

选择对象:　//按回车键结束对象选择

指定基点或 [位移(D)] <位移>:　//捕捉如图 5.5.4（a）所示图形中的圆心 A

指定第二个点或 <使用第一个点作为位移>:　//捕捉如图 5.5.4（a）所示图形中的圆心 B

拉伸后的图形如图 5.5.4（c）所示。

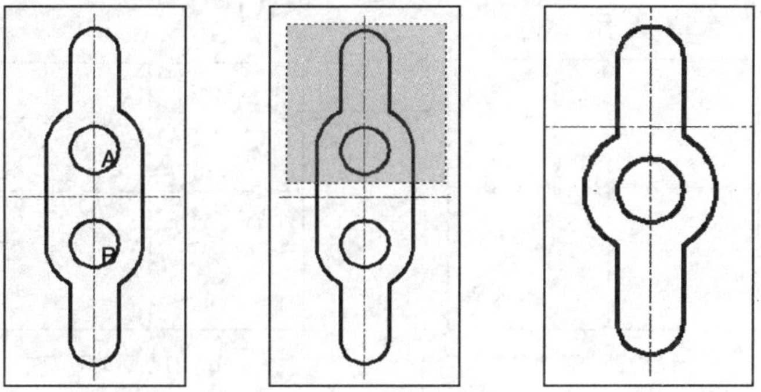


（a）拉伸前的对象　（b）选择拉伸对象　（c）拉伸后的对象

图 5.5.4　拉伸对象

## 五、打断

打断是将一个对象打断为两个对象，对象之间可以有间隙，也可以没有间隙。执行打断命令的方法有以下 3 种：

（1）单击“修改”工具栏中的“打断”按钮。

（2）选择 修改(M) → 打断(K) 命令。

（3）在命令行中输入命令 break 或 br。

执行打断命令后，命令行提示如下：

命令: _break　//执行打断命令

选择对象:　//选择要打断的对象

指定第二个打断点 或 [第一点(F)]:　//指定第二个打断点

提示：AutoCAD 系统默认以选择对象时的拾取点作为第一个打断点。

如果选择“第一点”命令选项，命令行提示如下：

指定第二个打断点 或 [第一点(F)]: f　//选择“第一点”命令选项

指定第一个打断点:　//重新指定第一个打断点

指定第二个打断点:　//指定第二个打断点

指定两个打断点后，两个指定点之间的对象部分将被删除。如果第二个点不在对象上，将选择对象上与该点最接近的点作为第二个点。在 AutoCAD 中，可以用打断命令打断的对象有直线、圆弧、圆、多段线、椭圆、样条曲线、圆环等，但多线、三维实体等对象不能用打断命令进行编辑。在打断圆或圆弧时，系统会按逆时针方向删除圆或圆弧上第一个打断点到第二个打断点之间的部分。

**例 5.5.5**　打断如图 5.5.5（a）所示图形，效果如图 5.5.5（b）所示，具体操作步骤如下：

（1）利用直线和圆命令绘制如图 5.5.6（a）所示的图形。

（2）单击“修改”工具栏中的“打断”按钮，命令行提示如下：

命令：_break　　//执行打断命令

选择对象：　　//选择圆 A

指定第二个打断点 或 [第一点(F)]：f　　//选择“第一点”命令选项

指定第一个打断点：　　//单击圆 A 的下象限点

指定第二个打断点：　　//单击圆 A 的右象限点

打断后的结果如图 5.5.5 所示。

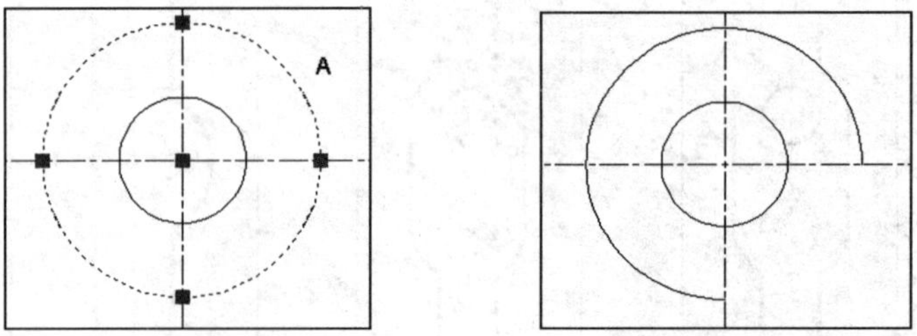


（a）打断前的对象　　（b）打断后的对象

图 5.5.5　打断对象

# 第六节　倒角和圆角

倒角和圆角是 AutoCAD 2008 中非常重要的两个编辑命令，它们不仅可以用于编辑各种二维图形，而且还可以用于编辑三维实体。本节将详细介绍这两个编辑命令在平面图形中的使用方法。

## 一、倒角

倒角是指用一个倾斜的面代替图形中的角。可以进行倒角的对象有直线、多段线、射线、构造线和三维实体。执行倒角命令的方法有以下 3 种：

（1）单击“修改”工具栏中的“倒角”按钮。

（2）选择 修改(M) → 倒角(C) 命令。

（3）在命令行中输入命令 chamfer。

执行倒角命令后，命令行提示如下：

命令: _chamfer　　//执行倒角命令

（“修剪”模式）当前倒角距离 1 = 0.0000，距离 2 = 0.0000　　//系统提示

选择第一条直线或 [放弃(U)/多段线(P)/距离(D)/角度(A)/修剪(T)/方式(E)/多个(M)]:

其中各命令选项功能介绍如下：

（1）放弃(U)：选择此命令选项，恢复在命令中执行的上一步操作。

（2）多段线(P)：选择此命令选项，对整个二维多段线进行倒角。命令行提示如下：

选择二维多段线:　　　　　　　　　　//选择需要倒角的二维多段线

**注意**：执行此命令之前，首先要设置倒角的距离，如果多段线包含的线段过短以至于无法容纳倒角距离，则不对这些线段倒角。

（3）距离(D)：选择此命令选项，设置倒角至选定边端点的距离。

指定第一个倒角距离 <1.0000>:　　　　　　　　//输入第一个倒角距离

指定第二个倒角距离 <2.0000>:　　　　　　　　//输入第二个倒角距离

（4）角度(A)：选择此命令选项，用第一条线的倒角距离和第二条线的角度设置倒角。命令行提示如下：

指定第一条直线的倒角长度 <1.0000>:　　　　　　//输入第一条直线的倒角距离

指定第一条直线的倒角角度 <0>:　　　　　　　　//输入第一条直线的倒角角度

（5）修剪(T)：选择此命令选项，控制倒角是否将选定的边修剪到倒角直线的端点。命令行提示如下：

输入修剪模式选项 [修剪(T)/不修剪(N)] <修剪>:　　　　//选择倒角模式

**注意**：系统默认的倒角模式为“修剪”。还有不同模式下的倒角效果。

（6）方式(E)：选择此命令选项，控制使用两个距离还是一个距离和一个角度来创建倒角。

（7）多个(M)：选择此命令选项，为多组对象的边倒角。

**提示**：当倒角值大于倒角边长时，不进行倒角；当倒角值为 0 时，将延伸倒角边使其相交，但不进行倒角。

**例 5.6.1**　使用倒角命令将如图 5.6.1（a）所示的图形进行倒角处理。

（1）命令：chamfer　　　　　　　　　　//执行倒角命令

（2）(“修剪”模式) 当前倒角距离 1 = 10.000 0，距离 2 = 10.000 0。

（3）选择第一条直线或 [多段线(P)/距离(D)/角度(A)/修剪(T)/方式(M)/多个(U)]：//选择直线 AB。

（3）选择第二条直线:　　　　　　　　　//选择直线 CD

重复倒角命令，将其他的直线进行倒角处理，结果如图 5.6.1（b）所示。

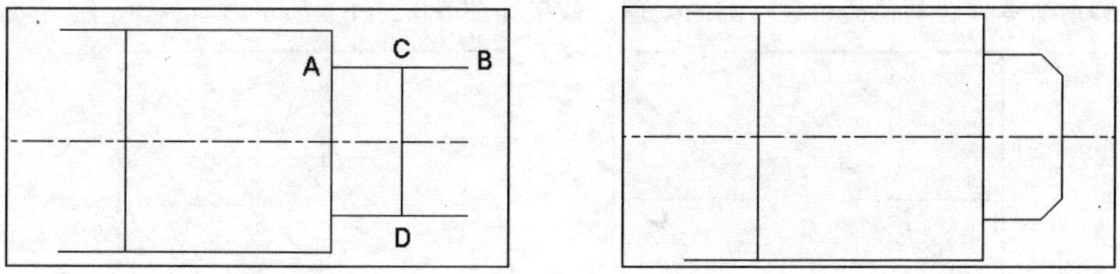


（a）倒角前的图形　　　　（b）倒角后的图形

图 5.6.1　指定距离倒角

## 二、圆角

圆角是指用光滑的弧来替代图形对象中的角。在 AutoCAD 2008 中，可进行圆角操作的对象有圆弧、圆、椭圆和椭圆弧、直线、多段线、射线、样条曲线、构造线和三维实体。执行圆角命令的方法有以下 3 种：

（1）单击“修改”工具栏中的“圆角”按钮。

（2）选择 修改(M) → 圆角(F) 命令。

（3）在命令行中输入命令 fillet。

执行圆角命令后，命令行提示如下：

命令: _fillet　　//执行倒圆角命令

当前设置: 模式 = 修剪，半径 = 0.0000　　//系统提示

选择第一个对象或 [放弃(U)/多段线(P)/半径(R)/修剪(T)/多个(M)]:

其中各命令选项功能介绍如下：

（1）放弃(U)：选择此命令选项，恢复执行的上一个操作。

（2）多段线(P)：选择此命令选项，在二维多段线中两条线段相交的每个顶点处插入圆角弧。命令行提示如下：

选择二维多段线:　　//选择二维多段线

（3）半径(R)：选择此命令选项，定义圆角弧的半径。命令行提示如下：

指定圆角半径 <2.0000>:　　//输入圆角的半径

选择第一个对象或 [放弃(U)/多段线(P)/半径(R)/修剪(T)/多个(M)]:　　//选择第一个圆角边

选择第二个对象，或按住“Shift”键选择要应用角点的对象:　　//选择第二个圆角边

（4）修剪(T)：控制圆角是否将选定的边修剪到圆角弧的端点。

（5）多个(M)：给多个对象集加圆角。

**例 5.6.2**　使用圆角命令对如图 5.6.2（a）所示的图形进行圆角处理，结果如图 5.6.2（b）所示。

（1）命令：fillet　　//执行倒圆角命令

（2）当前设置：模式=修剪，半径=0.000 0。　　//系统提示

（3）选择第一个对象或[多段线(P)/半径(R)/修剪(T)/多个(U)]：r

（4）指定圆角半径<0.000 0>：15　　//输入圆角的半径

（5）选择第一个对象或[多段线(P)/半径(R)/修剪(T)/多个(U)]：　　//选择 AB 棱边。

（6）选择第二个对象：　　//选择 AC 棱边。

（7）选择第一个对象或[多段线(P)/半径(R)/修剪(T)/多个(U)]：　　//按回车键结束对象选择

重复圆角命令，对其他棱边进行圆角处理，效果如图 5.6.2（b）所示。

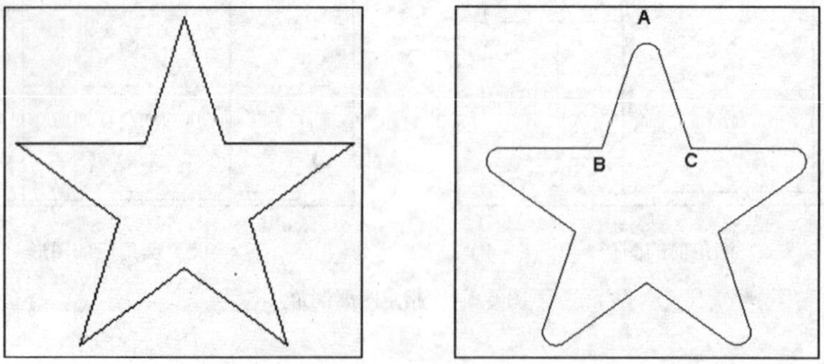


（a）圆角前的图形对象　　（b）圆角后的图形对象

图 5.6.2　圆角

提示：用圆角命令对圆、圆弧和直线进行圆角时，根据选择点的不同会出现不同的效果。

# 第七节　夹点编辑

夹点是图形对象上的特征点，当图形对象被选中时，这些带颜色的点就会显现出来。根据选择对象的不同，对象上出现的夹点数和位置也不相同，如图 5.7.1 所示。

## 一、控制夹点显示

默认情况下，夹点的显示始终是打开的，用户可以通过选择 工具(T) → 选项(N)... 命令，在弹出的 选项 对话框中选择 选择集 选项卡，在该选项卡中可以设置夹点的颜色、显示和大小，如图 5.7.2 所示。

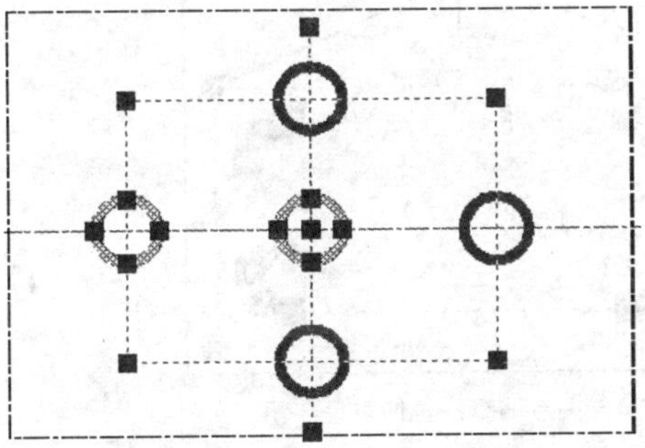

图 5.7.1　不同对象的夹点数和位置

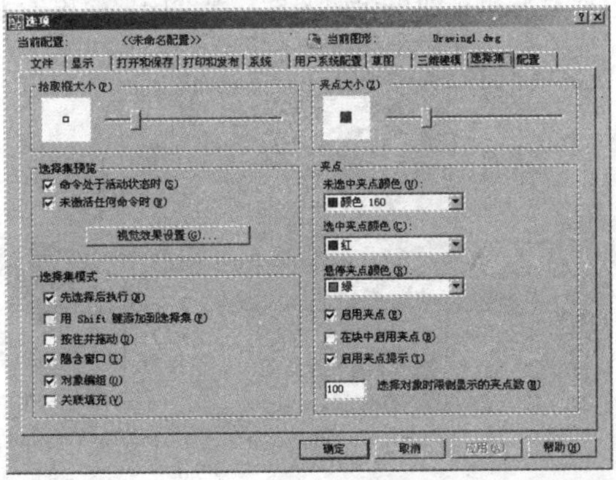

图 5.7.2　“选择集”选项卡

当夹点显示打开时，选择不同的对象，对象上显示的夹点数量和位置都不一样，如表 5.1 所示列举了 AutoCAD 中常见对象的夹点特征。

表 5.1　AutoCAD 中图形对象的夹点特征

| 对象类型 | 夹点特征 |
| --- | --- |
| 直线 | 两个端点和中点 |
| 多段线 | 直线段的两端点、圆弧段的中点和两端点 |
| 构造线 | 控制点以及线上的邻近两点 |
| 射线 | 起点以及射线上的一个点 |
| 多线 | 控制线上的两个端点 |
| 圆弧 | 两个端点和中点 |
| 圆 | 4 个象限点和圆心 |
| 椭圆 | 4 个顶点和中心点 |
| 椭圆弧 | 端点、中点和中心点 |
| 区域填充 | 各个顶点 |
| 文字 | 插入点和第二个对齐点（如果有） |
| 段落文字 | 各顶点 |
| 属性 | 插入点 |
| 插入图形 | 插入点 |
| 三维网格 | 网格上的各个顶点 |
| 三维面 | 周边顶点 |
| 线型标注、对齐标注 | 尺寸线和尺寸界线的端点、尺寸文字的中心点 |
| 角度标注 | 尺寸线端点和指定尺寸标注弧的端点，尺寸文字的中心点 |
| 半径标注、直径标注 | 半径或直径标注的端点，尺寸文字的中心点 |
| 坐标标注 | 被标注点，用户指定的引出线端点和尺寸文字的中心点 |

## 二、使用夹点编辑对象

利用夹点编辑方法，用户可以对图形进行拉伸、移动、旋转、比例缩放和镜像 5 种编辑操作。其具体操作步骤如下：

（1）选中要编辑的图形对象，显示出图形对象上的夹点。

（2）单击某一夹点，该夹点就会以高亮度显示，此时，该夹点被激活。

（3）单击鼠标右键，在弹出的快捷菜单中可选择夹点编辑命令，如图 5.7.3 所示。

（4）当某一夹点被激活时，命令行同时提示如下：

** 拉伸 **

指定拉伸点或 [基点(B)/复制(C)/放弃(U)/退出(X)]:

此时移动鼠标即可拉伸夹点，改变图形对象的形状，如图 5.7.4 所示。

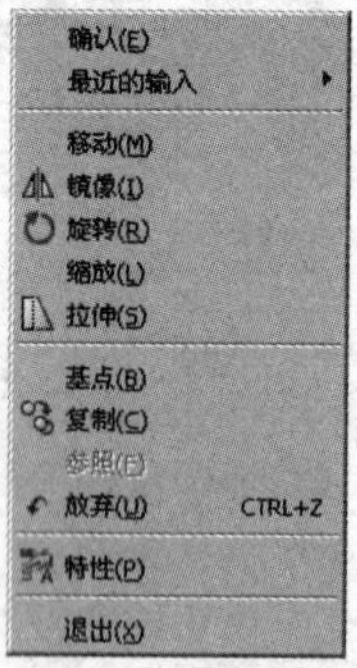


图 5.7.3　快捷菜单

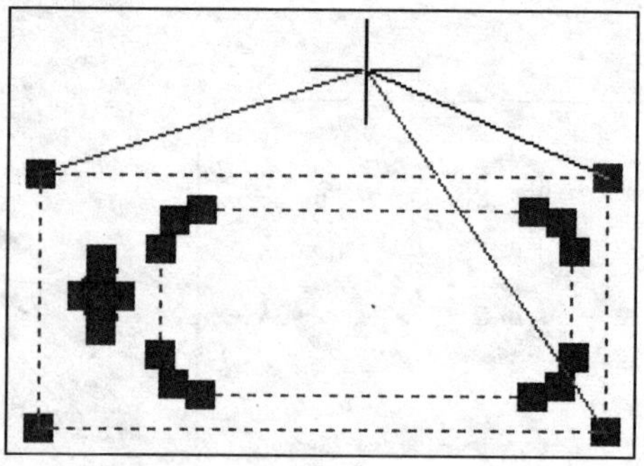

图 5.7.4　夹点编辑：拉伸对象

在该提示下继续按回车键，夹点的状态就会在拉伸、移动、旋转、比例缩放和镜像 5 种编辑方式中进行转换，同时命令行会依次提示如下：

** 拉伸 **

指定拉伸点或 [基点(B)/复制(C)/放弃(U)/退出(X)]:

** 移动 **

指定移动点或 [基点(B)/复制(C)/放弃(U)/退出(X)]:

** 旋转 **

指定旋转角度或 [基点(B)/复制(C)/放弃(U)/参照(R)/退出(X)]:

** 比例缩放 **

指定比例因子或 [基点(B)/复制(C)/放弃(U)/参照(R)/退出(X)]:

** 镜像 **

指定第二点或 [基点(B)/复制(C)/放弃(U)/退出(X)]:

当夹点处于哪个编辑状态下时，用户就可以利用夹点编辑方法对图形对象进行相应的编辑。

其中各命令选项功能介绍如下：

（1）基点(B)：选择此命令选项，将重新确定被激活的夹点。

（2）复制(C)：选择此命令选项，在编辑对象的同时复制对象。

（3）放弃(U)：选择此命令选项，将取消最近一次操作。

（4）参照(R)：选择此命令选项，指定编辑对象时使用的参照。

（5）退出(X)：选择此命令选项，将退出当前操作。

注意：有些对象上的夹点比较特殊，如果使用夹点编辑方式在这些夹点上拉伸对象，则这些对象不能被拉伸，只能被移动，这些对象包括文字、直线的中点、圆心、对象的中心等。

**例 5.7.1**　利用夹点编辑方法绘制如图 5.7.5 所示的图形，具体操作步骤如下：

（1）绘制如图 5.7.5（a）所示的图形。

（2）选择如图 5.7.5（b）所示显示夹点的对象。

（3）单击如图 5.7.5（a）所示图形中小圆圆心处的夹点，激活该夹点，命令行提示如下：

** 拉伸 **　//系统提示
指定拉伸点或 [基点(B)/复制(C)/放弃(U)/退出(X)]:　//按回车键切换夹点编辑方式
** 移动 **　//系统提示
指定移动点或 [基点(B)/复制(C)/放弃(U)/退出(X)]:　//按回车键切换夹点编辑方式
** 旋转 **　//系统提示
指定旋转角度或 [基点(B)/复制(C)/放弃(U)/参照(R)/退出(X)]: b　//选择“基点”命令选项
指定基点:　//选择如图 5.7.5（a）所示图形中大圆的圆心
** 旋转 **　//系统提示
指定旋转角度或 [基点(B)/复制(C)/放弃(U)/参照(R)/退出(X)]: c　//选择“复制”命令选项
** 旋转 (多重) **　//系统提示
指定旋转角度或 [基点(B)/复制(C)/放弃(U)/参照(R)/退出(X)]: 120　//输入旋转角度
** 旋转 (多重) **　//系统提示
指定旋转角度或 [基点(B)/复制(C)/放弃(U)/参照(R)/退出(X)]: 240　//输入旋转角度
** 旋转 (多重) **　//系统提示
指定旋转角度或 [基点(B)/复制(C)/放弃(U)/参照(R)/退出(X)]:　//按回车键结束命令

夹点编辑后的图形如图 5.7.5（c）所示。

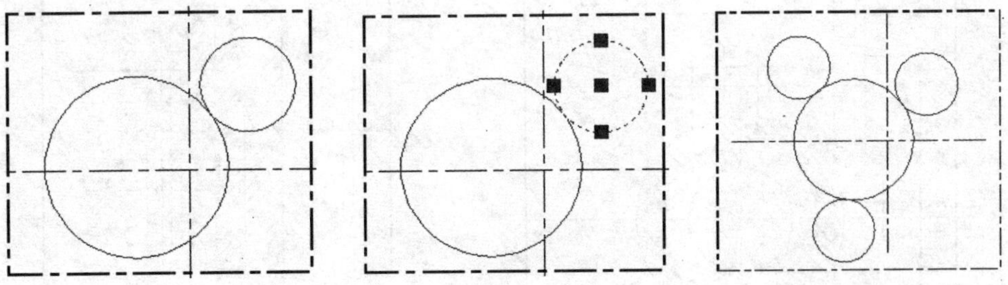

（a）夹点编辑前的图形　（b）选择对象　（c）夹点编辑后的图形

图 5.7.5　利用夹点编辑绘制图形

# 习 题 五

## 一、填空题

1．在 AutoCAD 2008 中，可以通过__________、__________、镜像、

________和________等命令复制对象。

2. 在 AutoCAD 2008 中，修改对象的方法有很多种，例如________、缩放________、________、________、________等。

3. 在 AutoCAD 2008 中，使用夹点编辑可以对图形进行________、________、________和________等编辑。

## 二、选择题

1. 在 AutoCAD 中，运用（ ）命令，可以执行修剪。

A. TRIM　　B. COPY

C. HIDE　　D. REGEN

2. 设置矩形阵列时，（ ）是系统允许的。

A. 阵列角度和行列偏移都不能为负　　B. 阵列角度和行列偏移都可以为负

C. 阵列角度可以为负，行列偏移不可以为负　D. 行列偏移可以为负，阵列角度不能为负

## 三、问答题

1. 在 AutoCAD 2008 中，如何选择对象？

2. 拉伸和拉长命令有什么区别？

3. 什么是夹点，如何控制夹点的显示？

## 四、上机操作题

1. 绘制如题图 5.1 所示的图形。

2. 绘制如题图 5.2 所示的图形。

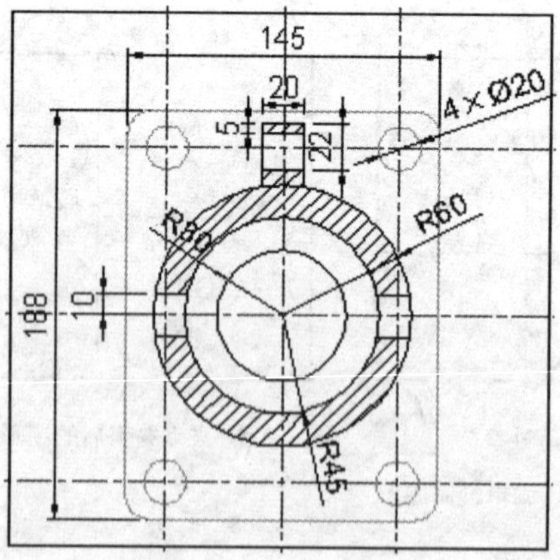


题图　5.1

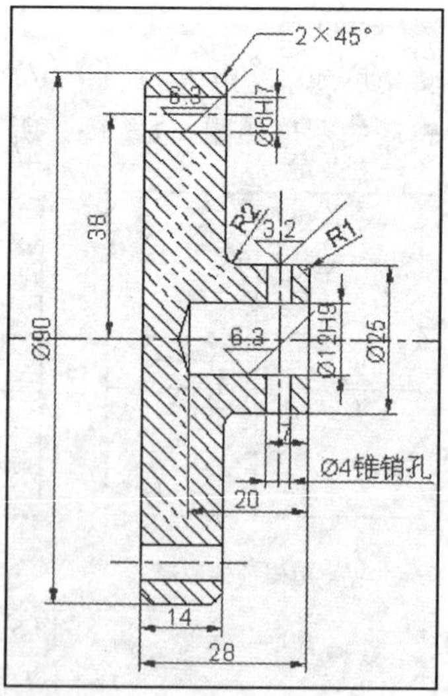


题图　5.2

# 第六章　使用文字与表格

### 教学目标

在绘制图形的过程中，经常需要为图形添加文字或表格。在 AutoCAD 2008 中，系统为用户提供了专门用于创建与编辑文字及表格的工具，使绘制图形的工作更加方便、快捷。本章详细介绍 AutoCAD 2008 中文字与表格的使用方法。

### 教学难点与重点

（1）设置文字样式。
（2）创建与编辑文字。
（3）设置表样式。
（4）创建与编辑表。

## 第一节　设置文字样式

在标注文字之前，首先要根据不同的需要设置不同的文字样式。设置文字样式时，用户可以定义文字的高度、字体、倾斜角度等。AutoCAD 允许用户在一幅图形中创建多种标注，以满足不同文字标注的需求。执行创建文字样式的方法有以下 3 种：

（1）单击“样式”工具栏中的“文字样式”按钮。
（2）选择 格式(O) → 文字样式(S)... 命令。
（3）在命令行中输入命令 style。

执行此命令后，弹出 文字样式 对话框（见图 6.1.1），用户可以在该对话框中设置有关文字样式的各种参数。

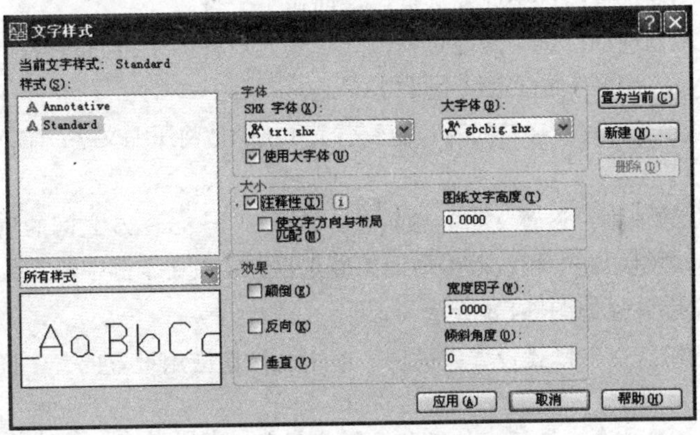


图 6.1.1　“文字样式”对话框

该对话框中各选项功能介绍如下：

（1）样式(S)选项组：显示文字样式名、添加新样式和删除现有样式。该下拉列表中包括已经定义的样式名，并默认显示当前样式。

1）新建(N)...按钮：单击此按钮，弹出新建文字样式对话框，如图 6.1.2 所示，并为当前设置自动提供名为“样式 n”的样式名称。用户可以采用默认值或在该对话框中输入自定义的样式名称，然后单击确定按钮使新样式名使用当前样式设置。

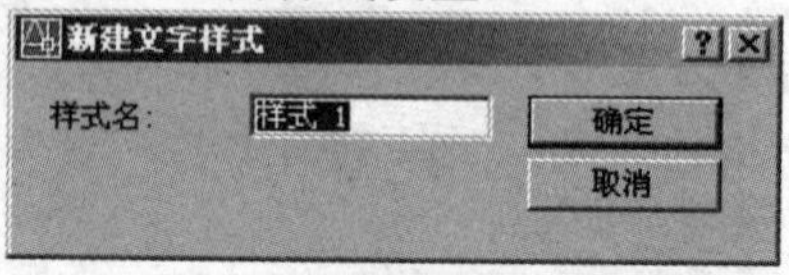


图 6.1.2　“新建文字样式”对话框

2）删除(D)按钮：从样式名下拉列表中选择一个样式名将其置为当前，然后单击此按钮即可将该样式删除。

（2）字体选项组：更改样式的字体。

1）SHX 字体(X):下拉列表框：在该下拉列表中列出所有注册的 TrueType 字体和 Fonts 文件夹中编译的形（SHX）字体的字体族名。

2）大字体(B):下拉列表框：指定字体格式，比如斜体、粗体或者常规字体。选中☑ 使用大字体(U)复选框后，该选项变为“大字体”，用于选择大字体文件。

（3）大小选项组：注释编辑字体大小。

1）□注释性(I)复选框：体现文字注释性。

2）□使文字方向与布局匹配(M)复选框：使文字方向和布局匹配。

3）图纸文字高度(T)数值框：根据输入的值设置文字高度。如果输入 0，每次用该样式输入文字时，系统都将提示输入文字高度；输入大于 0.0 的高度值，则为该样式设置固定的文字高度。在相同的高度设置下，TrueType 字体显示的高度要小于 SHX 字体。

（4）效果选项组：修改字体的特性，例如宽度比例、倾斜角度以及是否颠倒显示、反向或垂直对齐。

1）☑ 颠倒(E)复选框：选中此复选框，颠倒显示字符。

2）☑ 反向(K)复选框：选中此复选框，反向显示字符。

3）☑ 垂直(V)复选框：选中此复选框，显示垂直对齐的字符。只有在选定字体支持双向时此选项才可用。TrueType 字体的垂直定位不可用。

4）宽度因子(W)数值框：设置字符间距。输入小于 1.0 的值将压缩文字；输入大于 1.0 的值则扩大文字。

5）倾斜角度(O):数值框：设置文字的倾斜角。输入一个-85～85 之间的值将使文字倾斜。

用户只需要在该选项组中选中相应效果前面的复选框，或在文本框中输入数值，就可以设置相应的文字效果。这 5 种文字效果如图 6.1.3 所示。

（5）应用(A)按钮：文字样式设置完成后，单击此按钮应用设置的文字样式。

技巧：如果改变现有文字样式的方向或字体文件，当图形重生成时所有具有该样式的文字对象都将使用新值。

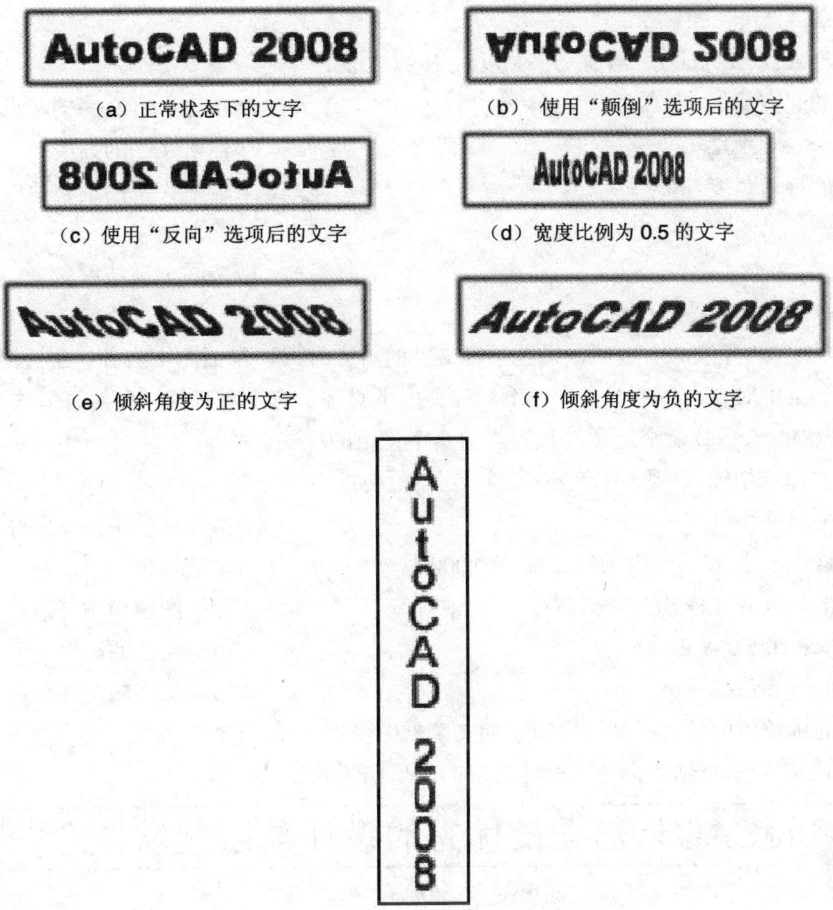


（a）正常状态下的文字　（b）使用“颠倒”选项后的文字

（c）使用“反向”选项后的文字　（d）宽度比例为 0.5 的文字

（e）倾斜角度为正的文字　（f）倾斜角度为负的文字

（g）使用“垂直”选项后的文字

图 6.1.3　文字效果

# 第二节　创建与编辑文字

多数图形中的文字都比较重要，比如图纸中的明细表和技术要求等。在 AutoCAD 2008 中，文字标注有两种方式：一种是单行文字标注，即只能输入一行文字，系统不会自动换行；另一种是多行文字标注，一次可以输入多行文字。AutoCAD 2008 除提供了处理汉字、数字等常用符号的功能外，还提供了处理特殊字符的功能。本节将详细介绍单行文字标注、多行文字标注和特殊字符的输入。

## 一、创建单行文字

创建单行文字命令的启动方式有以下 3 种：

（1）单击“文字”工具栏中的“单行文字”按钮 A|。

（2）选择 绘图(D) → 文字(X) → 单行文字(S) 命令。

（3）在命令行中输入命令 dtext。

启动创建单行文字命令后，命令行提示如下：

命令: _dtext

当前文字样式： Standard 当前文字高度： 184.0202

指定文字的起点或[对正(J)/样式(S)]: //指定单行文字的起点

指定高度 <184.0202>: //输入文字的高度

指定文字的旋转角度 <0>: //输入文字的旋转角度

输入文字: //输入文字

输入文字: //按回车键结束命令

其中各命令选项的功能介绍如下：

（1）对正(J)：选择该命令选项，设置单行文字的对齐方式，包括左上对齐、中上对齐、右上对齐、左中对齐、正中对齐、右中对齐、左下对齐、中下对齐、右下对齐共 9 种对齐方式。

（2）样式(S)：选择该命令选项，设置当前文字使用的样式。

**例 6.2.1** 在图形中输入一段单行文字。其具体操作如下：

命令: _dtext //执行标注单行文字命令

当前文字样式： 样式 1 当前文字高度:0.0000 //系统提示

指定文字的起点或 [对正(J)/样式(S)]: //在绘图窗口中任意指定一点

指定高度 <00.0000>: 50 //指定文字的高度

指定文字的旋转角度 <0>: 0 //指定文字的旋转角度

指定文字的旋转角度后，在绘图窗口中的文字框中输入“AutoCAD 是当今最优秀的设计与绘图软件之一”，然后按回车键结束命令，标注文字的效果如图 6.2.1 所示。

AutoCAD是当今最优秀的设计与绘图软件之一

图 6.2.1 标注单行文字

## 二、创建多行文字

执行创建多行文字命令的方法有以下 3 种：

（1）单击“文字”工具栏中的“多行文字”按钮 A 。

（2）选择 绘图(D) → 文字(X) → 多行文字(M)... 命令。

（3）在命令行中输入命令 mtext。

执行该命令后，命令行提示如下：

命令: _mtext //执行创建多行文字命令

当前文字样式:"样式 1" 当前文字高度:10 //系统提示

指定第一角点: //在绘图窗口中指定多行文本编辑窗口的第一个角点

指定对角点或 [高度(H)/对正(J)/行距(L)/旋转(R)/样式(S)/宽度(W)]: //指定多行文本编辑窗口的第二个角点

其中各命令选项功能介绍如下：

（1）高度(H)：选择此命令选项，指定用于多行文字字符的高度。

（2）对正(J)：选择此命令选项，根据文字边界确定新文字或选定文字的文字对齐和文字走向。

（3）行距(L)：选择此命令选项，指定多行文字对象的行距。行距是一行文字的底部（或基线）与下一行文字底部之间的垂直距离。

（4）旋转(R)：选择此命令选项，指定文字边界的旋转角度。

（5）样式(S)：选择此命令选项，指定用于多行文字的文字样式。

（6）宽度(W)：选择此命令选项，指定文字边界的宽度。

指定第二个角点后，在绘图窗口中弹出如图 6.2.2 所示的多行文本编辑器。

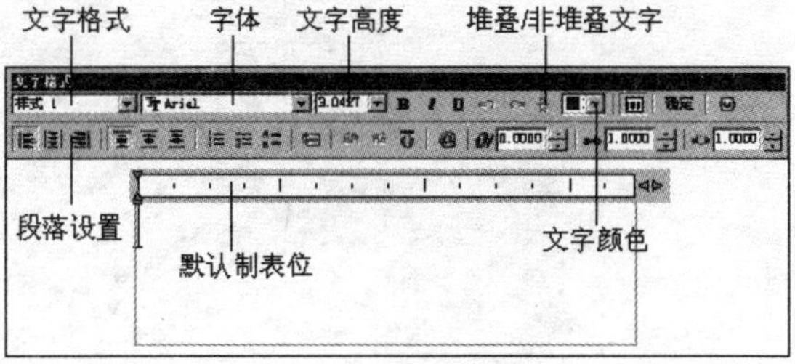


图 6.2.2　多行文本编辑器

多行文本编辑器用来控制多行文字的样式及文字的显示效果。其中各选项的功能介绍如下：

1）样式 1 下拉列表框：该下拉列表框用于设置多行文字的文字样式。

2）Arial 下拉列表框：该下拉列表框用于设置多行文字的字体。

3）2.5 下拉列表框：该下拉列表框用于确定文字的字符高度。在其下拉列表中可选择文字高度或直接在文本框中输入文字高度。

4）“堆叠/非堆叠文字”按钮：选中需要创建堆叠的文字后，单击此按钮，创建堆叠文字。在 AutoCAD 2006 中创建堆叠文字的格式有以下 3 种：

① 格式：“文字 1”^“文字 2”，效果如图 6.2.3（a）所示。

② 格式：“文字 1”/“文字 2”，效果如图 6.2.3（b）所示。

③ 格式：“文字 1”#“文字 2”，效果如图 6.2.3（c）所示。

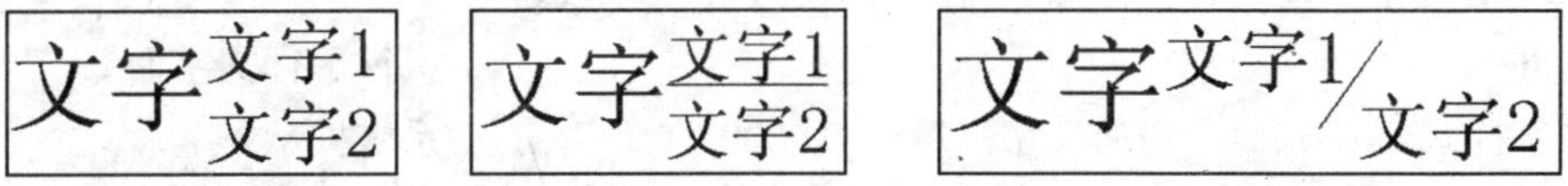


（a）“^”型　　（b）“/”型　　（c）“#”型

图 6.2.3　文字堆叠效果

5）下拉列表框：该下拉列表框用于设置或改变文本的颜色。

创建的多行文字效果如图 6.2.4 所示。

图 6.2.4　创建多行文字

## 三、输入特殊字符

在绘制图形的过程中，经常需要输入一些特殊的字符，但这些字符不能直接从键盘上输入。在

AutoCAD 2008 中，单击文字格式编辑器右侧的“选项”按钮，弹出“文字编辑”下拉菜单，选择其中的符号(S)选项，弹出如图 6.2.5 所示的子菜单，选择该菜单中的相应命令，即可插入与其对应的特殊符号。

图 6.2.5　“文字编辑”下拉菜单

另外，AutoCAD 2008 还提供了一些简捷的控制码，用于输入一些常用的特殊字符。这些控制码由两个百分号（%%）和一个字母组成，如表 6.1 所示。

标 6.1　AutoCAD 控制码

| 控制符 | 字　符 |
|---|---|
| %%C | 直径符号（Φ） |
| %%P | 公差符号（±） |
| %%D | 角度符号（°） |
| %%U | 文字的下画线 |
| %%O | 文字的上画线 |

其中，%%O 和%%U 用于控制打开和关闭文字的上画线和下画线，当第一次出现该符号时即为打开，第二次出现时即为关闭。

**例 6.2.2**　在图形中输入各种特殊字符。其具体操作步骤如下：

命令: _dtext　　//执行单行文字命令

当前文字样式:　样式 1　当前文字高度:　0.0000　　//系统提示

指定文字的起点或[对正(J)/样式(S)]:　　//在绘图窗口中指定文字的起点

指定高度 <0.0000>:50　　//指定文字的高度

指定文字的旋转角度 <0>:　　//按回车键默认旋转角度为 0

在文字框中输入以下文字:

%%uAutoCAD 2008%%u%%o 中的特殊字符%%o　　//输入文字后按回车键

直径符号:%%c　　//输入文字后按回车键

角度符号:%%d　　//输入文字后按回车键

公差符号:%%p　　//输入文字后按回车键结束命令

标注的文字如图 6.2.6 所示。

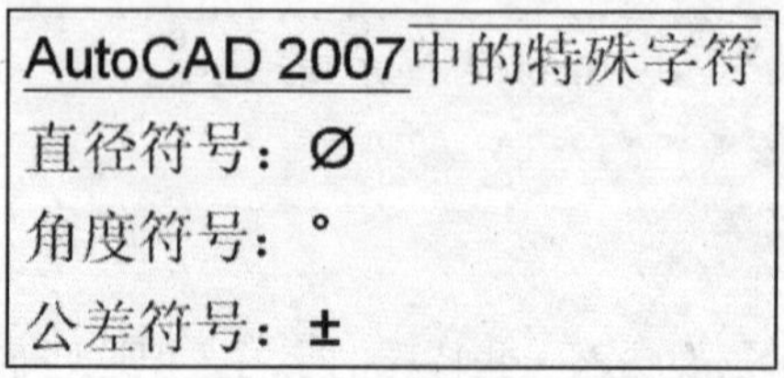


图 6.2.6　标注特殊文字

## 四、编辑文字

在 AutoCAD 2008 中，用户还可以利用编辑文字命令对已经标注的文字进行编辑。执行编辑文字命令的方法有以下 3 种：

（1）单击“文字”工具栏中的“编辑文字”按钮。

（2）选择 修改(M) → 对象(O) → 文字(T) → 编辑(E)... 命令。

（3）在命令行中输入命令 ddedit。

在 AutoCAD 2008 中，对单行文字的编辑主要是对文字内容的编辑，执行编辑文字命令后，选择要编辑的单行文字，文字对象即可变为如图 6.2.7 所示的状态，此时，用户重新输入新的文字内容即可。

图 6.2.7　编辑中的单行文字

如果编辑的文字对象是多行文字，则执行编辑文字命令后，弹出 文字格式 编辑器，用户可以在该编辑器中对多行文字的样式、字体、文字高度和颜色等属性进行编辑。

# 第三节　创建表样式

在 AutoCAD 2008 中，用户可以使用插入命令在图形文件中直接绘制表格，还可以将图形文件中的表格的数据输入，以供其他应用程序使用。

## 一、新建表样式

在 AutoCAD 2008 中，系统提供了默认的表样式。如果用户需要创建新的表样式，可以通过以下 3 种方法执行创建表样式命令：

（1）单击“样式”工具栏中的“表格样式”按钮。

（2）选择 格式(O) → 表格样式(B)... 命令。

（3）在命令行中输入命令 tablestyle。

执行该命令后，弹出 表格样式 对话框（见图 6.3.1），单击该对话框中的 新建(N)... 按钮，弹出 创建新的表格样式 对话框，如图 6.3.2 所示。

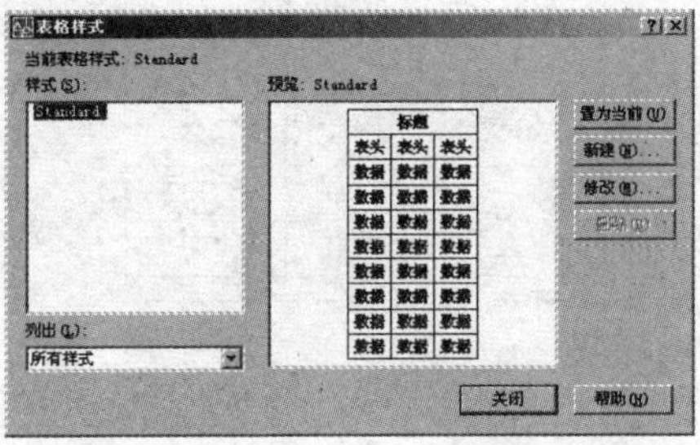


图 6.3.1　“表格样式”对话框

图 6.3.2　“创建新的表格样式”对话框

在创建新的表格样式对话框中的新样式名(N):文本框中输入新的表格样式名称，然后单击基础样式(S):下拉列表框右边的按钮，在弹出的下拉列表中选择一种基础样式，然后单击继续按钮，弹出新建表格样式：MOVE对话框，如图 6.3.3 所示。

用户可以在该对话框中设置表格的参数，最后单击确定按钮完成新表格样式的创建，同时返回到表格样式对话框，在该对话框中单击置为当前(U)按钮，即可设置新建的表格样式为当前样式。

在表格样式对话框中的样式(S):列表框中选择表格样式，单击修改(M)...按钮，弹出修改表格样式：MOVE对话框，如图 6.3.4 所示。该对话框与新建表格样式：MOVE对话框的内容相同，修改表格参数后，单击确定按钮完成对表格样式的修改。

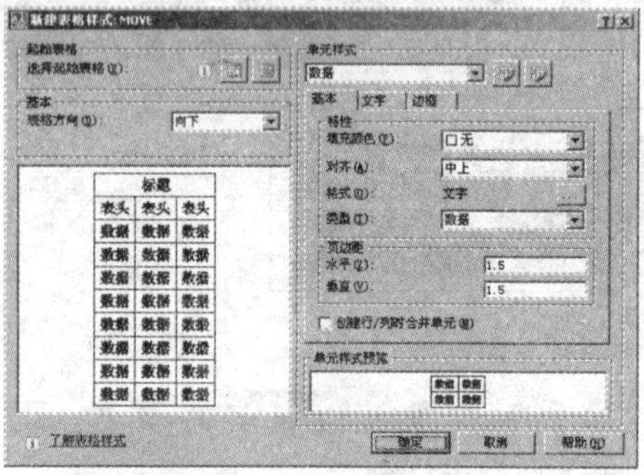

图 6.3.3　“新建表格样式：MOVE”对话框

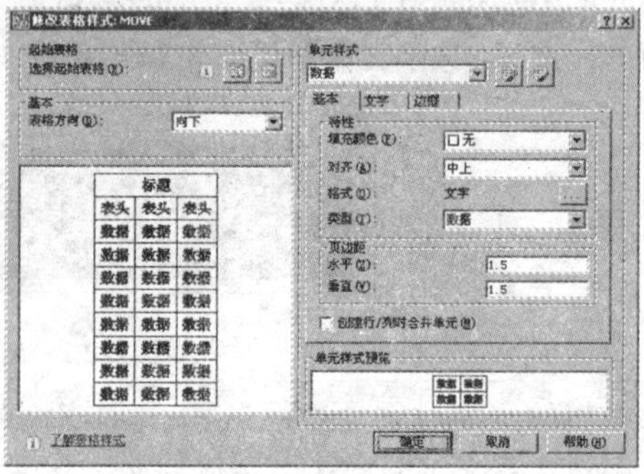

图 6.3.4　“修改表格样式：MOVE”对话框

## 二、设置表样式参数

用户可以在创建表样式时在新建表格样式：MOVE对话框中设置表样式的参数，也可以在修改表样式时在修改表格样式：MOVE对话框中设置表样式参数，这两个对话框中的内容相同，都有 4 个选项组：起始表格、基本、单元样式和单元样式预览，其中各选项组中又有多个选项卡。

### 1．“起始表格”选项组

该选项组用于选择起始表格，即选择一个表格用作此表格样式的起始表格。

### 2．“基本”选项组

该选项组用于设置表格的方向。单击该对话框中表格方向(D):右边的按钮，在弹出的下拉列表中选择“上”或“下”选项。如果选择“上”选项，则创建由下而上读取的表格，标题行和表头行位于表格的底部；如果选择“下”选项，则创建由上而下读取的表格，标题行和表头行位于表格的顶部。这两种表格的效果如图 6.3.5 所示。

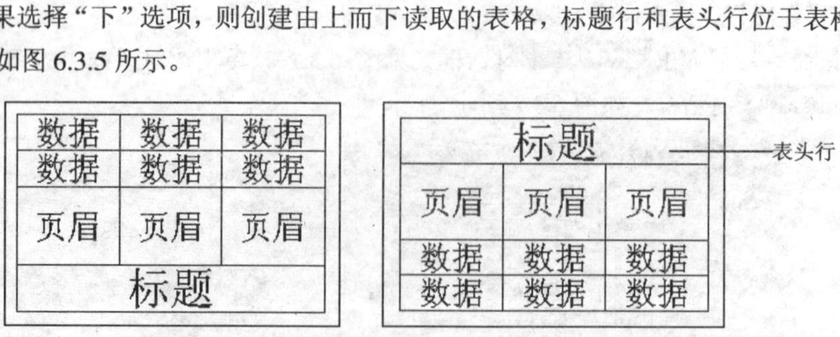


(a)“上”型　　(b)“下”型

图 6.3.5　两种表格的效果

### 3. “单元样式”选项组

该选项组用于设置数据单元、表头和表格标题的外观，具体取决于当前所用的选项组：“基本”选项卡、“文字”选项卡或“边框”选项卡。其功能介绍如下：

（1）基本选项卡：该选项卡用来设置表格单元的背景色、表格的格式、文字类型以及单元格中的页边距。其该选项卡的特性与页边距功能介绍如下：

1）填充颜色(F):下拉列表：该下拉列表用于指定单元的背景色，系统默认值为“无”。单击该下拉列表右边的按钮，在弹出的下拉列表中可选择合适的颜色。

2）对齐(A):下拉列表：该下拉列表用于设置表格单元中文字的对正和对齐方式。单击该下拉列表右边的按钮，在弹出的下拉列表中选择合适的对齐方式。系统为用户提供了“中上”、“右上”、“左上”、“正中”、“右中”、“左下”和“中下”7种对齐方式。

3）格式(O):系统默认为常规。如果用户需要创建新的表格格式，可以单极该文本框右边的按钮，在弹出的表格单元格式对话框中创建新的表格单元格式。

4）类型(T):下拉列表：该下拉列表用于指定文字类型，单击该下拉列表右边的按钮，在弹出的下拉列表中选择合适的类型。

5）水平(Z):文本框：该文本框用于设置单元格中的文字或块与左右单元边界之间的距离。

6）垂直(V):文本框：该文本框用于设置单元格中的文字或块与上下单元边界之间的距离。

（2）文字选项卡：该选项卡用来控制文字的设置。其该选项卡的特性功能介绍如下：

1）文字样式(S):下拉列表：该下拉列表中列出图形中的所有文字样式。如果用户需要创建新的文字样式，可以单击该下拉列表右边的按钮，在弹出的文字样式对话框中创建新的文字样式。

2）文字高度(E):文本框：该文本框用于设置文字高度。

3）文字颜色(C):下拉列表：该下拉列表用于指定文字颜色，单击该下拉列表右边的按钮，在弹出的下拉列表中选择合适的颜色。

4）文字角度(G):文本框：该文本框用于设置文字角度。

（3）边框选项卡：该选项卡用于控制单元边界的外观。其该选项卡的特性功能介绍如下：

1）线宽(L):下拉列表：该下拉列表用于指定线宽，单击该下拉列表右边的按钮，在弹出的下拉列表中选择合适的线宽。

2）线型(N):下拉列表：该下拉列表用于指定线型，单击该下拉列表右边的按钮，在弹出的下拉列表中选择合适的线型。

3）颜色(C):下拉列表：该下拉列表用于指定边框颜色，单击该下拉列表右边的按钮，在弹出的下拉列表中选择合适的颜色。

4）“所有边框”按钮：将边界特性设置应用于所有数据单元、表头单元或标题单元的所有边界，具体取决于当前活动的选项卡。

5）“外边框”按钮：将边界特性设置应用于所有数据单元、表头单元或标题单元的外部边界，具体取决于当前活动的选项卡。

6）“内边框”按钮：将边界特性设置应用于所有数据单元或表头单元的内部边界，具体取决于当前活动的选项卡，此选项不适用于标题单元。

7）“无边框”按钮：隐藏数据单元、表头单元或标题单元的边界，具体取决于当前活动的选项卡。

8）“底部边框”按钮：将边界特性设置应用于所有数据单元、表头单元或标题单元的底边界，具体取决于当前活动的选项卡。

9）“左边框”按钮：将边界特性设置用于所有数据单元、表头单元或标题单元的左边界，具体取决于当前活动的选项卡。

10）“上边框”按钮：将边界特性设置应用于所有数据单元、表头单元或标题单元的上边界，具体取决于当前活动的选项卡。

11）“右边框”按钮：将边界特性设置用于所有数据单元、表头单元或标题单元的右边界，具体取决于当前活动的选项卡。

**4．“单元样式预览”选项组**

将当前设置的表格其中的单元样式给予用户预览。

# 第四节　创建与编辑表

在 AutoCAD 2008 中，用户可以创建任意行和列的表格，还可以对创建的表格进行编辑。

## 一、创建表

在 AutoCAD 2008 中，执行创建表格命令的方法有以下 3 种：

（1）单击“绘图”工具栏中的“表格”按钮。

（2）选择 绘图(D) → 表格... 命令。

（3）在命令行中输入命令 table。

执行该命令后，弹出 插入表格 对话框，如图 6.4.1 所示。

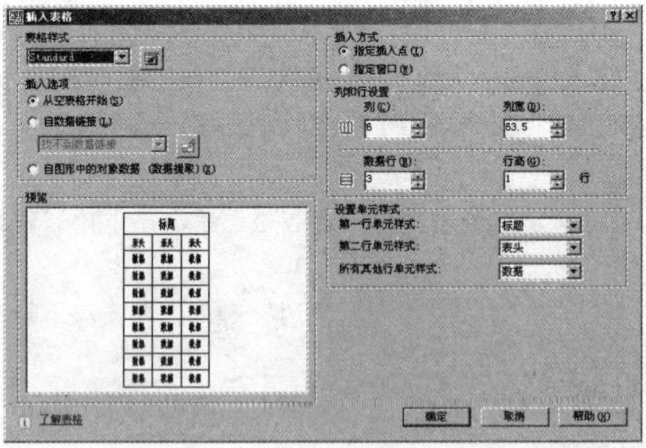


图 6.4.1　“插入表格”对话框

该对话框中各选项功能介绍如下：

（1）表格样式 选项组：在该对话框中可以通过“表格样式”下拉列表框选择表格样式或单击其右侧的按钮，在弹出的 表格样式 对话框中创建新的表格样式。

（2）插入选项 选项组：该选项组用于指定表格的起始位置。其中包括以下三个选项：

1）从空表格开始(S) 单选按钮：选中此单选按钮，指定将从一格空表格开始。

2）自数据链接(L) 单选按钮：选中此单选按钮，指定此表格将与数据链接。

3）自图形中的对象数据（数据提取）(X)单选按钮：选中此单选按钮，此表格将从图形中的对象数据中提取。

（3）插入方式选项组：该选项组用于指定表格位置。其中包括以下两个选项：

1）指定插入点(I)单选按钮：选中此单选按钮，指定表格左上角的位置。

2）指定窗口(W)单选按钮：选中此单选按钮，指定表格的大小和位置。

（4）列和行设置选项组：该选项组用于设置列和行的数目和大小。

1）列(C):微调框：指定列的数值。

2）列宽(D):微调框：指定列间距。

3）数据行(R):微调框：指定行的数值。

4）行高(G):微调框：指定行间距。

（5）设置单元样式选项组：该选项组用于设置单元格式，其中包括三种选择样式。

1）第一行单元样式:下拉列表：该下拉列表用于设置第一行单元样式，单击该下拉列表右边的▼按钮，在弹出的下拉列表中选择合适的样式。

2）第二行单元样式:下拉列表：该下拉列表用于设置第二行单元样式，单击该下拉列表右边的▼按钮，在弹出的下拉列表中选择合适的样式。

3）所有其他行单元样式:下拉列表：该下拉列表用于设置所有其他单元样式，单击该下拉列表右边的▼按钮，在弹出的下拉列表中选择合适的样式。

如图 6.4.2 所示为创建的表格。

| | | | | | |
|---|---|---|---|---|---|
| 锥齿轮 | | | | 材料 | 36 |
| | | | | 数量 | 2 |
| 设计者 | 李 | | | 重量 | 45 kg |
| 制图者 | 张 | | | 比例 | 1:1 |
| 审核者 | 王 | | | 图号 | 61203001 |

图 6.4.2　创建的表格

## 二、编辑表

创建表格后，系统就会弹出文字格式编辑器，同时激活第一个单元格，要求用户输入数据，如图 6.4.3 所示。在输入数据的过程中，用户可以通过键盘上的“Tab”键在各单元格之间进行切换，单击确定按钮完成数据输入。用鼠标双击单元格，也可以激活单元格，同时弹出文字格式编辑器，用户可以在该编辑器中对表格中的数据进行编辑。

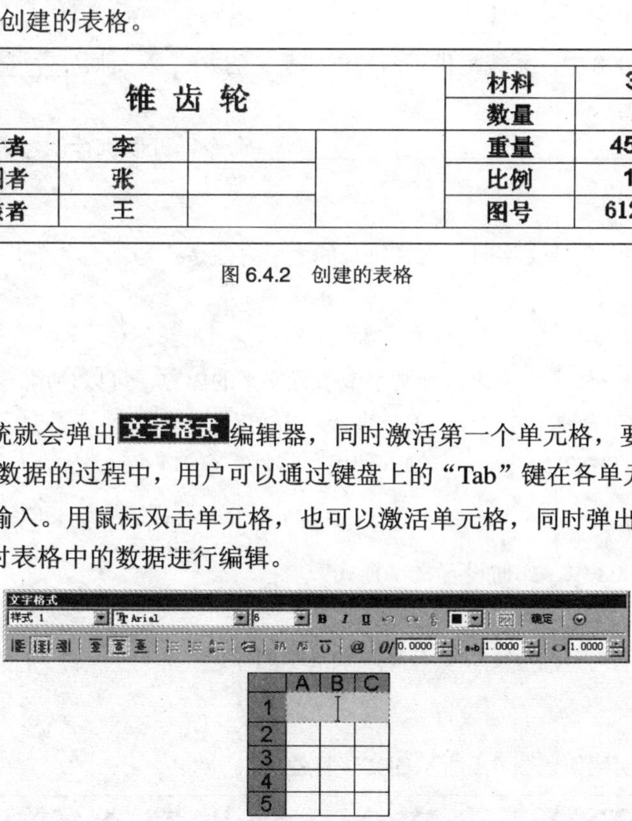


图 6.4.3　编辑表格数据

单击表格中的某个单元格，然后在选中的单元格上单击鼠标右键，弹出如图 6.4.4 所示的快捷菜单，用户可以利用该快捷菜单对单元格进行剪切、复制、对齐、插入块或公式、插入行或列、合并单元格等操作（必须同时选中两个以上的单元格）。经过创建与编辑后的表格如图 6.4.5 所示。

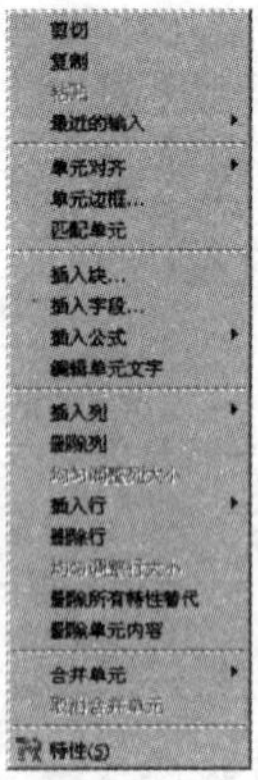


图 6.4.4　“单元格”快捷菜单

| 离　心　泵 | | | | |
|---|---|---|---|---|
| 序号 | 名称 | 数量 | 材料 | 备注 |
| 1 | 底座 | 1 | 26 | |
| 2 | 泵体 | 1 | 19 | |
| 3 | 螺母 | 6 | 22 | GB3510－56 |

图 6.4.5　编辑后的表格

# 习 题 六

## 一、填空题

1．选择________________→________________命令，可以执行创建文字样式命令。

2．在 AutoCAD 2008 中，系统提供了两种创建文字的方法，一种是________________；另一种是________________。

3．选择________________→________________命令，可以执行创建表命令。

## 二、选择题

1．在 AutoCAD 中，创建文字时，直径符号的表示方法是（ ）。

A．%%D　　　　B．%%P

C．%%C　　　　D．%%U

2．在 AutoCAD 中，如果要修改单行文字或多行文字的内容，可以使用（ ）方法。

A．使用 DDEDIT 命令　　　　B．直接双击文字

C．使用 SCALETEXT 命令　　　　D．使用“特性”窗口

## 三、问答题

1．在 AutoCAD 2008 中，如何设置文字样式？

2．在 AutoCAD 2008 中，如何设置表格样式？

3．在 AutoCAD 2008 中，如何创建表并为表格添加数据？

## 四、上机操作题

1．运用各种命令创建如题图 6.1 所示的文字标注。

(a)

题图　6.1

*AutoCAD 是美国*
*AutoDesk公司开发的*
*计算机辅助绘图和设*
*计软件*

（b）

题图 6.1（续）

2．创建如题图 6.2 所示的表格。

| 零件表 | | | | |
|---|---|---|---|---|
| 序号 | 零件名称 | 制图单位 | 比例 | 校对 |
| 001 | 螺钉 | 毫米（mm） | 1:1 | 张升 |
| 002 | 螺母 | 毫米（mm） | 1:1 | 刘伟 |
| 003 | 弹簧 | 毫米（mm） | 1:1 | 段玉岚 |

题图 6.2

# 第七章　控制图形显示

### 教学目标

在绘制图形的过程中，经常需要从多个角度观察并绘制图形，系统提供了多种控制图形显示的方法，能够帮助用户有效地控制图形显示。本章详细介绍在 AutoCAD 2008 中控制图形显示的各种方法。

### 教学难点与重点

（1）缩放与平移图形。

（2）使用命名视图。

（3）使用鸟瞰视图和平铺视口。

## 第一节　缩放与平移图形

利用缩放和平移命令可以改变图形的大小和位置，使用户可以观察图形的整体和局部情况，从而完全掌握图形的绘制进度和效果。

### 一、缩放图形

在 AutoCAD 2008 中，利用缩放命令可以观察图形的整体和局部情况。AutoCAD 2008 系统提供了多种缩放命令，打开缩放命令的方法有以下 3 种：

（1）单击“缩放”工具栏中的相应按钮，如图 7.1.1（a）所示。

（2）选择 视图(V) → 缩放(Z) 命令中的子菜单命令，如图 7.1.1（b）所示。

（a）“缩放”工具栏　　（b）“缩放”命令子菜单

图 7.1.1　缩放命令

（3）在命令行中输入命令 zoom，按回车键，在命令行的提示下选择相应的缩放命令。

其中各命令的使用方法介绍如下：

### 1．全部缩放

全部缩放是指在当前视口中缩放显示整个图形。执行该命令的方法有以下 3 种：

（1）单击“缩放”工具栏中的“全部缩放”按钮。

（2）选择 视图(V) → 缩放(Z) → 全部(A) 命令。

（3）在命令行中输入命令 zoom，按回车键，在命令行：“指定窗口的角点，输入比例因子(nX 或 nXP)，或者[全部(A)/中心(C)/动态(D)/范围(E)/上一个(P)/比例(S)/窗口(W)/对象(O)]<实时>”的提示下选择“全部(A)”命令选项。

执行该命令后，系统自动将当前图形中的全部图形对象显示在当前视口中，即使图形超出了栅格界限也能显示所有对象，如图 7.1.2 所示。

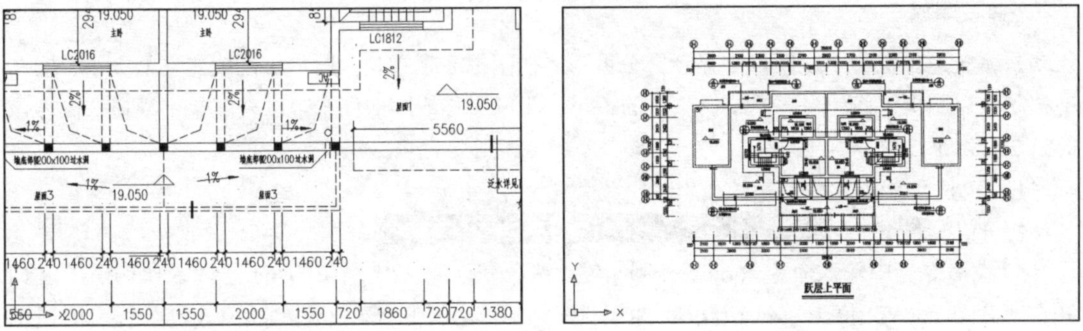


（a）缩放前的图形　　（b）缩放后的图形

图 7.1.2　全部缩放

**注意**：在三维视图中，zoom 命令的“全部”选项与“范围”选项等效。

### 2．中心缩放

中心缩放是指显示由中心点和放大比例（或高度）所定义的窗口。执行该命令的方法有以下 3 种：

（1）单击“缩放”工具栏中的“中心缩放”按钮。

（2）选择 视图(V) → 缩放(Z) → 中心点(C) 命令。

（3）在命令行中输入命令 zoom，按回车键，在命令行：“指定窗口的角点，输入比例因子(nX 或 nXP)，或者[全部(A)/中心(C)/动态(D)/范围(E)/上一个(P)/比例(S)/窗口(W)/对象(O)]<实时>”的提示下选择“中心(C)”命令选项。

执行该命令后，命令行提示如下：

指定中心点:　　//指定缩放的中心点

输入比例或高度 <7227.3>:　　//输入缩放比例或高度

按回车键后，系统将以用户指定的中心点为缩放后图形对象的中心，以用户输入的比例或高度对图形进行缩放，如图 7.1.3 所示为中心缩放的效果。

**注意**：执行此命令时系统遵循的规律为：高度值较小时增加放大比例，高度值较大时减小放大比例。

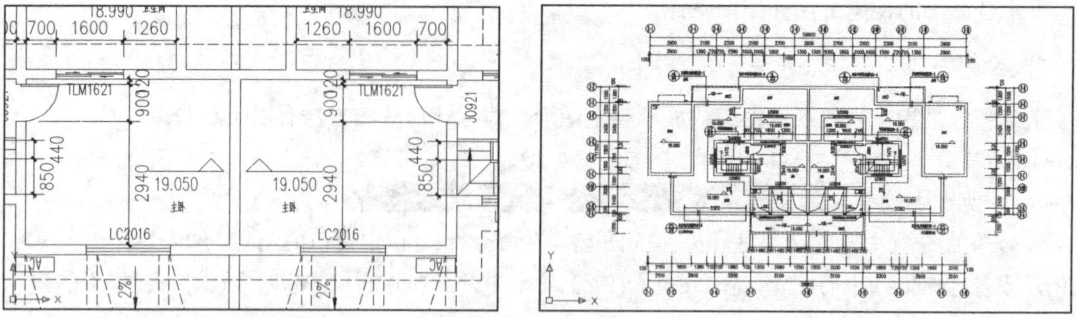


（a）缩放前的图形　　（b）缩放后的图形

图 7.1.3　中心缩放

### 3．动态缩放

动态缩放是指在一个视图框中显示部分图形。视图框表示视口，用户可以改变它的大小，或在图形中移动该视图框。移动视图框或调整它的大小，即可平移或缩放图形，以充满整个视口。执行该命令的方法有以下 3 种：

（1）单击“缩放”工具栏中的“动态缩放”按钮。

（2）选择 视图(V) → 缩放(Z) → 动态(D) 命令。

（3）在命令行中输入命令 zoom，按回车键，在命令行：“指定窗口的角点，输入比例因子(nX 或 nXP)，或者[全部(A)/中心(C)/动态(D)/范围(E)/上一个(P)/比例(S)/窗口(W)/对象(O)]<实时>”的提示下选择“动态(D)”命令选项。

执行该命令后，系统即在当前视口中显示整个图形，并显示一个带有“×”形状的视图框，如图 7.1.4（a）所示。用户可以在视图窗口中通过移动鼠标将该视图框移动到任何位置。单击鼠标左键，视图框中的“×”变成了一个箭头形状，如图 7.1.4（b）所示，此时移动鼠标，即可改变该视图框的大小。再次单击鼠标左键，该视图框中的箭头又会变成“×”形状。此时单击鼠标右键，系统即缩放图形，将视图框中显示的图形对象进行缩放，并充满整个视口，如图 7.1.4（c）所示。

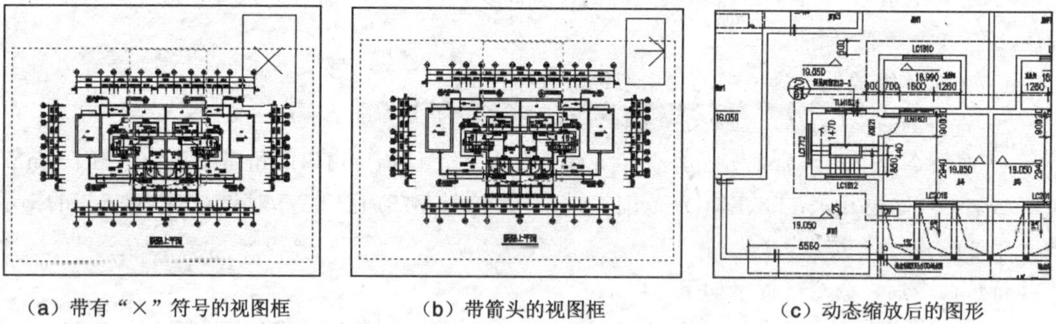

（a）带有“×”符号的视图框　　（b）带箭头的视图框　　（c）动态缩放后的图形

图 7.1.4　动态缩放

### 4．范围缩放

范围缩放是指显示图形范围并使所有对象最大显示。执行该命令的方法有以下 3 种：

（1）单击“缩放”工具栏中的“范围缩放”按钮。

（2）选择 视图(V) → 缩放(Z) → 范围(E) 命令。

（3）在命令行中输入命令 zoom，按回车键，在命令行：“指定窗口的角点，输入比例因子(nX 或

nXP)，或者[全部(A)/中心(C)/动态(D)/范围(E)/上一个(P)/比例(S)/窗口(W)/对象(O)]<实时>”的提示下选择“范围(E)”命令选项。

执行该命令后，系统就对当前视口中的所有图形对象进行缩放，并将其充满整个视口，如图 7.1.5 所示。

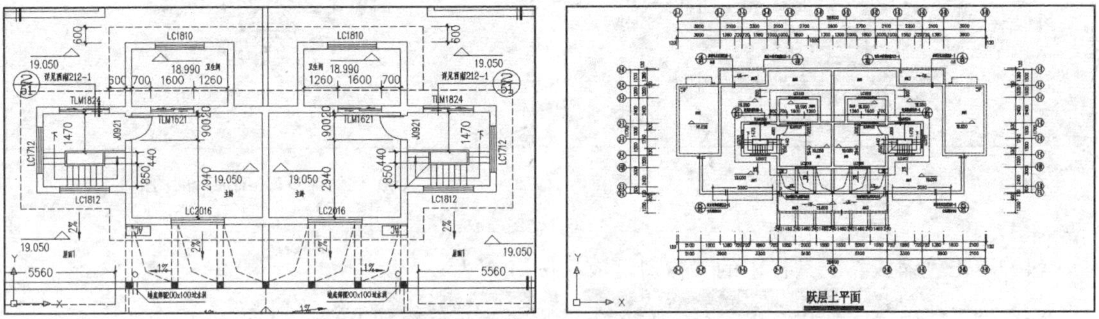


（a）缩放前的图形　　（b）缩放后的图形

图 7.1.5　范围缩放

### 5. 缩放上一个

缩放上一个是指缩放显示上一个视图。在 AutoCAD 2008 中，系统最多可恢复当前以上 10 个视图。执行该命令的方法有以下 3 种：

（1）单击“标准”工具栏中的“缩放上一个”按钮。

（2）选择 视图(V) → 缩放(Z) → 上一个(P) 命令。

（3）在命令行中输入命令 zoom，按回车键，在命令行：“指定窗口的角点，输入比例因子(nX 或 nXP)，或者[全部(A)/中心(C)/动态(D)/范围(E)/上一个(P)/比例(S)/窗口(W)/对象(O)]<实时>”的提示下选择“上一个(P)”命令选项。

执行该命令后，系统将自动缩放到上一个显示的视图。该命令只存储视图的放大倍数和位置，而不包含对图形的编辑。

### 6. 比例缩放

比例缩放是指以指定的比例因子缩放显示。如果输入的值后面跟着 X，则根据当前视图指定比例进行缩放；如果输入值，并在值后输入 XP，则指定相对于图纸空间单位的比例进行缩放。执行该命令的方法有以下 3 种：

（1）单击“缩放”工具栏中的“比例缩放”按钮。

（2）选择 视图(V) → 缩放(Z) → 比例(S) 命令。

（3）在命令行中输入命令 zoom，按回车键，在命令行：“指定窗口的角点，输入比例因子(nX 或 nXP)，或者[全部(A)/中心(C)/动态(D)/范围(E)/上一个(P)/比例(S)/窗口(W)/对象(O)]<实时>”的提示下选择“比例(S)”命令选项。

执行该命令后，命令行提示如下：

输入比例因子 (nX 或 nXP):　　　　//输入比例因子

输入比例因子后，按回车键即可缩放图形，如图 7.1.6 所示。

### 7. 窗口缩放

窗口缩放是指缩放显示由两个角点定义的矩形窗口框定的区域。执行该命令的方法有以下 3 种：

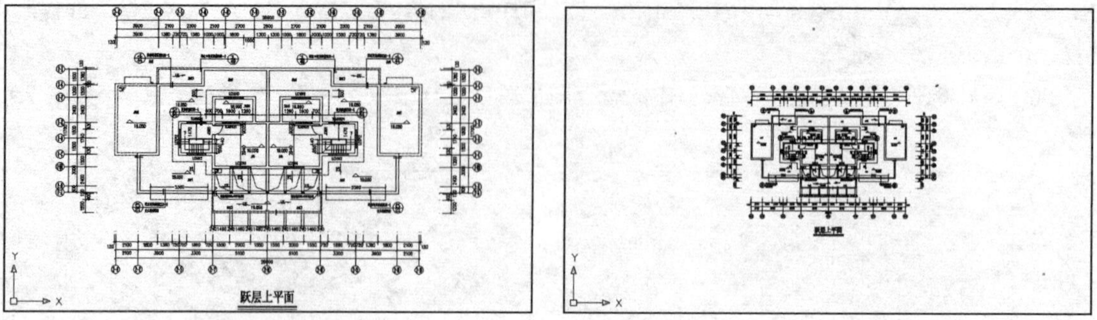


（a）缩放前的图形　　　　（b）比例为 0.5X 缩放后的图形

图 7.1.6　比例缩放

（1）单击“缩放”工具栏中的“窗口缩放”按钮。

（2）选择 视图(V) → 缩放(Z) → 窗口(W) 命令。

（3）在命令行中输入命令 zoom，按回车键，在命令行：“指定窗口的角点，输入比例因子(nX 或 nXP)，或者[全部(A)/中心(C)/动态(D)/范围(E)/上一个(P)/比例(S)/窗口(W)/对象(O)]<实时>”的提示下选择“窗口(W)”命令选项。

执行该命令后，命令行提示如下：

指定第一个角点:　　　　//指定缩放窗口的第一个角点

指定对角点:　　　　//指定缩放窗口的对角点

指定缩放的矩形窗口后，系统即对图形进行缩放，并尽量将缩放窗口中的图形对象放大显示，充满整个视口，如图 7.1.7 所示。

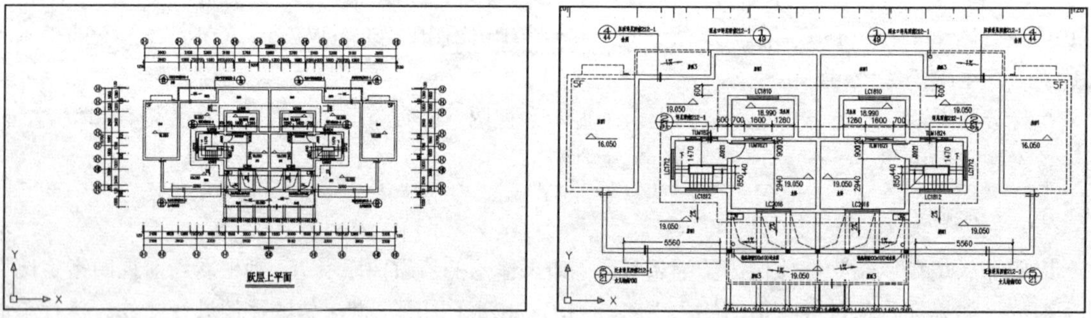


（a）缩放前的图形　　　　（b）缩放后的图形

图 7.1.7　窗口缩放

**8．缩放对象**

缩放对象是指缩放选中的一个或多个对象，以便尽可能大地显示并使其位于绘图区域的中心。执行该命令的方法有以下 3 种：

（1）单击“缩放”工具栏中的“缩放对象”按钮。

（2）选择 视图(V) → 缩放(Z) → 对象 命令。

（3）在命令行中输入命令 zoom，按回车键，在命令行：“指定窗口的角点，输入比例因子(nX 或 nXP)，或者[全部(A)/中心(C)/动态(D)/范围(E)/上一个(P)/比例(S)/窗口(W)/对象(O)]<实时>”的提示下选择“对象(O)”命令选项。

执行该命令后，命令行提示如下：

选择对象:　　　　　　　　　　　　　　　//选择要缩放的对象(a)

选择对象:　　　　　　　　　　　　　　　//继续选择缩放的对象或按回车键结束命令

按回车键后，系统对选中的对象进行缩放，缩放后的效果如图 7.1.8(b)所示。

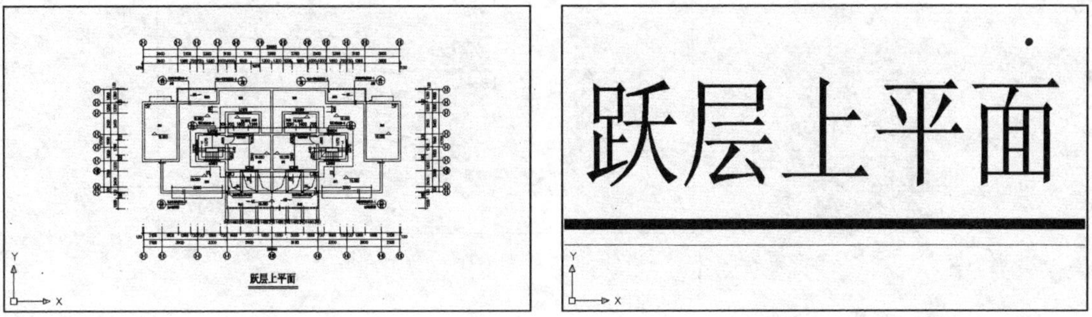


（a）缩放前的图形　　　（b）缩放文字标注后的图形

图 7.1.8　缩放对象

### 9．实时缩放

实时缩放是指在当前窗口中通过拖动鼠标放大或缩小图形。执行该命令的方法有以下 3 种：

（1）单击“标准”工具栏中的“实时缩放”按钮。

（2）选择视图(V)→缩放(Z)→实时(R)命令。

（3）在命令行中输入命令 zoom，按回车键，在命令行：“指定窗口的角点，输入比例因子(nX 或 nXP)，或者[全部(A)/中心(C)/动态(D)/范围(E)/上一个(P)/比例(S)/窗口(W)/对象(O)]<实时>”的提示下直接按回车键选择“实时”命令选项。

执行该命令后，光标变成了形状，此时只需要拖动鼠标即可放大或缩小图形以便观察，按回车键结束该命令，结果如图 7.1.9 所示。

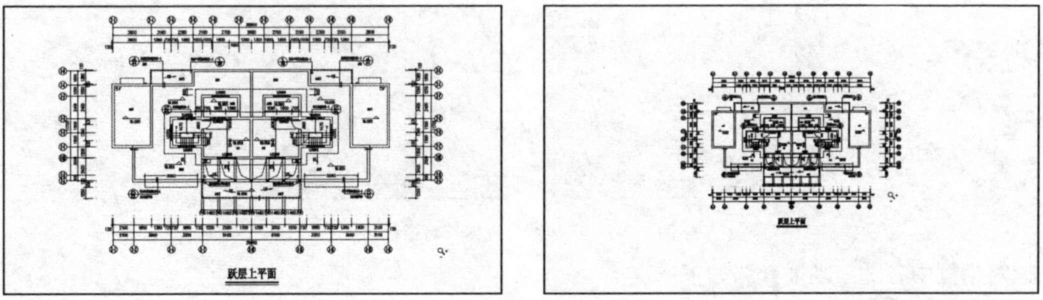


（a）缩放前的图形　　　（b）缩放后的图形

图 7.1.9　实时缩放

## 二、平移视图

平移视图是指在不改变当前视口中图形显示大小的情况下，移动对象在绘图窗口中的显示位置。执行平移命令的方法有以下 3 种：

（1）单击“标准”工具栏中的“实时平移”按钮。

（2）选择视图(V)→平移(P)命令中的子菜单命令，如图 7.1.10 所示。

（3）在命令行中输入命令 pan。

执行该命令后，图形中的光标即变成了手形 形状，如图 7.1.11 所示，此时拖动鼠标即可在绘图窗口中平行移动图形。

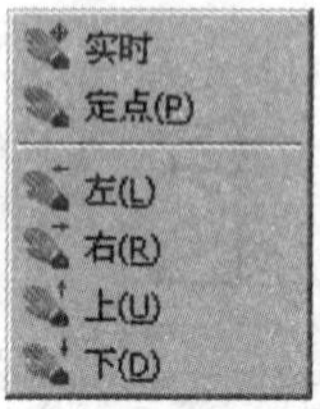


图 7.1.10　“平移”命令子菜单

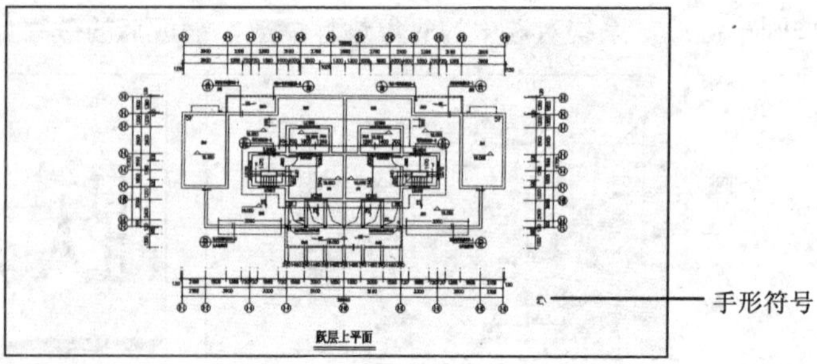


图 7.1.11　平移图形

## 第二节　使用命名视图

使用命名视图可以保存和恢复命名视图和正交视图。执行命名视图命令的方法有以下 3 种：

（1）单击“视图”工具栏中的“命名视图”按钮。

（2）选择 视图(V) → 命名视图(N)... 命令。

（3）在命令行中输入命令 view。

执行该命令后，弹出 视图管理器 对话框，如图 7.2.1 所示。

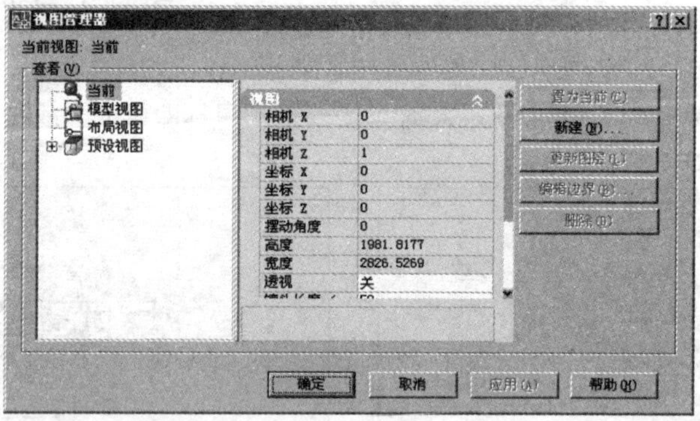


图 7.2.1　“视图管理器”对话框

该对话框中各选项功能介绍如下：

（1）当前视图: 列表框：该列表框中列出了当前图形文件中保存的所有视图名。系统默认的当前视图名为“当前”，该视图不能被删除。

（2）置为当前(C) 按钮：在 当前视图: 列表框中选择视图名，然后单击此按钮，即可将选中的视图设置为当前视图，单击 确定 按钮后，退出 视图管理器 对话框，并以指定的视图显示图形。

（3）新建(N)... 按钮：单击此按钮，弹出 新建视图 对话框，如图 7.2.2 所示。在该对话框中设置新建视图的名称、类别、边界以及其他设置。

（4）更新图层(L) 按钮：单击此按钮，更新与选定的命名视图一起保存的图层信息，使其与当前模型空间和布局视口中的图层可见性匹配。该选项只对用户新建的视图起作用。

（5）编辑边界(B)... 按钮：单击此按钮，系统转换视图如图 7.2.3 所示。用户可以在该视图中通过指定两个角点确定一个矩形，用该矩形重新设置视图的边界。其中白色区域显示了选中视图在当前视口中可以显示的区域。

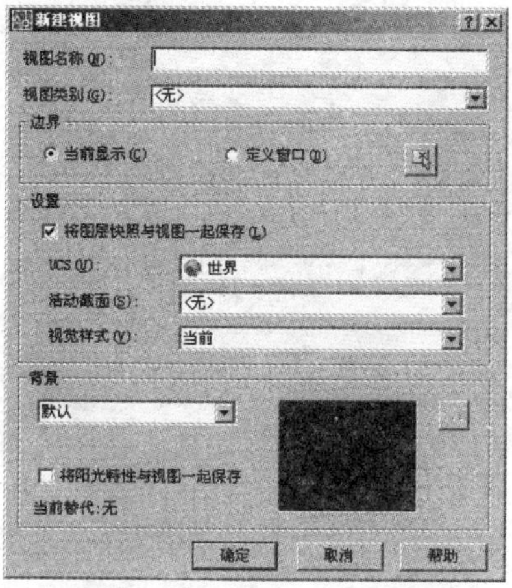


图 7.2.2　“新建视图”对话框

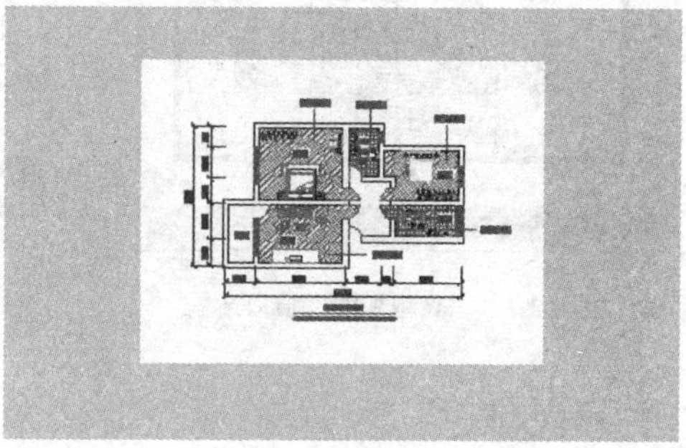

图 7.2.3　编辑视图边界

（6）删除(D)按钮：在当前视图:列表框中选择不需要的视图名，然后单击此按钮，即可删除选中的视图。

# 第三节　使用鸟瞰视图和平铺视口

如果图形文件很大，在当前视口中不能完全浏览，那么用户可以使用鸟瞰视图和平铺视口，快速地观察整体和局部图形对象。

## 一、鸟瞰视图

鸟瞰视图是一种可视化平移和缩放视图的方法，既可以缩放视图，也可以平移视图。鸟瞰视图是一个与绘图窗口相对独立的窗口，但彼此的操作结果将在两个窗口中同时显示出来。启动鸟瞰视图命令有如下两种方法：

（1）菜单栏：选择视图(V)→鸟瞰视图(W)命令。

（2）命令行：在命令行中输入 dsviewer。

执行鸟瞰视图命令后，系统打开鸟瞰视图窗口，如图 7.3.1 所示。

在鸟瞰视图中有 3 个菜单，它们各自的功能如下：

（1）视图(V)菜单：用于控制鸟瞰视图窗口的显示范围。

（2）选项(O)菜单：用于控制鸟瞰视图的内容是否随绘图区中图形的改变而改变，以及在缩放视图时是否实时更新。

（3）帮助(H)菜单：为用户提供鸟瞰视图的帮助信息。

下面介绍如何使用鸟瞰视图观察图形，其操作步骤如下：

（1）在窗口中单击鼠标，此时窗口中出现一个可随光标移动的带“×”的矩形框，拖动该框即可实现平移视图操作。

（2）单击鼠标左键，矩形框变为带“→”的矩形框，调整好大小后，按回车键，即可确定视图框的大小和位置，如图 7.3.2 所示。

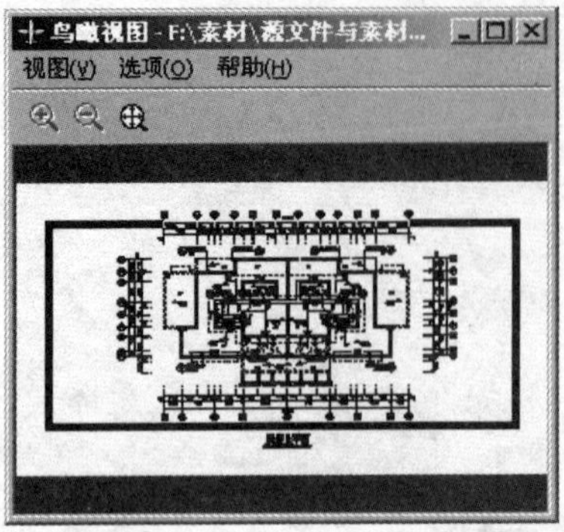


图 7.3.1　“鸟瞰视图”窗口

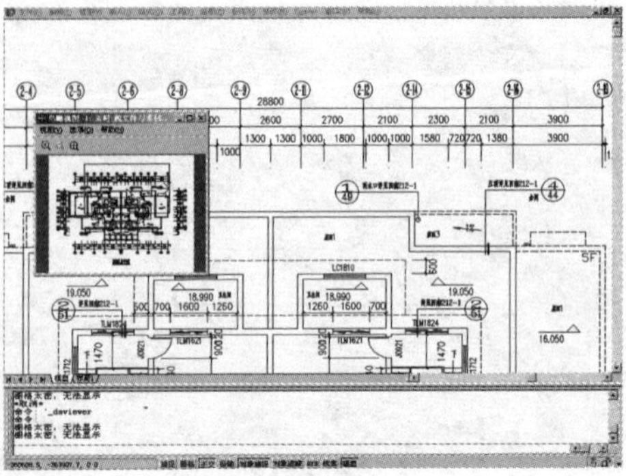

图 7.3.2　使用鸟瞰视图观察图形

## 二、平铺视口

平铺视口是指在当前窗口中创建多个视口，每一个视口都可以显示图形的全部内容，这样当用户在一个视口中修改了图形的局部内容后，就可以在其他视口中看到图形的整体效果。

选择 视图(V) → 视口(V) → 新建视口(E)... 命令，弹出 视口 对话框，如图 7.3.3 所示。

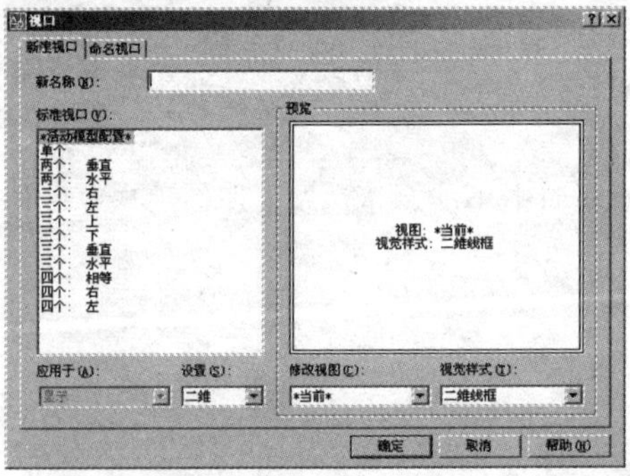


图 7.3.3　“视口”对话框

在该对话框中的 新名称(N): 文本框中输入新建视口的名称，然后在 标准视口(V): 列表框中选择新建的视口数和视口排列方式，在其右边的“预览”框中可以看到新建的视口。在该对话框中的 应用于(A): 下拉列表中选择新建视口应用的区域，在 设置(S): 下拉列表中选择新建的视口是二维还是三维的，最后单击 确定 按钮即可创建新的视口。

如图 7.3.4 所示为创建的平铺视口。

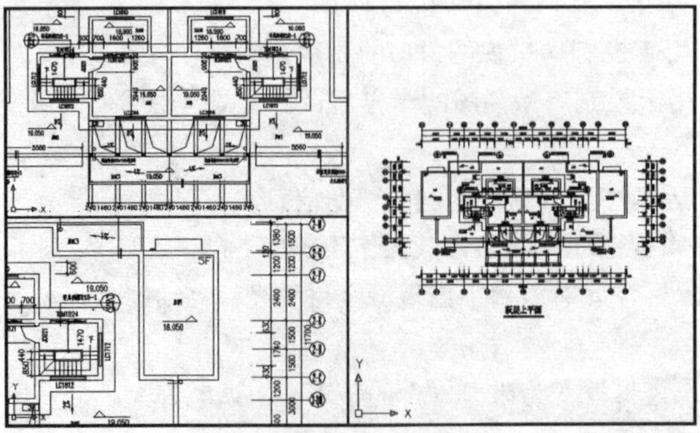

图 7.3.4　创建的平铺视口

# 习 题 七

## 一、填空题

1．利用＿＿＿＿＿和＿＿＿＿＿命令可以改变图形的大小和位置，使用户可以观察图形的整体和局部情况。

2．中心缩放是指＿＿＿＿＿。

3．平铺视口是指＿＿＿＿＿，每一个视口都可以显示图形的全部内容。

4．根据当前所处空间的不同，视口分为两类：一类是＿＿＿＿＿，另一类是＿＿＿＿＿。

## 二、选择题

1．在 AutoCAD 中，如果输入的值后面跟着（ ），则根据当前视图指定比例进行缩放。

A．X　　B．P

C．H　　D．W

2．在 AutoCAD 中，如果输入的值后面跟着（ ），则指定相对于图纸空间单位的比例进行缩放。

A．SD　　B．HC

C．XP　　D．QE

## 二、问答题

1．在 AutoCAD 2008 中，利用缩放命令控制图形显示共有几种方法？

2．如何使用鸟瞰视图控制图形显示？

## 三、上机操作题

打开 AutoCAD 2008 安装目录下的 Taisei Detail Plan 图形文件，路径为\Program Files\AutoCAD 2008\Sample\Taisei Detail Plan，如题图 7.1 所示，使用各种控制图形显示的方法观察此图。

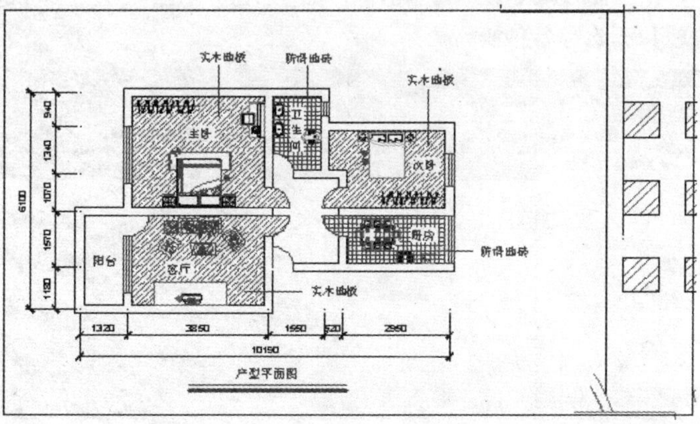


题图　7.1

# 第八章　创建与管理图层

**教学目标**

AutoCAD 中的所有对象都具有图层属性，使用图层可以方便地绘制不同颜色、不同线型、不同线宽的复杂图形，而且还可以提高绘制图形的效率和准确性。

**教学难点与重点**

（1）创建和设置图层。

（2）管理图层。

（3）使用图层绘制图形。

## 第一节　创建和设置图层

图层就好比多个相同大小的图纸，每张图纸上都有不同的图形对象，如果把这些图纸整齐地叠放起来，就形成了一幅完整的图形。在 AutoCAD 2008 中，图层的创建和管理都是在图层特性管理器对话框中进行的，打开图层特性管理器对话框的方法有以下 3 种：

（1）单击“图层”工具栏中的“图层特性管理器”按钮。

（2）选择格式(O)→图层(L)...命令。

（3）在命令行中输入命令 layer。

执行该命令后，弹出图层特性管理器对话框，如图 8.1.1 所示，用户可以在该对话框中对图层进行创建、设置、管理和删除等各种操作。

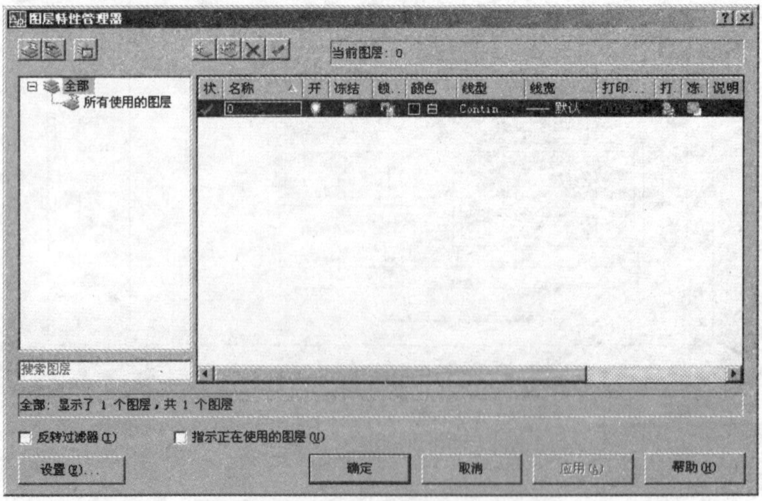


图 8.1.1　“图层特性管理器”对话框

## 一、创建新图层

在 AutoCAD 2008 中，系统默认的当前图层为“0”图层，如果用户需要多个图层来管理图形对象，就必须自己创建新图层。打开图层特性管理器对话框后，单击该对话框中的“新建图层”按钮，将会创建一个名为“图层 1”的图层，用户可以重新设置该图层的名称、颜色、线型、线宽等属性。如果继续单击“新建图层”按钮，系统会依次创建图层名为“图层 2”、“图层 3”……“图层 n”的新图层，如图 8.1.2 所示。

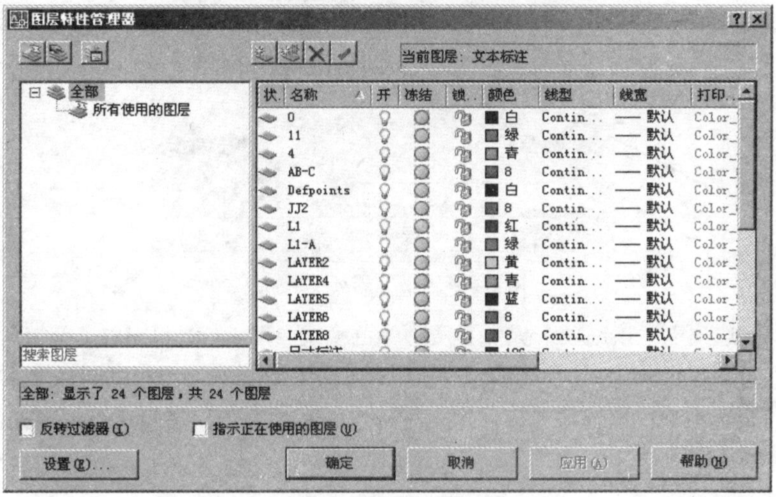


图 8.1.2　创建新图层

在 AutoCAD 2008 中，系统允许用户在一幅图形文件中创建无限多个图层，每个图层可以有相同或不同的颜色、线型和线宽，但每个图层的名称必须是唯一的。虽然可以创建无数个图层，但用户必须在当前图层上绘制图形。在图层特性管理器对话框中的图层列表中选择一个图层后，单击该窗口中的“置为当前”按钮，即可设置选中的图层为当前图层。

## 二、设置图层颜色

一般情况下，同一图层上的对象都具有相同颜色，所以，为不同的图层设置不同的颜色，可以很方便地将复杂图形中的各个对象区别开。默认情况下，系统采用 7 号颜色（白色或黑色，由背景色决定）。单击图层特性管理器对话框中颜色列表下的小方块，弹出选择颜色对话框，如图 8.1.3 所示。该对话框中共有 3 个选项卡：

（1）索引颜色选项卡：它是 AutoCAD 中使用的标准颜色。每一种颜色用一个 ACI 编号（1～255 之间的整数）标识。标准颜色的名称有 7 种：红色、黄色、绿色、青色、蓝色、品红色和黑色。

该选项卡各选项含义如下：

1）“索引颜色”列表：包含了 256 种颜色。当选择某一颜色时，在颜色列表的下面将显示该颜色序号，并在红、绿、蓝后面显示该颜色对应的 RGB 值。

2）“标准颜色”选项区：包含了红、黄、绿、紫等 9 种标准颜色，使用它们可以将图层的颜色设置为标准颜色。

3）“灰度颜色”选项区：利用该选项区，可以将图层的颜色设置为灰度色。

4）“颜色”文本框：可以显示所选颜色的名称或编号。

5）“ByLayer”按钮：单击该按钮，可以指定颜色为随层方式。

6）“ByBlock”按钮：单击该按钮，可以确定颜色为随块方式。

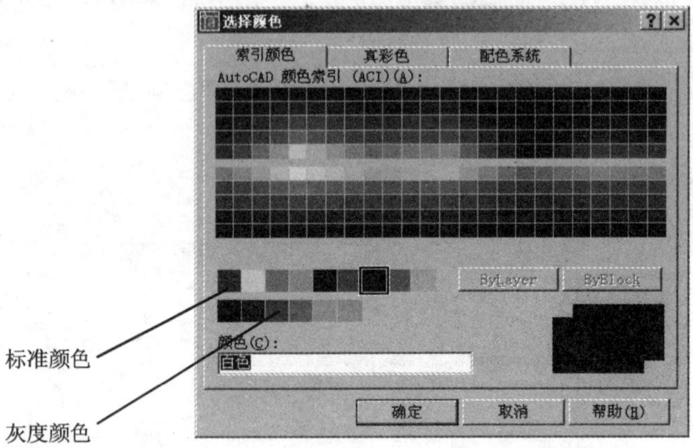


图 8.1.3　“选择颜色”对话框

（2）真彩色选项卡：该选项卡提供了两种颜色模式，即 RGB 和 HSL。RGB 颜色模式可以指定颜色的红、绿、蓝组合；而 HSL 颜色模式则可以指定颜色的色调、饱和度和亮度，如图 8.1.4 所示。

（3）配色系统选项卡：该选项卡提供了几种标准的配色系统，用户还可以根据需要输入其他配色系统，如 DIC 颜色指南或 RAL 颜色集，如图 8.1.5 所示。

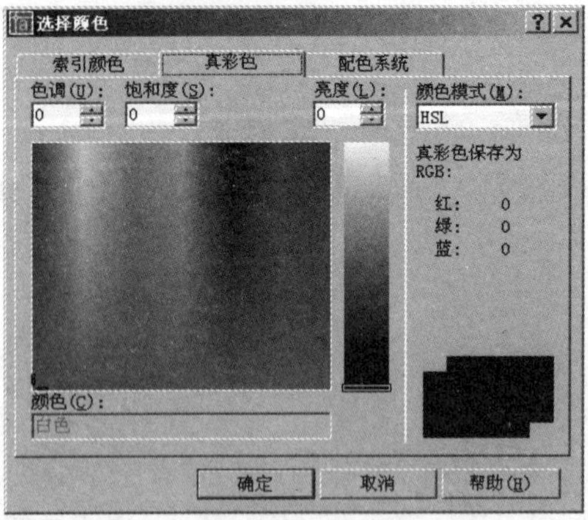


图 8.1.4　“真彩色”选项卡

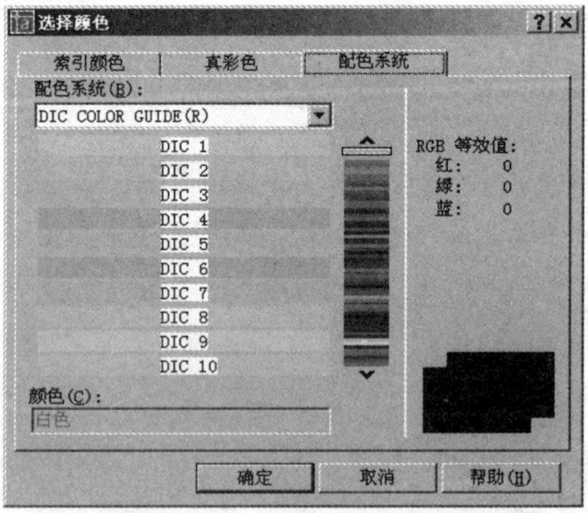


图 8.1.5　“配色系统”选项卡

## 三、设置图层线型

线型是指图形基本元素的线条的组成和显示方式，如采用的是实线或虚线等。默认情况下，系统采用“continuous”线型。单击图层特性管理器对话框中线型列表中的线型名称，弹出选择线型对话框，如图 8.1.6 所示。在该对话框中为图层选择合适的线型；如果该对话框中没有需要的线型，可以单击该对话框中的加载(L)...按钮，在弹出的加载或重载线型对话框中设置合适的线型，如图 8.1.7 所示。

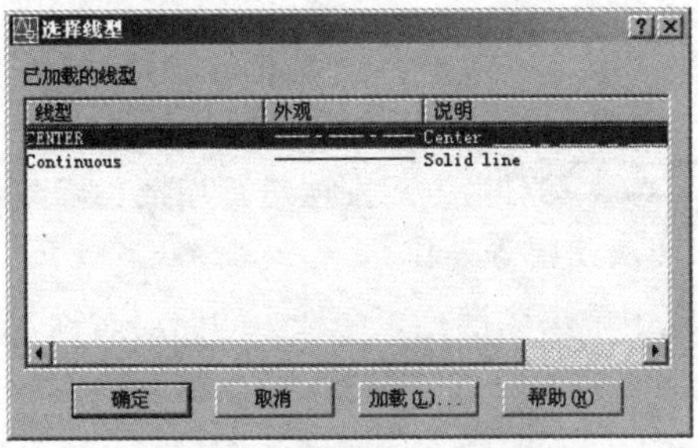


图 8.1.6　“选择线型”对话框

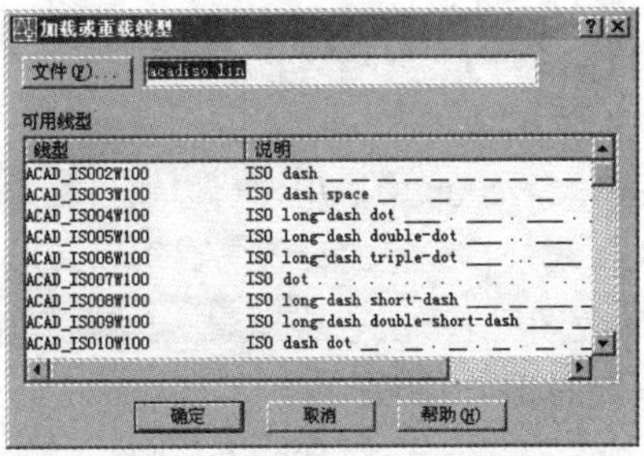


图 8.1.7　“加载或重载线型”对话框

## 四、设置图层线宽

线宽是指图形对象中线条的显示宽度。在绘制图形的过程中，使用不同的线宽表示不同的图形对象，这样可以很清楚地在图形中显示各种对象。在默认情况下，系统采用“默认”线宽。单击“图层特性管理器”对话框中“线宽”列表下的“默认”选项，弹出“线宽”对话框（见图8.1.8）。在该对话框中可以为图层选择不同的线宽。另外，还可以通过选择“格式(O)”→“线宽(W)...”命令，在弹出的“线宽设置”对话框中设置线宽的显示比例，如图 8.1.9 所示。

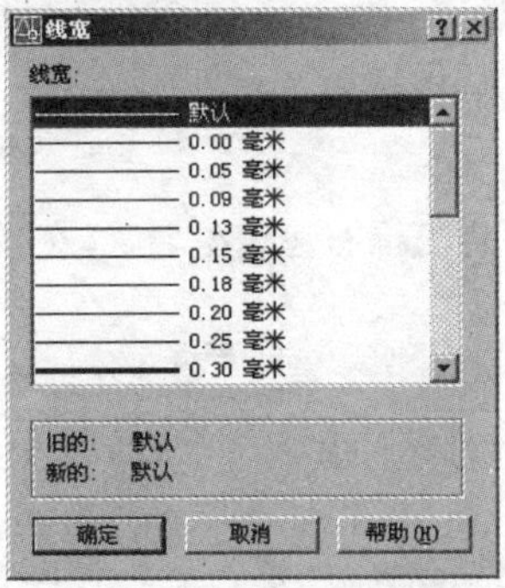


图 8.1.8　“线宽”对话框

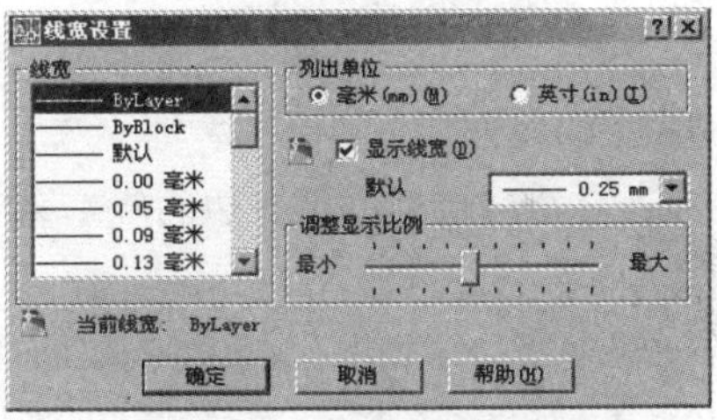


图 8.1.9　“线宽设置”对话框

为图层设置线宽后，只有选中“线宽设置”对话框中的“显示线宽(D)”复选框，或单击状态栏中的“线宽”按钮，才可以显示线宽的效果。

# 第二节　管理图层

在 AutoCAD 2008 中，用户可以通过“图层特性管理器”对话框、“图层”或“特性”工具栏对图层进行管理，如图 8.2.1 所示。

(a)“图层”工具栏

(b)“特性”工具栏

图 8.2.1　管理图层

## 一、图层特性管理器

在 AutoCAD 2008 中，用户可以通过图层特性管理器对话框对图层进行切换、修改状态、控制图层的颜色、线型、线宽的设置与显示以及过滤和转换图层等操作。

（1）修改图层名称：在图层特性管理器对话框中单击图层列表中选中的图层名称，即可激活图层的名称，此时用户就可以对图层的名称进行修改。

（2）切换当前图层：在图层特性管理器对话框图层列表中选中需要的图层后，单击该对话框中的“置为当前”按钮，即可将选中的图层设置为当前图层。

（3）打开/关闭图层：在图层特性管理器对话框中单击图层列表框右边的图标，即可打开或关闭选中的图层。当图层打开时它是可见的，并且可以打印。当图层关闭时，它是不可见的，并且不能打印。

（4）冻结图层：在图层特性管理器对话框中单击图层列表框右边的图标，即可冻结或解冻选中的图层。当图层被冻结后，该图层上的对象不显示、不打印、不消隐、不渲染或不重生，这样可以加快许多其他操作的运行速度，增强对象选择的性能并减少复杂图形的重生成时间。

（5）锁定/解锁图层：在图层特性管理器对话框中单击图层列表框右边的图标，即可锁定或解锁选中的图层。当图层被锁定后，将无法修改图层上的对象。

（6）颜色控制：在图层特性管理器对话框中单击图层列表框右边的图标，在弹出的选择颜色对话框中可以控制图层的颜色。

（7）线型控制：在图层特性管理器对话框中单击图层列表框右边线型名称，在弹出的选择线型对话框中可以控制图层的线型。

（8）线宽控制：单击图层列表框右边的线宽名称，在弹出的线宽对话框中可以控制图层的线宽。

（9）图层状态管理器：单击图层特性管理器对话框中的“图层状态管理器”按钮，弹出图层状态管理器对话框，如图 8.2.2 所示。单击该对话框中的新建(N)...按钮，弹出要保存的新图层状态对话框（见图 8.2.3），在该对话框中的新图层状态名(L):文本框中输入要保存的新图层状态名称，在说明(D)文本框中输入备注文字。然后单击确定按钮返回到图层状态管理器对话框，在该对话框中的要恢复的图层设置选项组中选中要保存的图层状态前的复选框，单击恢复(R)按钮即可控制图层特性管理器对话框中的图层特性。

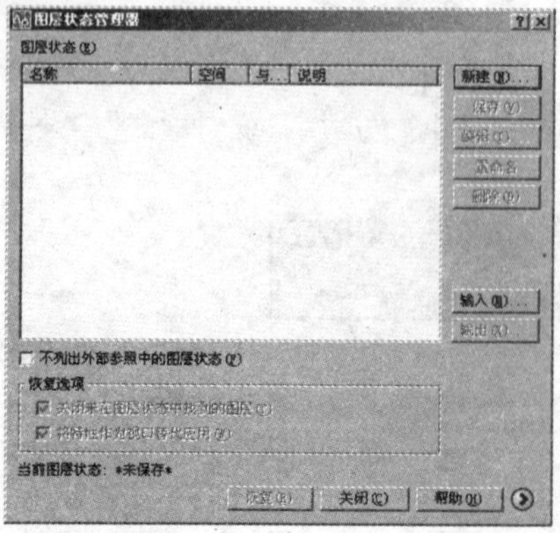


图 8.2.2　“图层状态管理器”对话框

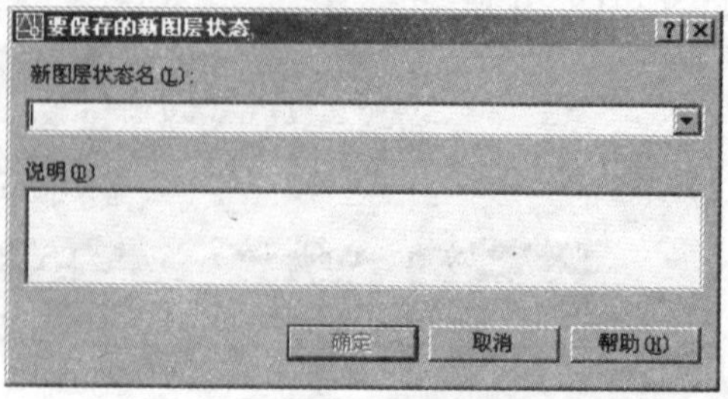


图 8.2.3　“要保存的新图层状态”对话框

（10）打印控制：在图层特性管理器对话框中单击打印，可以来控制打印哪个图层。

（11）过滤图层：当图形中含有大量图层时，可以使用 AutoCAD 2008 改进的图层过滤功能方便用户操作图层。单击图层特性管理器对话框中的“新特性过滤器”按钮，弹出图层过滤器特性对话框，如图 8.2.4 所示。使用该对话框，用户可以根据图层特性创建图层过滤器。

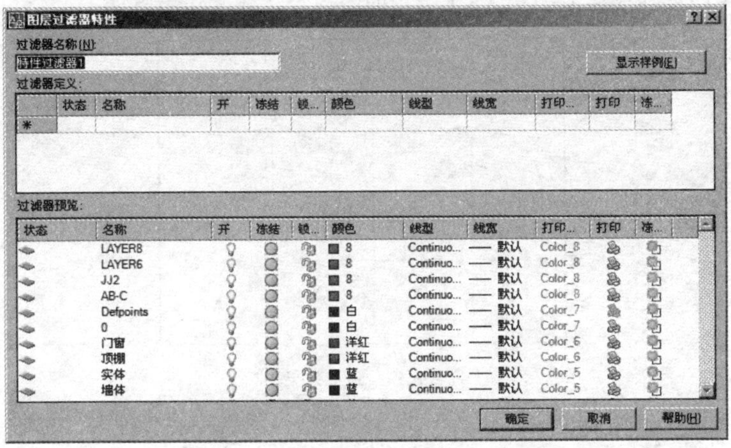


图 8.2.4　“图层过滤器特性”对话框

## 二、“图层”工具栏

使用“图层”工具栏可以快速控制图层的开/关、冻结/解冻、锁定/解锁、颜色、线型、线宽等特性。单击“图层”工具栏中下拉列表框右侧的按钮，弹出下拉列表，如图 8.2.5 所示。

单击图层特性的相应图标，即可控制图层的特性。如果单击图层的名称，则会将选中的图层设置为当前图层。

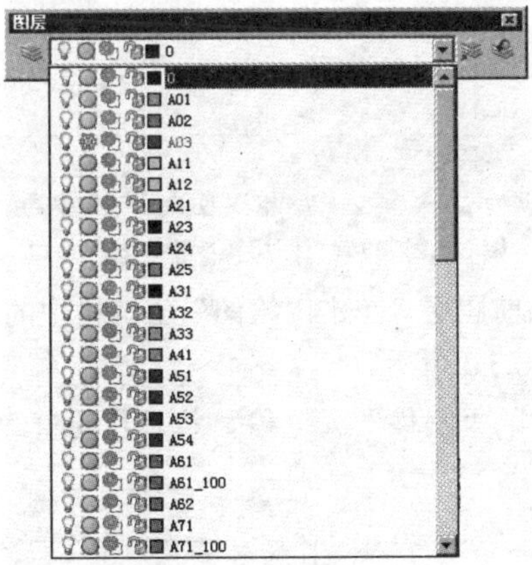


图 8.2.5　“图层”工具栏

## 三、“特性”工具栏

由于 AutoCAD 2008 版本的升级与新增功能，只能利用“特性”工具栏来控制当前图层上选定对象的颜色属性。

# 第三节　使用图层绘制图形

本节将通过一个实例的绘制过程，帮助用户了解图层在绘图中的重要作用。

**例 8.3.1**　使用图层功能绘制如图 8.3.1 所示的图形，具体操作步骤如下：

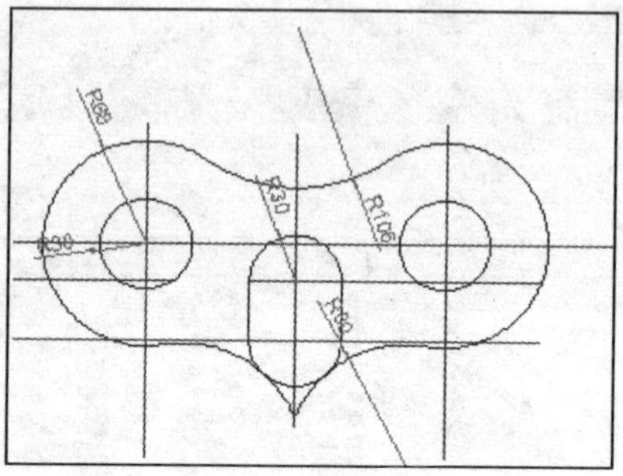

图 8.3.1　最终效果图

（1）新建一个图形文件，单击“图层”工具栏中的“图层特性管理器”按钮。

（2）在弹出的图层特性管理器窗口中新建“辅助线层”，设置图层颜色为“红色”，线型为“ACAD_IS002W100”，线宽为“默认”；再创建“轮廓线层”，设置图层颜色为“蓝色”，线型为“Continuous”，线宽为“0.3 毫米”；再创建“标注层”，设置图层颜色为“绿色”，线型为“Continuous”，线宽为“默认”，如图 8.3.2 所示。

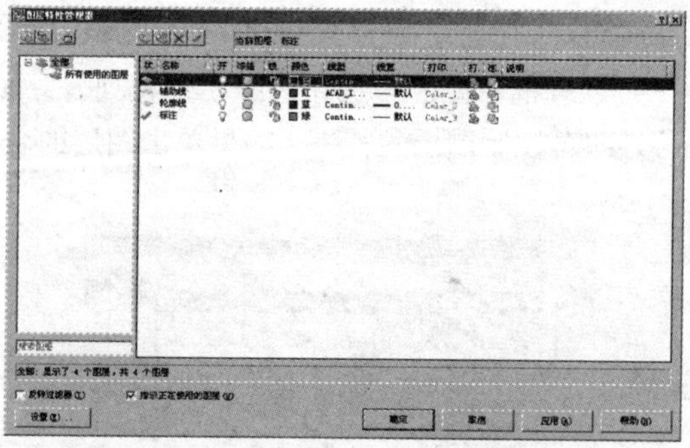

图 8.3.2　设置“图层特性管理器”窗口

（3）设置“辅助线层”为当前图层，单击“绘图”工具栏中的“直线”按钮，在绘图窗口中绘制两条相互垂直的直线，如图 8.3.3 所示。

（4）单击“修改”工具栏中的“偏移”按钮，将垂直的直线依次向左偏移，偏移距离分别为 80 和 60，结果如图 8.3.4 所示。

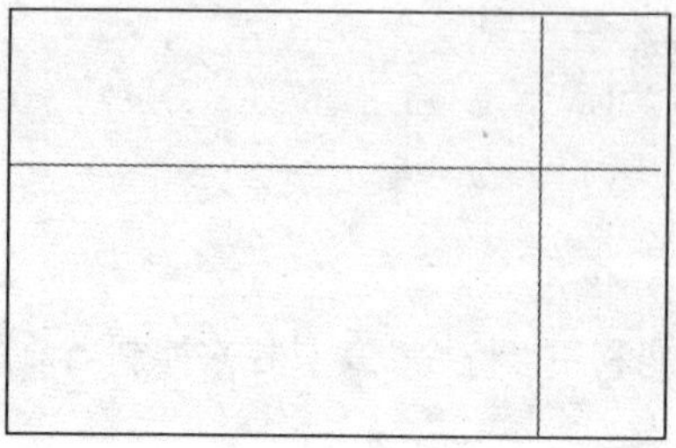

图 8.3.3　辅助线

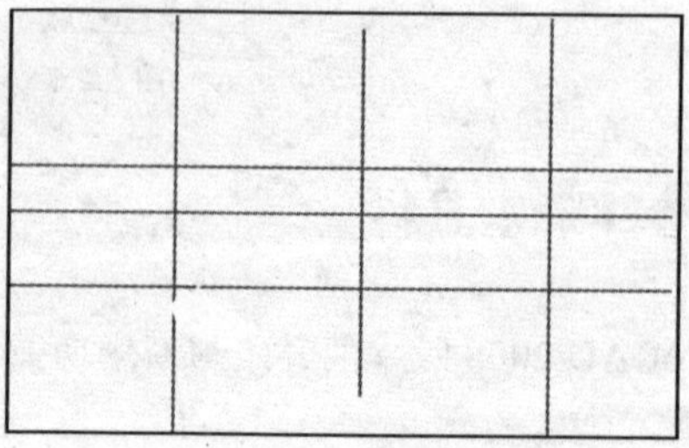

图 8.3.4　偏移

（5）设置“轮廓线层”为当前图层，打开线宽显示。单击“绘图”工具栏中的“圆”按钮，以辅助线的交点为圆心，分别绘制半径为 68 和 30 的同心圆，并与半径为 30、106 和 80 的圆外切，然后对两个半径为 30 和 80 的同心圆分别镜像复制。结果如图 8.3.5 所示。

（6）单击“绘图”工具栏中的“直线”按钮，连接如图 8.3.6 所示图形中的 A，B 和 C，D 点，结果如图 8.3.6 所示。

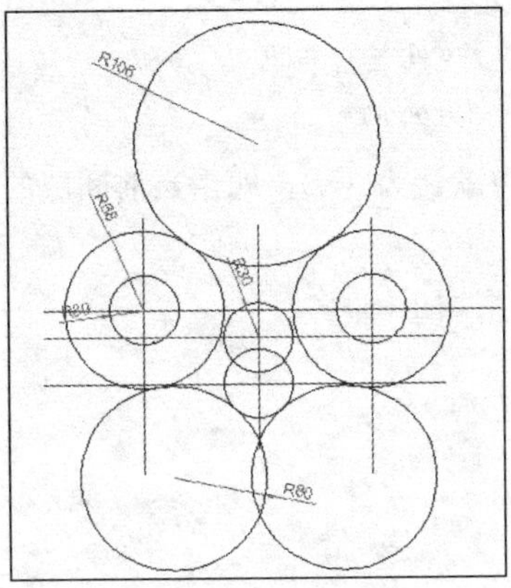


图 8.3.5　绘制圆

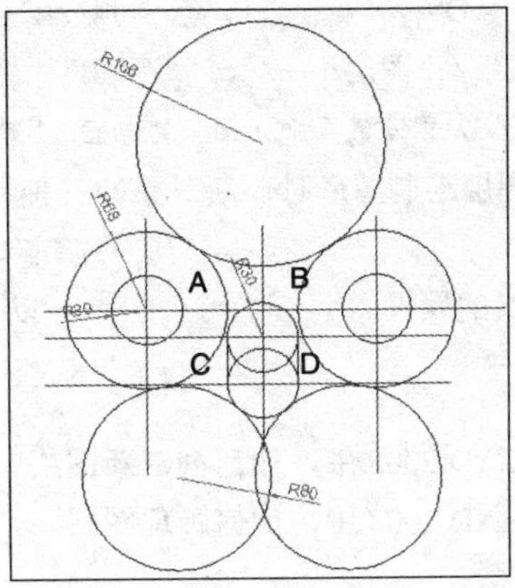


图 8.3.6　绘制切线

（7）单击“修改”工具栏中的“修剪”按钮，对如图 8.3.7（a）所示的图形进行修剪，结果如图 8.3.7（b）所示。

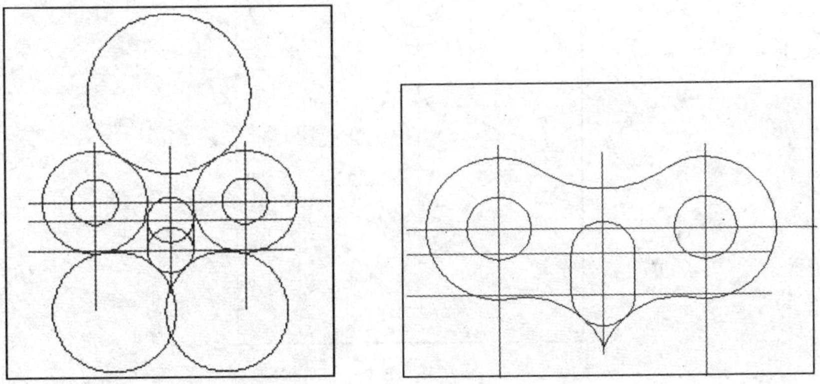

（a）修剪前　　（b）修剪后

图 8.3.7　最终效果

（8）设置“标注层”为当前图层，对如图 8.3.7 所示的图形进行尺寸标注，结果如图 8.3.1 所示。

# 习 题 八

## 一、填空题

1．AutoCAD 中的所有对象都具有图层属性，使用图层可以方便地绘制__________、__________、__________的复杂图形。

2．单击“图层”工具栏中的__________按钮，可以打开“图层特性管理器”对话框，用户可以在该对话框中创建新的图层。

3．利用“对象特性”工具栏可以控制当前图层上选定对象的__________、__________和__________属性。

## 二、选择题

1．在 AutoCAD 中，要设置线宽，可使用（ ）命令。

A．“格式”/“图层”　　B．“格式”/“线型比例”

C．“格式”/“线宽”　　D．“格式”/“线型”

2．在使用图层绘制图形时，新对象的各种特性将默认为（ ），即由当前图层的默认设置决定。

A．随层　　B．随块

C．自定义的属性　　D．以上答案均正确

## 三、问答题

1．在 AutoCAD 2008 中，如何创建新图层？

2．在 AutoCAD 2008 中，如何管理图层？

## 四、上机操作题

利用图层控制绘制如题图 8.1 所示的图形。

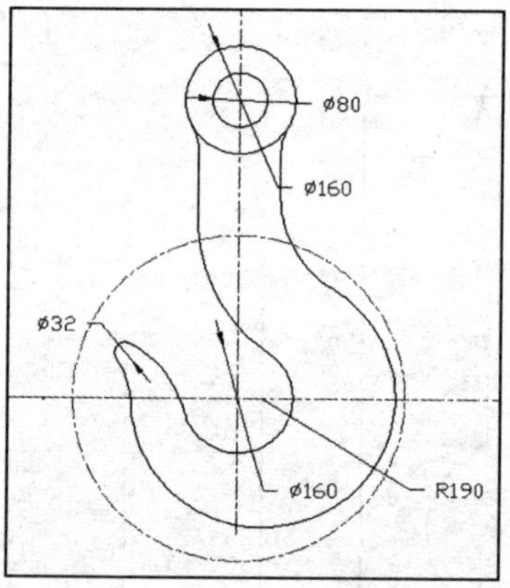


题图　8.1

# 第九章　标注图形尺寸

### 教学目标

尺寸标注是 AutoCAD 中一种重要的信息表达形式。利用尺寸标注可以清晰地反映出图形中对象的真实大小和相互之间的位置关系。本章主要介绍尺寸和文本标注的内容。

### 教学难点与重点

（1）尺寸标注基础。

（2）创建与设置标注样式。

（3）尺寸标注。

（4）尺寸标注的编辑。

## 第一节　尺寸标注基础

尺寸标注是 AutoCAD 图形的重要组成部分，在对图形进行尺寸标注之前，首先应了解尺寸标注的规则及其组成。

### 一、尺寸标注规则

在我国的工程制图国家标准中，对尺寸标注的规则作出了一些规定，要求尺寸标注必须遵守以下基本规则：

（1）物体的真实大小应以图形上标注的尺寸数值为依据，与图形的显示大小和绘图的精度无关。

（2）图形中的尺寸以毫米为单位时，不需要标注尺寸单位的代号或名称。如果采用其他单位，则必须注明尺寸单位的代号或名称，如度、厘米、英寸等。

（3）图形中所标注的尺寸为图形所表示的物体的最后完工尺寸，如果是中间过程的尺寸，则必须另加说明。

（4）物体的每个尺寸，一般只标注一次，并应标注在最能清晰反映该结构的视图中。

### 二、尺寸标注的组成

通常，AutoCAD 将构成一个尺寸的尺寸线、尺寸界线、箭头和标注文字以块的形式放在图形文件中，因此可以把一个尺寸看成一个对象。其中各部分含义介绍如下：

（1）尺寸线：表示尺寸标注的范围。通常使用箭头来指出尺寸线的起点和端点。

（2）尺寸界线：表示尺寸线的开始和结束位置，从标注物体的两个端点处引出两条线段表示尺寸标注范围的界线。

（3）箭头：表示尺寸测量的开始和结束位置。

（4）标注文字：表示实际的测量值。该值可以是 AutoCAD 系统计算的值，也可以是用户指定的值，还可以取消标注文字。

一个完整的尺寸标注由尺寸线、尺寸界线、箭头和标注文字组成，如图 9.1.1 所示。

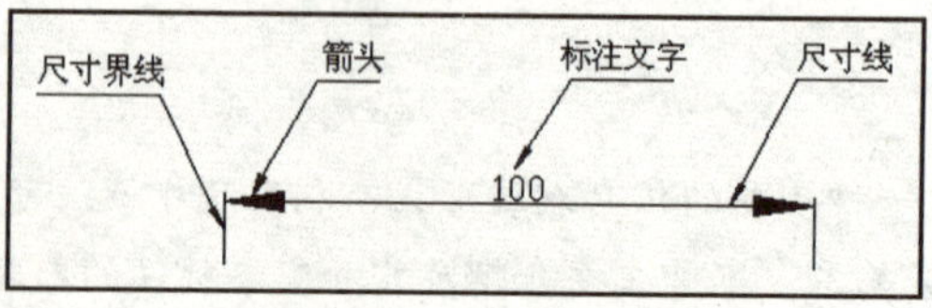


图 9.1.1　尺寸标注的组成

# 第二节　创建与设置标注样式

在 AutoCAD 2008 中，尺寸标注的样式可以由用户自己定义，根据不同的需要，可以在一幅图形中创建多种尺寸标注样式。合理地设置标注样式，可以有效地提高绘图速度。

## 一、创建标注样式

新建一个图形文件后，系统默认的尺寸标注样式为“ISO-25”，用户可以直接使用该标注样式对图形进行标注，也可以对该标注样式进行修改或创建新的标注样式。

执行创建标注样式命令的方法有以下 3 种：

（1）单击“标注”工具栏中的“标注样式”按钮。

（2）选择 标注(N) → 标注样式(S)... 命令。

（3）在命令行中输入命令 dimstyle。

执行该命令后，弹出 标注样式管理器 对话框，如图 9.2.1 所示。

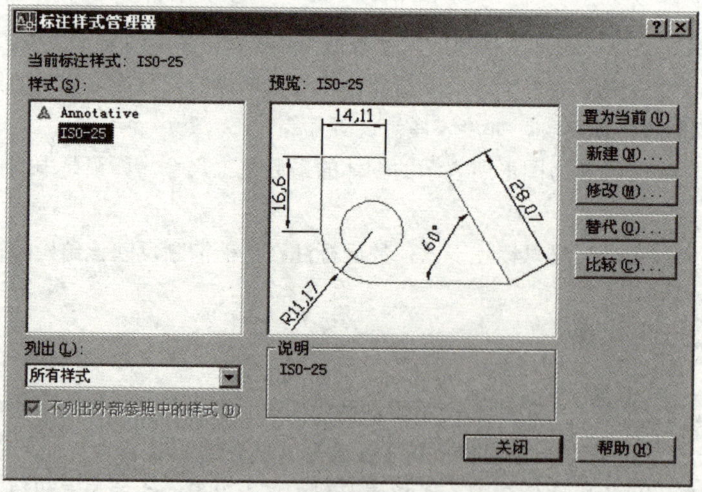


图 9.2.1　“标注样式管理器”对话框

单击该对话框中的 新建(N)... 按钮，弹出 创建新标注样式 对话框（见图 9.2.2），在该对话框中的 新样式名(N)： 文本框中输入新的标注样式名，在 基础样式(S)： 下拉列表中选择一种标注样式作为创建该标注样式的基础样式，然后在 用于(U): 下拉列表中选择创建的新标注样式的应用范围，最后单击 继续 按钮，弹出 新建标注样式: 副本 ISO-25 对话框，如图 9.2.3 所示，该对话框中有 7 个选项卡，分别用于设置与尺寸标注有关的参数。

图 9.2.2　“创建新标注样式”对话框

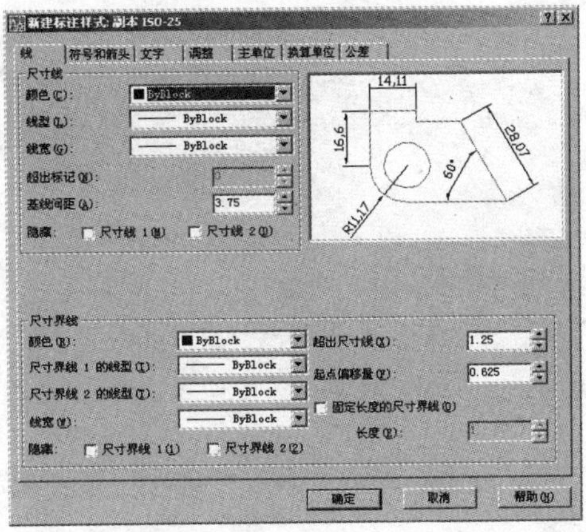


图 9.2.3　“新建标注样式：副本 ISO-25”对话框

## 二、设置尺寸标注

尺寸标注的设置是对尺寸线、尺寸界线、箭头和标注文字及其相互位置与大小的设置，这些参数的设置主要在“新建标注样式”对话框中的 7 个选项卡中进行，各选项卡的功能介绍如下：

### 1. “线”选项卡

线 选项卡用于设置尺寸线和尺寸界线的格式和特性，如图 9.2.4 所示。

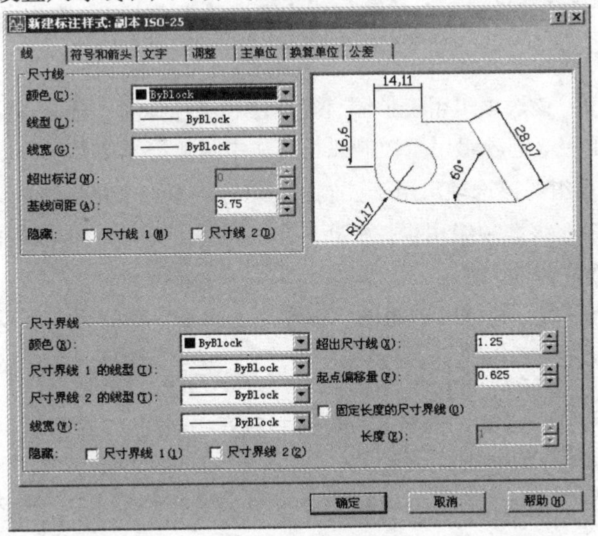


图 9.2.4　“线”选项卡

该选项卡中各选项功能介绍如下：

（1） 尺寸线 选项组：该选项组用于设置尺寸线的特性，包括尺寸线的颜色、线型、线宽、超出标记、基线间距、是否将尺寸线隐藏等。

（2） 尺寸界线 选项组：该选项组用于控制尺寸界线的外观，包括尺寸界线的颜色、线型、线宽、是否隐藏等。

### 2. “符号和箭头”选项卡

符号和箭头选项卡用于设置箭头、圆心标记、弧长符号和折弯半径标注的格式和位置，如图 9.2.5 所示。

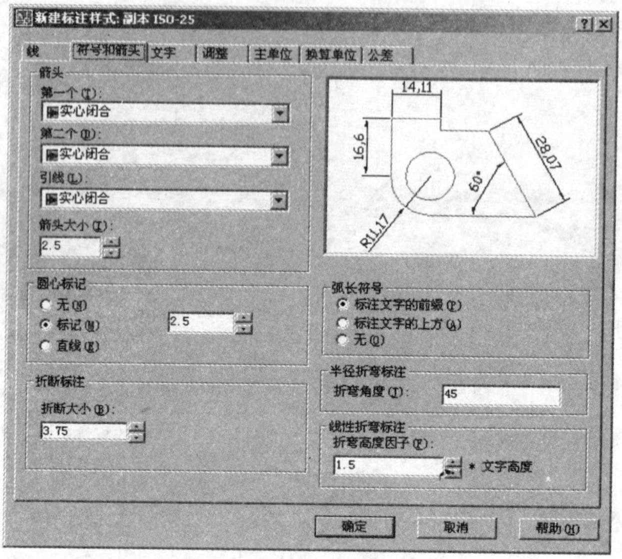


图 9.2.5　“符号和箭头”选项卡

该选项卡中各选项功能介绍如下：

（1）箭头选项组：该选项组用于控制标注箭头的外观，包括两个箭头和引线的类型以及箭头的大小。

技巧：当尺寸线的终端采用斜线时，尺寸线与尺寸界线必须互相垂直。一般按实心箭头、开口箭头、空心箭头和斜线的顺序选用。

（2）圆心标记选项组：该选项组用于控制直径标注和半径标注的圆心标记和中心线的外观。

（3）弧长符号选项组：该选项组用于控制弧长标注中圆弧符号的显示。

（4）半径折弯标注选项组：该选项组用于控制折弯（Z 字型）半径标注的显示。

（5）折断标注选项组：该选项组用于控制折断标注的大小。在该选项组的“折断大小”数值框中可以设置标注折断时的折断大小。

（6）线性折弯标注选项组：在该选项组的“折弯高度因子”数值框中可以设置折弯文字的高度。

### 3. “文字”选项卡

文字选项卡用于设置标注文字的格式、位置和对齐，如图 9.2.6 所示。

该选项卡中各选项功能介绍如下：

（1）文字外观选项组：该选项组用于控制标注文字的格式和大小，包括文字的样式、颜色、高度等。

（2）文字位置选项组：该选项组用于控制标注文字的位置，包括垂直方向和水平方向上的位置，以及文字从尺寸线偏移的距离。

（3）文字对齐(A)选项组：该选项组用于控制标注文字放在尺寸界线外边或里边时的方向是保持水平还是与尺寸界线平行。

4．“调整”选项卡

调整 选项卡用于控制标注文字、箭头、引线和尺寸线的位置，如图 9.2.7 所示。

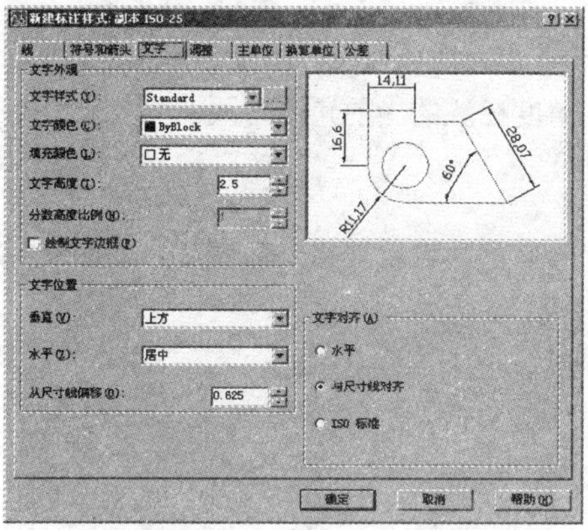


图 9.2.6　“文字”选项卡

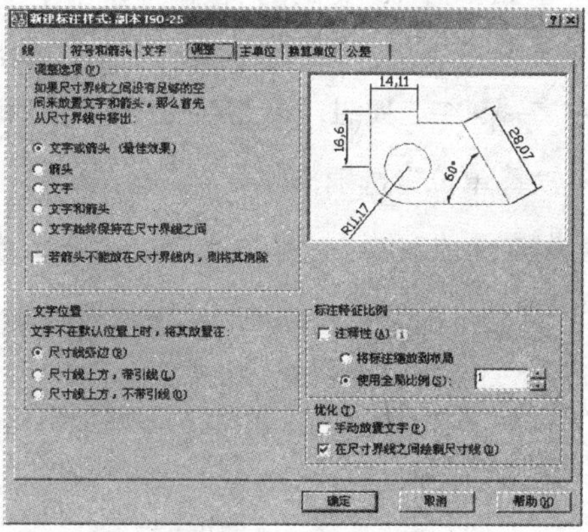


图 9.2.7　“调整”选项卡

该选项卡中各选项功能介绍如下：

（1）调整选项(F)选项组：该选项组用于控制基于尺寸界线之间可用空间的文字和箭头的位置。

（2）文字位置选项组：该选项组用于设置标注文字从默认位置（由标注样式定义的位置）移动时的位置。

（3）标注特征比例选项组：该选项组用于设置全局标注比例或图纸空间比例。

（4）优化(T)选项组：该选项组提供用于放置标注文字的其他选项，包括☑ 手动放置文字(P) 和☑ 在尺寸界线之间绘制尺寸线(D) 两个复选框。

5．“主单位”选项卡

主单位 选项卡用于设置主标注单位的格式和精度，并设置标注文字的前缀和后缀，“主单位”选项卡如图 9.2.8 所示。

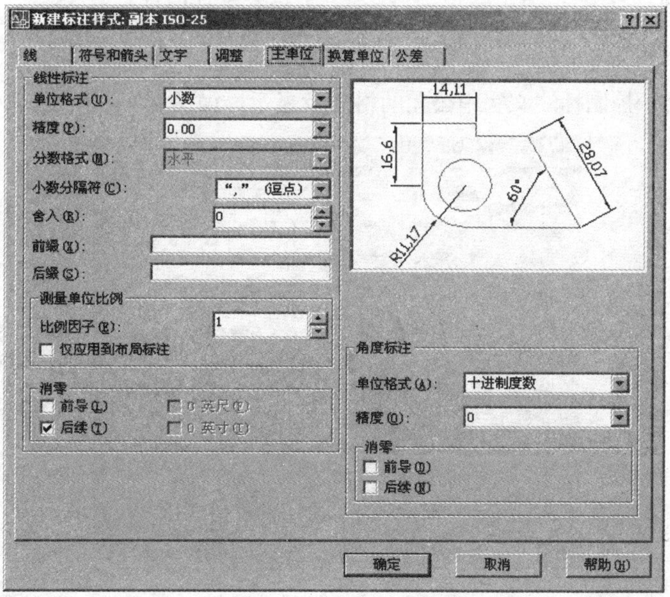


图 9.2.8　“主单位”选项卡

该选项卡中各选项功能介绍如下：

（1）线性标注选项组：该选项组用于设置线性标注的格式和精度。

（2）测量单位比例选项组：该选项组用于定义线性比例选项。

（3）消零选项组：该选项组用于控制不输出前导零和后续零以及零英尺和零英寸部分。

（4）角度标注选项组：该选项组用于显示和设置角度标注的当前角度格式。

### 6. “换算单位”选项卡

换算单位选项卡用于指定标注测量值中换算单位的显示并设置其格式和精度，如图 9.2.9 所示。

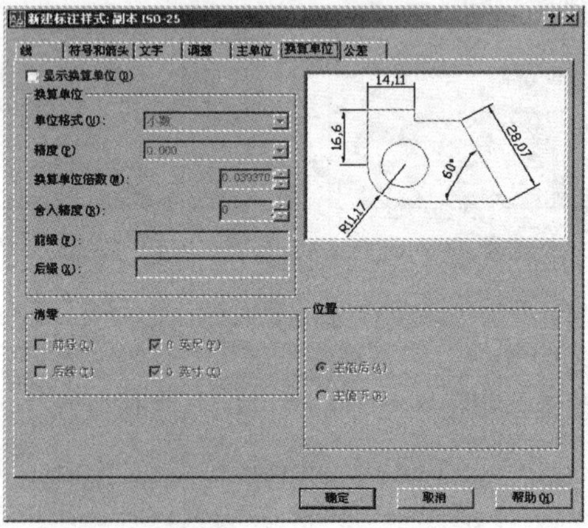


图 9.2.9　“换算单位”选项卡

该选项卡中各选项功能介绍如下：

（1）☑ 显示换算单位(D)复选框：选中该复选框，向标注文字添加换算测量单位。

（2）换算单位选项组：该选项组用于显示和设置除角度之外的所有标注类型的当前换算单位格式。

（3）消零选项组：该选项组用于控制不输出前导零和后续零以及零英尺和零英寸部分。

（4）位置选项组：该选项组用于控制标注文字中换算单位的位置。

### 7. “公差”选项卡

公差选项卡用于控制标注文字中公差的格式及显示，如图 9.2.10 所示。

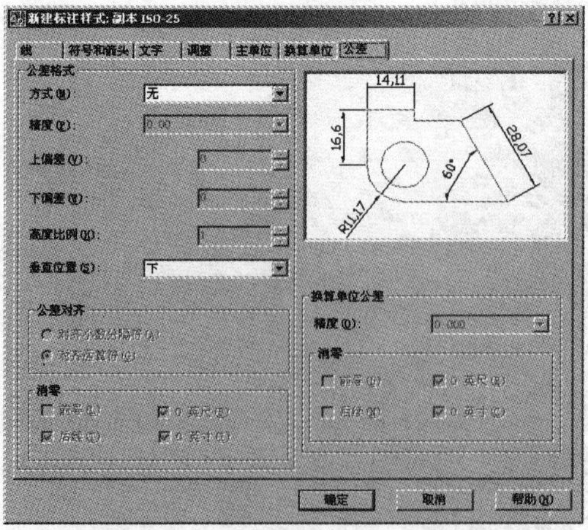


图 9.2.10　“公差”选项卡

该选项卡中各选项功能介绍如下：

（1）公差格式选项组：该选项组用于控制公差格式，包括采用公差的方式、精度、上偏差、下偏差、高度比例和垂直位置。

（2）换算单位公差选项组：该选项组用于设置换算单位公差的格式，包括精度和消零的设置。

（3）消零选项组：该选项组用于控制不输出前导零和后续零以及零英尺和零英寸部分。

（4）公差对齐选项组：该选项组用于控制标注文字的公差保持水平还是与尺寸界线平行。

# 第三节　尺寸标注

在 AutoCAD 2008 中，系统提供了多种标注类型，其中包括线性标注、对齐标注、角度标注、基线标注、连续标注、半径标注、直径标注等，单击“标注”工具栏中的相应按钮或选择标注(N)下拉菜单中的子菜单命令（见图 9.3.1），均可执行尺寸标注命令。

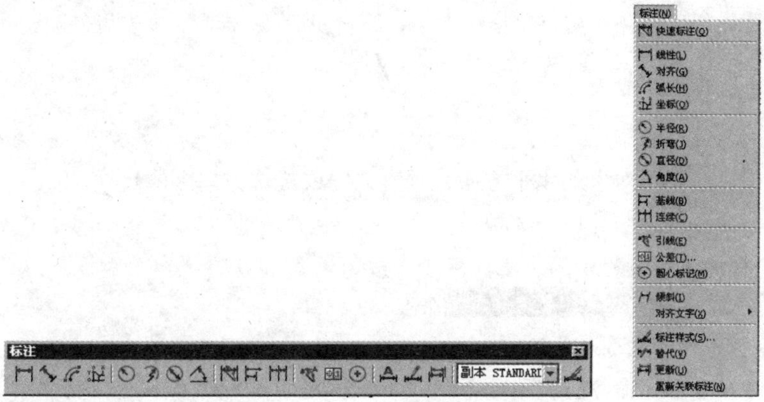


图 9.3.1　“标注”工具栏和“标注”下拉菜单

## 一、快速标注

使用快速标注一次可标注多个对象或者编辑现有标注，这种方式在创建系列基线或连续标注，以及为一系列圆或圆弧创建标注时特别有用。

执行快速标注命令的方式有以下 3 种：

（1）单击“标注”工具栏中的“快速标注”按钮。

（2）选择标注(N)→快速标注(Q)命令。

（3）在命令行中输入命令 qdim。

执行快速标注命令后，命令行提示如下：

命令:_ qdim

关联标注优先级=端点:　　　　　　　　　　//系统提示

选择要标注的几何图形:　　　　　　　　　//选择要标注的对象

选择要标注的几何图形:　　　　　　　　　//按回车键结束对象选择

指定尺寸线位置或[连续(C)/并列(S)/基线(B)/坐标(O)/半径(R)/直径(D)/基准点(P)/编辑(E)/设置(T)]<连续>:　　　　　　　　　//拖动鼠标确定尺寸线的位置

其中各命令选项功能介绍如下：

（1）指定尺寸线位置：拖动鼠标确定尺寸线的位置。

（2）连续(C)：指定多个标注对象，再选择此命令选项，即可创建一系列连续标注。

（3）并列(S)：指定多个标注对象，再选择此命令选项，即可创建一系列并列标注。

（4）基线(B)：指定多个标注对象，再选择此命令选项，即可创建一系列基线标注。

（5）坐标(O)：指定多个标注对象，再选择此命令选项，即可创建一系列坐标标注。

（6）半径(R)：指定多个标注对象，再选择此命令选项，即可创建一系列半径标注。

（7）直径(D)：指定多个标注对象，再选择此命令选项，即可创建一系列直径标注。

（8）基准点(P)：为基线和坐标标注设置新的基准点。选择此命令选项后，命令行提示“选择新的基准点”，指定新基准点后，返回到上一提示。

（9）编辑(E)：编辑一系列标注。选择此命令选项后，命令行提示“指定要删除的标注点或[添加(A)/退出(X)]<退出>”，指定点后返回到上一提示。

（10）设置(T)：为指定的尺寸界线原点设置默认的对象捕捉模式。选择此命令选项后，命令行提示“关联标注优先级[端点(E)/交点(I)]<端点>”，选择此命令选项后，按回车键返回到上一提示。

## 二、线性标注

线性标注是指标注图形对象的水平方向、垂直方向或旋转方向上的尺寸。

执行线性标注命令的方法有以下 3 种：

（1）单击“标注”工具栏中的“线性标注”按钮。

（2）选择 标注(N) → 线性(L) 命令。

（3）在命令行中输入命令 dimlinear。

执行线性标注命令后，命令行提示如下：

命令: _ dimlinear　　//执行线性标注命令

指定第一条尺寸界线原点或 <选择对象>:　　//指定第一条尺寸界线的端点

指定第二条尺寸界线原点:　　//指定第二条尺寸界线的端点

指定尺寸线位置或[多行文字(M)/文字(T)/角度(A)/水平(H)/垂直(V)/旋转(R)]:

　　//拖动鼠标指定尺寸线的位置

标注文字 = 14　　//系统提示测量数据

其中各命令选项的功能介绍如下：

（1）指定尺寸线位置：拖动鼠标确定尺寸线位置即可。

（2）多行文字(M)：选择此命令选项将弹出 文字格式 编辑器，其中，尺寸测量的数据已经被固定，用户可以在数据的前面或后面输入文本。

（3）文字(T)：将以单行文字的形式输入标注文字。

（4）角度(A)：将设置标注文字的旋转角度。

（5）水平(H)：将设置标注文字的水平位置。

（6）垂直(V)：将设置标注文字的垂直位置。

（7）旋转(R)：将设置标注文字的旋转角度。

线性标注的效果如图 9.3.2 所示。

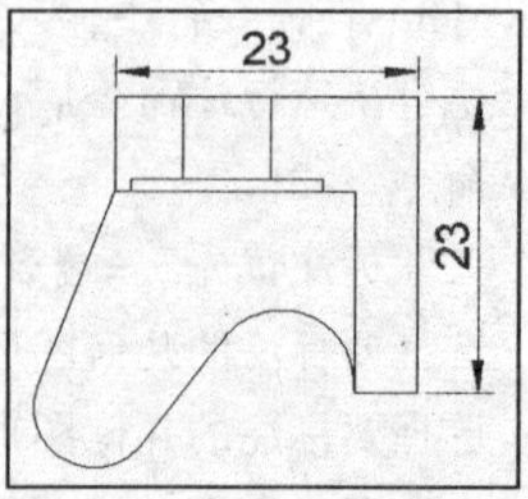


图 9.3.2　线性标注的效果

## 三、对齐标注

对齐标注是指将尺寸线与两尺寸界限原点的连线相平行。

执行对齐标注命令有以下 3 种方法：

（1）单击“标注”工具栏中的“对齐标注”按钮。

（2）选择 标注(N) → 对齐(G) 命令。

（3）在命令行中输入 dimaligned 命令。

执行对齐标注命令后，AutoCAD 提示：

命令：_dimaligned　　//执行线性标注命令

指定第一条尺寸界线原点或<选择对象>:　　//在该提示下用户有两种选择，即指定尺寸界限起点或者按回车键选择对象

指定第二条尺寸界线原点：　　//要求用户确定另一条尺寸界限的原点位置

指定尺寸线位置或[多行文字(M)/文字(T)/角度(A)]：//在该提示下指定尺寸线的位置

标注文字 =290　　//输入标注尺寸值

**例 9.3.1**　使用对齐标注命令标注如图 9.3.3 所示的尺寸，其操作步骤如下：

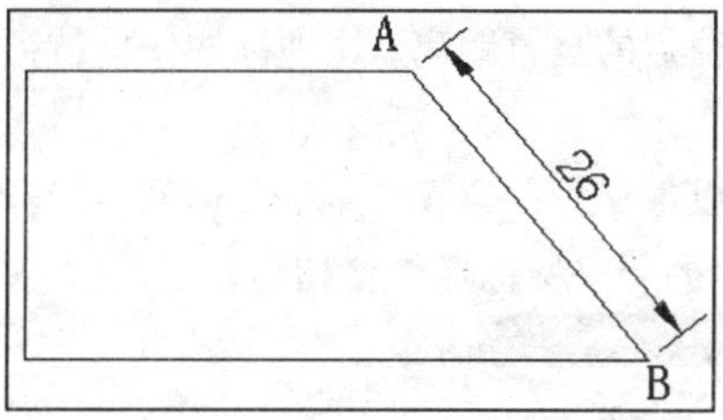


图 9.3.3　对齐标注

（1）命令：_dimaligned。　　//执行对齐标注命令

（2）指定第一条尺寸界线原点或<选择对象>:　　//捕捉 A 点。

（3）指定第二条尺寸界线原点：　　//捕捉 B 点。

（4）指定尺寸线位置或[多行文字(M)/文字(T)/角度(A)]:　　//确定尺寸线的位置。

（5）标注文字=26。　　//输入标注尺寸值

## 四、弧长标注

弧长标注用于测量圆弧或多段线弧线上的距离。弧长标注的典型用法包括测量围绕凸轮的距离或表示电缆的长度。

在 AutoCAD 2008 中，执行弧长标注命令的方法有以下 3 种：

（1）单击“标注”工具栏中的“弧长标注”按钮。

（2）选择 标注(N) → 弧长(H) 命令。

（3）在命令行中输入命令 dimarc。

执行弧长标注命令后，命令行提示如下：

命令: _ dimarc　　//执行弧长标注命令

选择弧线段或多段线弧线段:　　//选择要标注的弧线

指定弧长标注位置或 [多行文字(M)/文字(T)/角度(A)/部分(P)/引线(L)]:
　　　　　　　　　　　　　　　　　　　　//拖动鼠标指定尺寸线的位置
标注文字 ＝24.78　　　　　　　　　　　　　//系统显示测量数据

其中各命令选项功能介绍如下：

（1）指定尺寸线位置：拖动鼠标确定尺寸线的位置。

（2）多行文字(M)：选择此命令选项将弹出文字格式编辑器，其中，尺寸测量的数据已经被固定，用户可以在数据的前面或后面输入文本。

（3）文字(T)：将以单行文字的形式输入标注文字。

（4）角度(A)：将设置标注文字的旋转角度。

（5）部分(P)：将缩短弧长标注的长度。

（6）引线(L)：将添加引线对象。仅当圆弧大于 90° 时才会显示此选项。

弧长标注的效果如图 9.3.4 所示。

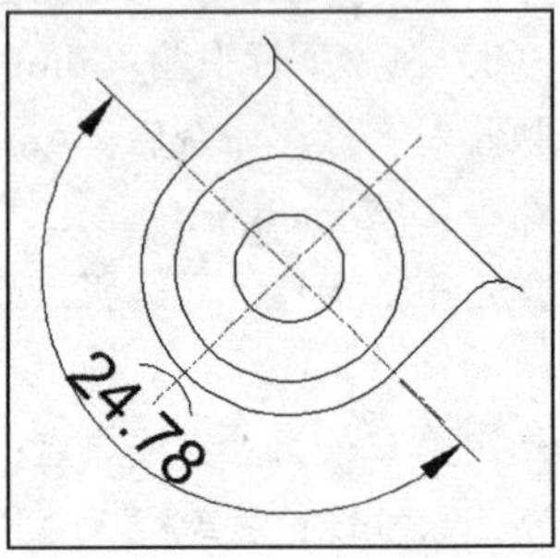


图 9.3.4　弧长标注的效果

## 五、坐标标注

坐标标注测量原点到标注特征点的垂直距离。这种标注保持特征点与基准点的精确偏移量，从而可以避免误差的产生。

执行坐标标注命令的方法有以下 3 种：

（1）单击“标注”工具栏中的“坐标标注”按钮。

（2）选择标注(N) → 坐标(O)命令。

（3）在命令行中输入命令 dimordinate。

执行坐标标注命令后，命令行提示如下：

命令: _ dimordinate　　　　　　　　　　　//执行坐标标注命令
指定点坐标:　　　　　　　　　　　　　　　//捕捉要标注的点坐标
指定引线端点或 [X 基准(X)/Y 基准(Y)/多行文字(M)/文字(T)/角度(A)]:
　　　　　　　　　　　　　　　　　　　　//拖动鼠标指定尺寸线的位置
标注文字 ＝566.51　　　　　　　　　　　　//系统显示测量数据

其中各命令选项的功能介绍如下：

（1）指定引线端点：选择此选项，使用点坐标和引线端点的坐标差可确定它是 X 坐标标注还是 Y 坐标标注。如果 Y 坐标的坐标差较大，标注就测量 X 坐标，否则就测量 Y 坐标。

（2）X 基准(X)：选择此选项，测量 X 坐标并确定引线和标注文字的方向。

（3）Y 基准(Y)：选择此选项，测量 Y 坐标并确定引线和标注文字的方向。

（4）多行文字(M)：选择此选项，弹出文字格式编辑器，向其中输入要标注的文字后，再确定引线端点。

（5）文字(T)：选择此选项，在命令行中自定义标注文字。

（6）角度(A)：选择此选项，修改标注文字的角度。

坐标标注的效果如图 9.3.5 所示。

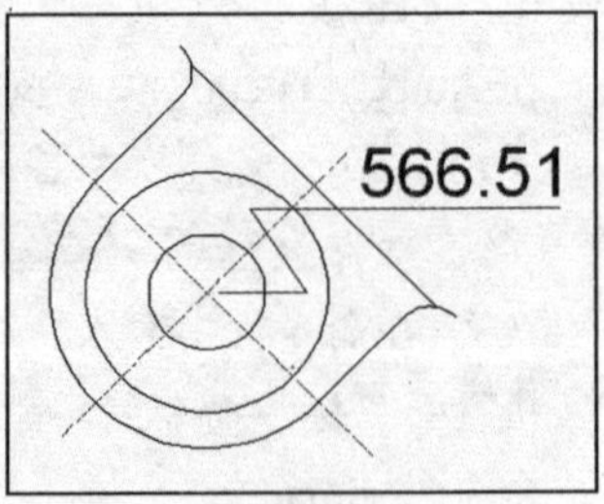


图 9.3.5　坐标标注的效果

## 六、半径标注

半径标注可以标注圆活圆弧的半径尺寸，并显示前面带有一个半径符号的标注文字。

执行半径标注命令的方法有以下 3 种：

（1）单击“标注”工具栏中的“半径标注”按钮。

（2）选择标注(N)→半径(R)命令。

（3）在命令行中输入命令 dimradius。

执行半径标注命令后，命令行提示如下：

命令: _ dimradius

选择圆弧或圆:　　　　　　　//选择要测量的圆弧或圆

标注文字 ＝2.92　　　　　　//系统显示测量数据

指定尺寸线位置或 [多行文字(M)/文字(T)/角度(A)]:

　　　　　　　　　　　　　//拖动鼠标确定尺寸线位置

半径标注的效果如图 9.3.6 所示。

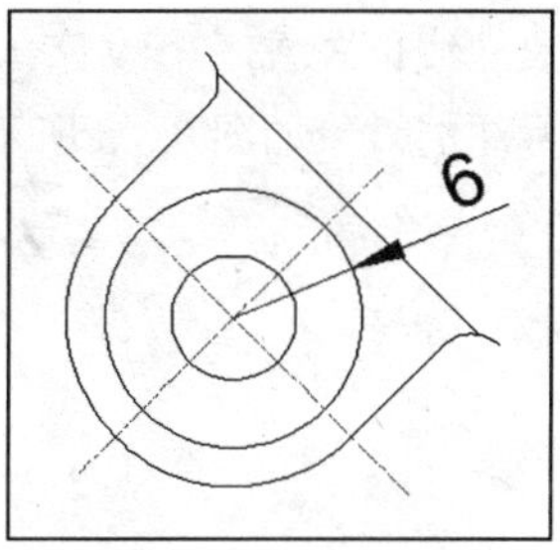


图 9.3.6　半径标注的效果

**提示**：当使用“多行文字”或“文字”命令输入半径时，必须在输入的半径值前加符号“R”，否则半径值前没有半径符号“R”。

## 七、折弯标注

当圆弧或圆的中心位于图形边界外，且无法显示在其事迹位置时，可以使用折弯标注。

执行折弯标注命令的方法有以下 3 种：

（1）单击“标注”工具栏中的“折弯标注”按钮。

（2）选择标注(N)→折弯(J)命令。

（3）在命令行中输入命令 dimjogged。

执行折弯标注命令后，命令行提示如下：

命令: _ dimjogged

选择圆弧或圆:　　　　　　　//选择要测量的圆弧或圆

指定中心位置替代:　　　　　//指定一点作为标注的中心

标注文字 ＝2.92　　　　　　//系统显示测量数据

指定尺寸线位置或 [多行文字(M)/文字(T)/角度(A)]:

//拖动鼠标指定尺寸线位置

指定折弯位置:　　　　　　　//指定折弯的位置

折弯标注的效果如图 9.3.7 所示。

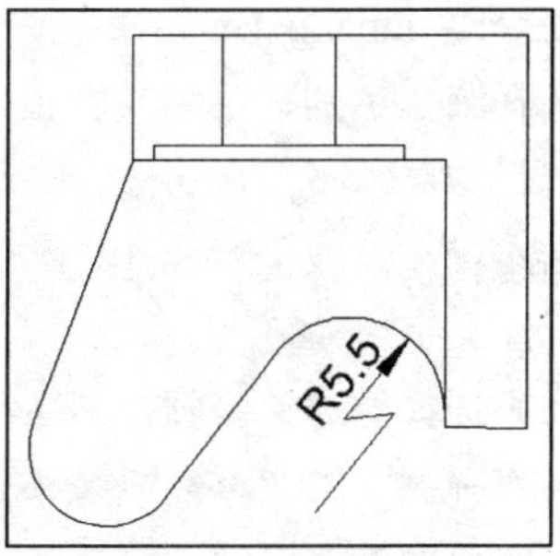


图 9.3.7　折弯标注的效果

## 八、直径标注

直径标注用于测量选定圆活圆弧的直径，并显示前面带有直径符号的标注文字。

执行直径标注命令的方法有以下 3 种：

（1）单击“标注”工具栏中的“直径标注”按钮。

（2）选择 标注(N) → 直径(D) 命令。

（3）在命令行中输入命令 dimdiameter。

执行直径标注命令后，命令行提示如下：

命令:_ dimdiameter　　//执行直径标注命令

选择圆弧或圆:　　//选择要测量的圆弧或圆

标注文字=100　　//系统显示测量数据

指定尺寸线位置或[多行文字(M)/文字(T)/角度(A)]:　　//拖动鼠标确定尺寸线位置

直径标注的效果如图 9.3.8 所示。

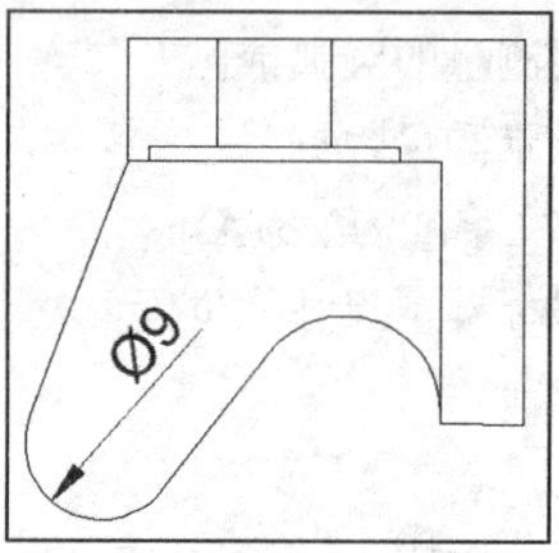


图 9.3.8　直径标注的效果

## 九、角度标注

角度标注可以标注圆和圆弧的包含角、两条直线所成的角度或者三点间的角度。

执行角度标注命令的方法有以下 3 种：

（1）单击“标注”工具栏中的“角度标注”按钮。

（2）选择 标注(N) → 角度(A) 命令。

（3）在命令行中输入命令 dimangular。

执行角度标注命令后，命令行提示如下：

命令: _ dimangular

选择圆弧、圆、直线或 <指定顶点>:　　//选择要标注的对象

选择的对象不同，命令行提示也不同。如果选择的对象为圆弧，则命令行提示如下：

指定标注弧线位置或 [多行文字(M)/文字(T)/角度(A)]:　　//选择圆弧

标注文字 ＝180　　//系统显示测量数据

如果选择的对象为圆，则命令行提示如下：

选择圆弧、圆、直线或 <指定顶点>:　　//选择圆

指定角的第二个端点:　　//在该圆上指定另一个测量端点

指定标注弧线位置或 [多行文字(M)/文字(T)/角度(A)]:　　//拖动鼠标确定尺寸线的位置

标注文字 ＝172　　//系统显示测量数据

如果选择的对象为直线，则命令行提示如下：

选择圆弧、圆、直线或 <指定顶点>:　　//选择角的一条边

选择第二条直线:　　//选择角的另一条边

指定标注弧线位置或 [多行文字(M)/文字(T)/角度(A)]:　　//拖动鼠标确定尺寸线的位置

标注文字 =42　　　　　　　　　　　　　　//系统显示测量数据

角度标注的效果如图 9.3.9 所示。

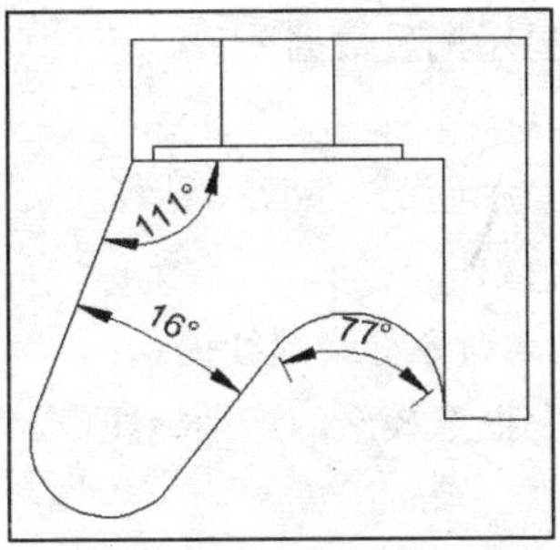


图 9.3.9　角度标注效果

## 十、基线标注

基线标注是同一基线处测量的多个标注。在创建基线标注之前，必须创建线性、对齐或角度标注。执行基线标注命令的方法有以下 3 种：

（1）单击“标注”工具栏中的“基线标注”按钮。

（2）选择 标注(N) → 基线(B) 命令。

（3）在命令行中输入命令 dimbaseline。

在进行基线标注之前，必须先建立或选择一个线性标注、坐标标注或角度标注作为基准标注，然后执行基线标注命令。命令行提示如下：

命令:_ dimbaseline

指定第二条尺寸界线原点或[放弃(U)/选择(S)]<选择>:　　　//指定下一个尺寸标注原点

标注文字=23.76　　　　　　　　//系统显示测量数据

其中各命令选项功能介绍如下：

（1）指定第二条尺寸界线原点：确定第二条尺寸界线。

（2）放弃(U)：选择此命令选项，返回到最近的上一次操作。

（3）选择(S)：选择此命令选项，命令行继续提示：

选择基准标注:　　　　　　　　//用拾取框选择新的基准标注

基线标注的效果如图 9.3.10 所示。

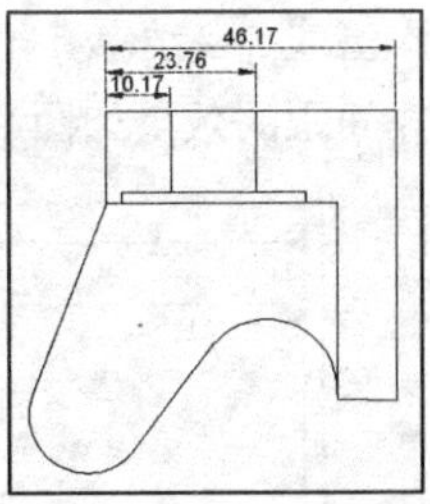


图 9.3.10　基线标注的效果

## 十一、连续标注

连续标注是首尾相连的多个标注。在创建连续标注之前，必须创建线性、对齐或者角度标注。执行连续标注命令的方法有以下 3 种：

（1）单击“标注”工具栏中的“连续标注”按钮。

（2）选择 标注(N) → 连续(C) 命令。

（3）在命令行中输入命令 dimcontinue。

和基线标注一样，在执行连续标注之前要建立或选择一个线性标注、坐标标注或角度标注作为基准标注，然后执行连续标注命令。命令行提示如下：

命令:_ dimcontinue

指定第二条尺寸界线原点或[放弃(U)/选择(S)]<选择>:

//指定第二条尺寸界线原点

标注文字=63.64　　　　//系统显示测量数据

其中各命令选项功能介绍如下：

（1）指定第二条尺寸界线原点：确定第二条尺寸界线。

（2）放弃(U)：返回到最近一次操作。

（3）选择(S)：选择此命令选项，命令行会继续提示：

选择连续标注:　　　　//用拾取框选择新的连续标注

连续标注的效果如图 9.3.11 所示。

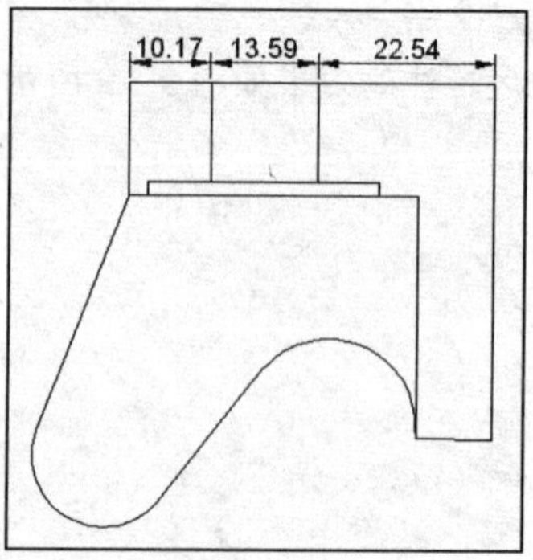


图 9.3.11　连续标注的效果

## 十二、标注间距

标注间距是可以调整平行的线性标注和角度标注之间的距离。

执行标注间距命令的方法有以下 3 种：

（1）单击“标注”工具栏中的“标注间距”按钮。

（2）选择 标注(N) → 标注间距(P) 命令。

（3）在命令行中输入命令 dimspace。

执行标注间距命令后，命令行提示如下：

命令: _dimspace

选择基准标注:　　　　//选择一个标注

选择要产生间距的标注:　　　　//选择另一个标注

选择要产生间距的标注:　　　　//按回车键结束对象选择

输入值或 [自动(A)] <自动>:　　//输入间距值或按回车键自动调整间距

标注间距的效果如图 9.3.12 所示。

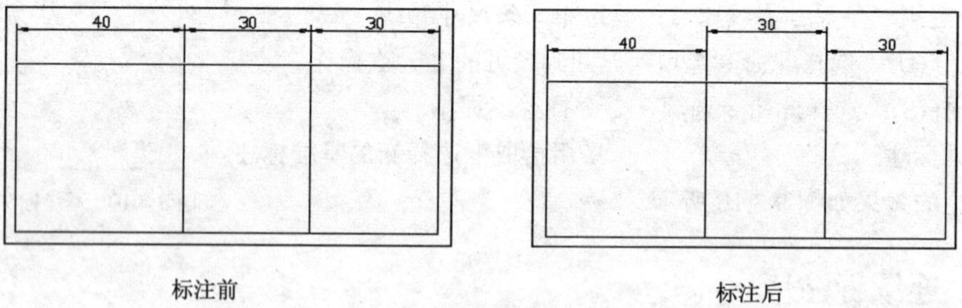


图 9.3.12　标注间距的效果

## 十三、标注打断

标注打断指的是可以在尺寸线或尺寸界线与几何对象或其他标注相交的位置将其打断。

执行标注打断命令的方法有以下 3 种：

（1）单击“标注”工具栏中的“标注打断”按钮。

（2）选择 标注(N) → 标注打断(K) 命令。

（3）在命令行中输入命令 dimbreak。

执行标注打断命令后，命令行提示如下：

命令: _dimbreak

选择标注或 [多个(M)]:　　　　　　　　　　　　　　　　　//选择要打断的标注

选择要打断标注的对象或 [自动(A)/恢复(R)/手动(M)] <自动>:　　//按回车键打断标注

其中各命令选项功能介绍如下：

（1）自动(A)：自动将折断标注放置在与选定标注相交的对象的所有交点处。

（2）恢复(R)：从选定的标注中删除所有打断标注。

（3）手动(M)：手动放置打断标注。

标注打断的效果如图 9.3.13 所示。

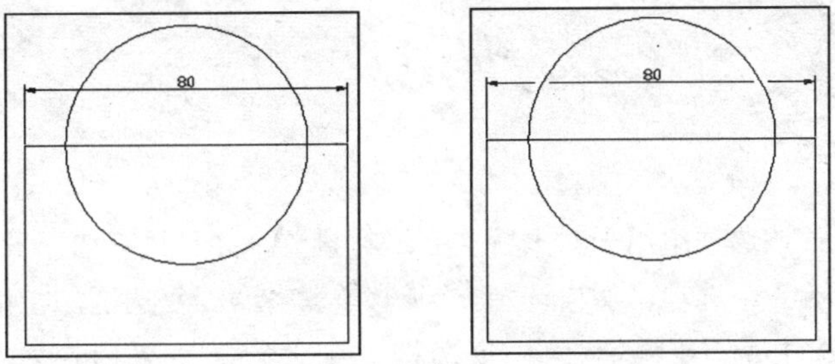


标注前　　　　　　　　　　标注后

图 9.3.13　标注打断的效果

## 十四、多重引线

多重引线指的是具有多个选项的引线对象。

执行引线标注命令的方法有以下 3 种：

（1）单击“标注”工具栏中的“多重引线”按钮。

（2）选择 标注(N) → 多重引线(E) 命令。

（3）在命令行中输入命令 mleader。

执行多重引线标注命令后，命令行提示如下：

命令：_mleader　　　　　　　　　　　　　　//执行多重引线命令

指定第一个引线点或[设置(S)]<设置>:　　　　//指定引线的起点或对引线进行设置

如果选择“指定第一个引线点”命令选项，则命令行提示如下：

指定下一点:　　　　　　　　　　　　　　　//指定引线的转折点

指定下一点:　　　　　　　　　　　　　　　//指定引线的另一个端点

指定文字宽度<0>:　　　　　　　　　　　　//指定文字的宽度

输入注释文字的第一行<多行文字（M）>:　　//输入文字，按回车键结束标注

如果选择“设置(S)”命令选项，则弹出 引线设置 对话框，如图 9.3.14 所示。

该对话框中包含 3 个选项卡，其功能介绍如下：

（1）注释 选项卡：该选项卡用于设置注释类型、多行文字和重复使用注释选项，如图 9.3.14 所示。其中各选项含义介绍如下：

1）注释类型：该选项组用于设置引线注释类型，其中包括 5 个选项。如果选中 多行文字(M) 单选按钮，则提示创建多行文字注释，并弹出多行文字编辑器；如果选中 复制对象(C) 单选按钮，

则提示为引线注释复制多行文字、文字、公差或块参照对象；如果选中 ⊙ 公差(T) 单选按钮，则弹出 形位公差 对话框，如图 9.3.15 所示，用于创建要附着到引线上的特性控制框；如果选中 ⊙ 块参照(B) 单选按钮，则提示为引线注释插入块参照；如果选中 ⊙ 无(O) 单选按钮，则创建不包含注释的引线。

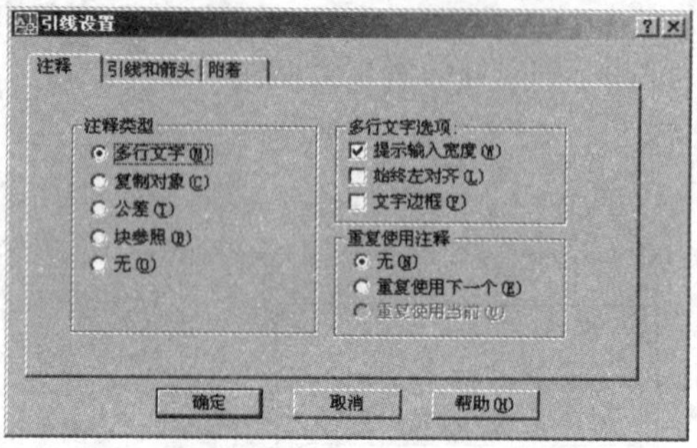


图 9.3.14　“引线设置”对话框

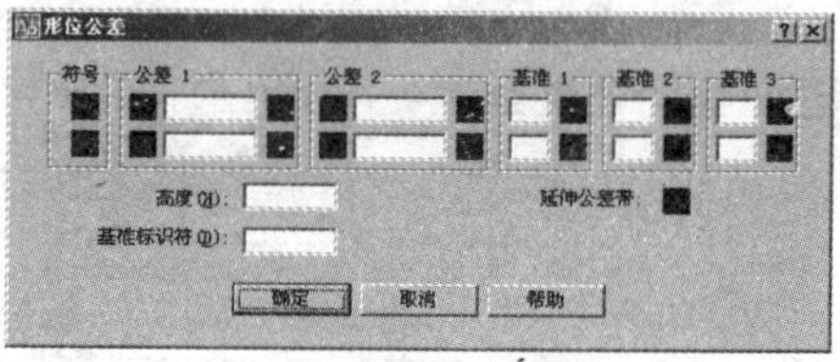


图 9.3.15　“形位公差”对话框

2）多行文字选项：该选项组用于对多行文字进行设置，并且只有选择了多行文字注释类型时，该选项才可用。其中包括 3 个选项，如果选中 ☑ 提示输入宽度(W) 复选框，在使用引线标注时，系统提示指定字宽；如果选中 ☑ 始终左对齐(L) 复选框，则多行文字采用左对齐方式，该选项不与 ☑ 提示输入宽度(W) 复选框同时使用；如果选中 ☑ 文字边框(F) 复选框，注释文字时在文字上加边框。

3）重复使用注释：该选项组用于设置引线注释重复使用的选项。其中包括 3 个选项，如果选中 ⊙ 无(N) 单选按钮，则不重复使用引线注释；如果选中 ⊙ 重复使用下一个(E) 单选按钮，则重复使用为所有后继引线创建的下一个注释；如果选中 ⊙ 重复使用当前(U) 单选按钮，则系统自动将上一次创建的文字注释复制到当前引线标注中。

（2）引线和箭头 选项卡：该选项卡用于设置引线和箭头特性，如图 9.3.16 所示。

其中包括以下选项：

1）引线：该选项组用于设置引线格式。其中包括两种格式，如果选中 ⊙ 直线(S) 单选按钮，则标注的引线是直线；如果选中 ⊙ 样条曲线(P) 单选按钮，则标注的引线是样条曲线。

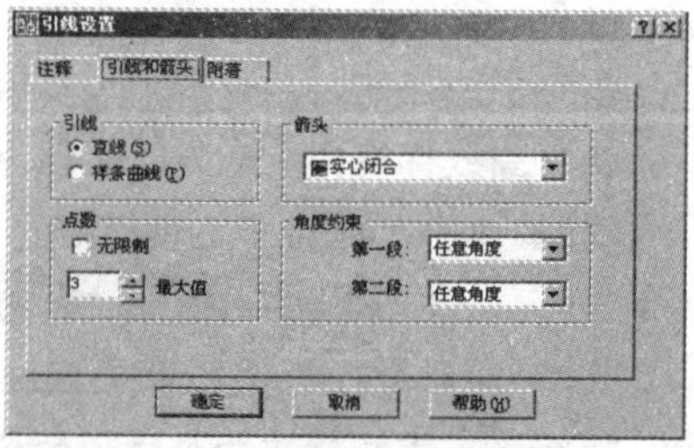


图 9.3.16　“引线和箭头”选项卡

2）点数：该选项组用于设置引线的节点数。系统默认为 3，最少为 2，即引线为一条线段，也可以在 最大值 微调框中输入节点数。如果选中 ☑ 无限制 复选框，则引线可以任意曲折。

3）箭头：该选项组用于指定引线箭头的样式，系统提供了 21 种箭头样式。

4）角度约束：该选项组用于设置第一条引线线段和第二条引线线段的角度约束。单击 第一段: 和 第二段: 下拉列表框右边的 ▼ 按钮，在弹出的下拉列表中选择合适的角度，系统分别提供了 6 种角度供用户选择。

（3）附着 选项卡：该选项卡用于设置引线附着到多行文字的位置，如图 9.3.17 所示。

该选项卡中包括 5 种文字与引线间的相对位置关系，这 5 种关系分别是“第一行顶部”、“第一行中间”、“多行文字中间”、“最后一行中间”和“最后一行底部”，这 5 个选项都有“文字在左边”和“文字在右边”之分。如果选中 ☑ 最后一行加下划线(U) 复选框，则前面这 5 项均不可用。

引线标注的效果如图 9.3.18 所示。

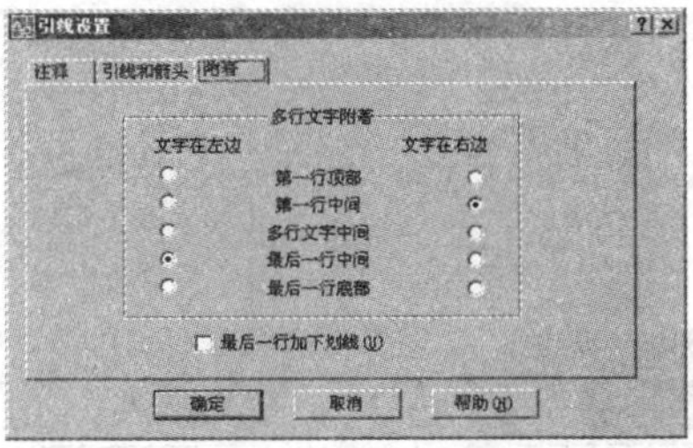


图 9.3.17　“附着”选项卡

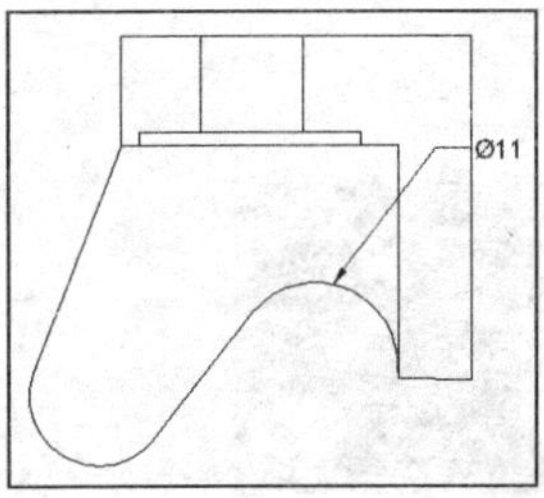


图 9.3.18　引线标注的效果

## 十五、公差

形位公差是表示图形特征的形状、轮廓、方向、位置和跳动等的允许偏差。AutoCAD 中形位公差的组成如图 9.3.19 所示。

在 AutoCAD 2008 中，执行公差标注命令的方法有以下 3 种：

（1）单击“标注”工具栏中的“公差引线”按钮。

（2）选择 标注(N) → 公差(T)... 命令。

（3）在命令行中输入命令 tolerance。

执行形位公差命令后，弹出 形位公差 对话框，如图 9.3.20 所示。

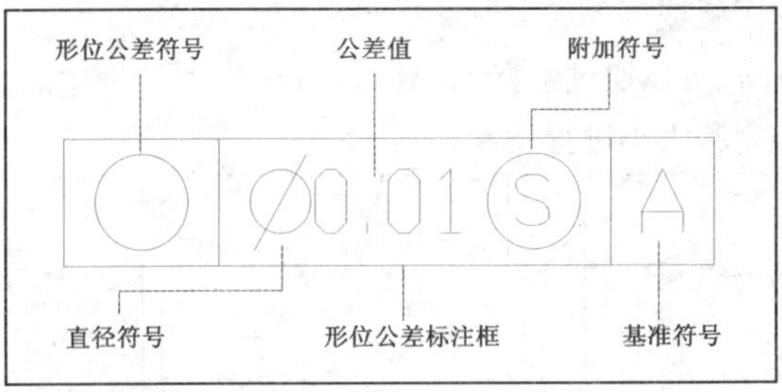


图 9.3.19　形位公差的组成

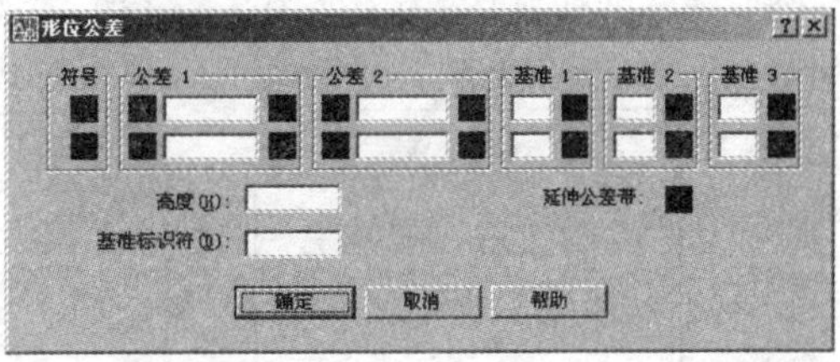


图 9.3.20　“形位公差”对话框

该对话框中各选项功能介绍如下：

（1）符号 选项组：单击此选项组中的图标，打开 特征符号 面板，如图 9.3.21 所示，在该面板中选择合适的特征符号。

（2）公差 1 和 公差 2 文本框：单击文本框左边的图标，添加直径符号，此时该图标变为 Ø；可以在中间的文本框中输入公差值；单击文本框右边的图标，打开 附加符号 面板，如图 9.3.22 所示，在该面板中选择合适的图标。

（3）基准 1、基准 2 和 基准 3 选项组：该选项组中的文本框用于创建基准参照值，直接在文本框中输入数值即可。单击文本框右边的图标，同样打开 附加符号 面板（见图 9.3.22），在该面板中选择合适的图标。

（4）高度(H): 文本框：直接在文本框中输入数值，指定公差带的高度。

（5）基准标识符(D): 文本框：在文本框中输入字母，创建由参照字母组成的基准标识符。

（6）延伸公差带: 设置项：单击图标，在投影公差带值的后面插入投影公差带符号，此时，该图标变为 Ⓟ 形状。

公差标注的效果如图 9.3.23 所示。

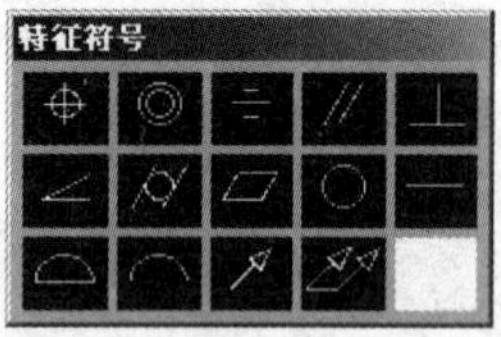


图 9.3.21　“特征符号”面板

图 9.3.22　“附加符号”面板

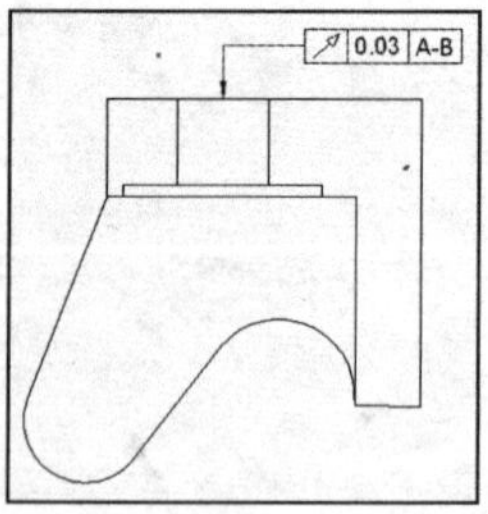


图 9.3.23　公差标注的效果

## 十六、圆心标记

圆心标记指的是在标注绘制的圆或圆弧时，也可以直接指定圆心。

执行圆心标记命令的方式有以下 3 种：

（1）单击“标注”工具栏中的“圆心标记”按钮。

（2）选择 标注(N) → 圆心标记(M) 命令。

（3）在命令行中输入命令 dimcenter。

执行圆心标记命令后，命令行提示如下：

命令：_dimcenter

选择圆弧或圆:　　　　　　　　//选择要标记的圆弧或圆

圆心标记的样式有 3 种，如图 9.3.24 所示。该样式可以通过选择“新建标注样式”对话框中的“直线和箭头”选项卡中的“圆心标记”选项组对其类型和大小进行设置。

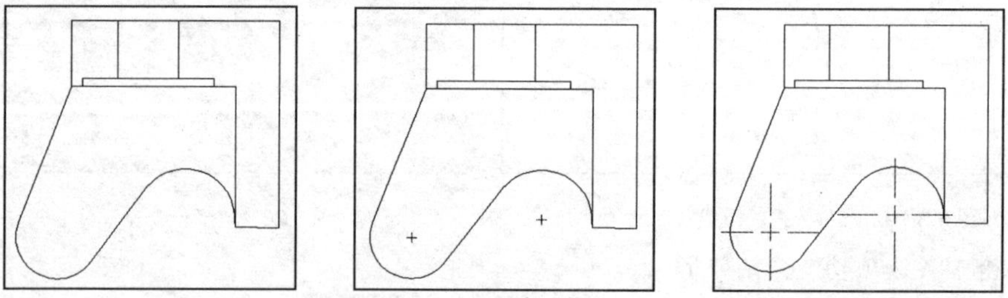

无　　　　标记　　　　直线

图 9.3.24　圆心标记样式

## 十七、检验

检验标注指的是对该部件的关键标注或公差值进行检查的频率，以确保该部件达到所有的质量保证要求。

执行检验标注命令的方法有以下 3 种：

（1）单击“标注”工具栏中的“检验”按钮。

（2）选择 标注(N) → 检验(I) 命令。

（3）在命令行中输入命令 diminspect。

执行检验命令后，弹出 检验标注 对话框，如图 9.3.25 所示。

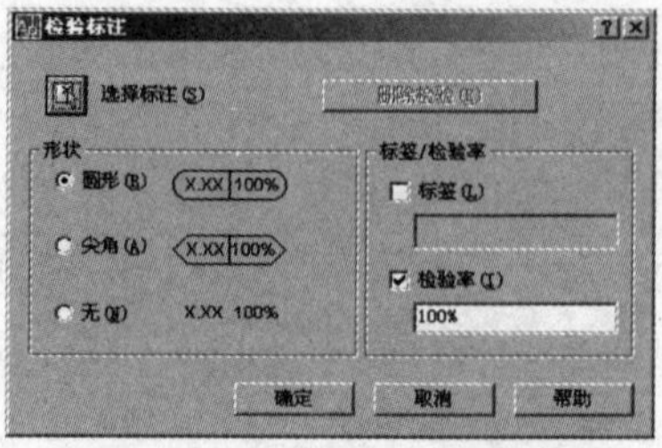


图 9.3.25　“检验标注”对话框

使用该对话框可以创建或删除检验标注。单击该对话框中的“选择标注”按钮，然后在 形状 选项区中选择检验标注的边框，可供选择的边框有圆形、尖角和无 3 种，如图 9.3.26 所示。在该对话框中的标签/检验率选项区中设置标签值和检验率，单击确定按钮完成检验标注。

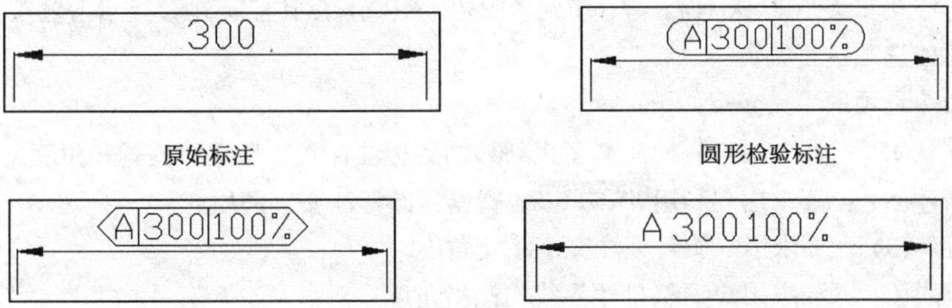


原始标注　　圆形检验标注

尖角检验标注　　无边框检验标注

图 9.3.26　检验标注

## 十八、折弯线性

折弯线性标注指的是实际测量值与尺寸界线之间的长度不同。

执行折弯线性命令的方式有以下 3 种：

（1）单击“标注”工具栏中的“折弯线性”按钮。

（2）选择标注(N)→折弯线性(J)命令。

（3）在命令行中输入命令 dimjogline。

执行该命令后，命令行提示如下：

命令: _dimjogline　　//折弯线性

选择要添加折弯的标注或 [删除(R)]:　　//选择要添加折弯的标注

指定折弯位置 (或按 Enter 键):　　//在标注中指定折弯的位置

折弯线性标注的效果如图 9.3.27 所示。

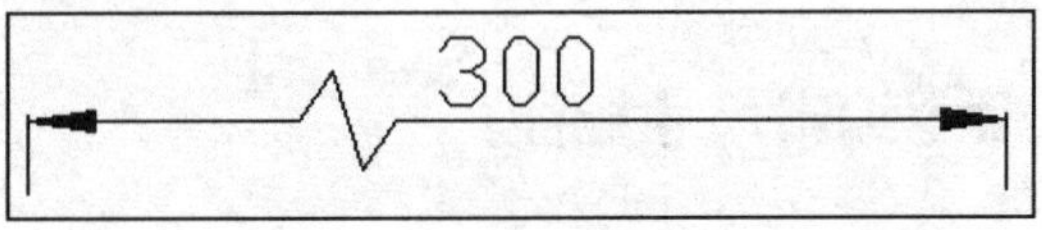


图 9.3.27　折弯线性标注效果

# 第四节　尺寸标注的编辑

在 AutoCAD 2008 中，用户可以使用 dimedit 和 dimtedit 命令对尺寸标注进行编辑，如修改尺寸标注文字的旋转角度、尺寸线的位置等。

## 一、使用 dimedit 命令编辑尺寸标注

dimedit 编辑标注命令用于修改一个或多个尺寸标注对象上的文字内容、方向、位置以及倾斜尺寸界线。启动编辑标注命令有以下两种方法：

（1）选择标注→对齐文字(X)命令。

（2）在命令行中输入 dimedit。

执行编辑标注命令后，AutoCAD 提示：

“输入标注编辑类型[默认(H)/新建(N)/旋转(R)/倾斜(O)]<默认>”：在该提示下输入标注编辑类型或者选择合适的选项进行编辑。

其中各命令选项的含义介绍如下：

（1）“默认(H)”：要求用户将标注文字重新移回到标注样式所指定的位置和角度。

（2）“新建(N)”：要求用户利用文字格式编辑器修改标注文字的内容。

（3）“旋转(R)”：要求用户旋转标注文字指定角度。

（4）“倾斜(O)”：要求用户调整尺寸界线的倾斜角度。

将如图 9.4.1 所示的尺寸标注进行编辑，结果如图 9.4.2 所示。

（1）命令：_dimedit。　　//执行对齐文字命令

（2）输入标注编辑类型 [默认(H)/新建(N)/旋转(R)/倾斜(O)] <默认>：o。

（3）选择对象：　　//选择如图 9.4.1 所示的线性标注

（4）选择对象：　　//按回车键。

（5）输入倾斜角度 (按回车键表示无)：　　//输入 -80 按回车键

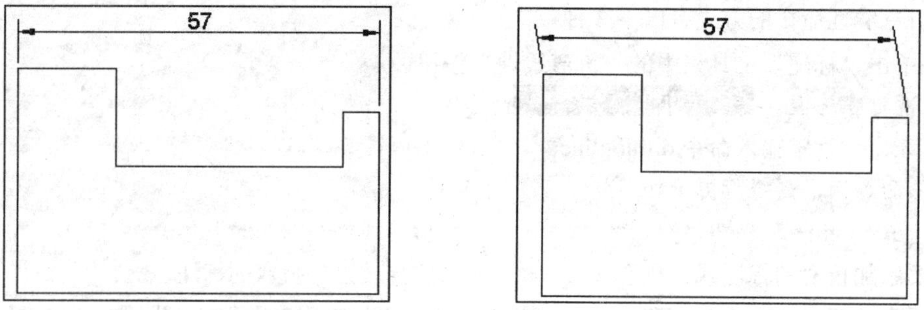


（a）倾斜前的尺寸标注　　（b）倾斜后的尺寸标注

图 9.4.1　倾斜标注

## 二、使用 dimtedit 命令编辑尺寸标注

dimtedit 编辑标注文字命令用于移动和旋转标注文字。启动编辑标注文字命令有以下两种方法：

（1）选择标注→对齐文字(X)命令。

（2）在命令行中输入 dimtedit。

执行编辑标注文字命令后，AutoCAD 提示：

（1）“选择标注”：在该提示下选择要编辑的标注文字。

（2）“指定标注文字的新位置或[左(L)/右(R)/中心(C)/默认(H)/角度(A)]”：在该提示下确定标注文字的新位置或者选择合适的选项进行标注。

其中各命令选项的含义介绍如下：

（1）“左(L)”：要求用户将标注文字沿尺寸线靠左对齐，该选项只适用于线性、半径和直径标注。

（2）“右(R)”：要求用户将标注文字沿尺寸线靠右对齐，该选项只适用于线性、半径和直径标注。

（3）“中心(C)”：要求用户将标注文字移到尺寸线的中间。

（4）“默认(H)”：要求用户将标注文字移到标注样式指定的默认位置。

（5）“角度(A)”：要求用户将标注文字旋转指定的角度。

**例 9.4.2**　使用编辑标注文字命令编辑如图 9.4.1（a）所示的尺寸，结果如图 9.4.2 所示。

（1）命令：_dimtedit　//执行编辑标注命令

（2）选择标注：　//选择如图 9.4.1（a）所示的线性标注

（3）指定标注文字的新位置或 [左(L)/右(R)/中心(C)/默认(H)/角度(A)]：　//系统提示

（4）指定标注文字的角度：　//输入 60 回车键

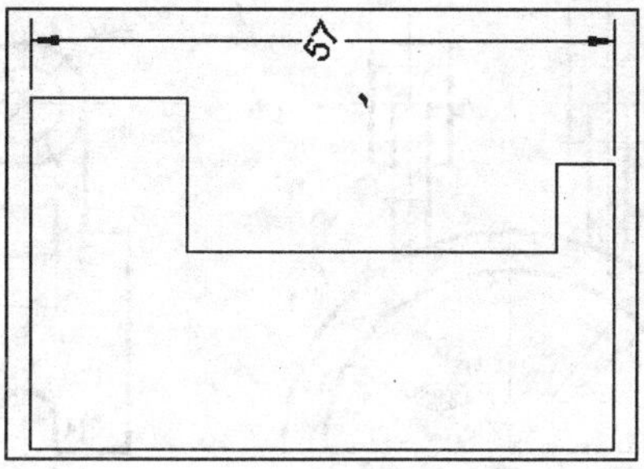


图 9.4.2　编辑标注文字

# 习 题 九

## 一、填空题

1．在 AutoCAD 2008 中，一个完整的尺寸标注通常由 4 部分组成，分别是______________、______________、______________和______________。

2．在 AutoCAD 2008 中，系统提供了多种标注类型，其中包括线性标注、______________、角度标注、______________、半径标注、______________和______________等。

3．______________用于测量圆弧或多段线弧线段上的距离。

4．通过______________对话框中的______________选项卡中的______________选项区，可以修改箭头的尺寸和样式。

## 二、选择题

1．在 AutoCAD 中，角度标注可以标注（ ）或者三点间的角度。

A．圆的包含角　　B．两条直线所成的角度

C．圆弧的包含角　　D．以上几项均正确

2．形位公差是表示图形特征的（ ）等的允许偏差。

A．形状　　B．轮廓

C．位置　　D．跳动

3．在绘制机械图时，文字应采用（ ）字体，数字采用（ ）。

A．宋体　　B．阿拉伯数字

C．仿宋体　　D．罗马数字

## 三、问答题

1．在 AutoCAD 2008 中，如何创建标注样式？

2．在 AutoCAD 2008 中，如何编辑尺寸标注的文字？

3．尺寸标注包括那种类型？

## 四、上机操作题

绘制如题图 9.1 所示的图形并标注尺寸。

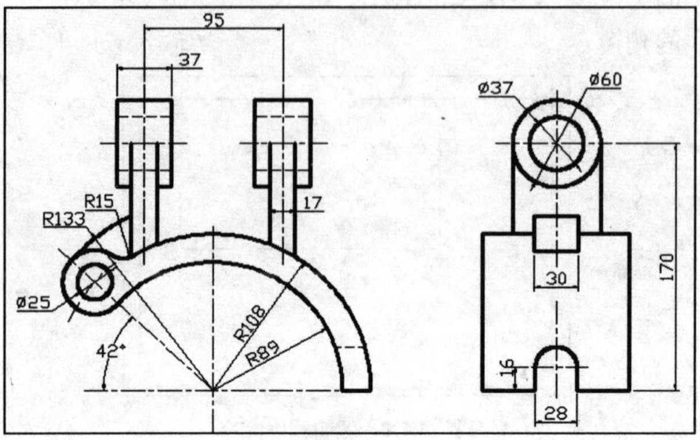


题图　9.1

# 第十章　绘制基本三维对象

**教学目标**

在 AutoCAD 2008 中，用户不仅可以方便地绘制二维图形，而且还可以绘制各种三维图形。通过建立三维坐标系、设置视点可以创建三维绘图环境，从而绘制各种三维直线、曲线、多段线与三维曲面。本章主要介绍三维绘图环境的建立和三维图形的绘制。

**教学难点与重点**

（1）三维坐标系。

（2）设置视点。

（3）观察三维图形。

（4）绘制简单三维对象。

（5）绘制三维曲面。

## 第一节　三维坐标系

### 一、柱面坐标

柱面坐标使用 XY 平面的角和沿着 Z 轴的距离来表示，如图 10.1.1 所示。其输入方法是 d<α，h。其中 d 表示空间坐标点到坐标原点的距离，α 表示空间坐标点与坐标原点的连线在 XY 平面的投影与 X 轴正方向的夹角，h 表示空间点的 Z 坐标，例如，20<60，5。

### 二、球面坐标

球面坐标通过指定某个位置距当前 UCS 原点的距离，在 xy 平面中与 x 轴所成的角度以及与 xy 平面所成的角度来指定该位置，如图 10.1.2 所示。其输入方法是 d<α<β。其中 d 表示空间坐标点与坐标原点的距离，α 表示空间坐标点与坐标原点的连线在 XY 平面的投影与 X 轴正方向的夹角，β 表示空间坐标点与坐标原点的连线和 XY 面的夹角，例如，40<30<45。

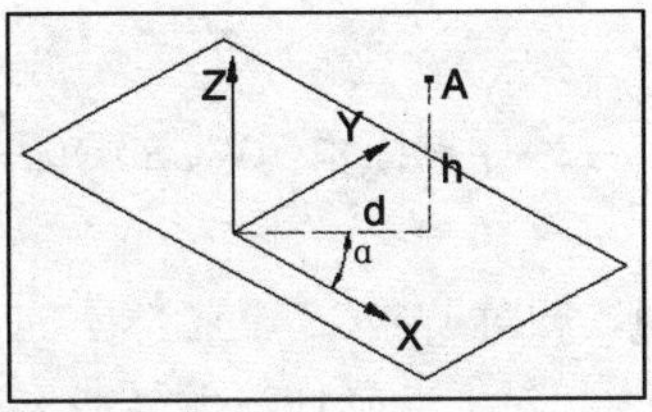


图 10.1.1　柱面坐标系

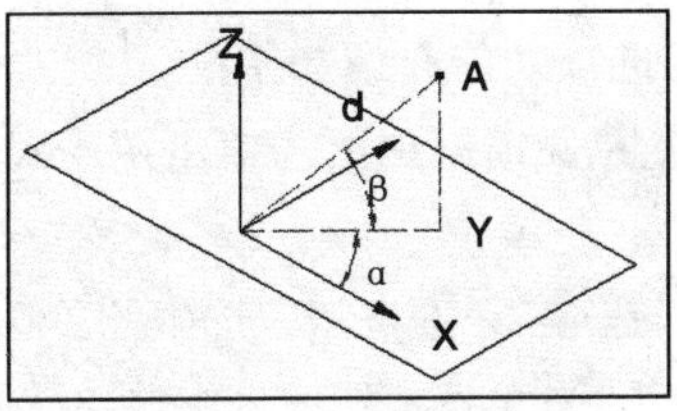


图 10.1.2　球面坐标系

# 第二节　设置视点

视点是指三维空间中观察模型的位置。在 AutoCAD 中，为了方便地绘制图形，用户可以自己创建并设置视点。

## 一、创建视点

创建视点命令的方法有以下两种：

（1）选择 视图(V) → 三维视图(D) → 视点(V) 命令。

（2）在命令行中输入命令 vpoint。

执行创建视点命令后，命令行提示如下：

命令: _vpoint

当前视图方向：VIEWDIR=0.0000,0.0000,1.0000

指定视点或 [旋转(R)] <显示坐标球和三轴架>:

同时在绘图窗口显示坐标球和三轴架（见图 10.2.1），通过输入新的观察点坐标或拖动鼠标确定观察点方向。

## 二、视点预置

视点预置是指定义三维视图的设置。执行该命令的方法有以下两种：

（1）选择 视图(V) → 三维视图(D) → 视点预置(I)... 命令。

（2）在命令行中输入命令 ddvpoint。

执行视点预置命令后，弹出 视点预置 对话框，如图 10.2.2 所示。利用该对话框，用户可以直观的创建任意视点。

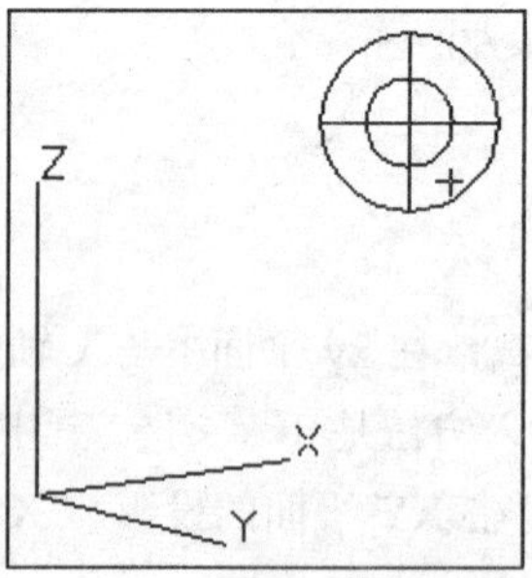


图 10.2.1　坐标球和三轴架

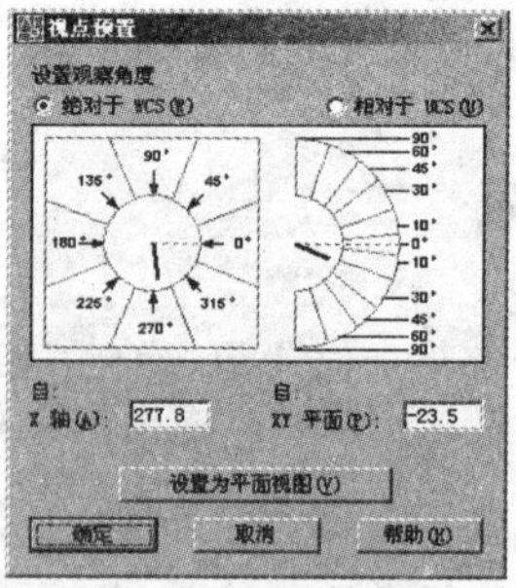


图 10.2.2　“视点预置”对话框

该对话框中各选项功能介绍如下：

（1）设置观察角度 选项组：该选项组用于设置相对世界坐标系（WCS）或用户坐标系（UCS）的查看方向。

1）绝对于 WCS(W) 单选按钮：选中此单选按钮，相对于 WCS 设置查看方向。

2）相对于 UCS(U) 单选按钮：选中此单选按钮，相对于当前 UCS 设置查看方向。

（2）自: 选项组：该选项组用于指定查看角度。

1）X 轴(A): 文本框：指定与 X 轴的角度。

2）XY 平面(P)：文本框：指定与 XY 平面的角度。

（3）设置为平面视图(V)按钮：单击此按钮，设置查看角度以相对于选定坐标系显示平面视图（XY 平面）。

完成各项参数设置后，单击确定按钮即可完成视点预置。

## 三、标准视点

在 AutoCAD 中共有 10 个标准视点，用户可以通过以下两种方式进行设置：

（1）单击“视图”工具栏中的相应按钮，如图 10.2.3 所示。

（2）选择视图(V)→三维视图(D)子菜单命令，如图 10.2.4 所示。

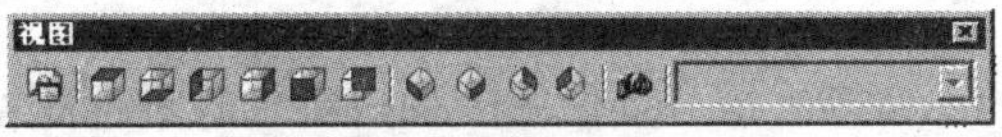


图 10.2.3　“视图”工具栏

图 10.2.4　“三维视图”子菜单

表 10.1 中列出了“三维视图”子菜单中标准视点对应的参数设置。

**表 10.1　标准视点及其参数设置**

| 菜单选项 | 视点方向矢量 | 与 X 轴夹角 | 与 XY 平面夹角 |
|---|---|---|---|
| 俯视 | 0，0，1 | 270° | 90° |
| 仰视 | 0，0，-1 | 270° | 90° |
| 左视 | -1，0，0 | 180° | 0° |
| 右视 | 1，0，0 | 0° | 0° |
| 主视 | 0，-1，0 | 270° | 0° |
| 后视 | 0，1，0 | 90° | 0° |
| 西南等轴测 | -1，-1，-1 | 225° | 45° |
| 东南等轴测 | 1，-1，1 | 315° | 45° |
| 东北等轴测 | 1，1，1 | 45° | 45° |
| 西北等轴测 | -1，1，1 | 135° | 45° |

# 第三节　观察三维图形

在 AutoCAD 2008 中，用户可以使用缩放和平移命令来观察三维图形，在观察三维图形时，还可以通过旋转、消隐及设置视觉样式等方法来调整三维图形的显示效果。

### 1．消隐

使用消隐命令可以隐藏三维实体在当前视口中看不见的线条和边框，使三维对象看起来更符合人们的视觉感受。执行消隐命令的方法有以下两种：

（1）选择视图(V)→消隐(H)命令。

（2）在命令行中输入命令 hide。

执行消隐命令后，系统自动对当前视图中的所有实体对象进行消隐，效果如图 10.3.1 所示。

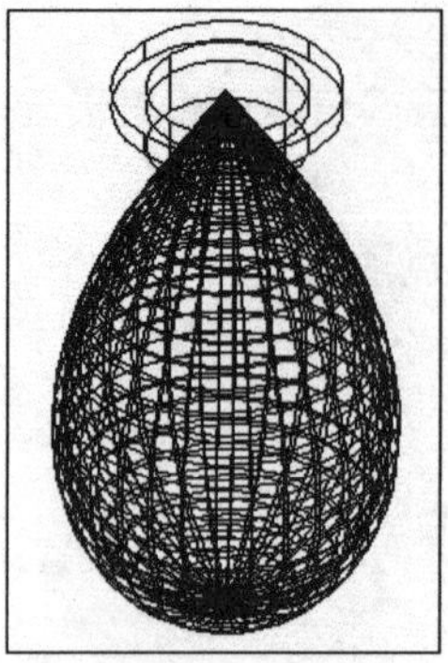

（a）消隐前的图形

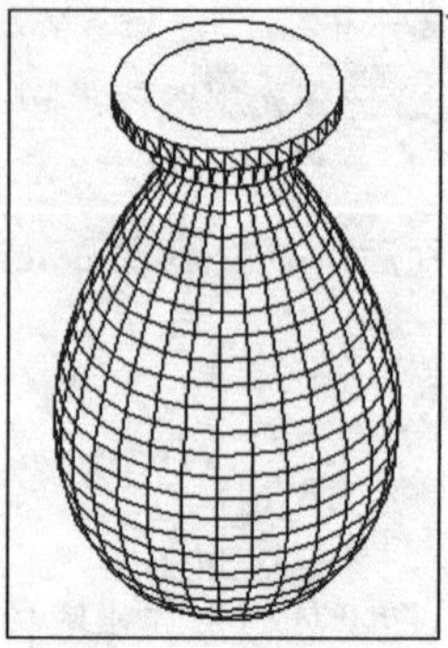

（b）消隐后的图形

图 10.3.1　消隐

**注意**：消隐只是将三维实体在当前视口中看不见的线条和边框隐藏起来，并不是将其删除。消隐后的图形还可以通过 regen 命令恢复到消隐前的状态。

### 2. 改变图形的视觉样式

在观察三维图形时，为了得到不同的观察效果，可以使用多种视觉样式进行观察，如图 10.3.2 所示为采用多种视觉样式观察三维图形的效果。

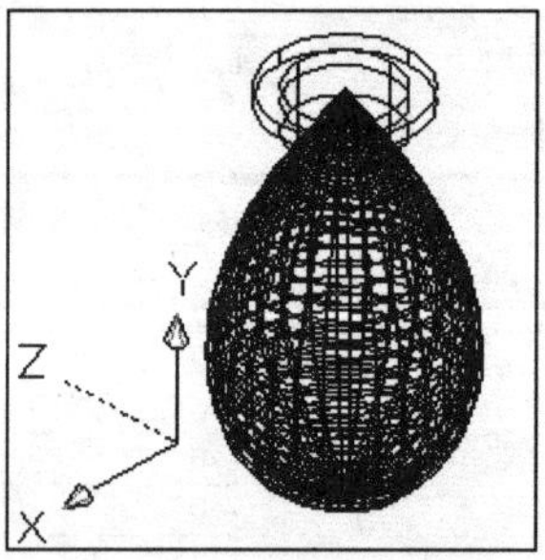


二维线框

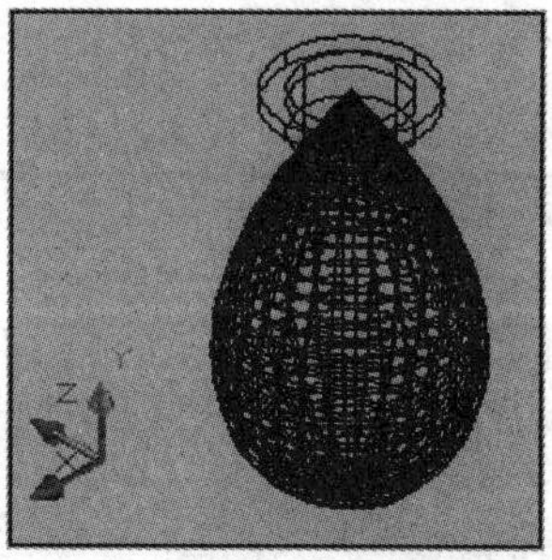

三维线框

三维隐藏

真实

概念

图 10.3. 2　多种视觉样式观察三维图形

在 AutoCAD 2008 中，改变图形视觉样式的方法有以下两种：

（1）单击“视觉样式”工具栏中的相应按钮，如图 10.3.3 左图所示。

（2）选择 视图(V) → 视觉样式(S) 菜单中的子命令，如图 10.3.3 右图所示。

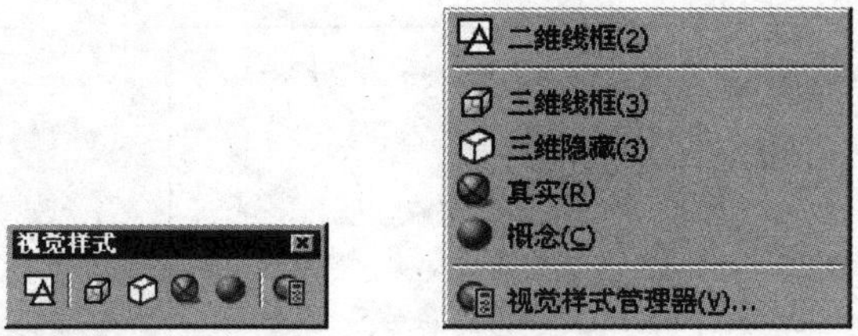


图 10.3.3　“视觉样式”工具栏和“视觉样式”子命令

# 第四节　绘制简单三维对象

在 AutoCAD 中，三维对象是由点、直线、样条曲线、三维多段线以及螺旋线等基本图形组成的，因此，在讲述三维对象的绘制之前，首先讲述这些基本三维图形的绘制方法。

## 一、绘制三维点

在 AutoCAD 2008 中，绘制三维点的方法有以下 3 种：

（1）单击“绘图”工具栏中的“点”按钮。

（2）选择 绘图(D) → 点(O) → 单点(S) 命令。

（3）在命令行中输入命令 point。

执行该命令后，在命令行的提示下直接输入三维坐标即可绘制三维点。在输入三维坐标时，用户可以采用绝对坐标输入或相对坐标输入，同时也可以使用对象捕捉来拾取特殊点。

## 二、绘制三维直线

在 AutoCAD 2008 中，绘制三维直线的方法有以下 3 种：

（1）单击“绘图”工具栏中的“直线”按钮。

（2）选择 绘图(D) → 直线(L) 命令。

（3）在命令行中输入命令 line。

执行该命令后，根据命令行提示依次输入三维空间直线的起点和端点绘制三维直线。如果输入多个端点，则绘制空间折线。

**例 10.4.1**　用三维直线命令绘制如图 10.4.1 所示的三维空间折线，具体操作方法如下：

命令: _line

指定第一点:　　　　　　　　　　　　//捕捉如图 10.4.1 所示图形中的 A 点

指定下一点或 [放弃(U)]:　　　　　　//捕捉如图 10.4.1 所示图形中的 B 点

指定下一点或 [放弃(U)]:　　　　　　//捕捉如图 10.4.1 所示图形中的 C 点

指定下一点或 [闭合(C)/放弃(U)]:　　//捕捉如图 10.4.1 所示图形中的 D 点

指定下一点或 [闭合(C)/放弃(U)]: c　//选择“闭合”命令闭合绘制的直线

**注意**：绘制三维直线要在当前视口中以空间感的视角去看。

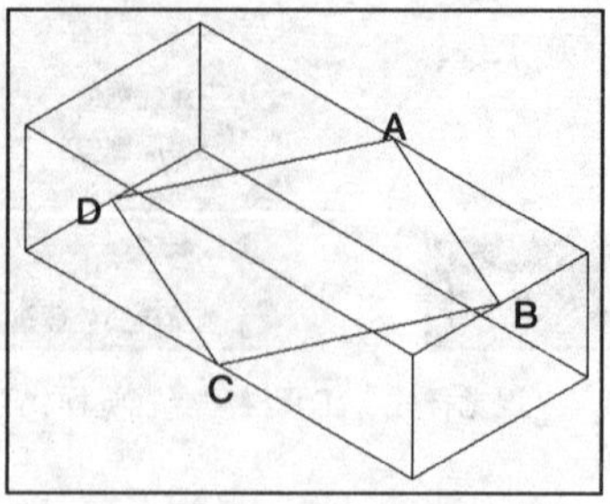


图 10.4.1　绘制三维空间折线

## 三、绘制三维多段线

执行绘制三维多段线命令的方法有以下两种：

（1）选择 绘图(D) → 三维多段线(3) 命令。

（2）在命令行中输入命令 3dpoly。

执行该命令后，命令行提示如下：

命令: _3dpoly　　//执行绘制三维多段线命令

指定多段线的起点:　　//输入起点坐标

指定直线的端点或 [放弃(U)]:　　//输入三维多段线下一端点坐标

指定直线的端点或 [放弃(U)]:　　//输入三维多段线下一端点坐标

指定直线的端点或 [闭合(C)/放弃(U)]:　　//闭合三维多段线或按回车键结束命令

三维多段线与二维多段线不同，在绘制二维多段线时，用户可以指定二维多段线的线宽和绘制圆弧，而在绘制三维多段线时则不行。

## 四、绘制三维样条曲线

执行绘制三维样条曲线命令的方法有以下两种：

（1）选择 绘图(D) → 样条曲线(S) 命令。

（2）在命令行中输入命令 spline。

执行该命令后，命令行提示如下：

命令: _spline　　//执行绘制三维样条曲线命令

指定第一个点或 [对象(O)]:　　//输入三维样条曲线的起点

指定下一点:　　//输入三维样条曲线的下一点

指定下一点或 [闭合(C)/拟合公差(F)] <起点切向>:　　//输入三维样条曲线的下一点

指定下一点或 [闭合(C)/拟合公差(F)] <起点切向>:　　//按回车键结束指定三维样条曲线的下一点

指定起点切向:　　//移动鼠标确定三维样条曲线的起点切向

指定端点切向:　　//移动鼠标确定三维样条曲线的端点切向

可以看出，绘制三维样条曲线的方法与绘制二维样条曲线的方法相同，只是在指定样条曲线的点时有区别。绘制三维样条曲线时，指定的点可以是二维点，也可以是三维点；绘制二维样条曲线时，指定的点只能是二维点。

## 五、绘制螺旋线

在 AutoCAD 2008 中，绘制螺旋线的方法有以下 3 种：

（1）单击“建模”工具栏中的“螺旋”按钮。

（2）选择 绘图(D) → 螺旋(X) 命令。

（3）在命令行中输入命令 helix。

执行该命令后，命令行提示如下：

命令: _helix

圈数 = 3.0000　　扭曲=CCW　　//系统提示

指定底面的中心点:　　//指定螺旋线底面的中心点

指定底面半径或 [直径(D)] <1.0000>:　　//输入底面半径

指定顶面半径或 [直径(D)] <6.9248>:　　//输入顶面半径

指定螺旋高度或 [轴端点(A)/圈数(T)/圈高(H)/扭曲(W)] <1.0000>:　//输入螺旋线的高度

其中各命令选项功能介绍如下：

（1）轴端点(A)：选择该命令选项，在三维空间中的任意位置指定螺旋轴的端点。

（2）圈数(T)：选择该命令选项，输入螺旋的圈数。系统规定螺旋的圈数最多不能超过 500。

（3）圈高(H)：选择该命令选项，指定螺旋内一个完整圈的高度。

（4）扭曲(W)：选择该命令选项，指定以顺时针（CW）方向还是逆时针方向（CCW）绘制螺旋。螺旋扭曲的默认值是逆时针。

如图 10.4.2 所示为绘制的三维螺旋线。

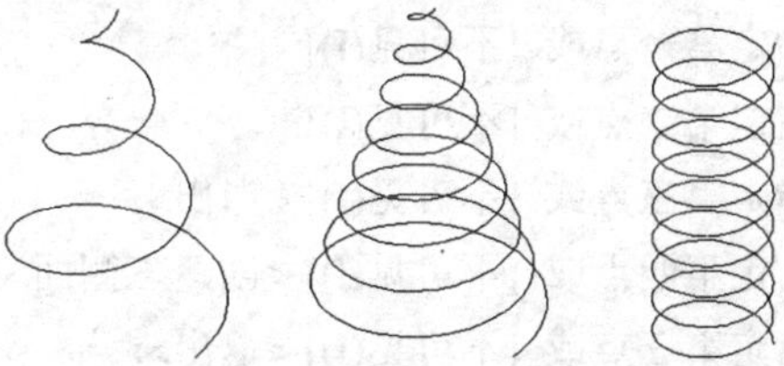

图 10.4.2　绘制的三维螺旋线

# 第五节　绘制三维曲面

在 AutoCAD 中，用户可以用三维网格来描述三维对象。三维网格不仅可以定义三维对象的边界，而且还可以定义三维对象的面。本节将详细介绍在 AutoCAD 2008 中绘制三维网格的方法。

## 一、绘制平面曲面

平面曲面用于描述三维对象面的特性，在 AutoCAD 2008 中，执行绘制平面曲面命令的方法有以下 3 种：

（1）单击“建模”工具栏中的“平面曲面”按钮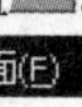。

（2）选择 绘图(D) → 建模(M) → 平面曲面(F) 命令。

（3）在命令行中输入命令 planesurf。

执行该命令后，命令行提示如下：

命令: _ planesurf

指定第一个角点或 [对象(O)] <对象>:　　//指定平面曲面的第一个角点

指定其他角点:　　//指定平面曲面的另一个角点

如果选择“对象(O)”命令选项，则在命令行“选择对象”的提示下选择要转换为平面的对象即可。如图 10.5.1 所示即为绘制的平面曲面。

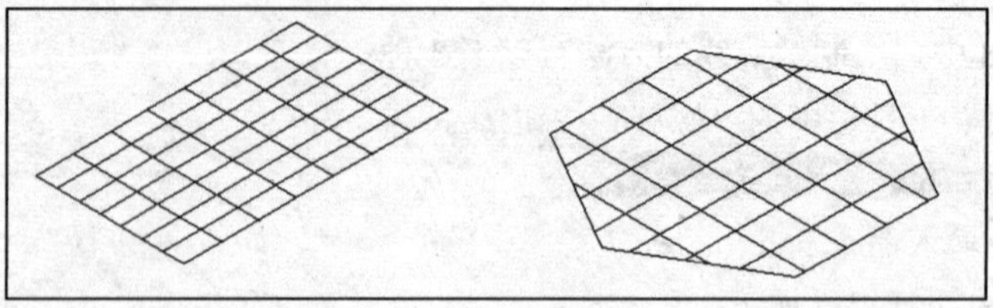

图 10.5.1　平面曲面

## 二、绘制三维面

三维面是三维空间中的表面，它没有厚度，也没有质量。三维面的各个顶点可以不在一个平面上，但构成三维面的顶点数不能超过 4 个。在 AutoCAD 2008 中执行绘制三维面命令的方法有以下两种：

（1）选择 绘图(D) → 建模(M) → 网格(M) → 三维面(F) 命令。

（2）在命令行中输入命令 3dface。

执行该命令后，命令行提示如下：

命令: _ 3dface

指定第一点或 [不可见(I)]:　　　　　　　　//输入三维面的第一个顶点坐标

指定第二点或 [不可见(I)]:　　　　　　　　//输入三维面的第二个顶点坐标

指定第三点或 [不可见(I)] <退出>:　　　　　//输入三维面的第三个顶点坐标

指定第四点或 [不可见(I)] <创建三侧面>:　　//输入三维面的第四个顶点坐标

指定第三点或 [不可见(I)] <退出>:　　　　　//按回车键结束命令

当命令行提示：“指定第三点或 [不可见(I)] <退出>”时，如果用户再次输入三维空间点坐标，则继续创建三维面。

**例 10.5.1**　根据 4 点绘制三维面，如图 10.5.2 所示。

（1）命令：_ 3dface

（2）指定第一点或 [不可见(I)]:　　　　　//捕捉 A 点。

（3）指定第二点或 [不可见(I)]:　　　　　//捕捉 B 点。

（4）指定第三点或 [不可见(I)] <退出>:　　//捕捉 C 点。

（5）指定第四点或 [不可见(I)] <创建三侧面>: //捕捉 D 点。

（6）指定第三点或 [不可见(I)] <退出>: //按回车键结束命令

注意：三维面的各个顶点可以不在一个平面上，但构成三维面的顶点数不能超过 4 个。

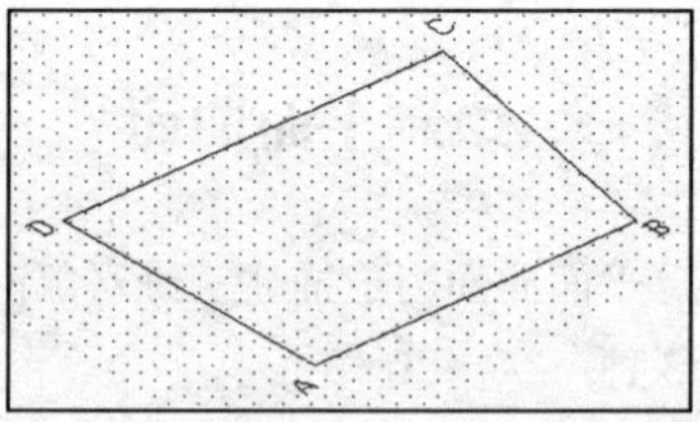


图 10.5.2　绘制三维面

## 三、绘制三维网格

在 AutoCAD 2008 中可以使用三维网格绘制不规则的曲面，执行绘制三维网格命令的方法有以下两种：

（1）选择 绘图(D) → 建模(M) → 网格(M) → 三维网格(M) 命令。

（2）在命令行中输入命令 3dmesh。

执行该命令后，命令行提示如下：

命令: _ 3dmesh

输入 M 方向上的网格数量:　　　　//输入网格在 M 方向上的节点数

输入 N 方向上的网格数量:　　　　//输入网格在 N 方向上的节点数

指定顶点 (0, 0) 的位置:　　　　//指定网格第一行、第一列的顶点坐标

指定顶点 (0, 1) 的位置:　　　　//指定网格第一行、第二列的顶点坐标

指定顶点 (M+1,N+1) 的位置:　　　　//指定网格第 M 行、第 N 列的顶点坐标

指定所有的顶点后，系统将自动生成一组多边形网格曲面。如图 10.5.3 所示为绘制的三维网格。

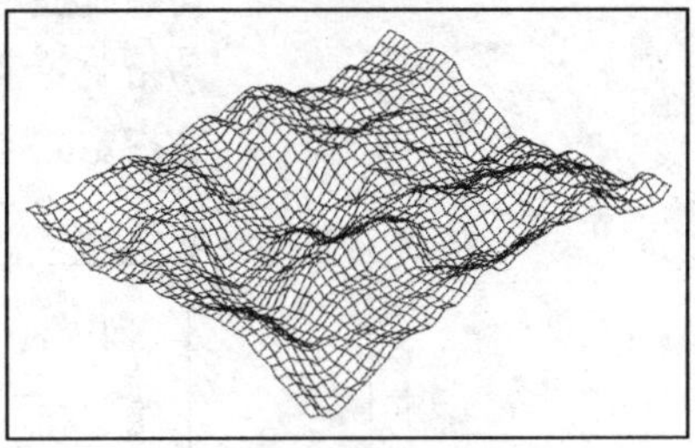

图 10.5.3　绘制三维网格

## 四、绘制旋转网格

在 AutoCAD 2008 中，可以将曲线绕旋转轴旋转一定角度，形成旋转网格。执行绘制旋转网格命令的方法有以下两种：

（1）选择 绘图(D) → 建模(M) → 网格(M) → 旋转网格(M) 命令。

（2）在命令行中输入命令 revsurf。

执行旋转网格命令后，命令行提示如下：

命令: _ revsurf

当前线框密度: SURFTAB1=6　SURFTAB2=6　　　　//系统提示

选择要旋转的对象:　　　　//选择被旋转的对象

选择定义旋转轴的对象:　　　　//选择旋转轴

指定起点角度 <0>:　　　　//确定起点角度

指定包含角 (+=逆时针，-=顺时针) <360>:　　　　//确定旋转角度

其中，SURFTAB1 和 SURFTAB2 的值决定了曲线沿旋转方向和轴线方向的线框密度，值越大，旋转形成的网格越光滑。如图 10.5.4 所示为绘制的旋转网格。

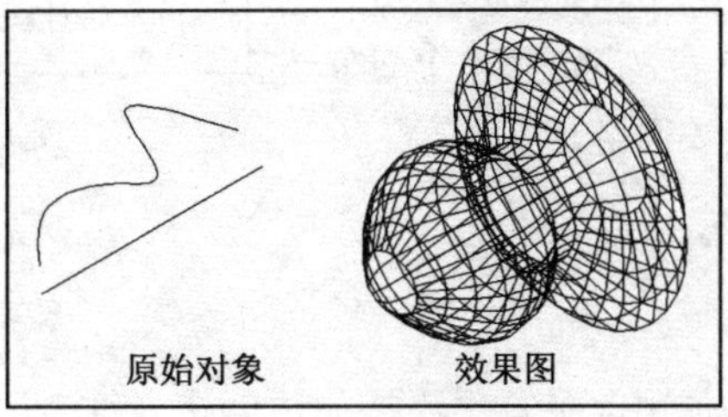


图 10.5.4　绘制旋转网格

## 五、绘制平移网格

在 AutoCAD 2008 中，可以将对象沿路径曲线或方向矢量平移来创建三维网格。执行绘制平移网格命令的方法有以下两种：

（1）选择 绘图(D) → 建模(M) → 网格(M) → 平移网格(T) 命令。

（2）在命令行中输入命令 tabsurf。

启动平移网格命令后，命令行提示如下：

命令: _ tabsurf

当前线框密度: SURFTAB1=32　　　　//系统提示

选择用做轮廓曲线的对象:　　　　//指定轮廓线对象

选择用做方向矢量的对象:　　　　//指定方向矢量对象

如图 10.5.5 所示为绘制的平移网格。

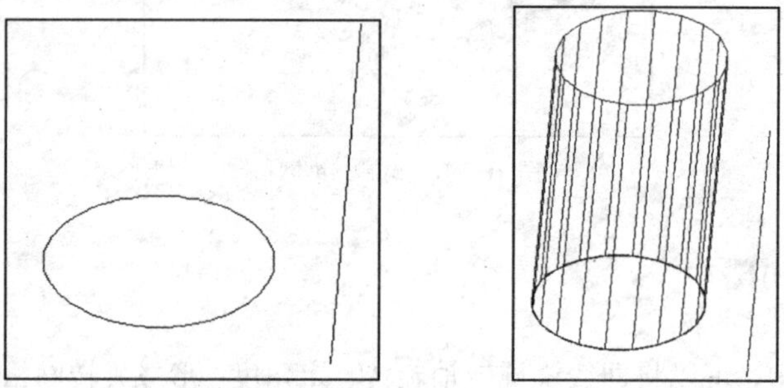

（a）平移网格前　　（b）平移网格后

图 10.5.5　绘制平移网格

## 六、绘制直纹网格

在 AutoCAD 2008 中，可以在两条曲线之间构造一个表示直纹网格的多边形网格，两个对象必须同时闭合或打开，且不能同时为点。执行绘制直纹网格命令的方法有以下两种：

（1）选择 绘图(D) → 建模(M) → 网格(M) → 直纹网格(R) 命令。

（2）在命令行中输入命令 rulesurf。

执行直纹网格命令后，命令行提示如下：

命令: _ rulesurf

当前线框密度: SURFTAB1=32 //系统提示

选择第一条定义曲线:　　　　//指定第一个对象

选择第二条定义曲线:　　　　//指定第二个对象

如图 10.5.6 所示为绘制的直纹网格。

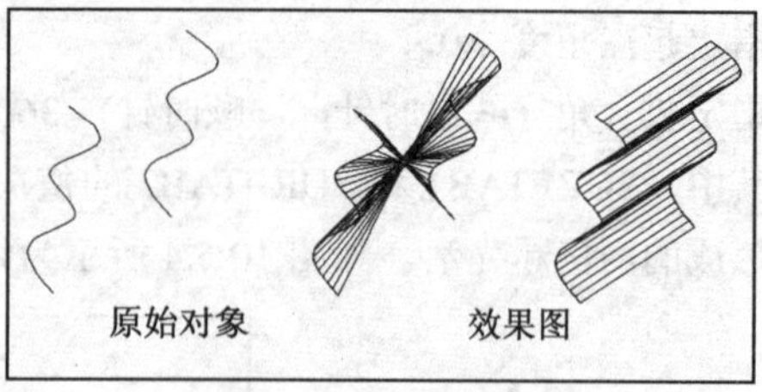


图 10.5.6　绘制直纹网格

## 七、绘制边界网格

在 AutoCAD 2008 中，可以使用 4 条首尾连接的边创建三维多边形网格。执行绘制边界网格命令的方法有以下两种：

（1）选择 绘图(D) → 建模(M) → 网格(M) → 边界网格(E) 命令。

（2）在命令行中输入命令 edgesurf。

执行边界网格命令后，命令行提示如下：

命令: _ edgesurf

当前线框密度: SURFTAB1=20　SURFTAB2=20　　　//系统提示

选择用做曲面边界的对象 1:　　　　　　　　　　//选择第一个边界对象

选择用做曲面边界的对象 2:　　　　　　　　　　//选择第二个边界对象

选择用做曲面边界的对象 3:　　　　　　　　　　//选择第三个边界对象

选择用做曲面边界的对象 4:　　　　　　　　　　//选择第四个边界对象

如图 10.5.7 所示为绘制的边界网格。

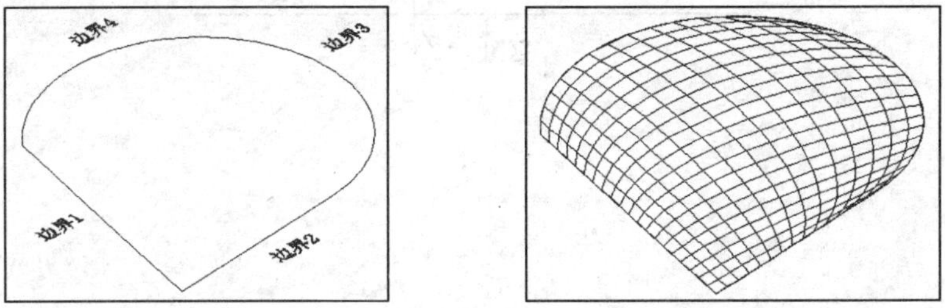


（a）原始对象　　　　　　　　　　（b）效果图

图 10.5.7　绘制边界网格

# 习 题 十

## 一、填空题

1. 在三维坐标系中，除了创建用户坐标系外，用户还可以利用________和________来定义点。

2. 视点是指________。

3. 在 AutoCAD 2008 中，使用________命令，可以通过拖动鼠标的方式，在三维空间中动态地观察对象。

## 二、选择题

1. 在绘制三维对象时，为了更好地观察效果，使用（ ）命令，可以隐藏位于对象背后而给遮挡的部分。

A. HIDE　　　　B. REGEN

C. RENDER　　　D. ISOLINES

2. 在 AutoCAD 中，使用（ ）命令可以绘制螺旋线。

A. HELIX　　　　B. HSJKK

C. TABSUF　　　D. COPYY

## 三、问答题

1. 在 AutoCAD 2008 中，如何设置视点？

2. 在 AutoCAD 2008 中，如何绘制三维曲面？

## 四、上机操作题

运用三维曲面绘制如题图 10.1 所示的图形。

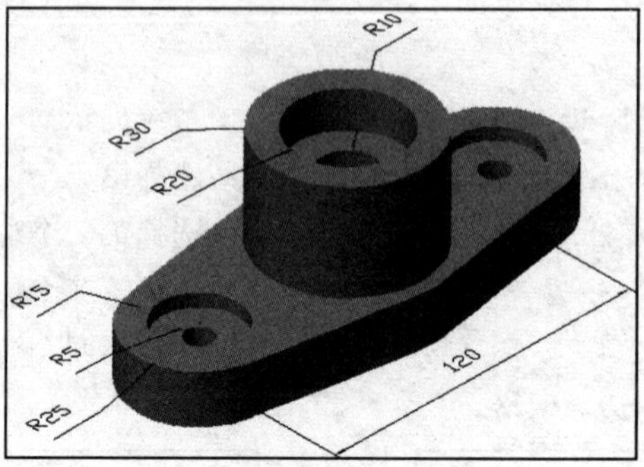


题图　10.1

# 第十一章　绘制三维实体

## 教学目标

三维实体比三维曲面更能表现出实体的结构特性。在 AutoCAD 2008 中，用户不仅可以通过系统提供的实体绘制命令直接绘制基本三维实体，而且还可以通过对二维对象进行编辑生成三维实体，或通过布尔运算创建各种复杂的三维实体。

## 教学难点与重点

（1）绘制基本实体对象。
（2）通过二维对象绘制实体。
（3）与实体有关的系统变量。
（4）布尔运算。

## 第一节　绘制基本实体对象

在 AutoCAD 2008 中，用户可以利用系统提供的实体绘制命令创建长方体、球体、圆柱体、圆锥体、楔体和圆环体等基本三维实体对象。单击“实体”工具栏中的相应按钮（见图 11.1.1），或选择 绘图(D) → 建模(M) 命令的子菜单命令（见图 11.1.2），都可以执行绘制基本三维实体命令。

图 11.1.1　“实体”工具栏

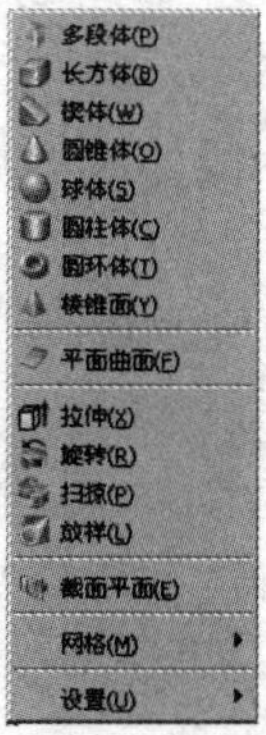


图 11.1.2　“实体”命令子菜单

### 一、绘制多段体

在 AutoCAD 2008 中，执行绘制多段体命令的方法有以下 3 种：

（1）单击“建模”工具栏中的“多段体”按钮。
（2）选择 绘图(D) → 建模(M) → 多段体(P) 命令。

（3）在命令行中输入命令 polysolid。

执行该命令后，命令行提示如下：

命令: _ polysolid

指定起点或 [对象(O)/高度(H)/宽度(W)/对正(J)] <对象>:　　//指定多段体的起点

指定下一个点或 [圆弧(A)/放弃(U)]:　　//指定多段体的下一点

指定下一个点或 [圆弧(A)/放弃(U)]:　　//按回车键结束命令

其中各命令选项功能介绍如下：

（1）对象(O)：选择此命令选项，指定将二维图形转换成多段体。

（2）高度(H)：选择此命令选项，为绘制的多段体设置高度。

（3）宽度(W)：选择此命令选项，为绘制的多段体设置宽度。

（4）对正(J)：选择此命令选项，为绘制的多段体设置对齐方式，系统默认为居中对齐，还可以根据需要设置为左对齐或右对齐。

（5）圆弧(A)：选择此命令选项，创建圆弧多段体。

（6）放弃(U)：选择此命令选项，放弃上一步的操作。

如图 11.1.3 所示即为绘制的多段体。

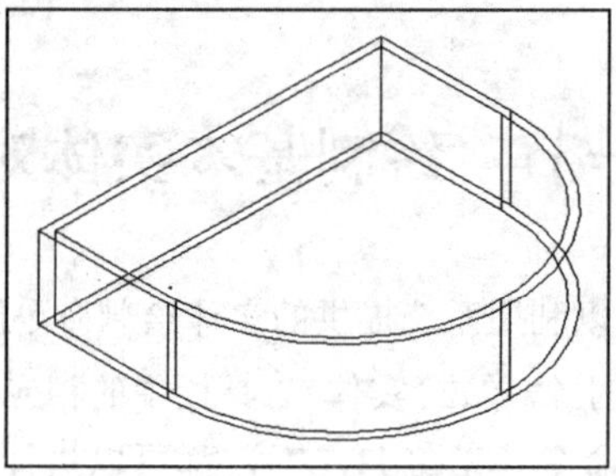

图 11.1.3　绘制的多段体

## 二、绘制长方体

在 AutoCAD 2008 中，执行绘制长方体命令的方法有以下 3 种：

（1）单击"建模"工具栏中的"长方体"按钮。

（2）选择 绘图(D) → 建模(M) → 长方体(B) 命令。

（3）在命令行中输入命令 box。

执行该命令后，命令行提示如下：

命令: _ box

指定第一个角点或 [中心(C)]:　　//指定长方体底面的第一个角点

指定其他角点或 [立方体(C)/长度(L)]:　　//指定长方体底面的第二个角点

指定高度或 [两点(2P)]:　　//输入长方体的高

其中各命令选项功能介绍如下：

（1）中心点(C)：选择此命令选项，使用指定的中心点创建长方体。

（2）立方体(C)：选择此命令选项，创建一个长、宽、高相同的长方体。

（3）长度(L)：选择此命令选项，按照指定长、宽、高创建长方体。

（4）两点(2P)：选择此命令选项，指定两点确定长方体的高。

如图 11.1.4 所示为绘制的长方体和立方体。

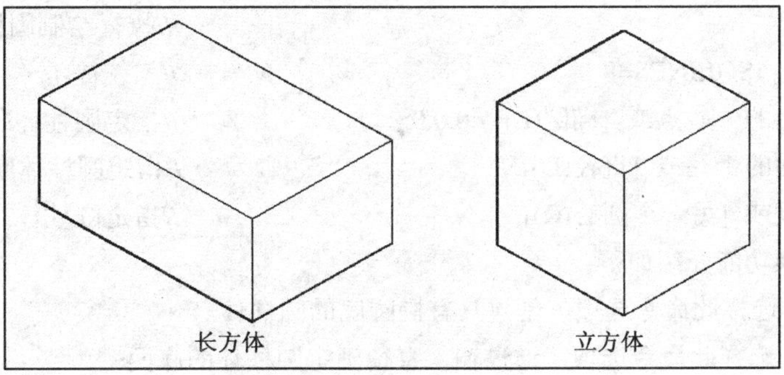


图 11.1.4　绘制的长方体和立方体

## 三、绘制球体

在 AutoCAD 2008 中，执行绘制球体命令的方法有以下 3 种：

（1）单击“建模”工具栏中的“球体”按钮。

（2）选择 绘图(D) → 建模(M) → 球体(S) 命令。

（3）在命令行中输入命令 sphere。

执行该命令后，命令行提示如下：

命令: _sphere　　//执行绘制球体命令

当前线框密度:　ISOLINES=4　　//系统提示

指定球体球心 <0,0,0>:　　//指定球体的球心

指定球体半径或 [直径(D)]:　　//输入球体的半径或直径确定球体的大小

系统变量 ISOLINES 控制实体的线框密度，确定实体表面上的网格线数，如图 11.1.5 所示为该系统变量为 4 和 12 时的效果。

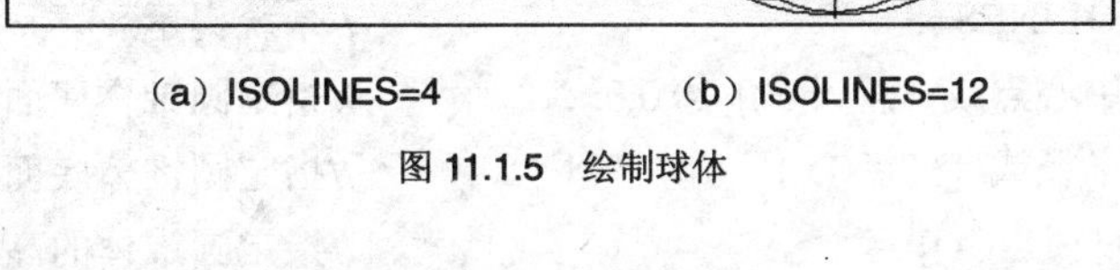

（a）ISOLINES=4　　（b）ISOLINES=12

图 11.1.5　绘制球体

## 四、绘制圆柱体

在 AutoCAD 2008 中，执行绘制圆柱体命令的方法有以下 3 种：

（1）单击“建模”工具栏中的“圆柱体”按钮。

（2）选择 绘图(D) → 建模(M) → 圆柱体(C) 命令。

（3）在命令行中输入命令 cylinder。

执行该命令后，命令行提示如下：

命令: _cylinder　　//执行绘制圆柱体命令
当前线框密度: ISOLINES=8　　//系统提示
指定圆柱体底面的中心点或 [椭圆(E)] <0,0,0>:　　//指定圆柱体底面中心点
指定圆柱体底面的半径或 [直径(D)]:　　//指定圆柱体底面半径
指定圆柱体高度或 [另一个圆心(C)]:　　//指定圆柱体高度

其中各命令选项功能介绍如下：

（1）椭圆(E)：选择此命令选项，创建具有椭圆底的圆柱体。

（2）直径(D)：选择此命令选项，通过输入直径确定圆柱体的底面。

（3）另一个圆心(C)：选择此命令选项，定义圆柱体的另一个圆心。

如图 11.1.6 所示为绘制的圆柱体。

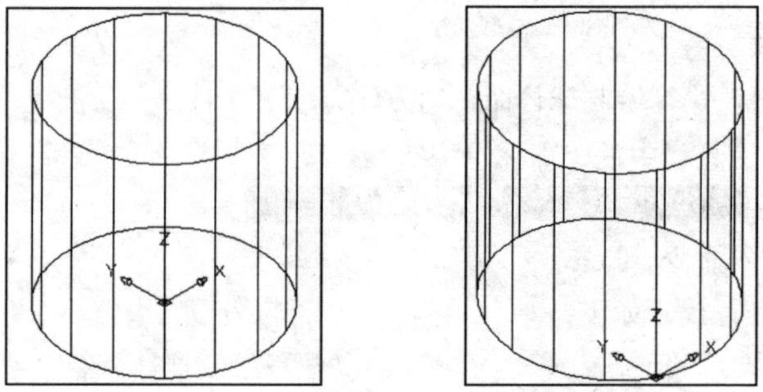


（a）圆底圆柱体　　（b）椭圆底圆柱体

图 11.1.6　绘制圆柱体

## 五、绘制圆锥体

在 AutoCAD 2008 中，执行绘制圆锥体命令的方法有以下 3 种：

（1）单击“建模”工具栏中的“圆锥体”按钮。

（2）选择 绘图(D) → 建模(M) → 圆锥体(O) 命令。

（3）在命令行中输入命令 cone。

执行该命令后，命令行提示如下：

命令: _cone　　//执行绘制圆锥体命令
当前线框密度: ISOLINES=8　　//系统提示
指定圆锥体底面的中心点或 [椭圆(E)] <0,0,0>:　　//指定圆锥体底面的中心点
指定圆锥体底面的半径或 [直径(D)]:　　//指定圆锥体底面的半径
指定圆锥体高度或 [顶点(A)]:　　//指定圆锥体的高度

其中各命令选项功能介绍如下：

（1）椭圆(E)：选择此命令选项，创建具有椭圆底的圆锥体。

（2）直径(D)：选择此命令选项，通过输入直径确定圆锥体的底面。

（3）顶点(A)：选择此命令选项，指定圆锥体的顶点创建圆锥体。

如图 11.1.7 所示为绘制的圆锥体。

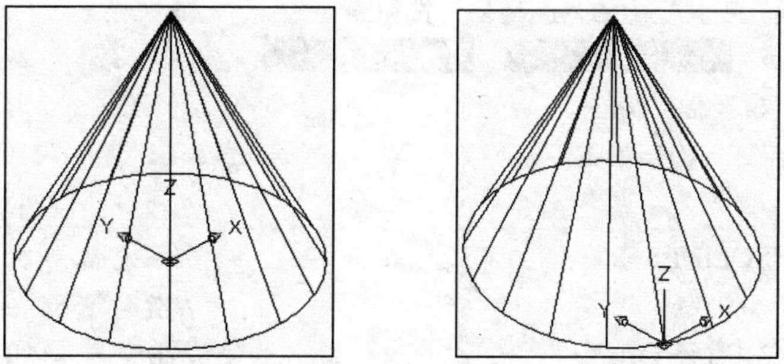


（a）圆底圆锥体　　（b）椭圆底圆锥体

图 11.1.7　绘制圆锥体

## 六、绘制楔体

在 AutoCAD 2008 中，执行绘制楔体命令的方法有以下 3 种：

（1）单击“建模”工具栏中的“楔体”按钮。

（2）选择 绘图(D) → 建模(M) → 楔体(W) 命令。

（3）在命令行中输入命令 wedge。

执行该命令后，命令行提示如下：

命令: _wedge　　//执行绘制楔体命令

指定楔体的第一个角点或 [中心点(CE)]　<0,0,0>:　　//指定楔体底面的第一个角点

指定角点或 [立方体(C)/长度(L)]:　　//指定楔体底面的第二个角点

指定高度:　　//指定楔体的高度

其中各命令选项功能介绍如下：

（1）中心点(CE)：选择此命令选项，使用指定中心点创建楔体。

（2）立方体(C)：选择此命令选项，创建等边楔体。

（3）长度(L)：选择此命令选项，创建指定长度、宽度和高度值的楔体。

如图 11.1.8 所示为绘制的楔体。

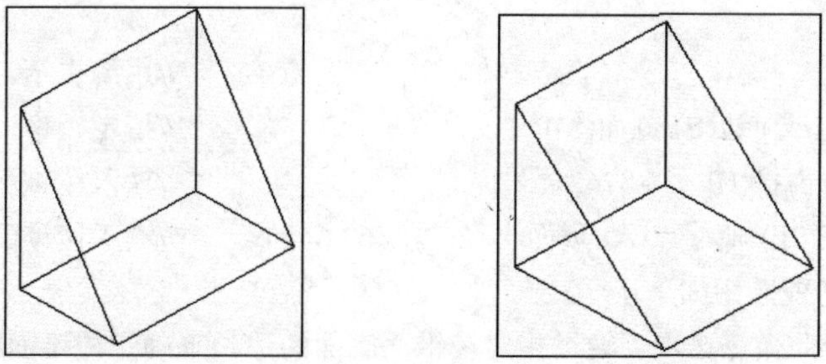

（a）普通楔体　　（b）等边楔体

图 11.1.8　绘制楔体

## 七、绘制圆环体

在 AutoCAD 2008 中，执行绘制圆环体命令的方法有以下 3 种：

（1）单击“建模”工具栏中的“圆环体”按钮。

（2）选择绘图(D)→建模(M)→圆环体(T)命令。

（3）在命令行中输入命令 torus。

执行该命令后，命令行提示如下：

命令: _torus　　//执行绘制圆环体命令

当前线框密度:　ISOLINES=8　　//系统提示

指定圆环体中心 <0,0,0>:　　//指定圆环体的中心

指定圆环体半径或 [直径(D)]:　　//指定圆环体的半径或直径

指定圆管半径或 [直径(D)]:　　//指定圆管的半径或直径

如图 11.1.9 所示为绘制的圆环体。圆环体的形状取决于圆环体的半径和圆管半径，且圆管半径必须为非零正数。如果圆环体半径为负值，则系统要求圆管半径必须大于圆环半径的绝对值。

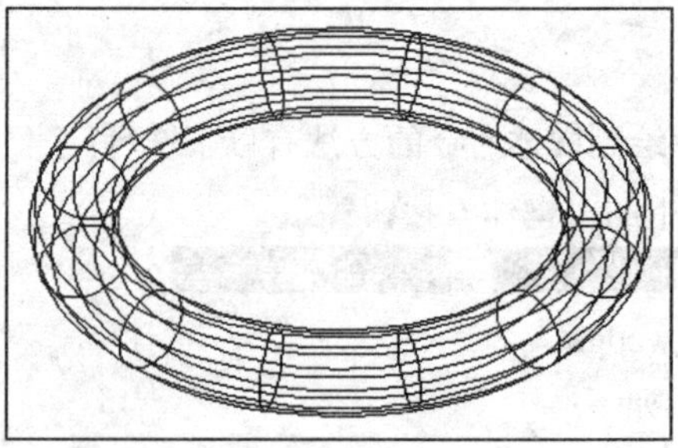

图 11.1.9　绘制的圆环体

## 八、绘制棱锥面

在 AutoCAD 2008 中，执行绘制棱锥面命令的方法有以下 3 种：

（1）单击“建模”工具栏中的“棱锥面”按钮。

（2）选择绘图(D)→建模(M)→棱锥面(Y)命令。

（3）在命令行中输入命令 pyramid。

执行该命令后，命令行提示如下：

命令: _pyramid

4 个侧面　外切　　//系统提示

指定底面的中心点或 [边(E)/侧面(S)]:　　//指定棱锥面底面的中心点

指定底面半径或 [内接(I)] <35.3762>:　　//输入棱锥面底面的半径

指定高度或 [两点(2P)/轴端点(A)/顶面半径(T)] <62.6425>:　　//输入棱锥面的高度

其中各命令选项功能介绍如下：

（1）边(E)：选择此命令选项，通过指定棱锥面底面的边长来确定棱锥面的底面。

（2）侧面(S)：选择此命令选项，确定棱锥面的侧面数。

（3）内接(I)：选择此命令选项，指定棱锥面底面内接于棱锥面的底面半径。

（4）两点(2P)：选择此命令选项，通过两点来确定棱锥面的高。

（5）轴端点(A)：选择此命令选项，指定棱锥面轴的端点位置。

（6）顶面半径(T)：选择此命令选项，指定棱锥面的顶面半径，并创建棱锥体平截面。

如图 11.1.10 所示为绘制的棱锥面。

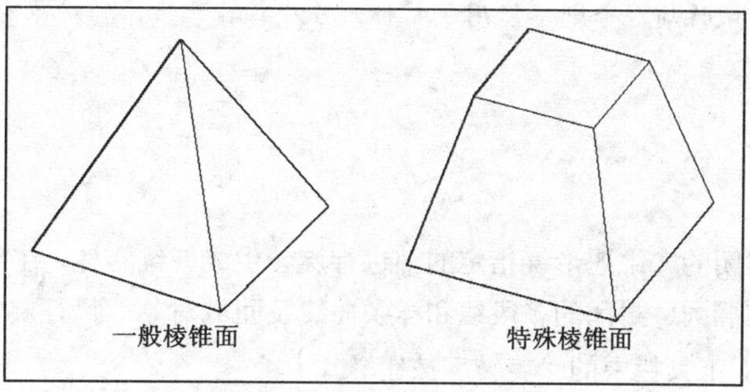


图 11.1.10　绘制的棱锥面

# 第二节　通过二维对象绘制实体

在 AutoCAD 2008 中，用户不仅可以利用系统提供的实体绘制命令绘制三维实体，而且还可以利用拉伸和旋转命令，由二维图形生成三维实体。

## 一、拉伸实体

利用拉伸命令可以将封闭的二维图形沿指定路径拉伸生成三维实体。可以拉伸的图形包括圆、椭圆、正多边形、圆环、封闭多段线、样条曲线以及面域对象。执行拉伸命令的方法有以下 3 种：

（1）单击“建模”工具栏中的“拉伸”按钮。

（2）选择 绘图(D) → 建模(M) → 拉伸(X) 命令。

（3）在命令行中输入命令 extrude。

执行该命令后，命令行提示如下：

命令: _extrude　　//执行拉伸命令
当前线框密度:　ISOLINES=8　　//系统提示
选择对象:　　//选择可拉伸的二维图形
选择对象:　　//按回车键结束对象选择
指定拉伸高度或 [路径(P)]:　　//指定拉伸的高度或输入 P 选择路径拉伸
指定拉伸的倾斜角度 <0>:　　//指定拉伸的倾斜角度

拉伸的高度是指二维图形在 Z 轴上的拉伸长度，正值表示沿 Z 轴的正方向拉伸，负值表示沿 Z 轴的负方向拉伸。

如果选择“路径”命令选项，则二维图形将沿着指定的路径拉伸生成三维实体。

输入拉伸角度时，如果拉伸角度为 0，则将二维图形沿着 Z 轴垂直拉伸；如果拉伸角度为正值，则将二维图形沿着 Z 轴向内拉伸；如果拉伸角度为负值，则将二维图形沿着 Z 轴向外拉伸，结果如图 11.2.1 所示。

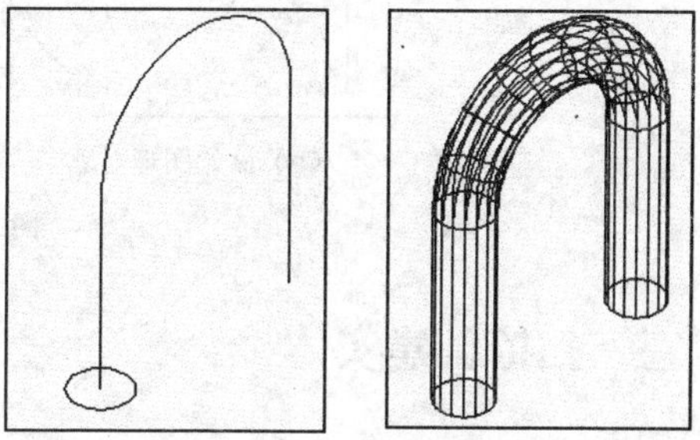

图 11.2.1　拉伸效果

注意：利用拉伸命令创建三维实体时，用于拉伸的二维对象必须具有面域性质，否则不能用于拉伸；另外，用于拉伸的对象和拉伸路径不能在同一个平面内，否则无法拉伸。

## 二、旋转实体

旋转实体是指将封闭的二维图形绕指定的轴进行旋转生成三维实体。在 AutoCAD 2008 中，可用于旋转的对象包括圆、椭圆、封闭的多段线和样条曲线及面域对象。执行旋转命令方法有以下 3 种：

（1）单击“建模”工具栏中的“旋转”按钮。

（2）选择 绘图(D) → 建模(M) → 旋转(R) 命令。

（3）在命令行中输入命令 revolve。

执行旋转命令后，命令行提示如下：

命令: _revolve　　//执行旋转命令

当前线框密度: ISOLINES=20　　//系统提示

选择对象:　　//选择旋转的对象

选择对象:　　//按回车键结束对象选择

指定旋转轴的起点或定义轴依照 [对象(O)/X 轴(X)/Y 轴(Y)]:　　//指定旋转轴的起点

指定轴端点:　　//指定旋转轴的端点

指定旋转角度 <360>:　　//指定旋转角度

其中各命令选项功能介绍如下：

（1）指定旋转轴的起点：选择此命令选项，通过指定旋转轴的两个端点确定旋转轴。

（2）对象(O)：选择此命令选项，选择现有的直线或多段线中的单条线段定义轴，这个对象将绕该轴旋转。

（3）X 轴(X)：选择此命令选项，使用当前 UCS 的正向 X 轴作为轴的正方向。

（4）Y 轴(Y)：选择此命令选项，使用当前 UCS 的正向 Y 轴作为轴的正方向。

旋转二维图形生成的三维实体的效果如图 11.2.2 所示。

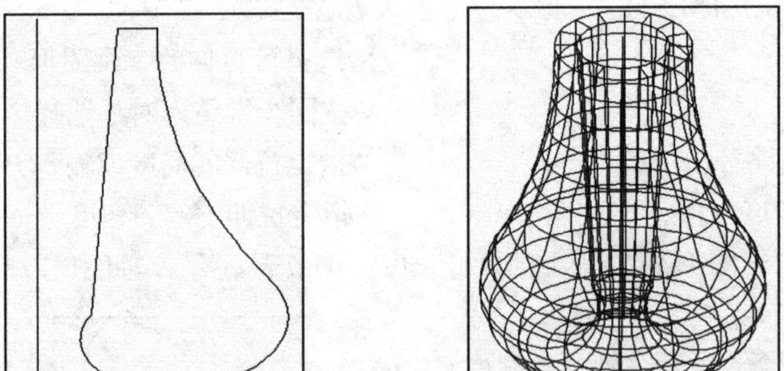

（a）原始图形对象　　（b）旋转后的对象

图 11.2.2　旋转实体

## 三、扫掠创建实体

在 AutoCAD 2008 中，用户可以使用扫掠命令创建三维曲面或三维实体。如果扫掠的平面曲线不闭合，则生成三维曲面，否则生成三维实体。执行扫掠命令的方法有以下 3 种：

（1）单击“建模”工具栏中的“扫掠”按钮。

（2）选择 绘图(D) → 建模(M) → 扫掠(P) 命令。

（3）在命令行中输入命令 sweep。

执行该命令后，命令行提示如下：

命令: _ sweep

当前线框密度:　ISOLINES=4　　//系统提示

选择要扫掠的对象:　　//选择扫掠的对象

选择要扫掠的对象:　　//按回车键结束对象选择

选择扫掠路径或 [对齐(A)/基点(B)/比例(S)/扭曲(T)]:　　//选择扫掠的路径

其中各命令选项功能介绍如下：

（1）对齐(A)：选择此命令选项，确定是否对齐垂直于路径的扫掠对象。

（2）基点(B)：选择此命令选项，指定扫掠的基点。

（3）比例(S)：选择此命令选项，指定扫掠的比例因子。

（4）扭曲(T)：选择此命令选项，指定扫掠的扭曲度。

如图 11.2.3 所示为扫掠创建的三维曲面和实体。

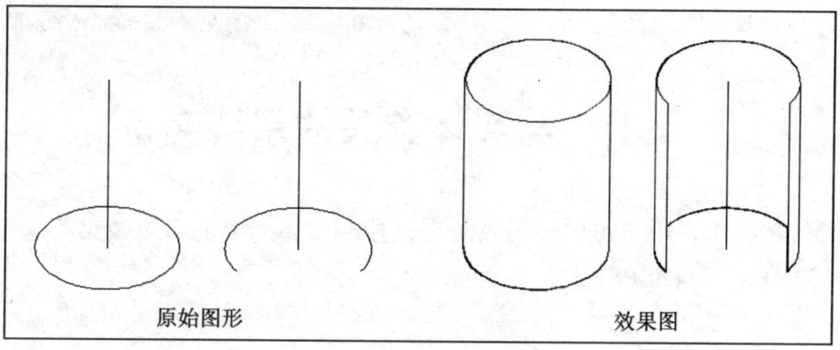


图 11.2.3　扫掠创建的三维曲面和实体

## 四、放样创建实体

在 AutoCAD 2008 中，还可以使用放样命令将二维图形放样生成三维实体。执行放样命令的方法有以下 3 种：

（1）单击“建模”工具栏中的“放样”按钮。

（2）选择 绘图(D) → 建模(M) → 放样(L) 命令。

（3）在命令行中输入命令 loft。

执行该命令后，命令行提示如下：

命令: _ loft

按放样次序选择横截面:　　//选择第一个放样横截面

按放样次序选择横截面:　　//选择下一个放样横截面

按放样次序选择横截面:　　//按回车键结束对象选择

输入选项 [导向(G)/路径(P)/仅横截面(C)] <仅横截面>　　//选择放样方式

其中各命令选项功能介绍如下：

（1）导向(G)：选择此命令选项，为放样曲面或实体指定导向曲线，每条导向曲线均与放样曲面相交，且开始于第一个截面，终止于最后一个截面。

（2）路径(P)：选择此命令选项，为放样曲面或实体指定放样路径，路径必须与每个截面相交。

（3）仅横截面(C)：选择此命令选项，弹出放样设置对话框，如图 11.2.4 所示，在该对话框中可以设置放样横截面上的曲面控制选项。

如图 11.2.5 所示即为放样生成的三维实体和曲面。

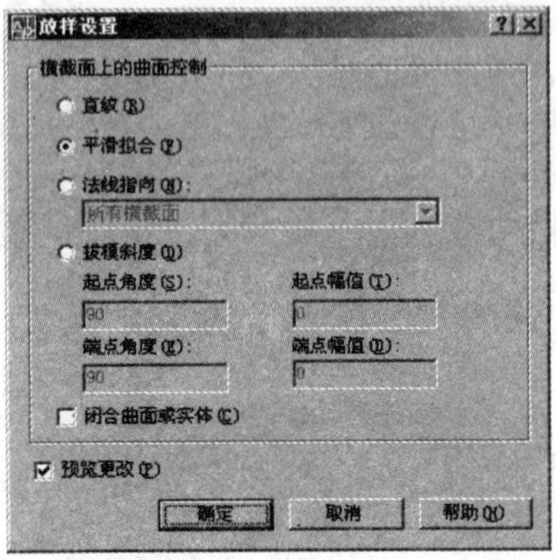


图 11.2.4　“放样设置”对话框

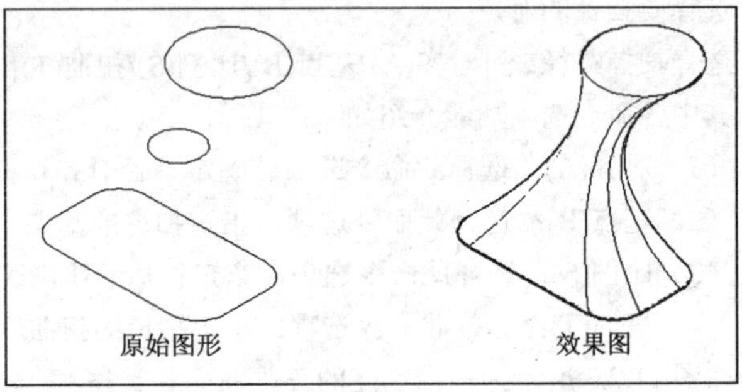


图 11.2.5　放样生成的三维实体和曲面

# 第三节　与实体有关的系统变量

在 AutoCAD 2008 中，用户可以利用系统变量控制实体对象的显示效果，这些系统变量包括 ISOLINES，FACETRESS 和 DISPSILH。

## 一、ISOLINES 变量

系统变量 ISOLINES 用于控制实体的轮廓线数量，其有效值范围为 0～2 047，系统默认值为 4。值越大，显示的实体轮廓线越多。用户可以根据需要对该值进行修改，修改该值后，必须选择视图(V)→重生成(G)命令才能显示修改后的效果，如图 11.3.1 所示。

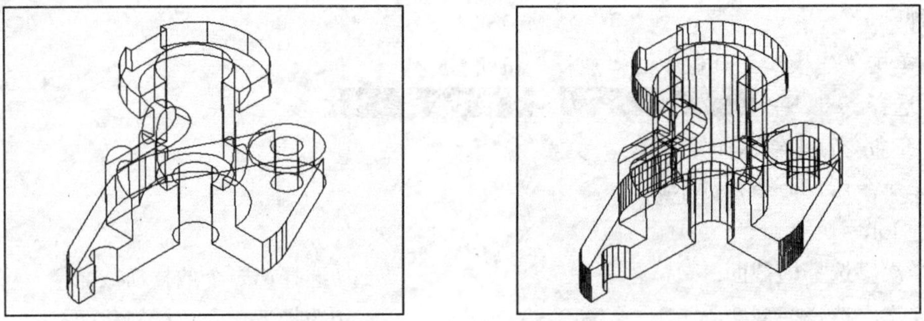

（a）系统变量 ISOLINES 为 4　　（b）系统变量 ISOLINES 为 16

图 11.3.1　用系统变量 ISOLINES 控制实体的显示效果图

## 二、FACETRESS 变量

系统变量 FACETRESS 用于调整着色对象和渲染对象，以及删除了隐藏线对象的平滑度，其有效值范围为 0.01～10，系统默认值为 0.5。值越大，着色或渲染后对象表面越光滑，执行该操作所消耗的时间也就越长。用户可以根据需要对该值进行修改，修改该值后，必须选择视图(V)→重生成(G)命令才能显示修改后的效果，如图 11.3.2 所示。

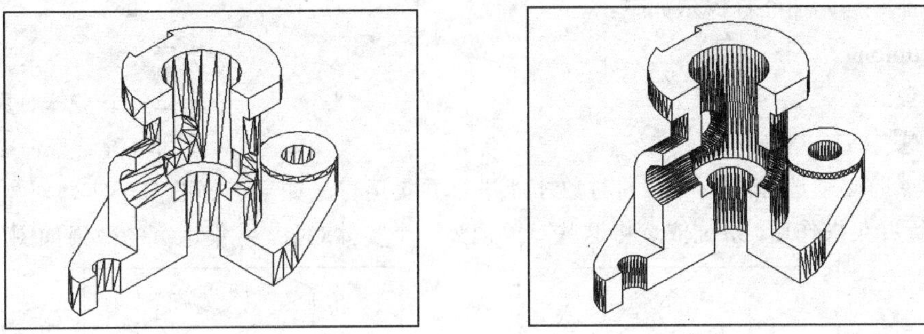

（a）系统变量 FACETRESS 为 0.5　　（b）系统变量 FACETRESS 为 5

图 11.3.2　用系统变量 FACETRESS 控制实体的显示效果图

## 三、DISPSILH 变量

系统变量 DISPSILH 用于控制实体对象的曲面轮廓在线框模式中的显示，并控制在实体对象被消隐时是否绘制网格，其有效值为 0 和 1，系统默认值为 0。如果系统变量 DISPSILH 设置为 0，则不显示实体的轮廓线；如果设置为 1，则显示实体的轮廓线。该系统变量对实体的线框视图和消隐视图均起作用。如图 11.3.3 所示为 DISPSILH 变量为 0 和 1 时实体对象的显示效果。

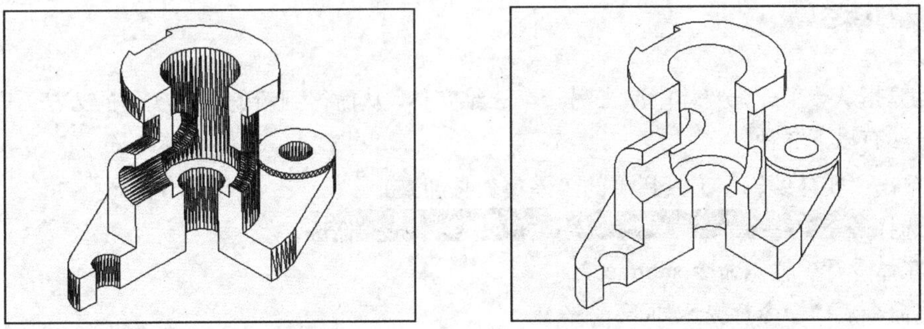

（a）系统变量 DISPSILH 为 0　　（b）系统变量 DISPSILH 为 1

图 11.3.3　用系统变量 DISPSILH 控制实体的显示效果图

# 第四节　布尔运算

在 AutoCAD 2008 中，通过将二维图形对象拉伸和旋转可以生成复杂的三维实体。另外，用户通过布尔运算对绘制的实体对象进行并集、差集和交集运算，同样也可以生成复杂的三维实体。

## 一、并集运算

并集运算是指将多个实体对象组合成一个实体对象。执行并集运算命令的方法有以下 3 种：

（1）单击“实体编辑”工具栏中的“并集”按钮。

（2）选择 修改(M) → 实体编辑(N) → 并集(U) 命令。

（3）在命令行中输入命令 union。

执行该命令后，命令行提示如下：

命令: _union　　　　//执行并集命令
选择对象:　　　　//选择多个实体对象
选择对象:　　　　//按回车键结束命令

选择对象时必须选择两个以上的对象才能进行并集运算。如果选择的多个实体对象实际没有相交，则在执行并集操作后，系统依然将这些对象视为一个实体对象。并集运算的效果如图 11.4.1 所示。

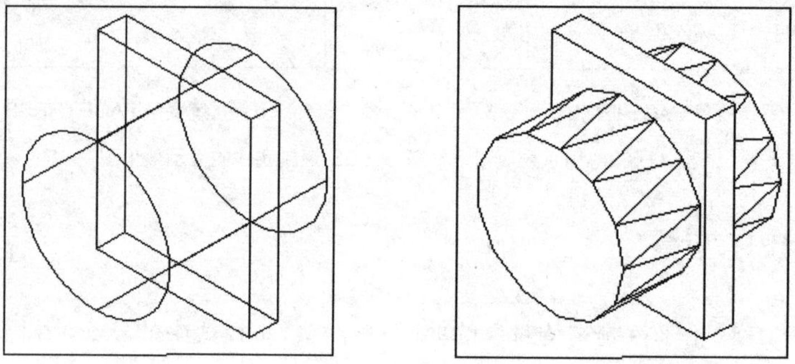

（a）原始对象　　（b）并集运算后的对象

图 11.4.1　并集运算

## 二、差集运算

差集运算指从一个三维实体中减去另一个三维实体，从而得到新的三维实体的方法。执行差集运算命令的方法有以下 3 种：

（1）单击“实体编辑”工具栏中的“差集”按钮。

（2）选择 修改(M) → 实体编辑(N) → 差集(S) 命令。

（3）在命令行中输入命令 subtract。

执行该命令后，命令行提示如下：

命令: _subtract　　　　//执行差集命令
选择要从中减去的实体或面域...　　　　//系统提示
选择对象:　　　　//选择要从中减去的实体或面域
选择对象:　　　　//按回车键结束对象选择
选择要减去的实体或面域...　　　　//系统提示
选择对象:　　　　//选择要减去的实体或面域
选择对象:　　　　//按回车键结束对象选择

差集运算的效果如图 11.4.2 所示。

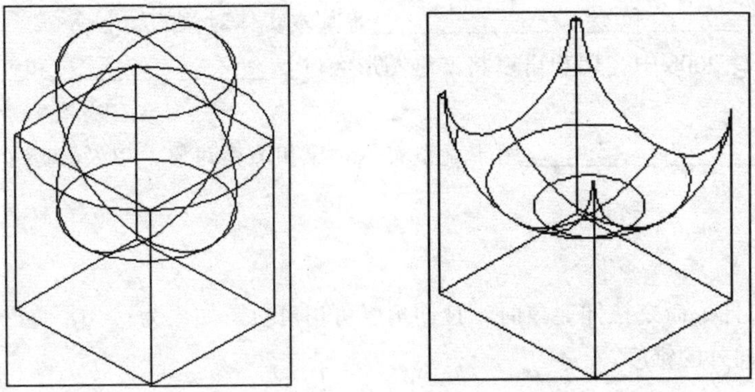

（a）原始对象　　　　（b）差集运算后的对象

图 11.4.2　差集运算

## 三、交集运算

交集运算是指通过多个三维实体的公共部分，创建新三维实体的方法。执行交集运算命令的方法有以下 3 种：

（1）单击“实体编辑”工具栏中的“交集”按钮。

（2）选择修改(M)→实体编辑(N)→交集(I)命令。

（3）在命令行中输入命令 intersect。

执行该命令后，命令行提示如下：

命令: _intersect　　　　//执行交集命令

选择对象:　　　　//选择执行交集命令的对象

选择对象:　　　　//按回车键结束命令

交集运算的效果如图 11.4.3 所示。

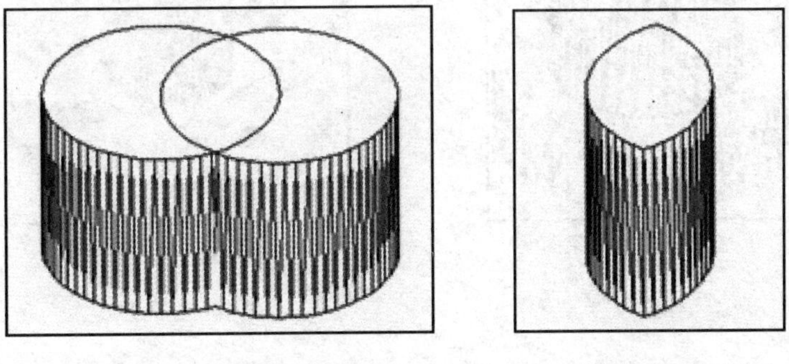

（a）原始对象　　　　（b）交集运算后的对象

图 11.4.3　交集运算

# 习题十一

### 一、填空题

1．在 AutoCAD 2008 中，系统提供了__________、__________、圆柱体、圆

锥体、________和________等基本实体对象的绘制命令。

2．在 AutoCAD 2008 中，用户可以将二维图形经过________和________生成三维实体。

3．系统变量________用于调整着色对象和渲染对象，以及删除了隐藏线对象的平滑度。

## 二、选择题

1．在使用“拉伸”命令拉伸对象时，拉伸角度可正可负，如果为（ ），将产生向内的锥度，如果为（ ），将产生向外的锥度。

A．正　　B．负

C．90 度　　D．0 度

2．在使用“旋转”命令时，可以通过绕旋转轴旋转二维对象来创建三维实体，其中用于旋转的二维对象不可以是（ ）。

A．封闭多段线　　B．圆和椭圆

C．包含在块中的对象　　D．有交叉或自相交的多段线

## 三、问答题

1．圆环体的形状由什么因素决定？

2．布尔运算包括哪些运算？如何通过布尔运算创建三维实体？

## 四、上机操作题

绘制如题图 11.1 和题图 11.2 所示的图形。

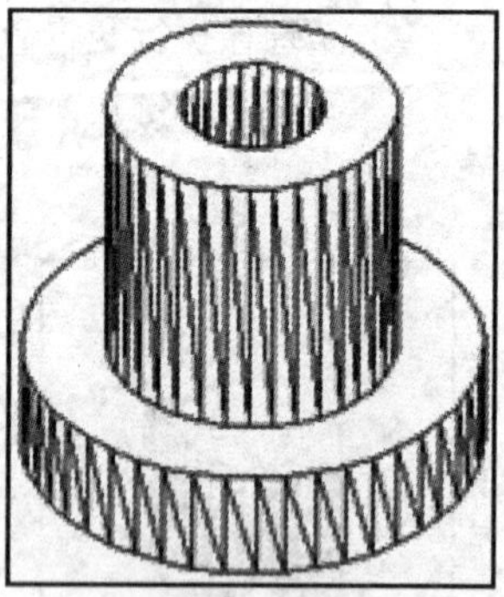

题图 11.1　效果图

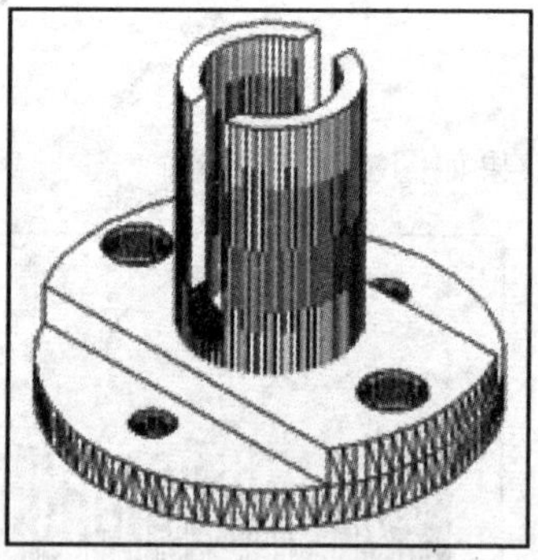

题图 11.2　效果图

# 第十二章　编辑与渲染三维对象

### 教学目标

在 AutoCAD 2008 中，系统提供了多种针对三维实体的编辑命令，如三维阵列、三维镜像、三维旋转、三维对齐，以及对三维实体的面、边和体的编辑命令。利用这些命令，用户可以创建各种复杂的实体模型。

AutoCAD 中的实体对象都是由线框模型以及网格组成的，为了使创建的实体模型更加逼真，用户可以使用渲染命令对创建的实体进行渲染处理，以增强实体的真实感。

### 教学难点与重点

（1）在三维空间中编辑对象。

（2）编辑三维实体对象。

（3）渲染三维对象。

## 第一节　在三维空间中编辑对象

在 AutoCAD 2008 中，许多命令不仅可以用于编辑二维图形对象，而且还可以用来编辑三维实体，如移动、复制、删除等命令。另外，AutoCAD 系统还专门提供了在三维空间中编辑实体对象的命令，选择 修改(M) → 三维操作(3) 命令的子菜单命令，如图 12.1.1 所示。

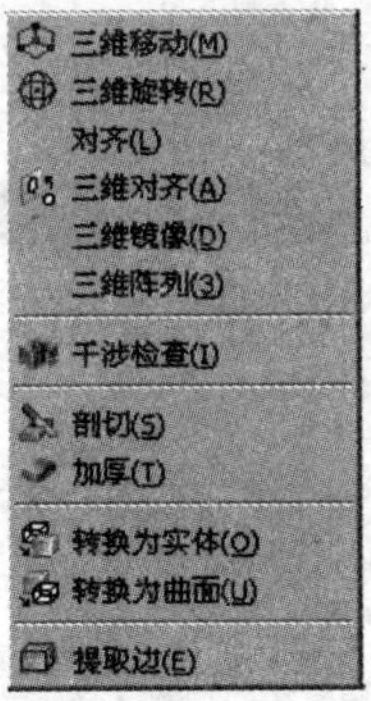


图 12.1.1　“三维操作”子菜单命令

### 一、三维移动

三维移动是 AutoCAD 2008 中新增加的功能，使用该命令可以在三维空间中任意移动选中的对象。执行三维移动命令的方法有以下 3 种：

（1）单击“建模”工具栏中的“三维移动”按钮。

（2）选择 修改(M) → 三维操作(3) → 三维移动(M) 命令。

（3）在命令行中输入命令 3dmove。

执行该命令后，命令行提示如下：

命令: _3dmove

选择对象:　　　　　　　　　　　　　　　//选择要移动的对象

选择对象:　　　　　　　　　　　　　　　//按回车键结束对象选择

指定基点或 [位移(D)] <位移>:　　　　　　//指定移动基点

指定第二个点或 <使用第一个点作为位移>:　//指定移动目标点

执行三维移动命令后，用户必须指定一个基点和一个目标点才能移动三维对象。在移动三维对象时，用户还可以将选定的对象锁定在坐标轴或坐标平面上进行移动，如图 12.1.2 所示。

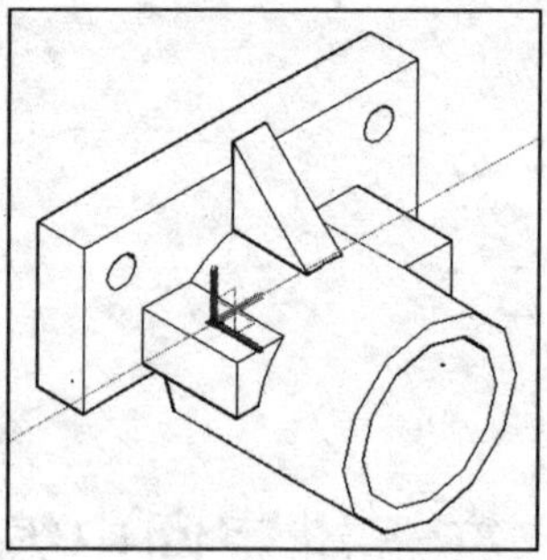

图 12.1.2　三维移动

## 二、三维旋转

三维旋转是指不改变图形对象的大小及形状，将图形对象在三维空间中绕三维轴进行移动。执行三维旋转命令的方法有以下 3 种：

（1）单击“建模”工具栏中的“三维旋转”按钮。

（2）选择 修改(M) → 三维操作(3) → 三维旋转(R) 命令。

（3）在命令行中输入命令 rotate3d。

执行该命令后，命令行提示如下：

命令: _rotate3d　　　　　　　　　　　　　　　　　//执行三维旋转命令

当前正向角度:　ANGDIR=逆时针　ANGBASE=0　　　　//系统提示

选择对象:　　　　　　　　　　　　　　　　　　　　//选择需要旋转的对象

选择对象:　　　　　　　　　　　　　　　　　　　　//按回车键结束对象选择

指定轴上的第一个点或定义轴依据[对象(O)/最近的(L)/视图(V)/X 轴(X)/Y 轴(Y)/Z 轴(Z)/两点(2)]:

其中各命令选项功能介绍如下：

（1）对象(O)：选择此命令选项，指定对象作为旋转轴。

（2）最近的(L)：选择此命令选项，沿用上次旋转对象时的旋转轴。

（3）视图(V)：选择此命令选项，将通过选定点的当前视口的观察方向作为旋转轴。

（4）X 轴(X)/Y 轴(Y)/Z 轴(Z)：选择相应的命令选项，指定以 X 轴、Y 轴、Z 轴作为旋转轴。

（5）两点(2)：选择此命令选项，指定两点之间的连线作为旋转轴。

如图 12.1.3 所示为三维旋转的效果。

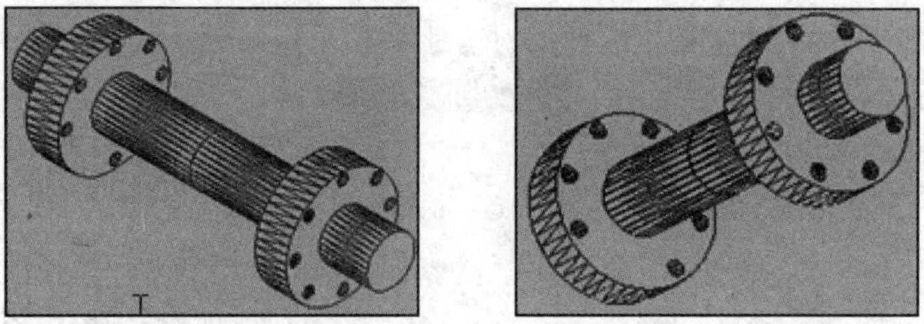

（a）三维旋转前的图形　　（b）三维旋转后的图形

图 12.1.3　三维旋转

## 三、对齐

对齐是指将一个图形对象以某个对象为基准，使用源点和目标点改变其位置、方向或大小。执行对齐命令的方法有以下两种：

（1）选择 修改(M) → 三维操作(3) → 对齐(L) 命令。

（2）在命令行中输入命令 align。

执行该命令后，命令行提示如下：

命令: _align　　//执行对齐命令
选择对象:　　//选择用于对齐的对象
选择对象:　　//按回车键结束对象选择
指定第一个源点:　　//捕捉第一个源点
指定第一个目标点:　　//指定第一个目标点
指定第二个源点:　　//捕捉第二个源点
指定第二个目标点:　　//指定第二个目标点
指定第三个源点或 <继续>:　　//捕捉第三个源点
指定第三个目标点:　　//指定第三个目标点

在选择源点和目标点时，如果选择 1 个源点和目标点，则执行对齐命令后，只改变对象的位置，并不改变对象的大小和方向；如果选择 2 个源点和目标点，则执行对齐命令后，不仅改变对象的位置，而且还改变对象的方向（如果源点与目标点不在同一个平面上）；如果选择 3 个源点和目标点，则执行对齐命令后，对象的位置、大小和方向都发生改变（如果 3 个源点或目标点不在同一个平面上）。

如图 12.1.4 所示为对齐后的效果。

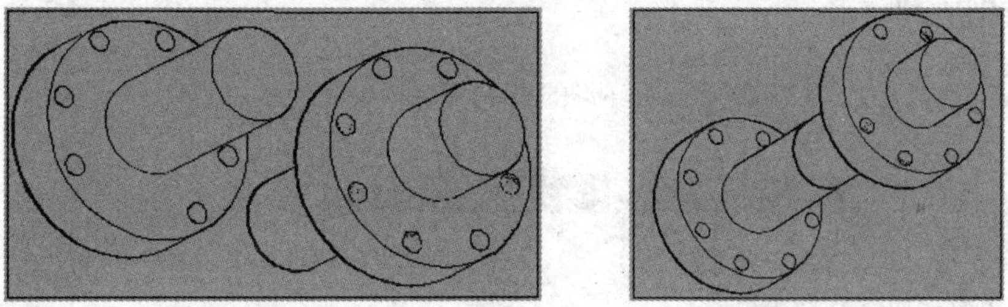

（a）对齐前的图形　　（b）对齐后的效果

图 12.1.4　三维对齐

## 四、三维镜像

三维镜像是指将选定的对象按指定的平面创建对称图形。执行三维镜像命令的方法有以下两种：

（1）选择 修改(M) → 三维操作(3) → 三维镜像(M) 命令。

（2）在命令行中输入命令 mirror3d。

执行此命令后，命令行提示如下：

命令: _mirror3d　　　　//执行三维镜像命令

选择对象:　　　　//选择需要镜像的对象

选择对象:　　　　//按回车键结束对象选择

指定镜像平面(三点) 的第一个点或 [对象(O)/最近的(L)/Z 轴(Z)/视图(V)/XY 平面(XY)/YZ 平面(YZ)/ZX 平面(ZX)/三点(3)] <三点>:　　　　//指定镜像平面

其中各命令选项功能介绍如下：

（1）对象(O)：选择此命令选项，使用选定平面对象的平面作为镜像平面。可用于选择的对象包括圆、圆弧或二维多段线。

（2）最近的(L)：选择此命令选项，使用上一次指定的平面作为镜像平面进行镜像操作。

（3）Z 轴(Z)：选择此命令选项，根据平面上的一个点和平面法线上的一个点定义镜像平面。

（4）视图(V)：选择此命令选项，将镜像平面与当前视口中通过指定点的视图平面对齐。

（5）XY 平面(XY) /YZ 平面(YZ) /ZX 平面(ZX)：选择相应的命令选项，将镜像平面与一个通过指定点的标准平面（XY，YZ 或 ZX）对齐。

（6）三点(3)：选择此命令选项，通过指定 3 点确定镜像平面。

如图 12.1.5 所示为三维镜像的效果。

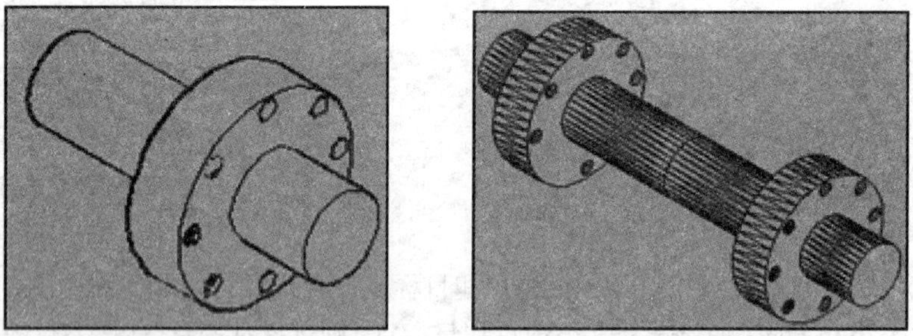

（a）三维镜像前的图形　　　　（b）三维镜像后的图形

图 12.1.5　三维镜像

## 五、三维阵列

三维阵列是指在三维空间中以矩形或环形的方式创建对象的副本。执行三维阵列命令的方法有以下两种：

（1）选择 修改(M) → 三维操作(3) → 三维阵列(3) 命令。

（2）在命令行中输入命令 3darray。

执行该命令后，命令行提示如下：

命令: _3darray　　　　//执行三维阵列命令

选择对象:　　　　//选择需要阵列的对象

选择对象:　　　　//按回车键结束对象选择

输入阵列类型 [矩形(R)/环形(P)] <矩形>:　　　　//选择阵列的类型

如果选择矩形阵列，则命令行提示如下：

输入行数 (---) <1>:　　　　//指定阵列的行数

输入列数 (|||) <1>:　　　　//指定阵列的列数

输入层数 (...) <1>:　　　　//指定阵列的层数

指定行间距 (---):　　　　//指定行间距

指定列间距 (|||):　　　　//指定列间距

指定层间距 (...):　　　　//指定层间距

注意：三维矩形阵列中的行、列、层分别对应当前坐标系的X，Y和Z轴的方向。其中，阵列的行数、列数和层数必须为正数，行间距、列间距和层间距可以是正数，也可以是负数。正数表示沿坐标轴正方向阵列，负数表示沿坐标轴负方向阵列。

如果选择环形阵列，则命令行提示如下：

输入阵列中的项目数目:　　　　//指定环形阵列的数目

指定要填充的角度 (+=逆时针, -=顺时针) <360>:　　　　//指定环形阵列的填充角度

旋转阵列对象？ [是(Y)/否(N)] <Y>:　　　　//选择环形阵列的同时是否旋转阵列的对象

指定阵列的中心点:　　　　//指定环形阵列旋转轴上的第一点

指定旋转轴上的第二点:　　　　//指定环形阵列旋转轴上的第二点

如图 12.1.6 所示为矩形阵列和环形阵列的效果。

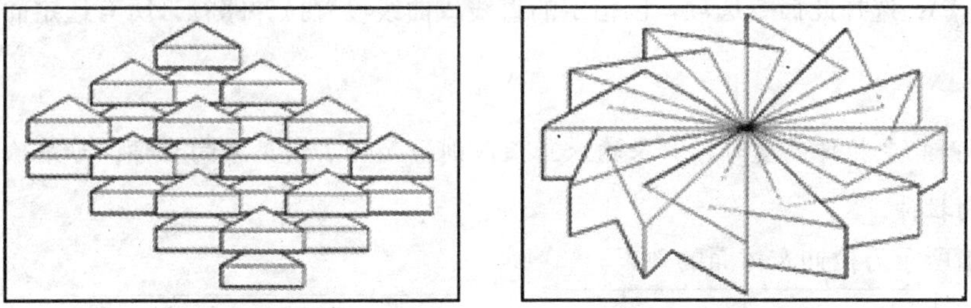

（a）矩形阵列　　　　（b）环形阵列

图 12.1.6　三维阵列

## 第二节　编辑三维实体对象

AutoCAD 2008 为用户提供了多种编辑三维实体的工具，用户可以使用这些工具对三维实体进行编辑。对三维实体对象的编辑包括对三维实体的面、边、体以及倒角和圆角的编辑。

### 一、对三维实体面的编辑

在 AutoCAD 2008 中，对三维实体面的编辑命令包括拉伸面、移动面、偏移面、删除面、旋转面、

倾斜面、着色面和复制面，使用这些命令可以对基本三维实体进行编辑，从而创建出各种复杂的三维实体。

### 1．拉伸面

拉伸面是指将选定的三维实体对象的面拉伸到指定的高度或沿路径拉伸。执行拉伸面命令的方法有以下两种：

（1）单击“实体编辑”工具栏中的“拉伸面”按钮。

（2）选择 修改(M) → 实体编辑(N) → 拉伸面(E) 命令。

执行该命令后，命令行提示如下：

命令: _solidedit

实体编辑自动检查:　SOLIDCHECK=1

输入实体编辑选项 [面(F)/边(E)/体(B)/放弃(U)/退出(X)] <退出>: _face

输入面编辑选项[拉伸(E)/移动(M)/旋转(R)/偏移(O)/倾斜(T)/删除(D)/复制(C)/着色(L)/放弃(U)/退出(X)] <退出>: _extrude　　//执行拉伸面命令

选择面或 [放弃(U)/删除(R)]:　　//选择要拉伸的实体面

选择面或 [放弃(U)/删除(R)/全部(ALL)]:　　//按回车键结束对象选择

指定拉伸高度或 [路径(P)]:　　//指定拉伸的高度或选择拉伸的路径

指定拉伸的倾斜角度 <0>:　　//指定拉伸的倾斜角度

其中各命令选项功能介绍如下：

（1）放弃(U)：选择此命令选项，取消最近添加到选择集中的面。

（2）删除(R)：选择此命令选项，从选择集中删除以前选择的面。

（3）全部(ALL)：选择此命令选项，选择所有面并将它们添加到选择集中。

（4）路径(P)：选择此命令选项，以指定的直线或曲线设置拉伸路径，所有选定面的剖面将沿此路径拉伸。

注意：指定拉伸高度时，如果输入正值，则沿面的法线正方向拉伸；如果输入负值，则沿面的法线负方向拉伸。

如图 12.2.1 所示为拉伸实体面的效果。

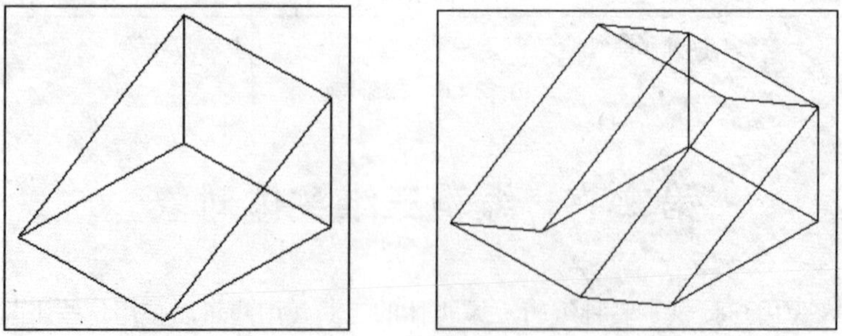

（a）实体对象　　（b）拉伸面后的实体

图 12.2.1　拉伸面

注意：拉伸时，可以将选择的面沿指定的路径进行拉伸。

### 2．移动面

移动面是指沿指定的高度或距离移动选定的三维实体对象的面。执行移动面命令的方法有以下两种：

（1）单击“实体编辑”工具栏中的“移动面”按钮。

（2）选择 修改(M) → 实体编辑(N) → 移动面(M) 命令。

执行此命令后，命令行提示如下：

命令: _solidedit

实体编辑自动检查:　SOLIDCHECK=1

输入实体编辑选项 [面(F)/边(E)/体(B)/放弃(U)/退出(X)] <退出>: _face

输入面编辑选项[拉伸(E)/移动(M)/旋转(R)/偏移(O)/倾斜(T)/删除(D)/复制(C)/着色(L)/放弃(U)/退出(X)] <退出>: _move　　　　//执行移动面命令

选择面或 [放弃(U)/删除(R)]: 找到一个面　　　　//选择要移动的面

选择面或 [放弃(U)/删除(R)/全部(ALL)]:　　　　//按回车键结束对象选择

指定基点或位移:　　　　//指定移动的基点

指定位移的第二点:　　　　//指定位移的第二点

有关“放弃”、“删除”、“添加”和“全部”选项的说明与“拉伸”中相应选项的说明相同。使用移动面命令可以非常方便地移动三维实体对象上的孔，在指定位移点时，用户可以使用对象捕捉、输入点坐标等方法精确移动选定的面。

如图 12.2.2 所示为移动实体面的效果。

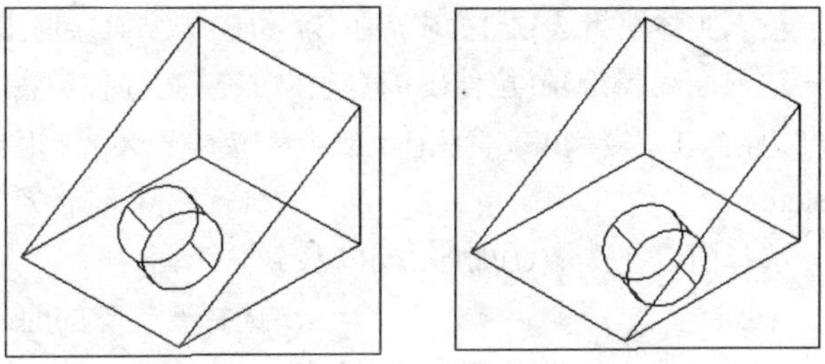

（a）实体对象　　（b）移动面后的实体

图 12.2.2　移动面

### 3．偏移面

偏移面是指按指定的距离或通过指定的点，将面均匀地移动。如果移动的值为正，则增大实体尺寸或体积；如果移动的值为负，则减小实体尺寸或体积。执行偏移面命令的方法有以下两种：

（1）单击“实体编辑”工具栏中的“偏移面”按钮。

（2）选择 修改(M) → 实体编辑(N) → 偏移面(O) 命令。

执行此命令后，命令行提示如下：

命令: _solidedit

实体编辑自动检查:　SOLIDCHECK=1

输入实体编辑选项 [面(F)/边(E)/体(B)/放弃(U)/退出(X)] <退出>: _face

输入面编辑选项[拉伸(E)/移动(M)/旋转(R)/偏移(O)/倾斜(T)/删除(D)/复制(C)/着色(L)/放弃(U)/退出(X)] <退出>: _offset　　　　//执行偏移面命令

选择面或 [放弃(U)/删除(R)]: 找到一个面　　　　//选择要偏移的面

选择面或 [放弃(U)/删除(R)/全部(ALL)]:　　　　//按回车键结束对象选择

指定偏移距离:　　　　//指定偏移的距离

**注意**：在指定偏移距离时，如果指定的是正值则增大实体，反之则减小实体

如图 12.2.3 所示为偏移三维实体面的效果。

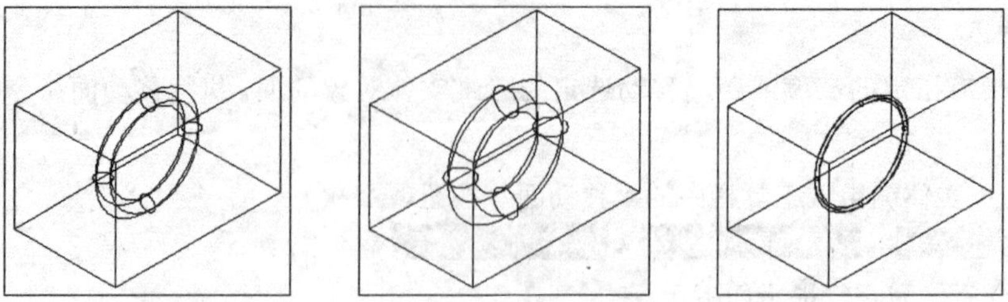

（a）实体对象　　（b）正值偏移面后的实体　　（c）负值偏移面后的实体

图 12.2.3　偏移面

### 4. 删除面

删除面是指删除实体的面，包括实体面上的圆角和倒角。执行删除面命令的方法有以下两种：

（1）单击“实体编辑”工具栏中的“删除面”按钮。

（2）选择 修改(M) → 实体编辑(N) → 删除面(D) 命令。

执行此命令后，命令行提示如下：

命令: _solidedit

实体编辑自动检查:　SOLIDCHECK=1

输入实体编辑选项 [面(F)/边(E)/体(B)/放弃(U)/退出(X)] <退出>: _face

输入面编辑选项[拉伸(E)/移动(M)/旋转(R)/偏移(O)/倾斜(T)/删除(D)/复制(C)/着色(L)/放弃(U)/退出(X)] <退出>: _delete　　//执行删除面命令

选择面或 [放弃(U)/删除(R)]: 找到一个面　　//选择要删除的面

选择面或 [放弃(U)/删除(R)/全部(ALL)]:　　//按回车键结束命令

如图 12.2.4 所示为删除实体面的效果。

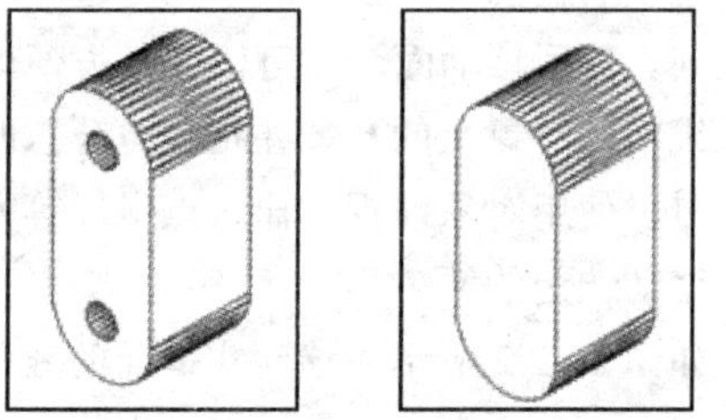

（a）实体对象　　（b）删除面后的实体

图 12.2.4　删除面

注意：删除面时，要求所删除面与邻近面的法线方向相交。

### 5. 旋转面

旋转面是指绕指定的轴旋转一个或多个实体的面或实体的某些部分。执行旋转面命令的方法有以下两种：

（1）单击“实体编辑”工具栏中的“旋转面”按钮。

（2）选择 修改(M) → 实体编辑(N) → 旋转面(A) 命令。

执行此命令后，命令行提示如下：

命令: _solidedit

实体编辑自动检查:　SOLIDCHECK=1

输入实体编辑选项 [面(F)/边(E)/体(B)/放弃(U)/退出(X)] <退出>: _face

输入面编辑选项[拉伸(E)/移动(M)/旋转(R)/偏移(O)/倾斜(T)/删除(D)/复制(C)/着色(L)/放弃(U)/退出(X)] <退出>: _rotate　　//执行旋转面命令

选择面或 [放弃(U)/删除(R)]: 找到一个面　　//选择要旋转的面

选择面或 [放弃(U)/删除(R)/全部(ALL)]:　　//按回车键结束对象选择

指定轴点或 [经过对象的轴(A)/视图(V)/X 轴(X)/Y 轴(Y)/Z 轴(Z)] <两点>:

//指定旋转轴的第一点

在旋转轴上指定第二个点:　　//指定旋转轴的第二点

指定旋转角度或 [参照(R)]:　　//指定旋转角度

如图 12.2.5 所示为旋转实体面的效果。

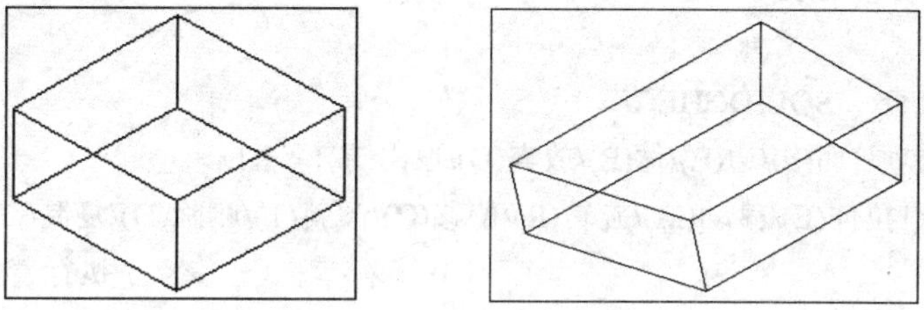

（a）实体对象　　（b）旋转面后的实体

图 12.2.5　旋转面

### 6．倾斜面

倾斜面是指按一个角度将实体的面进行倾斜。执行倾斜面命令的方法有以下两种：

（1）单击“实体编辑”工具栏中的“倾斜面”按钮。

（2）选择 修改(M) → 实体编辑(N) → 倾斜面(T) 命令。

执行此命令后，命令行提示如下：

命令: _solidedit

实体编辑自动检查:　SOLIDCHECK=1

输入实体编辑选项 [面(F)/边(E)/体(B)/放弃(U)/退出(X)] <退出>: _face

输入面编辑选项[拉伸(E)/移动(M)/旋转(R)/偏移(O)/倾斜(T)/删除(D)/复制(C)/着色(L)/放弃(U)/退出(X)] <退出>: _taper　　//执行倾斜面命令

选择面或 [放弃(U)/删除(R)]: 找到一个面　　//选择要倾斜的面

选择面或 [放弃(U)/删除(R)/全部(ALL)]:　　//按回车键结束对象选择

指定基点:　　//指定倾斜轴的第一点

指定沿倾斜轴的另一个点:　　//指定倾斜轴的第二点

指定倾斜角度:　　//指定倾斜角

如图 12.2.6 所示为倾斜实体面的效果。

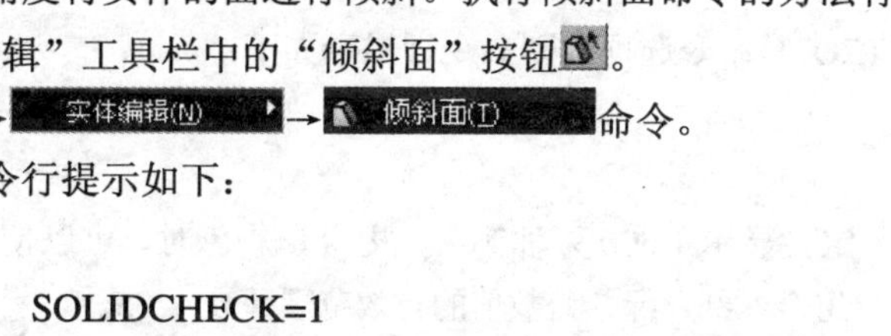

（a）实体对象　　（b）倾斜面后的实体

图 12.2.6　倾斜面

**提示**：若倾斜角度为正，则向内倾斜选定的面；若倾斜角度为负，则向外倾斜选定的面。

倾斜角度的旋转方向由选择基点和第二点（沿选定矢量）的顺序决定。

### 7. 着色面

着色面是指为实体的面附着颜色。执行着色面命令的方法有以下两种：

（1）单击“实体编辑”工具栏中的“着色面”按钮。

（2）选择 修改(M) → 实体编辑(N) → 着色面(C) 命令。

执行此命令后，命令行提示如下：

命令: _solidedit

实体编辑自动检查:　SOLIDCHECK=1

输入实体编辑选项 [面(F)/边(E)/体(B)/放弃(U)/退出(X)] <退出>: _face

输入面编辑选项[拉伸(E)/移动(M)/旋转(R)/偏移(O)/倾斜(T)/删除(D)/复制(C)/着色(L)/放弃(U)/退出(X)] <退出>: _color　　//执行着色面命令

选择面或 [放弃(U)/删除(R)]:　　//选择要着色的面

选择面或 [放弃(U)/删除(R)/全部(ALL)]:　　//按回车键结束实体面选择

新颜色 [真彩色(T)/配色系统(CO)] <BYLAYER>:　　//选择配色方案

如果选择“真彩色(T)”命令选择，则命令行提示如下：

红色，绿色，蓝色:　　//输入三原色的数值

如果选择“配色系统(CO)”命令选项，则命令行提示如下：

输入配色系统名称:　　//输入配色系统名称

输入颜色名:　　//输入颜色名称

真彩色使用 24 位颜色定义显示 1 600 万种颜色，指定真彩色时，可以使用 RGB 颜色模式，输入颜色的红、绿、蓝数值进行组合。红、绿、蓝数值的有效范围是 0～255。

AutoCAD 2008 系统提供了标准 Pantone 配色系统，选择 格式(O) → 颜色(C)... 命令，在弹出的 选择颜色 对话框中选择 配色系统 选项卡（见图 12.2.7），在该选项卡中可以找到相应的颜色。另外，通过选择 工具(T) → 选项(N)... 命令，在弹出的 选项 对话框中的 文件 选项卡中添加其他的配色系统。

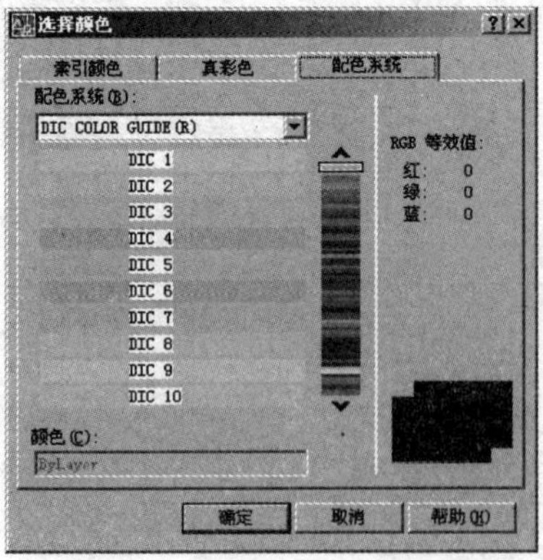


图 12.2.7　“配色系统”选项卡

### 8. 复制面

复制面是指将实体的面复制为面域或体。执行复制面命令的方法有以下两种：

（1）单击“实体编辑”工具栏中的“复制面”按钮。

（2）选择 修改(M) → 实体编辑(N) → 复制面(F) 命令。

执行此命令后，命令行提示如下：

命令: _solidedit

实体编辑自动检查:　SOLIDCHECK=1

输入实体编辑选项 [面(F)/边(E)/体(B)/放弃(U)/退出(X)] <退出>: _face

输入面编辑选项[拉伸(E)/移动(M)/旋转(R)/偏移(O)/倾斜(T)/删除(D)/复制(C)/着色(L)/放弃(U)/退出(X)] <退出>: _copy　　//执行复制面命令

选择面或 [放弃(U)/删除(R)]: 找到一个或几个面　　//选择要复制的面

选择面或 [放弃(U)/删除(R)/全部(ALL)]:　　//按回车键结束对象选择

指定基点或位移:　　//指定复制面的基点

指定位移的第二点:　　//指定位移的第二点

如图 12.2.8 所示为复制实体面的效果。

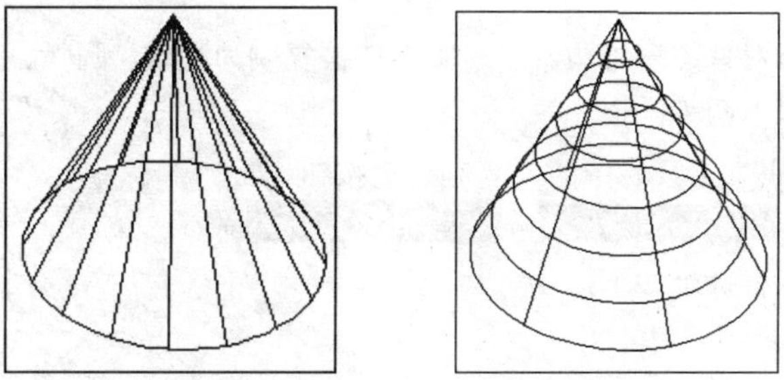

（a）实体对象　　（b）复制的面

图 12.2.8　复制面

## 二、对三维实体边的编辑

在 AutoCAD 2008 中，用户可以利用着色边和复制边命令对三维实体的边进行编辑。

### 1. 着色边

着色边是指为实体的边附着颜色。执行着色边命令的方法有以下两种：

（1）单击“实体编辑”工具栏中的“着色边”按钮。

（2）选择 修改(M) → 实体编辑(N) → 着色边(L) 命令。

执行此命令后，命令行提示如下：

命令: _solidedit

实体编辑自动检查:　SOLIDCHECK=1

输入实体编辑选项 [面(F)/边(E)/体(B)/放弃(U)/退出(X)] <退出>: _edge

输入边编辑选项 [复制(C)/着色(L)/放弃(U)/退出(X)] <退出>: _color//执行着色边命令

选择边或 [放弃(U)/删除(R)]:　　//选择要着色的边后按回车键

选择边或 [放弃(U)/删除(R)]:　　//按回车键结束边的选择

新颜色 [真彩色(T)/配色系统(CO)] <BYLAYER>:　　//选择合适的配色方案

其中各命令选项与着色面命令中的命令选项相同，这里就不再赘述。

执行着色边后的实体对象在进行体着色时，只有选择“带边框着色”选项，才可以显示出边附着颜色的效果。

如图 12.2.9 所示为着色实体边的效果。

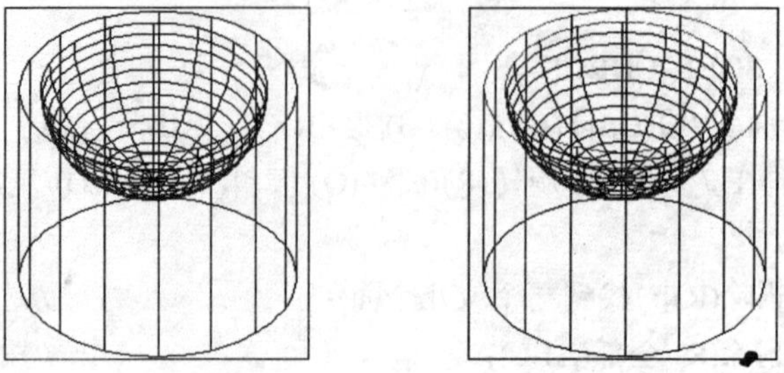

（a）实体对象　　（b）着色实体边

图 12.2.9　着色实体边

**2．复制边**

复制边是指复制实体对象的三维边。三维实体边被复制为直线、圆弧、圆、椭圆或样条曲线。执行复制边命令的方法有以下两种：

（1）单击“实体编辑”工具栏中的“复制边”按钮。

（2）选择 修改(M) → 实体编辑(N) → 复制边(G) 命令。

执行此命令后，命令行提示如下：

命令: _solidedit

实体编辑自动检查:　SOLIDCHECK=1

输入实体编辑选项 [面(F)/边(E)/体(B)/放弃(U)/退出(X)] <退出>: _edge

输入边编辑选项 [复制(C)/着色(L)/放弃(U)/退出(X)] <退出>: _copy //执行复制边命令

选择边或 [放弃(U)/删除(R)]:　　//选择要复制的边

选择边或 [放弃(U)/删除(R)]:　　//按回车键结束对象选择

指定基点或位移:　　//指定复制边的基点

指定位移的第二点:　　//指定位移的第二点

## 三、对三维实体体的编辑

在 AutoCAD 2008 中，对三维实体体的编辑命令有压印、清除、分割、抽壳和检查等。

**1．压印**

压印是指在选定的对象上压印一个对象。执行压印命令的方法有以下两种：

（1）单击“实体编辑”工具栏中的“压印”按钮。

（2）选择 修改(M) → 实体编辑(N) → 压印(I) 命令。

执行该命令后，命令行提示如下：

命令: _solidedit

实体编辑自动检查:　SOLIDCHECK=1

输入实体编辑选项 [面(F)/边(E)/体(B)/放弃(U)/退出(X)] <退出>: _body

输入体编辑选项[压印(I)/分割实体(P)/抽壳(S)/清除(L)/检查(C)/放弃(U)/退出(X)] <退出>: _imprint
　　//执行压印命令
选择三维实体:　　//选择要压印的三维实体
选择要压印的对象:　　//选择要压印的对象
是否删除源对象 [是(Y)/否(N)] <N>:　　//选择是否删除源对象
选择要压印的对象:　　//按回车键结束命令

为了使压印操作成功，被压印的对象必须与选定对象的一个或多个面相交。压印操作仅限于圆弧、圆、直线、二维和三维多段线、椭圆、样条曲线、面域、体及三维实体。

如图 12.2.10 所示为实体压印的效果。

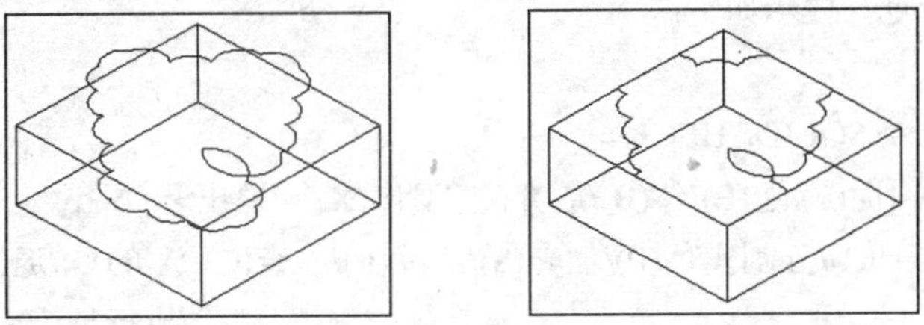

（a）压印前的图形　　（b）压印后的图形

图 12.2.10　压印

提示：压印命令可以删除所有多余的边和顶点、压印的以及不使用的几何图形。

## 2. 清除

清除是指删除实体上的共享边，以及在边或顶点具有相同表面或曲线定义的顶点。执行清除命令的方法有以下两种：

（1）单击“实体编辑”工具栏中的“清除”按钮。

（2）选择 修改(M) → 实体编辑(N) → 清除(N) 命令。

执行该命令后，命令行提示如下：

命令: _solidedit
实体编辑自动检查:　SOLIDCHECK=1
输入实体编辑选项 [面(F)/边(E)/体(B)/放弃(U)/退出(X)] <退出>: _body
输入体编辑选项[压印(I)/分割实体(P)/抽壳(S)/清除(L)/检查(C)/放弃(U)/退出(X)] <退出>: _clean
　　//执行清除命令
选择三维实体:　　//选择要清除的三维实体后结束命令

## 3. 分割

分割是指用不相连的实体将一个三维实体对象分割为几个独立的三维实体对象。执行分割命令的方法有以下两种：

（1）单击“实体编辑”工具栏中的“分割”按钮。

（2）选择 修改(M) → 实体编辑(N) → 分割(S) 命令。

执行该命令后，命令行提示如下：

命令: _solidedit
实体编辑自动检查:　SOLIDCHECK=1

输入实体编辑选项 [面(F)/边(E)/体(B)/放弃(U)/退出(X)] <退出>: _body

输入体编辑选项[压印(I)/分割实体(P)/抽壳(S)/清除(L)/检查(C)/放弃(U)/退出(X)] <退出>: _separate

//执行分割命令

选择三维实体: //选择要分割的三维实体

### 4. 抽壳

抽壳是指用指定的厚度为实体创建一个空的薄层。执行抽壳命令的方法有以下两种：

（1）单击“实体编辑”工具栏中的“抽壳”按钮。

（2）选择 修改(M) → 实体编辑(N) → 抽壳(H) 命令。

执行该命令后，命令行提示如下：

命令: _solidedit

实体编辑自动检查: SOLIDCHECK=1

输入实体编辑选项 [面(F)/边(E)/体(B)/放弃(U)/退出(X)] <退出>: _body

输入体编辑选项[压印(I)/分割实体(P)/抽壳(S)/清除(L)/检查(C)/放弃(U)/退出(X)] <退出>: _shell

//执行抽壳命令

选择三维实体: //选择要抽壳的三维实体

删除面或 [放弃(U)/添加(A)/全部(ALL)]: //选择要删除的面

删除面或 [放弃(U)/添加(A)/全部(ALL)]: //按回车键结束对象选择

输入抽壳偏移距离: //指定抽壳的偏移距离

注意：可以对实体所有的面进行抽壳操作，但一个三维实体只能有一个壳。如果指定抽壳偏移距离为正值，则从实体内开始抽壳；如果指定抽壳偏移距离为负值，则从实体外开始抽壳。

如图 12.2.11 所示为抽壳的效果。

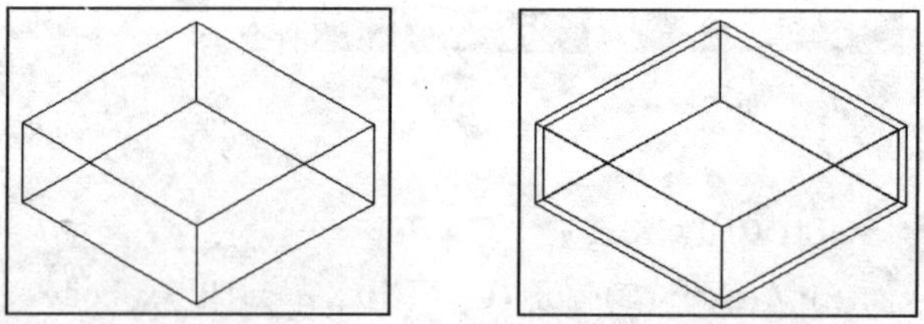

（a）实体对象　　（b）抽壳后的实体

图 12.2.11 抽壳

### 5. 检查

检查就是验证三维实体对象是否有效。如果三维实体有效，对其进行编辑时就不会出现错误信息；如果三维实体无效，则不能对其进行编辑。

执行检查命令的方法有以下两种：

（1）单击“实体编辑”工具栏中的“检查”按钮。

（2）选择 修改(M) → 实体编辑(N) → 检查(K) 命令。

执行检查命令后，命令行提示如下：

命令: _solidedit

实体编辑自动检查: SOLIDCHECK=1

输入实体编辑选项 [面(F)/边(E)/体(B)/放弃(U)/退出(X)] <退出>: _body

输入体编辑选项[压印(I)/分割实体(P)/抽壳(S)/清除(L)/检查(C)/放弃(U)/退出(X)] <退出>: _check

//执行检查命令

选择三维实体: //选择需要检查的对象

如果选择的对象是三维实体，则系统提示“此对象是有效的 ShapeManager 实体”。

## 四、倒角和圆角

倒角和圆角命令不仅可以对二维图形进行编辑，而且还可以对三维实体进行编辑。

### 1. 倒角

执行倒角命令的方法有以下 3 种：

（1）单击“修改”工具栏中的“倒角”按钮。

（2）选择修改(M)→倒角(C)命令。

（3）在命令行中输入命令 chamfer。

执行倒角命令后，命令行提示如下：

命令: _chamfer //执行倒角命令

(“修剪”模式) 当前倒角距离 1 = 1.0000，距离 2 = 2.0000 //系统提示

选择第一条直线或 [放弃(U)/多段线(P)/距离(D)/角度(A)/修剪(T)/方式(E)/多个(M)]:

//选择三维实体模型

基面选择... //系统提示

输入曲面选择选项 [下一个(N)/当前(OK)] <当前>: //选择曲面

指定基面的倒角距离 <1.0000>: //指定基面倒角距离

指定其他曲面的倒角距离 <2.0000>: //指定另外曲面的倒角距离

选择边或 [环(L)]: //选择倒角边

选择边或 [环(L)]: //按回车键结束命令

其中各命令选项功能介绍如下：

（1）下一个（N）：选择此命令选项，更换选择基面。

（2）当前（OK）：选择此命令选项，指定当前选择面作为基面。

（3）选择边：选择此命令选项，表示选择基面上的一条或多条边。

（4）环（L）：选择此命令选项，表示一次选择基面上所有的边。

如图 12.2.12 所示为倒角处理后的图形。

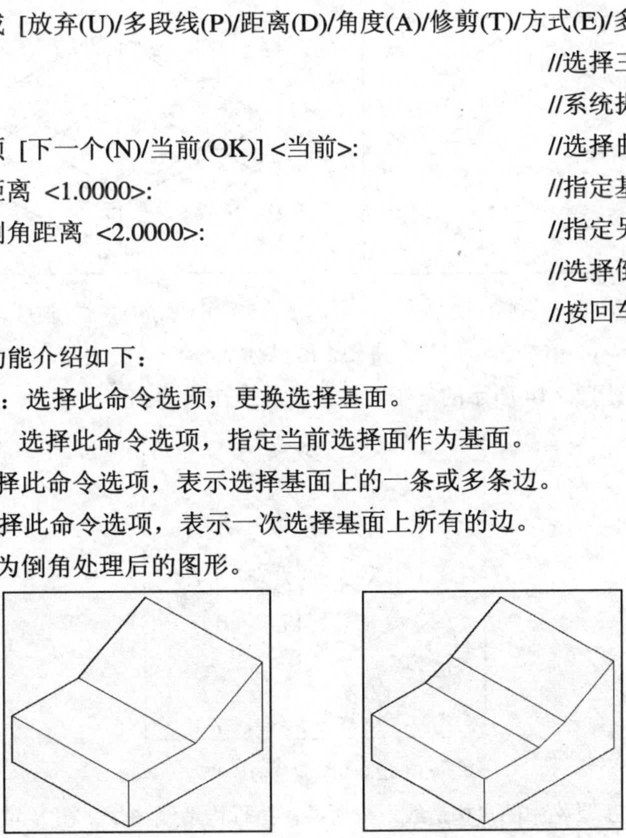

（a）倒角前的图形　　（b）倒角后的图形

图 12.2.12　倒角

### 2．圆角

执行圆角命令的方法有以下 3 种：

（1）单击“修改”工具栏中的“圆角”按钮。

（2）选择 修改(M) → 圆角(F) 命令。

（3）在命令行中输入命令 fillet。

执行该命令后，命令行提示如下：

命令: _fillet　//执行圆角命令
当前设置: 模式 = 修剪，半径 = 0.0000　//系统提示
选择第一个对象或 [放弃(U)/多段线(P)/半径(R)/修剪(T)/多个(M)]: //选择要进行圆角的边
输入圆角半径:　//指定圆角的半径
选择边或 [链(C)/半径(R)]:　//指定圆角的边
选择边或 [链(C)/半径(R)]:　//按回车键结束命令

其中各命令选项功能介绍如下：

（1）选择边：选择此命令选项，可以选取三维对象的多条边，同时对其进行圆角操作。

（2）链（C）：选择此命令选项，当选取三维对象的一条边时，同时选取与其相切的边。

（3）半径（R）：选择此命令选项，可重新设置圆角的半径。

如图 12.2.13 所示为圆角处理后的图形。

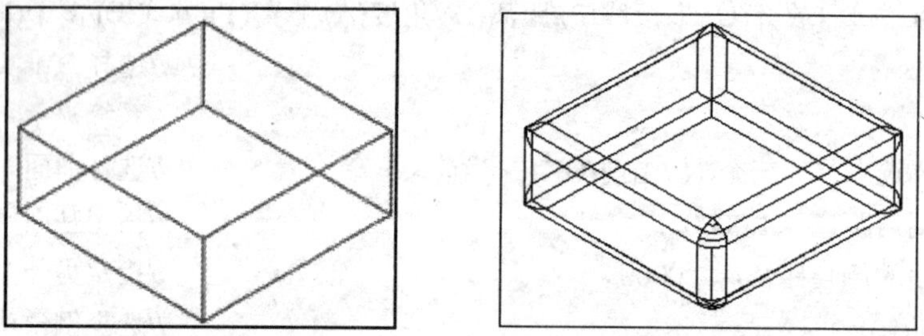

（a）圆角处理前的图形　　（b）圆角处理后的图形

图 12.2.13　圆角

**例** 12.2.1　绘制如图 12.2.14 所示的三维实体，具体操作步骤如下：

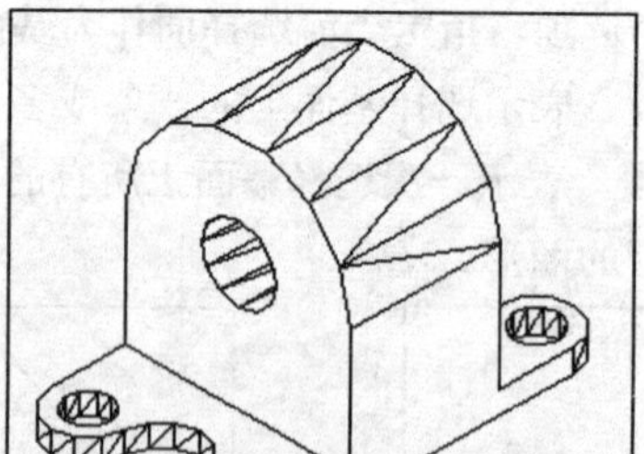

图 12.2.14　最终的效果

（1）单击“绘图”工具栏中的“构造线”按钮，执行构造线命令，在 X 轴上下两侧分别绘制一条水平线，与 X 轴的偏移距离均为 50，结果如图 12.2.15 所示。

（2）单击“绘图”工具栏中的“矩形”按钮，执行矩形命令，在绘图窗口绘制一个长为 200，

宽为 150 的矩形。再单击“绘图”工具栏中的“圆”按钮，执行圆命令，在绘图窗口绘制一个半径为 50 的圆。效果如图 12.2.16 所示。

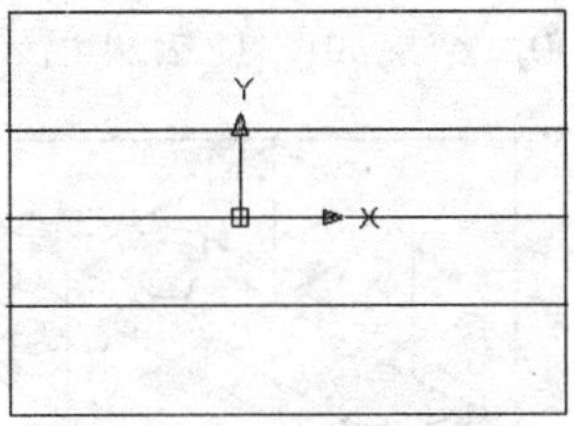

图 12.2.15　绘制辅助线

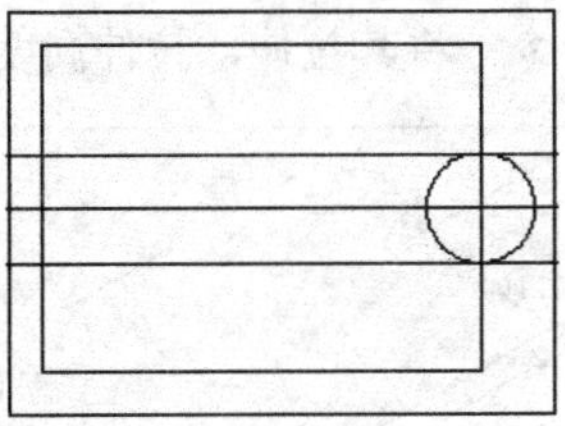
图 12.2.16　绘制矩形与圆

（3）重复执行上述命令，再绘制两个同样大小的圆，结果如图 12.2.17 所示。

（4）单击“修改”工具栏中的“镜像”按钮，执行镜像命令，选择绘制的圆作为镜像的对象，镜像后的结果如图 12.2.18 所示。

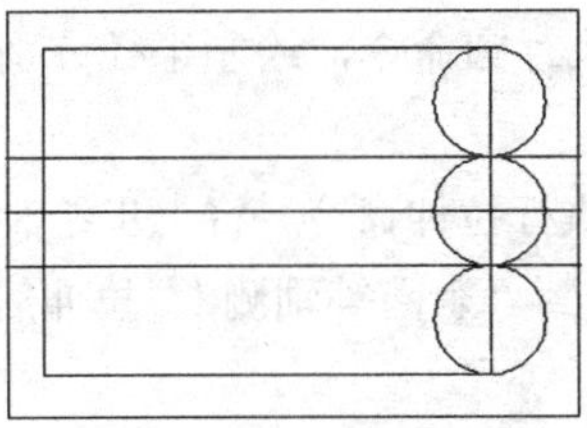
图 12.2.17　绘制圆

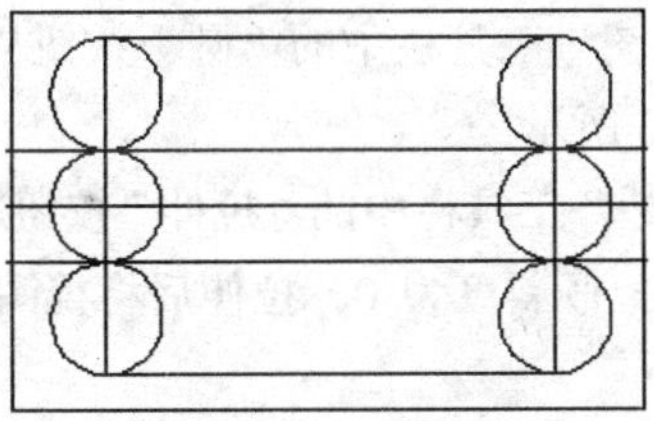
图 12.2.18　镜像效果

（5）单击“绘图”工具栏中的“圆”按钮，执行圆命令，分别绘制半径均为 30 的四个圆，圆心为四角上大圆的圆心。结果如图 12.2.19 所示。

（6）单击“建模”工具栏中的“拉伸”按钮，执行拉伸命令，以图 12.2.16 绘制的矩形为拉伸对象，指定拉伸高度 30，倾斜度为 0。拉伸后将视图切换到“东南等轴测”，拉伸后的效果如图 12.2.20 所示。

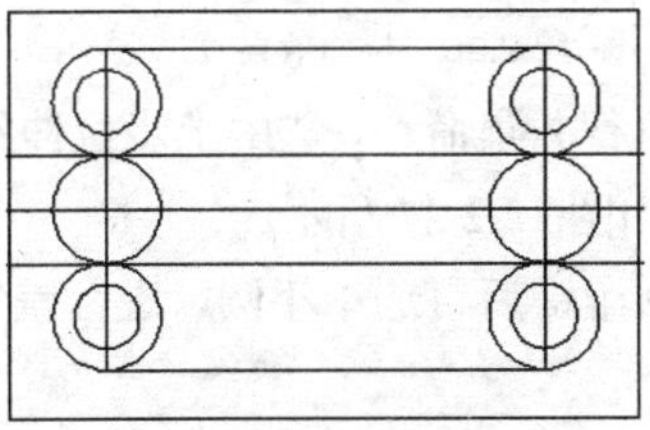
图 12.2.19　绘制同心圆

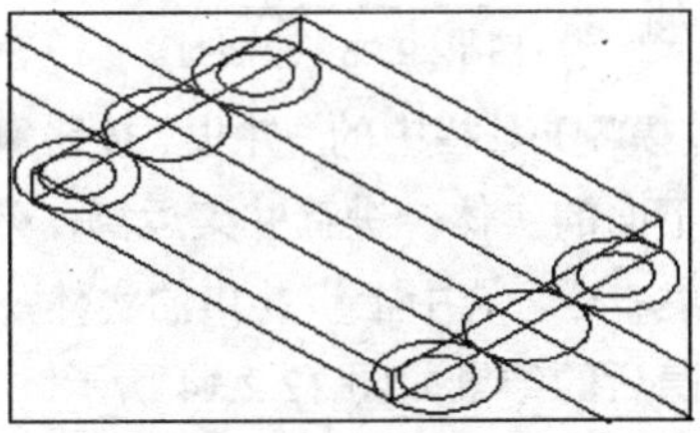
图 12.2.20　拉伸效果

（7）再次执行拉伸命令，选择 6 个半径为 50 的圆和 4 个半径为 30 的圆为拉伸对象，指定拉伸高度 30，倾斜度为 0。拉伸后将视图切换到“东南等轴测”，拉伸后的效果如图 12.2.21 所示。

（8）单击“建模”工具栏中的“并集”按钮，执行并集命令，选中矩形拉伸实体和四角上的拉伸实体对象，对其进行并集布尔运算。效果如图 12.2.22 所示。

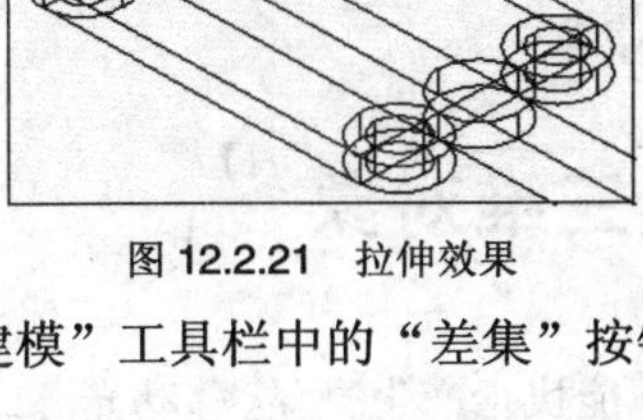
图 12.2.21　拉伸效果

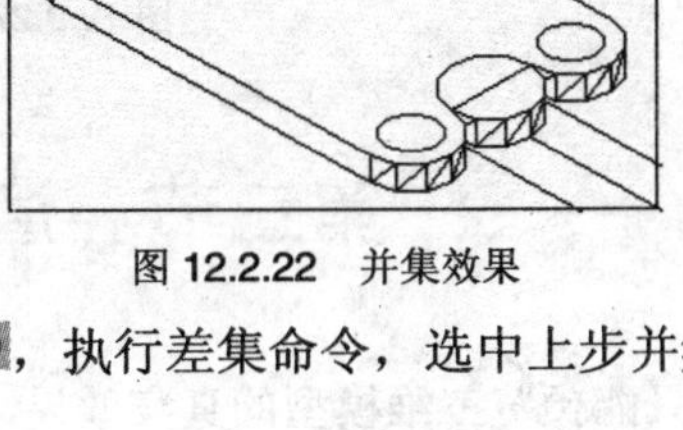
图 12.2.22　并集效果

（9）单击“建模”工具栏中的“差集”按钮，执行差集命令，选中上步并集的实体，按回车键再选中上下中间的两个大圆和四个小圆，进行差集运算，差集后效果如图 12.2.23 所示。

（10）单击“绘图”工具栏中的“矩形”按钮，执行矩形命令，绘制一个长为 100，宽为 150 的矩形，并进行拉伸命令，将其拉伸，拉伸高度为 200，结果如图 12.2.24 所示。

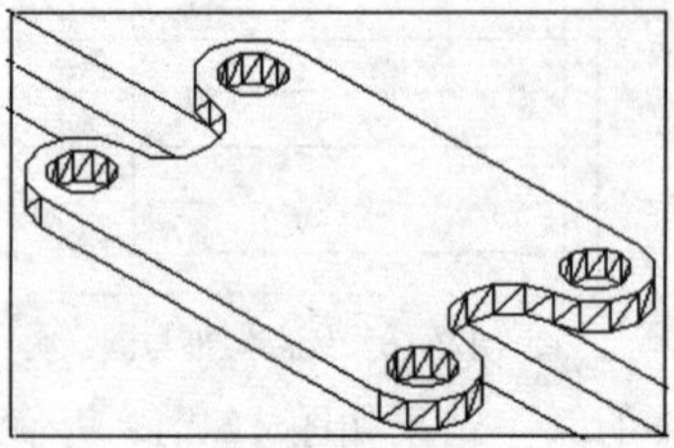

图 12.2.23　差集效果

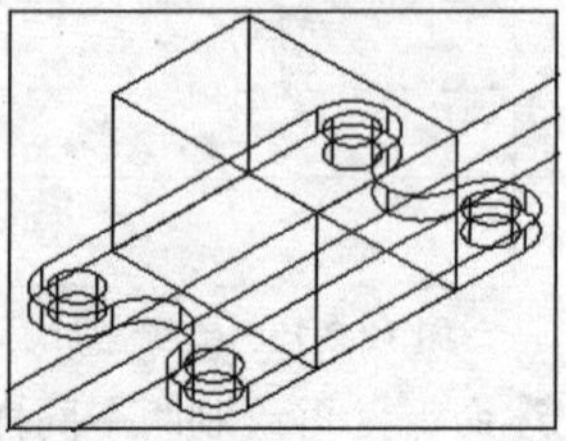

图 12.2.24　绘制矩形并拉伸效果

（11）单击 视图(V) → 三维视图(D) → 右视(R) 命令，切换视图。

（12）单击“绘图”工具栏中的“圆”按钮，执行圆命令，绘制半径分别为 150 和 50 的同心圆，结果如图 12.2.25 所示。

（13）单击“建模”工具栏中的“拉伸”按钮，执行拉伸命令，将上步绘制的两个圆进行拉伸，指定拉伸高度为 200，倾斜度为 0。拉伸后将视图切换到“东南等轴测”，拉伸后的效果如图 12.2.26 所示。

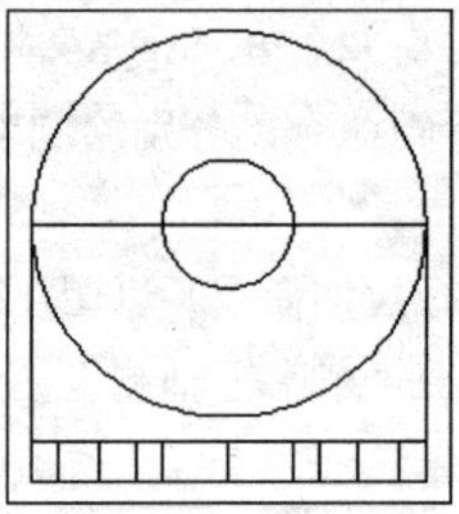

图 12.2.25　绘制圆

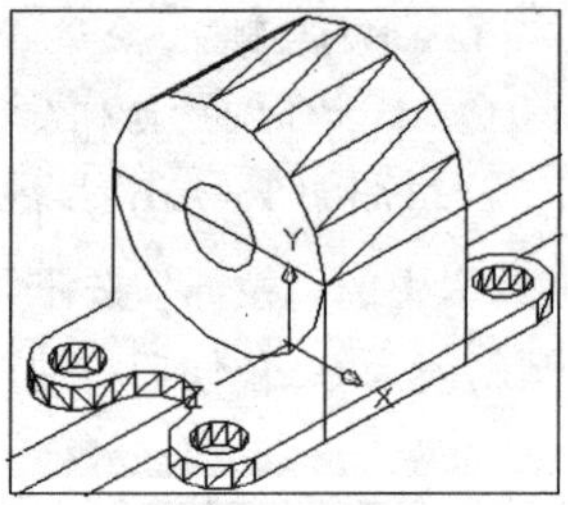


图 12.2.26　拉伸效果

（14）单击“建模”工具栏中的“并集”按钮，执行并集命令，选中上步拉伸的大圆、图 12.2.25 中的拉伸矩形和最下面的实体，进行并集运算，效果如图 12.2.27 所示。

（15）执行差集命令，选中上步并集的实体，按回车键后再选中小圆，进行差集运算，最后删除多余的辅助线，消隐后的结果如图 12.2.14 所示。

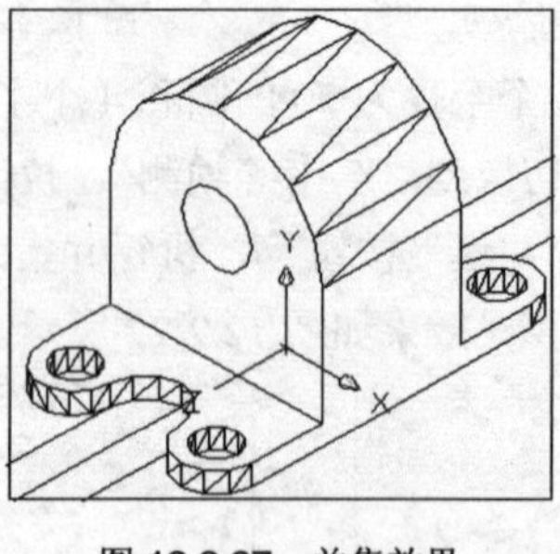


图 12.2.27　并集效果

## 第三节　渲染三维对象

使用视觉样式只能预览三维模型的真实效果，而不能执行产生亮显、移动光源或添加光源的操作。

要更全面地控制光源，必须使用渲染。选择视图(V)→渲染(E)命令中的子命令菜单或单击“渲染”工具栏中的相应按钮，即可执行渲染以及在渲染前的各项操作，如图 12.3.1 所示。

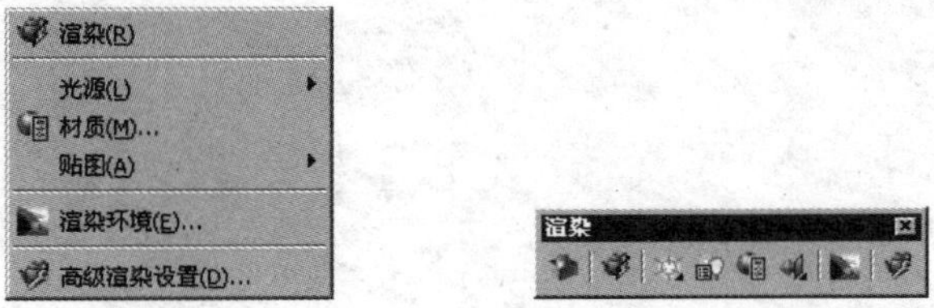


图 12.3.1 “渲染”子菜单和“渲染”工具栏

## 一、渲染环境

渲染环境是指在渲染对象时进行的雾化和深度设置。单击“渲染”工具栏中的“渲染环境”按钮，或选择视图(V)→渲染(E)→渲染环境(E)...命令，弹出渲染环境对话框，如图 12.3.2 所示，可以在该对话框中设置雾化和深度的参数。

该对话框中各选项功能介绍如下：

（1）启用雾化选项：该选项用于设置雾化的开启与关闭。

（2）颜色选项：该选项用于设置雾化的颜色。

（3）雾化背景选项：该选项用于设置雾化背景的开启与关闭。

（4）近距离选项：该选项用于设置雾化开始处到相机的距离。

（5）远距离选项：该选项用于设置雾化结束处到相机的距离。

（6）近处雾化百分比选项：该选项用于设置近距离处雾化的不透明度。

（7）远处雾化百分比选项：该选项用于设置远距离处雾化的不透明度。

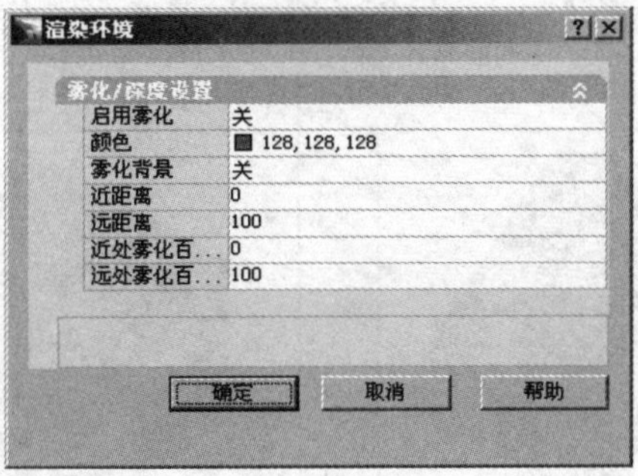


图 12.3.2 “渲染环境”对话框

## 二、设置高级渲染环境

高级渲染环境是对渲染环境更细化的设置，单击“渲染”工具栏中的“高级渲染设置”按钮，或选择视图(V)→渲染(E)→高级渲染设置(D)...命令，在弹出的高级渲染设置选项板中进行设置，如图 12.3.3 所示。

在“选择渲染预设”下拉列表框中，可以选择预设的渲染类型，这时在参数区中可以设置该渲染类型的基本、光线跟踪、间接发光、诊断、处理等参数。在“选择渲染预设”下拉列表框中选择“管理渲染预设”选项，可在弹出的渲染预设管理器对话框中自定义渲染预设，如图 12.3.4 所示。

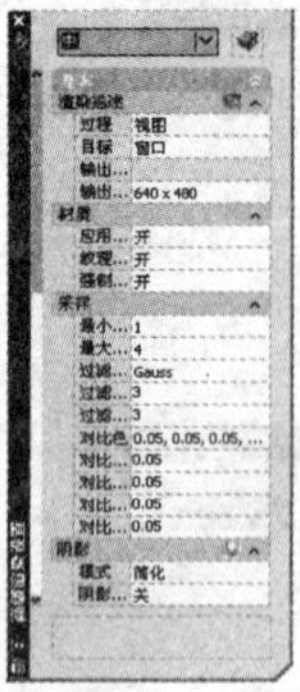

图 12.3.3　“高级渲染设置”选项板

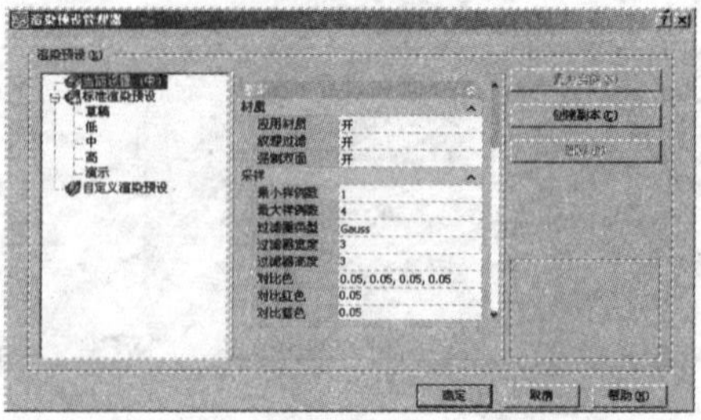

图 12.3.4　“渲染预设管理器”对话框

## 三、设置贴图

贴图是指在渲染对象时将材质映射到对象上。在 AutoCAD 2008 中，贴图的方式有 4 种，分别为平面贴图、长方体贴图、柱面贴图和球面贴图，单击“渲染”工具栏中的“贴图”下拉列表中的相应按钮，或选择视图(V)→渲染(E)→贴图(A)菜单子命令即可设置贴图方式，如图 12.3.5 所示。

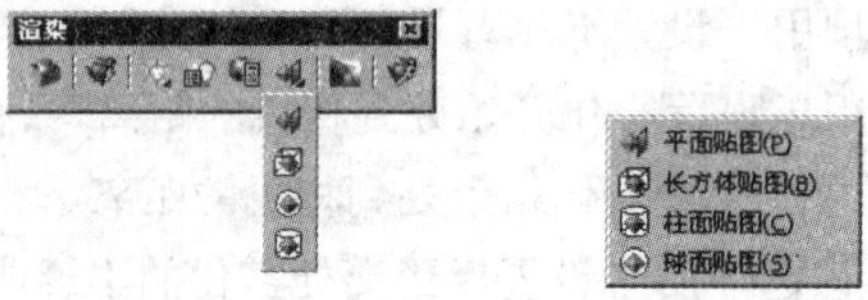


图 12.3.5　“贴图”下拉列表和“贴图”子菜单

在渲染图形时，根据模型的形状和选择贴图的图像，可以选择不同的贴图方式对贴图进行调整，效果如图 12.3.6～图 12.3.9 所示。

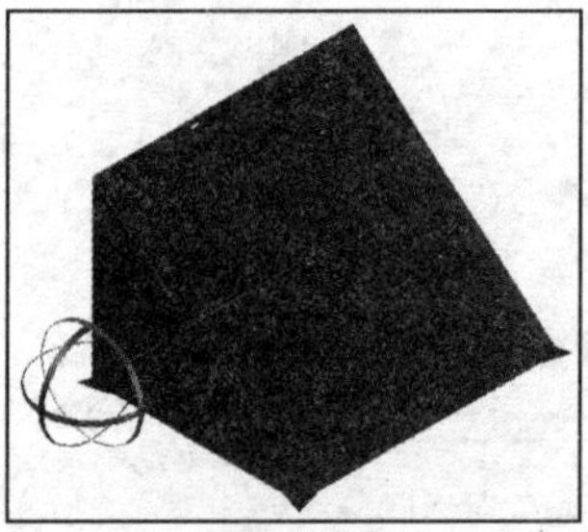

图 12.3.6　平面贴图

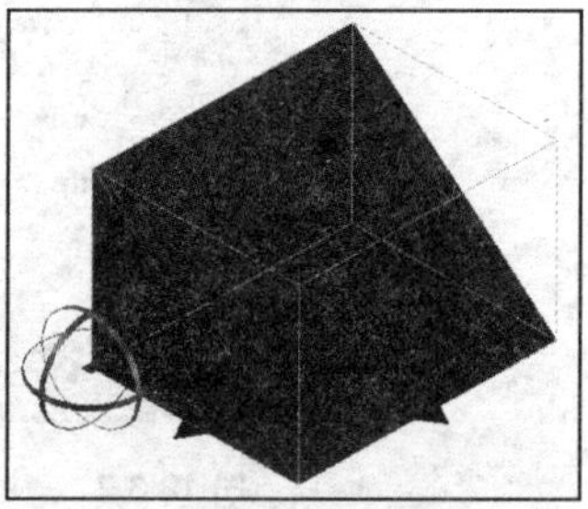

图 12.3.7　长方体贴图

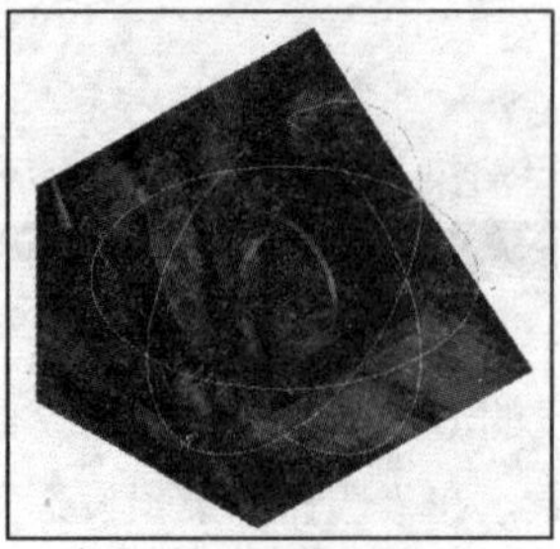

图 12.3.8　球面贴图

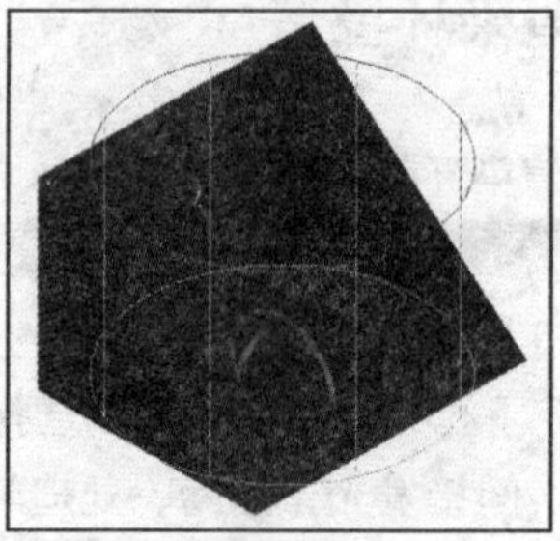

图 12.3.9　柱面贴图

## 四、设置材质

在渲染对象时，使用材质可以增强模型的真实感。单击“渲染”工具栏中的“材质”按钮，或选择视图(V)→渲染(E)→材质(M)...命令，在打开的材质选项板中可以创建并修改材质的属性，如图 12.3.10 所示。

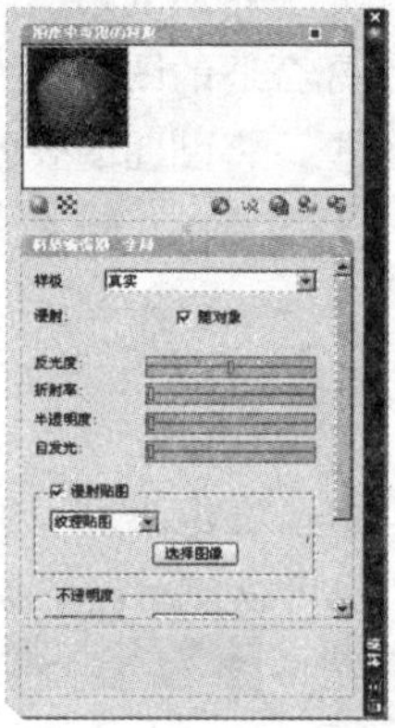

图 12.3.10　“材质”选项板

该选项板中各选项功能介绍如下：

（1）图形中可用的材质面板：该面板用于显示图形中可用材质的样例。

1）“样例几何体”按钮：单击此按钮，选择样例显示的几何体类型，可以是长方体、圆柱体或球体。

2）“交错参考底图关闭”按钮：单击此按钮，显示彩色交错参考底图以帮助用户查看材质的不透明度。该按钮的另一种形式为“交错参考底图开”。

3）“创建新材质”按钮：单击此按钮，弹出创建新材质对话框，如图 12.3.11 所示。在该对话框中的名称:文本框中输入新建材质的名称，然后单击确定按钮，即可在图形中可用的材质面板中预览到新建的材质效果。

图 12.3.11　“创建新材质”对话

4）“从图形中清除”按钮：单击此按钮，从图形中删除选定的材质。无法删除全局材质和任何正在使用的材质。

5）“表明材质正在使用”按钮：单击此按钮，更新正在使用的图标。图形中当前正在使用的材质在样例的右下角显示图形图标。

6）“将材质应用到对象”按钮：单击此按钮，将当前材质应用到选定的对象和面。

7）“从选定的对象中删除材质”按钮：单击此按钮，从选定的对象和面中拆离材质。

（2）材质编辑器 - 全局面板：该面板用于设置在图形中可用的材质面板中选定材质的参数。

1）样板下拉列表：单击该下拉列表右边的下三角按钮，即可在弹出的下拉列表框中选择材质的类型。

2）漫射:选项：该选项用于设置显示材质的颜色，根据选择材质类型的不同该选项的内容也有所变化。

3）反光度:选项：该选项用于设置材质的反光度，拖动该选项右边的滑块即可进行设置。

4）折射率:选项：该选项用于设置材质的折射率，拖动该选项右边的滑块即可进行设置。

5）半透明度：选项：该选项用于设置材质的半透明度，拖动该选项右边的滑块即可进行设置。

6）自发光：选项，该选项用于设置材质的自发光值。当设置为大于 0 的值时，可以使对象自身显示为发光而不依赖于图形中的光源。

7）☑ 漫射贴图复选框：选中该复选框，将使漫射贴图在材质上处于活动状态并可被渲染。在该复选框下边的下拉列表框中选择贴图的方式，或单击 选择图像 按钮选择合适的贴图。

8）不透明度选项组：该选项组用于定义材质的透明区域和不透明区域。拖动该选项组中的滑块设置其透明度，或单击 选择图像 按钮选择合适的图像。

9）☑ 凹凸贴图复选框：选中该复选框，将贴图的表面特征添加到模型的面上，而不更改其几何体形状。

## 五、设置光源

光源直接反映了三维对象表面的光照情况，在渲染过程中起着非常重要的作用。在 AutoCAD 2008 中，用户不仅可以使用自然光（环境光），也可以使用点光源、平行光源及聚光灯光源。单击"渲染"工具栏中的"光源"按钮，或选择 视图(V) → 渲染(E) → 光源(L) 菜单子命令可以创建和管理光源，如图 12.3.12 所示。

图 12.3.12　"光源"下拉列表和"光源"子菜单

### 1．创建光源

为了更好地表现出光照对三维模型的影响效果，用户可以在渲染之前在图形中创建多个光源，以不同的形式对模型添加光照效果。在 AutoCAD 2008 中，用户可以创建的光源有点光源、聚光灯和平行光光源，具体操作方法如下：

（1）创建点光源：单击"渲染"工具栏中"光源"下拉列表中的"新建点光源"按钮，或选择 视图(V) → 渲染(E) → 光源(L) → 新建点光源(P) 命令，命令行提示如下：

命令: _pointlight

指定源位置 <0,0,0>:　　//用鼠标指定光源位置或直接输入光源位置

输入要更改的选项 [名称(N)/强度(I)/状态(S)/阴影(W)/衰减(A)/颜色(C)/退出(X)] <退出>:

//按回车键结束命令或选择设置其他选项

其中各命令选项功能介绍如下：

1）名称(N)：选择该命令选项，为创建的点光源设置名称。

2）强度(I)：选择该命令选项，设置点光源的强度或亮度。

3）状态(S)：选择该命令选项，设置点光源的开启和关闭状态。

4）阴影(W)：选择该命令选项，设置是否启用阴影设置。

5）衰减(A)：选择该命令选项，设置光源衰减的启用，以及光源衰减的类型和边界。

6）颜色(C)：选择该命令选项，设置光源的颜色。

7）退出(X)：选择该命令选项，退出命令。

（2）创建聚光灯：单击“渲染”工具栏中“光源”下拉列表中的“新建聚光灯”按钮，或选择视图(V)→渲染(E)→光源(L)→新建聚光灯(S)命令，命令行提示如下：

命令: _spotlight

指定源位置 <0,0,0>:　　//指定光源位置

指定目标位置 <0,0,-10>:　　//指定目标对象位置

输入要更改的选项 [名称(N)/强度(I)/状态(S)/聚光角(H)/照射角(F)/阴影(W)/衰减(A)/颜色(C)/退出(X)]:　　//按回车键结束命令

其中各选项功能介绍如下：

1）名称(N)：选择该命令选项，为创建的聚光灯设置名称。

2）强度(I)：选择该命令选项，设置聚光灯的强度或亮度。

3）状态(S)：选择该命令选项，设置聚光灯的开启或关闭状态。

4）聚光角(H)：选择该命令选项，指定最亮光锥的角度。

5）照射角(F)：选择该命令选项，指定完整光锥的角度。

6）阴影(W)：选择该命令选项，设置阴影的开启与关闭。

7）衰减(A)：选择该命令选项，设置光源衰减的启用，以及光源衰减类型和边界。

8）颜色(C)：选择该命令选项，设置光源的颜色。

9）退出(X)：选择该命令选项，退出命令。

（3）创建平行光：单击“渲染”工具栏中“光源”下拉列表中的“新建平行光”按钮，或选择视图(V)→渲染(E)→光源(L)→新建平行光(D)命令，命令行提示如下：

命令: _distantlight

指定光源方向 FROM <0,0,0> 或 [矢量(V)]:（指定光源来的方向）

指定光源方向 TO <1,1,1>:（指定光源去的方向）

输入要更改的选项 [名称(N)/强度(I)/状态(S)/阴影(W)/颜色(C)/退出(X)] <退出>:（按回车键退出命令）

其中各选项功能介绍如下：

1）名称(N)：选择该命令选项，为创建的平行光设置名称。

2）强度(I)：选择该命令选项，设置平行光的强度和亮度。

3）状态(S)：选择该命令选项，设置平行光的开启和关闭状态。

4）阴影(W)：选择该命令选项，设置阴影的开启与关闭。

5）颜色(C)：选择该命令选项，设置光源的颜色。

6）退出(X)：选择该命令选项，退出命令。

**2．管理光源**

当在图形中创建多个光源时，可以通过单击“渲染”工具栏中“光源”下拉列表中的“光源列表”按钮，或选择视图(V)→渲染(E)→光源(L)→光源列表(L)命令，在打开的模型中的光源选项板中查看和管理所有光源，如图 12.3.13 所示。

图 12.3.13 “模型中的光源”选项板

## 六、渲染

以上各项都设置完成后，用户就可以进行渲染设置了。执行渲染设置命令的方法有以下 3 种：

（1）单击“渲染”工具栏中的“渲染”按钮。

（2）选择 视图(V) → 渲染(E) → 渲染(R)... 命令。

（3）在命令行中输入命令 render。

执行渲染命令后，弹出 渲染 对话框，如图 12.3.14 所示。

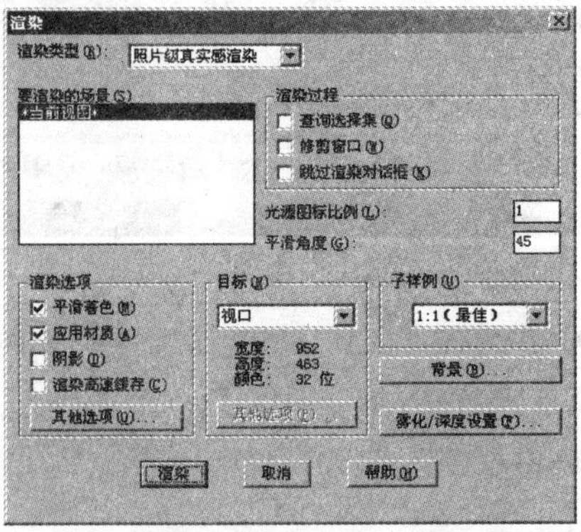


图 12.3.14 “渲染”对话框

该对话框中各选项功能介绍如下：

（1）渲染类型(R): 下拉列表框：用户可以在该下拉列表中选择渲染类型。AutoCAD 提供了一般渲染、照片级真实感渲染和照片级光线跟踪渲染三种渲染类型供给用户选择。

（2）要渲染的场景(S) 列表框：该列表框中列出了当前图形中的所有场景。

（3）渲染选项 选项组：该选项组用于控制渲染显示。

（4）渲染过程 选项组：该选项组用于控制渲染默认的工作方式。

（5）目标(N) 选项组：该选项组用于控制显示驱动程序用于渲染图像的输出设置。

（6）子样例(U) 下拉列表：从该下拉列表中选择一个比例，仅渲染一部分像素将降低图像质量，但可以减少渲染时间，同时仍能达到一定效果，比例为 1:1 时为最佳，8:1 时渲染速度最快。

完成各项设置后，单击 渲染 按钮开始对实体进行渲染。

如果用户在 目标(N) 选项组中的下拉列表中选择 渲染窗口 选项，则执行渲染命令后，可以直接在如图 12.3.15 所示的渲染窗口中显示渲染的效果。

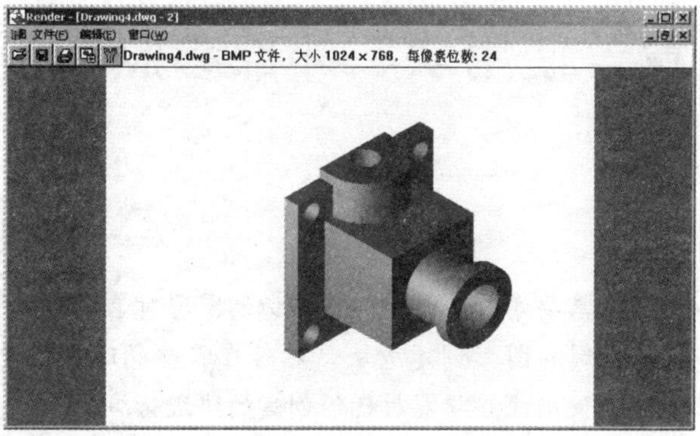


图 12.3.15　在渲染窗口中显示渲染效果

# 习题十二

## 一、填空题

1. 在 AutoCAD 2008 中，对三维对象的操作包括__________、__________、__________、三维镜像和__________。

2. 抽壳是指__________。

3. 分割是指__________。

## 二、选择题

1. 在 AutoCAD 2008 中，可以对实体的面执行（ ）等操作。

A. 拉伸面　　B. 旋转面

C. 偏移面　　D. 倾斜面

2. 在 AutoCAD 2008 中，不能对实体的边进行（ ）操作。

A. 压印边　　B. 着色边

C. 复制边　　D. 拉伸边

## 三、问答题

1. 在 AutoCAD 2008 中，用哪些命令可以对实体面进行编辑？

2. 在 AutoCAD 2008 中，如何对实体对象进行渲染？

## 四、上机操作题

绘制如题图 12.1 和题图 12.2 所示的图形，并对其进行渲染。

题图　12.1

题图　12.2

# 第十三章　使用块、外部参照和设计中心

### 教学目标

在绘制图形的过程中，经常需要绘制一些相同或相似的图形对象，这时用户就可以使用 AutoCAD 提供的块功能，将需要多重绘制的图形创建成块，然后在需要的时候将这些块插入到图形中。在 AutoCAD 2008 中，用户还可以使用块编辑器对已经创建的块进行编辑。

在 AutoCAD 中使用外部参照既可以方便地参照其他图形进行工作，又不会占用太多的存储空间，而且还会及时更新参照图形。

在 AutoCAD 2008 中，系统提供了与 Windows 资源管理器相类似的设计中心。利用设计中心，用户可以直观、高效地对图形文件进行浏览、查找和管理。

### 教学难点与重点

（1）创建与插入块。
（2）创建与编辑块属性。
（3）创建与编辑动态块。
（4）使用外部参照。
（5）使用 AutoCAD 设计中心。

## 第一节　创建与插入块

块是由一个或多个图形对象组成的作为一个图形对象使用的实体，块可以是绘制在几个图层上的不同颜色、线型和线宽特性的对象的组合。用户可以将块插入到图形中的任意位置，在插入块的同时，还可以调整块的比例和旋转角度。

### 一、创建块

在 AutoCAD 中，创建块的方法有两种：一种是定义内部块；另一种是定义外部块。内部块只能在当前图形中插入，而外部块可以插入到任意图形中。

#### 1．创建内部块

内部块是指在当前图形中定义块参照，并将块与当前图形数据保存在一起。启动定义内部块命令的方法有以下 3 种：

（1）单击“绘图”工具栏中的“创建块”按钮。
（2）选择 绘图(D) → 块(K) → 创建(M)... 命令。
（3）在命令行中输入命令 block。

执行创建内部块命令后，弹出块定义对话框，如图 13.1.1 所示。该对话框中各选项功能介绍如下：

（1）名称(A):下拉列表框：在该下拉列表框中可直接输入定义块的名称。

（2）基点选项组：该选项组用于设置块的插入基点。单击该选项组中的“拾取插入基点”按钮在绘图窗口中指定插入基点，或直接在该按钮下边的 X，Y，Z 文本框中输入插入基点的坐标值。

（3）对象选项组：该选项组用于设置组成块的对象，其中各选项功能介绍如下：

1）“在屏幕上指定”复选框：选中该复选框，系统可以在屏幕上指定。

2）“选择对象”按钮：单击此按钮，系统切换到绘图窗口，用鼠标选择构成块的对象。

3）“快速选择”按钮：单击此按钮，弹出快速选择对话框，如图 13.1.2 所示，在该对话框中设置选择条件即可快速选择构成块的对象。

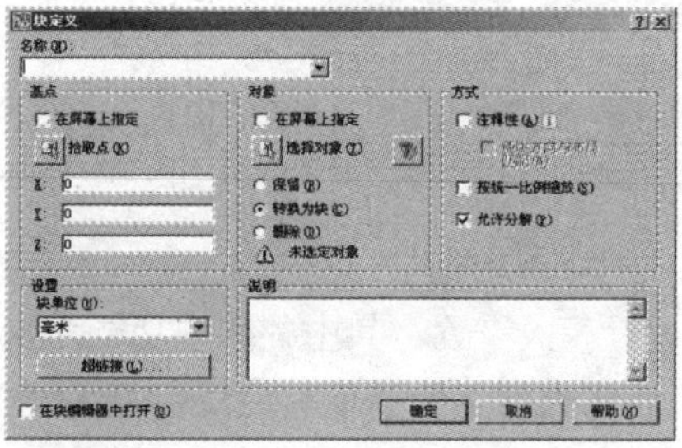


图 13.1.1　“块定义”对话框

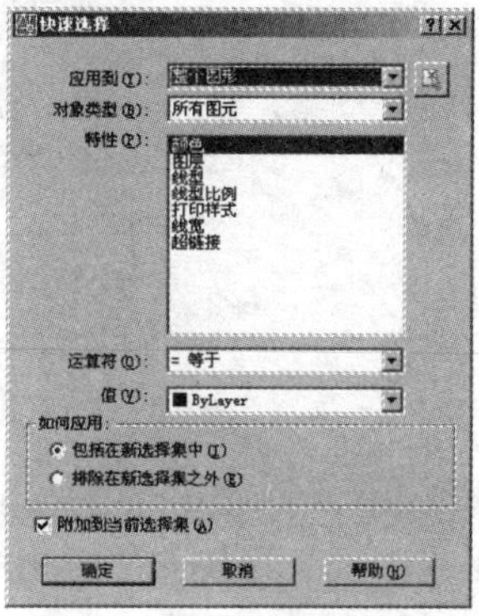


图 13.1.2　“快速选择”对话框

4）保留(R)单选按钮：选中该单选按钮，创建块以后，将选定的对象保留在图形中作为区别对象。

5）转换为块(C)单选按钮：选中该单选按钮，创建块以后，将选定的对象转换成图形中的块实例。

6）删除(D)单选按钮：选中该单选按钮，创建块以后，从图形中删除选定的对象。

（4）方式选项组：该选项组用于对块的注解，其中各选项功能介绍如下：

1）注释性(A)复选框：选中此复选框，指定具有注释性。

2）按统一比例缩放(S)复选框：选中此复选框，定义的块会按统一的比例缩放。

3）允许分解(P)复选框：选中此复选框，被定义的块将被允许分解。

（5）设置选项组：该选项组用于设置块，其中各选项功能介绍如下：

1）块单位(U):下拉列表：用来设置块的单位。

2）超链接(L)...按钮：单击此按钮，可以在弹出的插入超链接对话框中将某个超链接与块定义相关联，如图 13.1.3 所示。

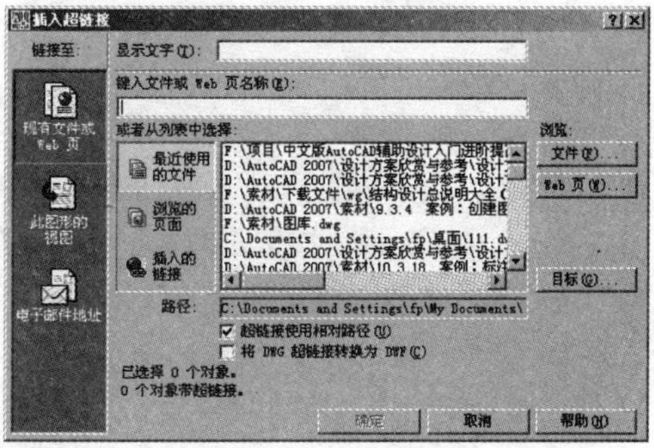


图 13.1.3　“插入超链接”对话框

在该对话框中设置完定义块的参数后，单击确定按钮，完成内部块的创建。

（6）说明(E): 列表框：指定与块相关联的文字说明。

**2．创建外部块**

外部块是指将创建的块命名存盘，这样块就可以被其他图形使用。执行创建外部块命令的方法为：在命令行中输入命令 wblock 后按回车键，弹出写块对话框，如图 13.1.4 所示，该对话框中各选项功能介绍如下：

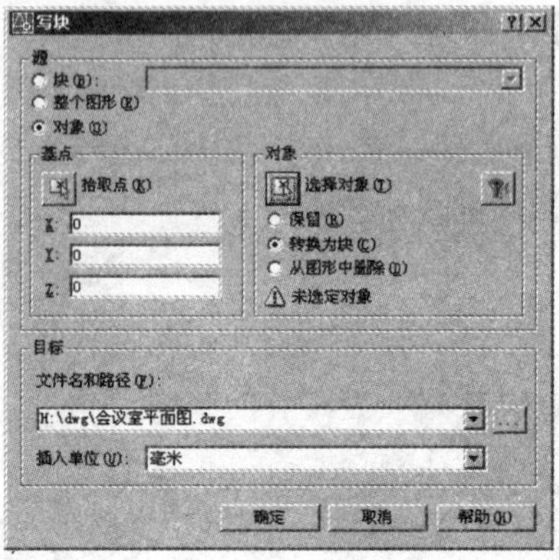


图 13.1.4　“写块”对话框

（1）源选项组：此选项组是将绘制的图形进行相关设置，其中各选项功能介绍如下：

1）块(B): 单选按钮：选中此单选按钮，将当前文件中现有的块保存为文件。只有当当前图形中已经有块时该选项才可用。

2）整个图形(E) 单选按钮：选中此单选按钮，将当前图形创建成一个块。

3）对象(O) 单选按钮：选中此单选按钮，指定要保存为文件的对象。

4）基点选项组：指定块的基点，默认值是（0，0，0）。可以在 X，Y 和 Z 文本框中输入基点的坐标值，也可以单击“拾取点”按钮，在绘图窗口中指定一点作为基点。

5）对象选项组：设置用于创建块的对象效果。

（2）目标选项组：该选项组用于指定文件的新名称和新位置。

（3）插入单位(U): 下拉列表：指定插入块时所使用的测量单位。

完成各项设置后，单击确定按钮即可创建外部块。

## 二、插入块

在 AutoCAD 中，用户可以将创建的块插入到图形文件中。在插入图块时，用户必须确定插入的图块名、插入点位置、插入比例系数和图块的旋转角度。用户也可以在插入图块前或在插入图块的同时指定图块的插入点、缩放比例和旋转角度。在 AutoCAD 2008 中，系统提供了 4 种插入块的方法，分别介绍如下：

**1．利用命令行插入块**

在命令行中输入命令“_insert”后按回车键，命令行提示如下：

命令: _insert

输入块名或 [?] <块名>:　　　　　　　　　　//输入插入块的名称

单位：毫米　转换：1.0000　//系统提示

指定插入点或[基点(B)/比例(S)/X/Y/Z/旋转(R)/预览比例(PS)/PX/PY/PZ/预览旋转(PR)]:　//指定块的插入点

输入 X 比例因子，指定对角点，或 [角点(C)/XYZ] <1>:　//指定 X 轴方向上的缩放比例

输入 Y 比例因子或<使用 X 比例因子>:　//指定 Y 轴方向上的缩放比例

指定旋转角度 <0>:　//指定插入块的旋转角度

其中各命令选项功能介绍如下：

（1）?：选择该命令选项，列出当前图形中定义的所有块。

（2）基点(B)：选择该命令选项，将块临时放置到其当前所在的图形中，并允许在将块参考拖动到位时，为其指定新基点，这不会影响为块参照定义的实际基点。

（3）比例(S)：选择该命令选项，设置 X，Y 和 Z 轴的比例因子。

（4）X/Y/Z：选择该命令选项，指定 X/Y/Z 的比例因子。

（5）旋转(R)：选择该命令选项，设置块插入的旋转角度。

（6）预览比例(PS)：选择该命令选项，设置 X，Y 和 Z 轴的比例因子，以控制块被拖动到位时的显示。

（7）PX/PY/PZ：选择该命令选项，设置 X/Y/Z 轴比例因子，以控制块被拖动到位时的显示。

（8）预览旋转(PR)：选择该命令选项，设置块被拖动到位时的旋转角度。

**2．利用对话框插入块**

此方法是指利用“插入”对话框插入块，打开该对话框的方法有以下 3 种：

（1）单击“绘图”工具栏中的“插入块”按钮。

（2）选择 插入(I) → 块(B)... 命令。

（3）在命令行中输入命令 insert 或 ddinsert。

执行该命令后，弹出 插入 对话框，如图 13.1.5 所示。

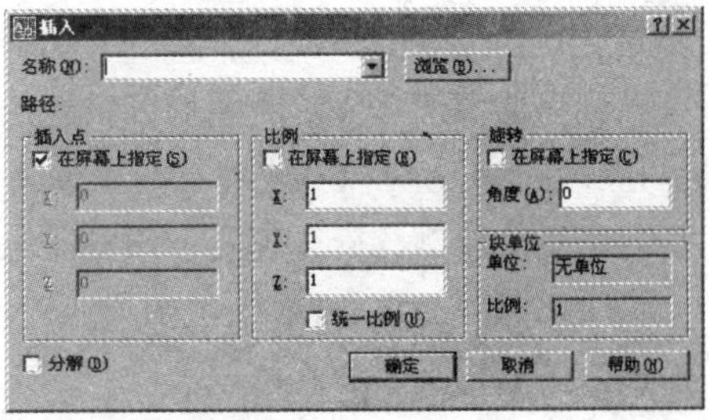


图 13.1.5　“插入”对话框

该对话框中各选项功能介绍如下：

（1）名称(N): 下拉列表框：指定要插入块的名称，或指定要作为块插入的文件的名称。

（2）路径: 显示框：显示选中块的路径。

（3）插入点 选项组：指定块的插入点。如果选中该选项组中的 ☑ 在屏幕上指定(S) 复选框，则在绘图窗口中指定块的插入点，否则在 X，Y 和 Z 文本框中输入插入点的坐标。

（4）比例 选项组：指定插入块的缩放比例。如果选中该选项组中的 ☑ 在屏幕上指定(E) 复选框，则在绘图窗口中用鼠标拖动块来指定缩放比例，否则在 X，Y 和 Z 文本框中输入坐标轴方向上的缩放比例。

（5）旋转 选项组：指定插入块的旋转角度。如果选中该选项组中的 ☑ 在屏幕上指定(C) 复选框，则在绘图窗口中指定旋转角度，否则在 角度(A): 文本框中输入插入块的旋转角度。

（6）块单位 选项组：该选项组用于显示有关快单位的信息，包括块的单位和比例。

（7）☑ 分解(D) 复选框：选中此复选框，分解块并插入该块的各个部分。

参数设置完成后，单击 确定 按钮插入块。

**注意**：命令“_insert”和“insert”的执行结果不同，前者是利用命令行插入块，而后者是利用对话框插入块。

### 3. 以拖放的方式插入快

在 AutoCAD 2008 中，用户可以利用鼠标将另一幅图形中的块以拖放的形式插入到当前图形中，但这种拖放需要借助资源管理器或设计中心，以下分别进行介绍。

（1）用资源管理器插入块是指将另一幅图形中的块资源管理器直接拖放到当前图形中，即可完成插入块的操作，具体操作步骤如下：

启动 AutoCAD 2008 并打开当前图形。

打开 Windows 资源管理器，找到要插入的块所在的图形文件。

用鼠标选中并拖动要插入的图形文件到当前图形中。

此时，命令行提示如下：

命令: _INSERT 输入块名或 [?]<Drawing2>:"E:\Documents and Settings\saaa\桌面\Drawing2.dwg"
指定插入点或 [比例(S)/X/Y/Z/旋转(R)/预览比例(PS)/PX/PY/PZ/预览旋转(PR)]:　　//显示插入图形文件的路径，并要求指定插入点
输入 X 比例因子，指定对角点，或 [角点(C)/XYZ] <1>:　　//指定 X 轴的比例因子
输入 Y 比例因子或 <使用 X 比例因子>:　　//指定 Y 轴的比例因子
指定旋转角度 <0>:　　//指定旋转角度

插入到当前图形文件中的图形以块的形式存在，用户可以用各种编辑命令对其进行编辑，如复制、移动、分解等，所有可以对块进行的操作都是对块整体的操作。另外，在插入图形的同时，用户还可以对插入图形的比例、旋转角度、预览比例和预览旋转角度等参数进行设置。

（2）在 AutoCAD 2008 中，用户还可以将设计中心中指定的单独块插入到其他图形中。打开设计中心的方法有以下 3 种：

1）单击“标准”工具栏中的“设计中心”按钮。

2）选择 工具(T) → 设计中心(G) Ctrl+2 命令。

3）在命令行中输入命令 adcenter。

执行该命令后，系统弹出 设计中心 窗口，如图 13.1.6 所示。

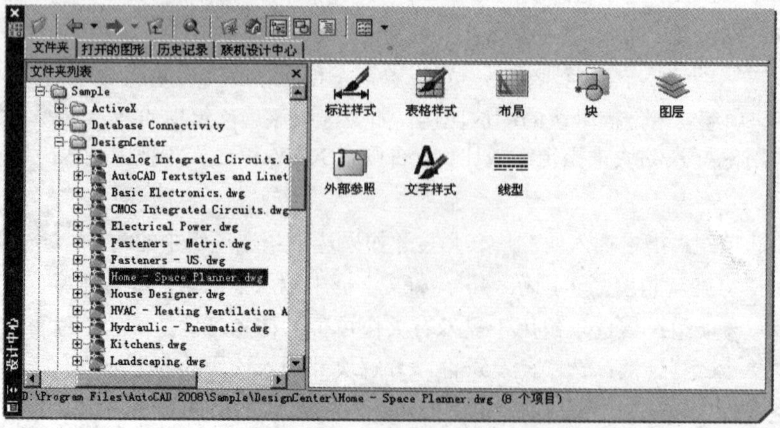


图 13.1.6　“设计中心”窗口

在该对话框左边的“文件夹列表”列表框中选择包含块的图形文件，在右边的列表框中用鼠标双击“块”图标，系统会显示该图形中包含的所有块，如图 13.1.7 所示。

选中并拖动指定的块到当前图形文件中，即可将指定的块插入到当前图形文件中。

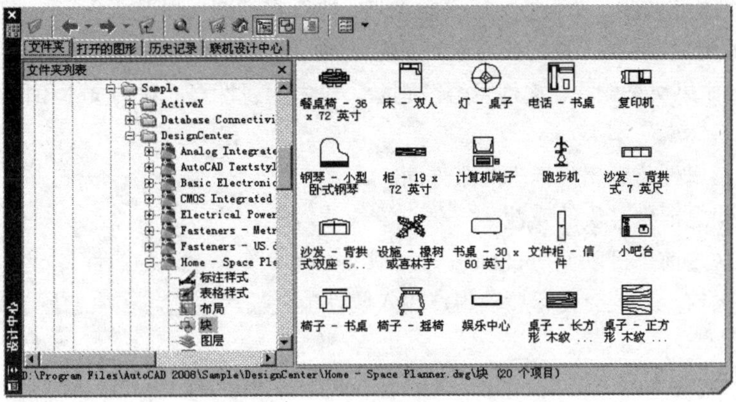


图 13.1.7　“设计中心”窗口中的所有块

**4．多重插入块**

在 AutoCAD 中，用户可以利用 minsert 命令依次插入多个块，即以阵列的方式插入块。在命令行中输入命令 minsert 后按回车键，命令行提示如下：

命令: _minsert　　//执行多重插入块命令

输入块名或[?]<Drawing2>:　　//输入块名

单位: 毫米　　转换:　　1.0000　　//系统提示

指定插入点或[基点(B)/比例(S)/X/Y/Z/旋转(R)/预览比例(PS)/PX/PY/PZ/预览旋转(PR)]:

//指定插入点

输入 X 比例因子，指定对角点，或[角点(C)/XYZ]<1>:　　//指定 X 轴的比例因子

输入 Y 比例因子或<使用 X 比例因子>:　　//指定 Y 轴的比例因子

指定旋转角度<0>:　　//指定块的旋转角度

输入行数(---)<1>:　　//指定插入块的行数

输入列数(|||)<1>:　　//指定插入块的列数

注意：使用此方法插入的块被视为一个对象，且不能被分解。

如图 13.1.8 所示为多重插入块的效果。

图 13.1.8　多重插入块

# 第二节　创建与编辑块属性

块属性是指块的可见性、说明性文字、插入点、块所在的图层以及颜色等。在 AutoCAD 2008 中用户可以为块添加属性，在插入块的同时显示某些属性，这样可以提高图形的可读性。属性从属于块，是块的组成部分，如果块被删除，属性也会被删除。块中的属性与一般的文本不同，具体表现在以下 4 个方面：

（1）属性包括属性值和属性标志两个方面。

（2）在定义块之前定义块的属性。

（3）在定义块之前，可以使用 change 命令或 ddedit 命令修改块的属性。

（4）插入块之前，系统会提示要求用户输入属性值。插入块后，在块上显示属性值。

## 一、创建块属性

执行创建块属性命令的方法有以下两种：

（1）选择 绘图(D) → 块(K) → 定义属性(D)... 命令。

（2）在命令行中输入命令 attdef。

执行该命令后，弹出 属性定义 对话框，如图 13.2.1 所示。

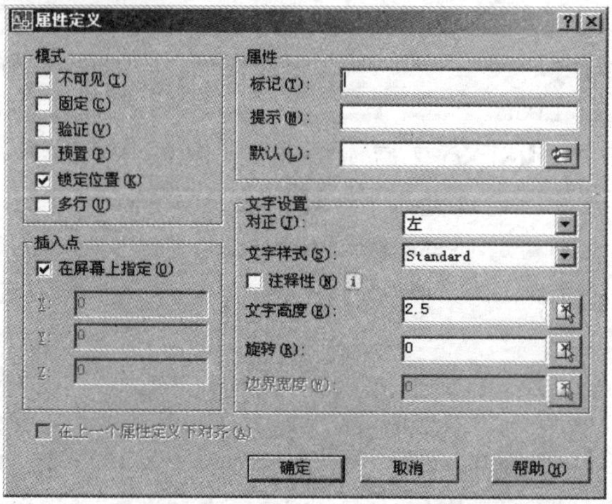


图 13.2.1　“属性定义”对话框

其中各选项功能介绍如下：

（1）模式 选项组：该选项组用于在图形中插入块时设置与块相关联的属性值选项。

1）☑ 不可见(I) 复选框：选中此复选框，指定插入块时不显示或打印属性值。

2）☑ 固定(C) 复选框：选中此复选框，插入块时赋予属性固定值。

3）☑ 验证(V) 复选框：选中此复选框，插入块时提示验证属性值是否正确。

4）☑ 预置(P) 复选框：选中此复选框，插入包含预置属性值的块时，将属性设置为默认值。

5）☐ 锁定位置(K) 复选框：选中此复选框，插入块时将会锁定其位置。

6）☐ 多行(U) 复选框：选中此复选框，对其插入的文字块进行编辑。

（2）属性 选项组：该选项组用于设置属性数值。

1）标记(T): 文本框：输入属性标签，标识图形中每次出现的属性。

2）提示(M):文本框：输入属性提示，指定在插入包含该属性定义的块时显示的提示。如果不输入提示，属性标记将作为提示。

3）默认(L):文本框：输入默认的属性值。

（3）插入点选项组：该选项组用于设置属性的插入位置。可以选中☑在屏幕上指定(O)复选框，在屏幕上指定属性插入点，也可以在 X，Y 和 Z 文本框中输入坐标值来确定属性的插入点。

（4）文字设置选项组：该选项组用于设置属性文字的对正、样式、高度和旋转角度，其中包括以下各选项：

1）对正(J):下拉列表：该选项用于指定属性文字的对正位置。

2）文字样式(S):下拉列表：该选项用于指定属性文字的预定义样式。

3）文字高度(E):按钮：该选项用于指定属性文字的高度。

4）旋转(R):按钮：该选项用于指定属性文字的旋转角度。

5）边界宽度(W):按钮：该选项用于指定属性文字的边界宽度。

完成各项设置后，单击确定按钮，即可定义块的属性。

## 二、编辑块属性

块属性的编辑就是改变属性的值以及位置、方向等属性。在 AutoCAD 2008 中，用户可以使用多种方式对块属性进行编辑，现分别介绍如下。

### 1．使用 ddedit 命令编辑块属性

在命令行中输入命令 ddedit 后按回车键，命令行提示如下：

选择注释对象或 [放弃(U)]:

如果选择还没有被定义为块的属性，则弹出编辑属性定义对话框，如图 13.2.2 所示。用户可以在该对话框中编辑属性的标记、提示以及默认（值）属性。

如果选择已经定义为块的属性，则弹出增强属性编辑器对话框，如图 13.2.3 所示。用户只能在该对话框中编辑属性的值，以及文字标记的样式和图层属性，而不能对标记和提示属性进行修改。

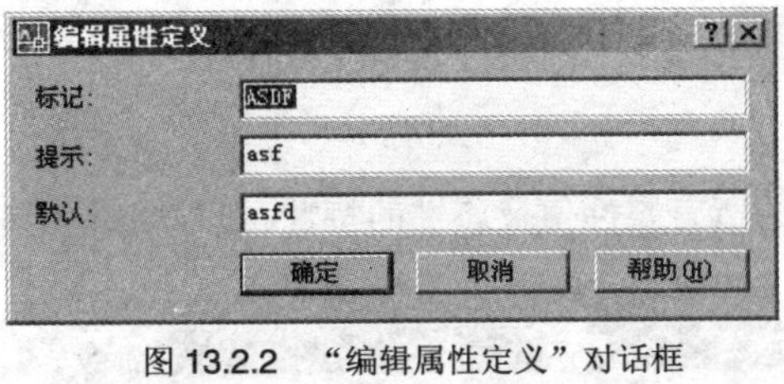


图 13.2.2　“编辑属性定义”对话框

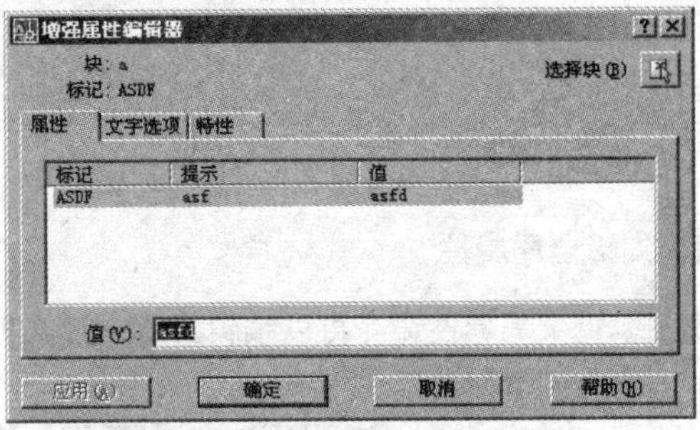


图 13.2.3　“增强属性编辑器”对话框

### 2．使用 attedit 命令编辑块属性

在命令行中输入命令 attedit 后按回车键，命令行提示如下：

选择块参照:

选择具有属性的块，弹出编辑属性对话框，如图 13.2.4 所示。用户在该对话框中只能对块属性的值进行修改。

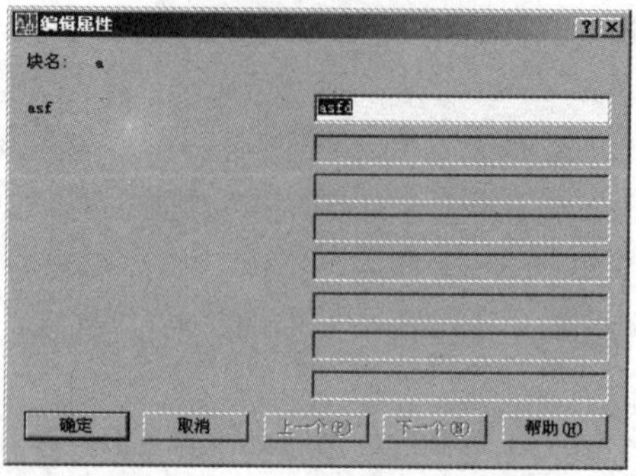


图 13.2.4　“编辑属性”对话框

### 3. 编辑单个属性

使用编辑单个属性命令可以在“增强属性编辑器”对话框中显示块实例中的属性，并显示每个属性的特性，用户可以更改属性特性和属性值。执行该命令的方式有以下 3 种：

（1）单击“修改 II”工具栏中的“编辑属性”按钮。

（2）选择 修改(M) → 对象(O) → 属性(A) → 单个(S)... 命令。

（3）在命令行中输入命令 eattedit。

执行该命令后，命令行提示如下：

命令: _eattedit　　　　//执行编辑单个属性命令

选择块:　　　　//在绘图窗口中选择块属性

当选择块属性后，弹出“增强属性编辑器”对话框，如图 13.2.5 所示。用户可以在该对话框中修改块的属性、文字选项以及特性。

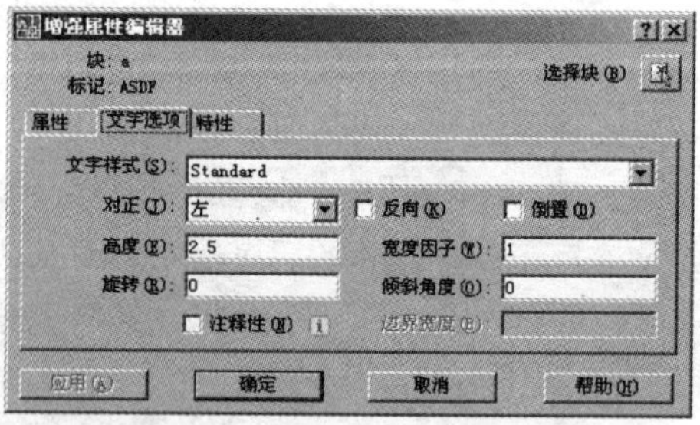


图 13.2.5　“增强属性编辑器”对话框

### 4. 编辑全局属性

使用编辑全局属性命令可以编辑当前图形文件中的所有属性值及属性的特性。执行编辑全局属性命令的方法有以下两种：

（1）选择 修改(M) → 对象(O) → 属性(A) → 全局(G) 命令。

（2）在命令行中输入命令_attedit。

执行该命令后，命令行提示如下：

命令: _attedit　　　　//执行编辑全局属性命令

是否一次编辑一个属性？[是(Y)/否(N)] <Y>:　　　　//选择是否一次编辑一个属性

（1）如果选择“是”命令选项，则只能逐个编辑选择的属性，并且这些属性是可见的，命令行提示如下：

输入块名定义 <*>:　　//按回车键

输入属性标记定义 <*>:　　//按回车键

输入属性值定义 <*>:　　//按回车键

选择属性:　　//选择要编辑的块属性

选择属性:　　//按回车键结束对象选择

已选择 1 个属性.　　//系统提示

输入选项 [值(V)/位置(P)/高度(H)/角度(A)/样式(S)/图层(L)/颜色(C)/下一个(N)]<下一个>:

//选择块编辑的选项

其中各选项功能介绍如下：

1）值(V)：改变或替换属性。

2）位置(P)：修改文字插入点。

3）高度(H)：修改文字高度。

4）角度(A)：修改旋转角度。

5）样式(S)：修改样式设置。

6）图层(L)：修改图层。

7）颜色(C)：修改颜色。

8）下一个(N)：移动到选择集中的下一个属性。如果没有其他属性，则结束命令。

（2）如果选择“否”命令选项，则可以一次编辑所有属性的属性值，命令行提示如下：

正在执行属性值的全局编辑　　//系统提示

是否仅编辑屏幕可见的属性？[是(Y)/否(N)] <Y>:　　//选择是否仅编辑可见的属性

输入块名定义 <*>:　　//按回车键

输入属性标记定义 <*>:　　//按回车键

输入属性值定义 <*>:　　//按回车键

选择属性:　　//用交叉窗口选择所有要编辑的属性

指定对角点:

选择属性:　　//按回车键结束对象选择

已选择 2 个属性　　//系统提示

输入要修改的字符串:　　//输入要修改的字符串

输入新字符串:　　//输入新的字符串

## 三、块属性管理器

AutoCAD 2008 为用户提供了块属性管理器，这样就更方便了用户对块的管理。执行块属性管理器命令的方法有以下 3 种：

（1）单击“修改 II”工具栏中的“块属性管理器”按钮。

（2）选择 修改(M) → 对象(O) → 属性(A) → 块属性管理器(B)... 命令。

（3）在命令行中输入命令 battman。

执行块属性管理器命令后，弹出 块属性管理器 对话框，如图 13.2.6 所示。

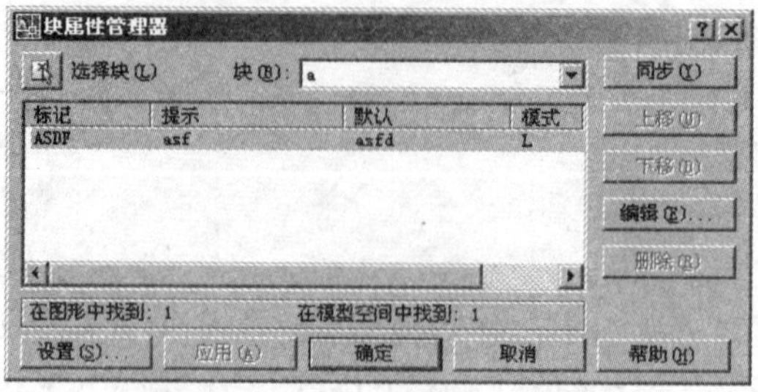


图 13.2.6　“块属性管理器”对话框

该对话框中主要选项功能介绍如下：

（1）“选择块”按钮：单击此按钮，系统切换到绘图窗口选择可以操作的块。

（2）块(B):下拉列表：该下拉列表用于选择当前图形中所有具有属性的块。

（3）属性列表框：该列表框中显示当前选择的块的所有属性，包括属性的标记、提示、默认值和模式等。

（4）同步(Y)按钮：单击此按钮，更新当前定义属性的特性实例。

（5）上移(U)按钮：单击此按钮，在提示序列的早期阶段移动选定的属性标签。选定固定属性时，“上移”按钮不可用。

（6）下移(D)按钮：单击此按钮，在提示序列的后期阶段移动选定的属性标签。选定常量属性时，“下移”按钮不可使用。

（7）编辑(E)...按钮：单击此按钮，弹出编辑属性对话框，如图 13.2.7 所示，利用该对话框可以重新设置属性定义的构成、文字特性和图形特性等。

（8）删除(R)按钮：在属性列表框中选择要删除的属性，单击该按钮，即可删除该属性。

（9）设置(S)...按钮：单击此按钮，弹出块属性设置对话框，如图 13.2.8 所示。该对话框用于设置在属性列表框中显示的内容，选中相应的复选框，即可显示相应的内容。

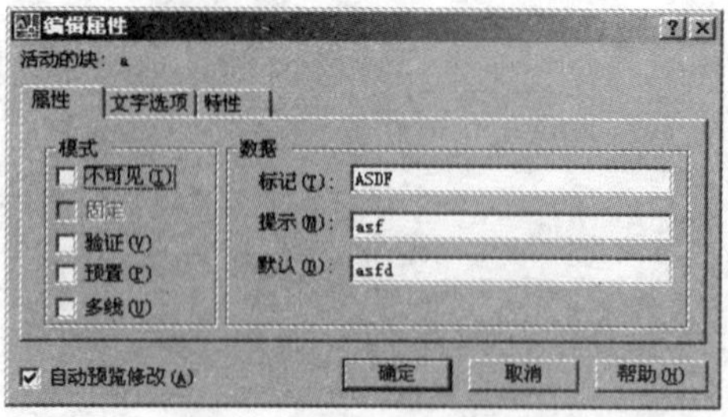


图 13.2.7　“编辑属性”对话框

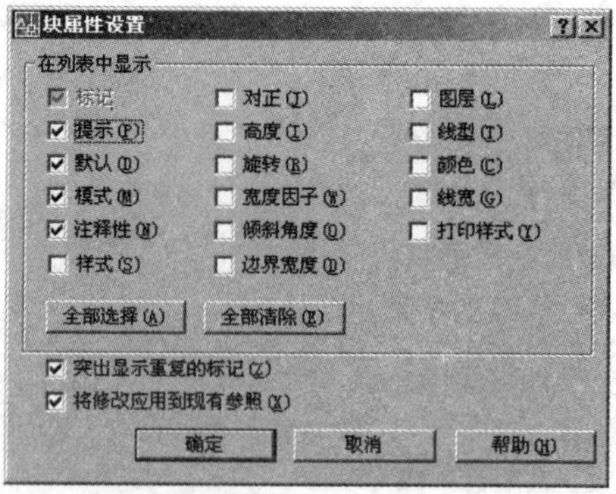


图 13.2.8　“块属性设置”对话框

各项参数设置完后，单击“确定”按钮对相关的参数进行确认。

## 第三节　创建与编辑动态块

所谓动态块，是指通过自定义夹点或自定义特性来操作块参照中的几何图形，使用户可以根据需要随时调整块，而不用搜索另一个块以插入或重定义现有块。

在 AutoCAD 2008 中，用户可以在块编辑器中创建与编辑动态块。打开块编辑器的方法有以下 3 种：

（1）单击“标准”工具栏中的“块编辑器”按钮。

（2）选择 工具(T) → 块编辑器(B) 命令。

（3）在命令行中输入命令 bedit。

执行该命令后，弹出 编辑块定义 对话框，如图 13.3.1 所示。

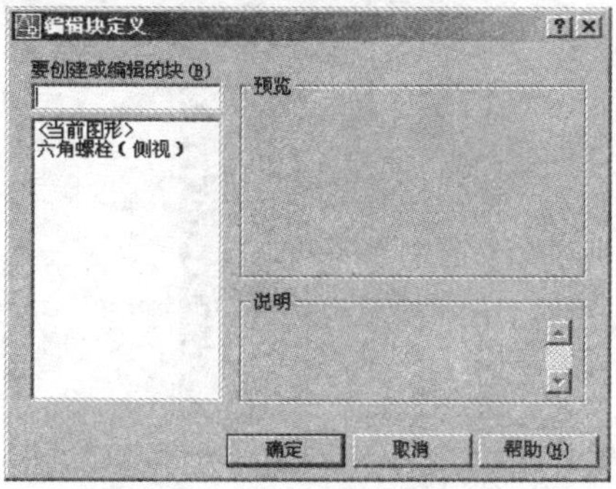


图 13.3.1　“编辑块定义”对话框

在该对话框左边的列表框中列出了当前图形中所有具有属性的块的名称，选中块的名称后，在右边的预览框中显示该块的图形。如果在该对话框中的 要创建或编辑的块 (B) 文本框中输入新的块名，单击 确定 按钮后，弹出“块编辑器”窗口；如果在该对话框中的 要创建或编辑的块 (B) 文本框下边的列表中选择一个块名，单击 确定 按钮后，在块编辑器中打开已创建的块，如图 13.3.2 所示。

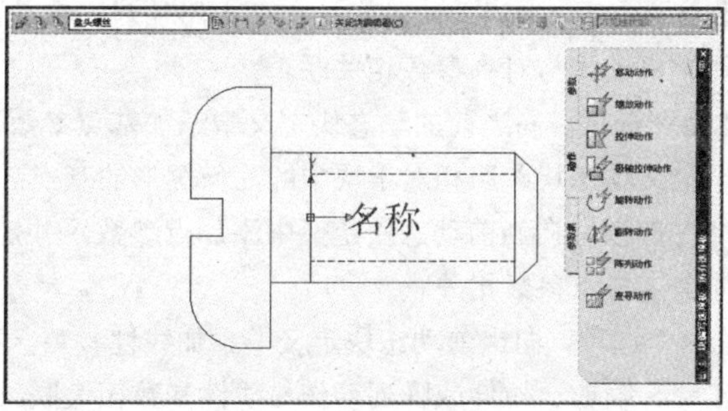


图 13.3.2　块编辑器窗口

在块编辑器中提供了一个“块编辑器”工具栏和多个块编写选项板，块编写选项板中包含用于创建动态块的工具，现对其功能分别介绍。

## 一、“块编辑器”工具栏

“块编辑器”工具栏位于块编辑器窗口的最上边。该工具栏提供了在块编辑器中使用动态块、创建动态块以及设置动态块可见性状态的工具。其中各工具的功能介绍如下：

（1）“编辑或创建块定义”按钮：单击此按钮，弹出 编辑块定义 对话框（见图 13.3.1）用户可以在该对话框中重新定义动态块的名称，或对已经定义的动态块进行编辑。

（2）“保存块定义”按钮：单击此按钮，保存当前定义的块。

（3）“将块另存为”按钮：单击此按钮，将当前定义的块以新的块名重新存储。

（4）“块定义的名称”显示框 六角螺栓寸（侧视）：该显示框用于显示当前正在定义块的名称。

（5）“编写选项板”按钮：单击此按钮，打开 块编写选项板 - 所有选项板 面板，如图 13.3.3 所示。

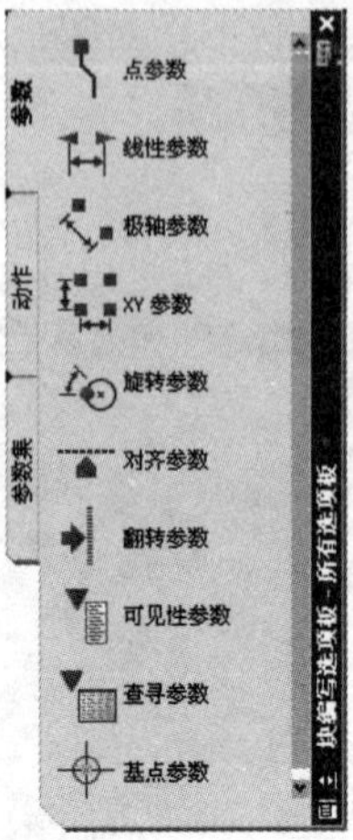


图 13.3.3　“块编写选项板-所有选项板”面板

（6）“参数”按钮：单击此按钮，命令行提示如下：

命令: _BPARAMETER

输入参数类型 [对齐(A)/基点(B)/点(O)/线性(L)/极轴(P)/XY(X)/旋转(R)/翻转(F)/可见性(V)/查寻(K)]:

其中各命令选项功能介绍如下：

1）对齐(A)：选择此命令选项，向当前的动态块定义中添加对齐参数。因为对齐参数影响整个块，所以不需要（或不可能）将动作与对齐参数相关联。

2）基点(B)：选择此命令选项，向当前的动态块定义中添加基点参数。无须将任何动作与基点参数相关联。基点参数用于定义动态块参照相对于块中的几何图形的基点。

3）点(O)：选择此命令选项，向当前动态块定义中添加点参数，并定义块参照的自定义 X 和 Y 特性。可以将移动或拉伸动作与点参数相关联。

4）线性(L)：选择此命令选项，向当前动态块定义中添加线性参数，并定义块参照的自定义距离特性。另外，还可以将移动、缩放、拉伸或阵列动作与线性参数相关联。

5）极轴(P)：选择此命令选项，向当前的动态块定义中添加极轴参数。设置块参照的自定义距离和角度特性。该参数可以与移动、缩放、拉伸、极轴拉伸或阵列动作相关联。

6）XY(X)：选择此命令选项，向当前动态块定义中添加 XY 参数，并定义块参照的自定义水平距离和垂直距离特性。该参数可以与移动、缩放、拉伸或阵列动作相关联。

7）旋转(R)：选择此命令选项，向当前动态块定义中添加旋转参数，并定义块参照的自定义角度特性。只能将一个旋转动作与一个旋转参数相关联。

8）翻转(F)：选择此命令选项，向当前的动态块定义中添加翻转参数。设置块参照的自定义翻转特性。在块编辑器中，翻转参数显示为投影线，并显示一个值，该值显示块参照是否已被翻转。该参数可以与翻转动作相关联。

9）可见性(V)：选择此命令选项，向当前动态块定义中添加可见性参数，并定义块参照的自定义可见性特性。可见性参数允许用户创建可见性状态并控制对象在块中的可见性。该参数总是应用于整个块，并且无须与任何动作相关联。

10）查寻(K)：选择此命令选项，向当前动态块定义中添加查寻参数，并定义块参照的自定义查寻特性。查寻参数用于定义自定义特性，用户可以指定或设置该特性，以便从定义的列表或表格中计算出某个值。可以将查寻动作与查寻参数相关联。

（7）“动作”按钮：单击此按钮，命令行提示如下：

命令: _BACTION

选择参数:　　　　　　　　　　　　　　//选择可以关联的参数

动作定义了在图形中操作块参照的自定义特性时，动态块参照的几何图形将如何移动或变化。应将动作与参数相关联。

（8）“定义属性”按钮：单击此按钮，弹出属性定义对话框，用户可以利用该对话框定义块的属性。

（9）“更新参数和动作文字大小”按钮：在块编辑器中进行缩放时，文字、箭头、图标和夹点大小将根据缩放比例发生相应的变化。单击此按钮，将在块编辑器中重生成显示，并更新参数和动作的文字、箭头、图标以及夹点大小。

（10）“了解动态块”按钮：单击此按钮，弹出新功能专题研习对话框，用户可以在该对话框中了解到 AutoCAD 近期版本的新增内容。

（11）关闭块编辑器(C)按钮：单击此按钮，关闭块编辑器，并提示用户保存还是放弃对当前块定义所做的修改。

（12）“可见性模式”按钮：单击此按钮，设置 BVMODE 系统变量，此操作可以使在当前可见性状态中不可见的对象变暗或隐藏。

（13）“使可见”按钮：单击此按钮，执行 BVSHOW 命令，此操作可以使对象在当前可见性状态或所有可见性状态中可见。

（14）“使不可见”按钮：单击此按钮，运行 BVHIDE 命令，此操作可以使对象在当前可见性状态或所有可见性状态中不可见。

（15）“管理可见性状态”按钮：单击此按钮，弹出可见性状态对话框，如图 13.3.4 所示。用户可以在该对话框中创建、删除、重命名和设置当前可见性状态。

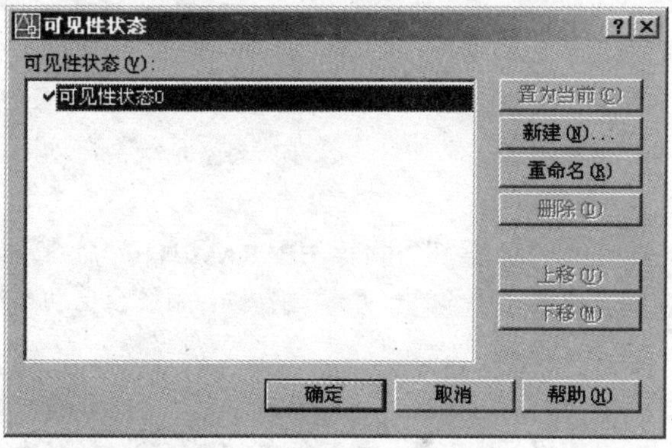


图 13.3.4　“可见性状态”对话框

（16）可见性状态0 下拉列表：该下拉列表用于显示在块编辑器中的当前可见性状态。

## 二、“块编写选项板”面板

“块编写选项板”面板中包含用于创建动态块的工具。该面板中包含 4 个选项卡：“参数集”选项卡、“动作”选项卡、“参数”选项卡和“新建选项板”选项卡，现对各选项卡的功能分别进行介绍。

### 1.“参数集”选项卡

“参数集”选项卡如图 13.3.5 所示。该选项卡用于在块编辑器中向动态块中添加一个参数和至少一个动作。将参数集添加到动态块中时，动作将自动与参数相关联。

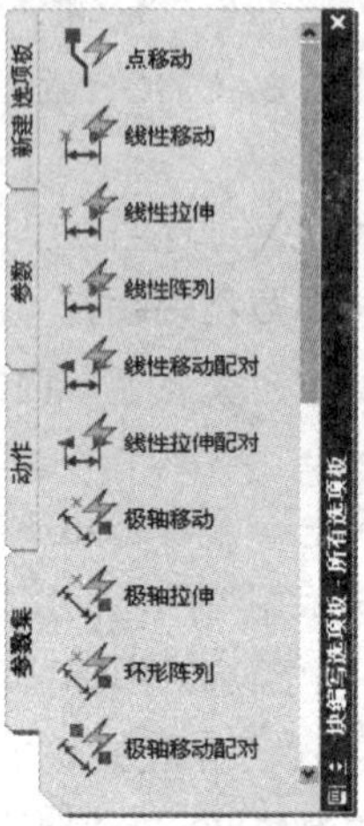


图 13.3.5 “参数集”选项卡

该选项卡中各选项功能介绍如下：

（1）“点移动”按钮：单击此按钮，执行 BPARAMETER 命令，然后选择点参数选项并指定一个夹点，此操作将向动态块定义中添加一个点参数。系统会自动添加与该点参数相关联的移动动作。

（2）“线性移动”按钮：单击此按钮，执行 BPARAMETER 命令，然后选择线性参数选项并指定一个夹点，此操作将向动态块定义中添加一个线性参数。系统会自动添加与该线性参数的端点相关联的移动动作。

（3）“线性拉伸”按钮：单击此按钮，执行 BPARAMETER 命令，然后选择线性参数选项并指定一个夹点，此操作将向动态块定义中添加一个线性参数。系统会自动添加与该线性参数相关联的拉伸动作。

（4）“线性阵列”按钮：单击此按钮，执行 BPARAMETER 命令，然后选择线性参数选项并指定一个夹点，此操作将向动态块定义中添加一个线性参数。系统会自动添加与该线性参数相关联的阵列动作。

（5）“线性移动配对”按钮：单击此按钮，执行 BPARAMETER 命令，然后选择线性参数选项并指定两个夹点，此操作将向动态块定义中添加一个线性参数。系统会自动添加两个移动动作，一个与基点相关联，另一个与线性参数的端点相关联。

（6）“线性拉伸配对”按钮：单击此按钮，执行 BPARAMETER 命令，然后选择线性参数选项并指定两个夹点，此操作将向动态块定义中添加一个线性参数。系统会自动添加两个拉伸动作，一个与基点相关联，另一个与线性参数的端点相关联。

（7）“极轴移动”按钮：单击此按钮，执行 BPARAMETER 命令，然后选择极轴参数选项并指定一个夹点，此操作将向动态块定义中添加一个极轴参数。系统会自动添加与该极轴参数相关联的移动动作。

（8）“极轴拉伸”按钮：单击此按钮，执行 BPARAMETER 命令，然后选择极轴参数选项并指定一个夹点，此操作将向动态块定义中添加一个极轴参数。系统会自动添加与该极轴参数相关联的拉伸动作。

（9）“环形阵列”按钮：单击此按钮，执行 BPARAMETER 命令，然后选择极轴参数选项并指定一个夹点，此操作将向动态块定义中添加一个极轴参数。系统会自动添加与该极轴参数相关联的阵列动作。

（10）“极轴移动配对”按钮：单击此按钮，执行 BPARAMETER 命令，然后选择极轴参数选项并指定两个夹点，此操作将向动态块定义中添加一个极轴参数。系统会自动添加两个移动动作，一个与基点相关联，另一个与极轴参数的端点相关联。

（11）“极轴拉伸配对”按钮：单击此按钮，执行 BPARAMETER 命令，然后选择极轴参数选项并指定两个夹点，此操作将向动态块定义中添加一个极轴参数。系统会自动添加两个拉伸动作，一个与基点相关联，另一个与极轴参数的端点相关联。

（12）“XY 移动”按钮：单击此按钮，执行 BPARAMETER 命令，然后选择 XY 参数选项并指定一个夹点，此操作将向动态块定义中添加 XY 参数。系统会自动添加与 XY 参数的端点相关联的移动动作。

（13）“XY 移动配对”按钮：单击此按钮，执行 BPARAMETER 命令，然后选择 XY 参数选项并指定两个夹点，此操作将向动态块定义中添加一个 XY 参数。系统会自动添加两个移动动作，一个与基点相关联，另一个与 XY 参数的端点相关联。

（14）“XY 移动方格集”按钮：单击此按钮，执行 BPARAMETER 命令，然后选择 XY 参数选项并指定 4 个夹点，此操作将向动态块定义中添加 XY 参数。系统会自动添加 4 个移动动作，分别与 XY 参数上的 4 个关键点相关联。

（15）“XY 拉伸方格集”按钮：单击此按钮，执行 BPARAMETER 命令，然后选择 XY 参数选项并指定 4 个夹点，此操作将向动态块定义中添加 XY 参数。系统会自动添加 4 个拉伸动作，分别与 XY 参数上的 4 个关键点相关联。

（16）“XY 阵列方格集”按钮：单击此按钮，执行 BPARAMETER 命令，然后选择 XY 参数选项并指定 4 个夹点，此操作将向动态块定义中添加 XY 参数。系统会自动添加与该 XY 参数相关联的阵列动作。

（17）“旋转集”按钮：单击此按钮，执行 BPARAMETER 命令，然后选择旋转参数选项并指定一个夹点，此操作将向动态块定义中添加一个旋转参数。系统会自动添加与该旋转参数相关联的旋转动作。

（18）“翻转集”按钮：单击此按钮，执行 BPARAMETER 命令，然后选择翻转参数选项并指定一个夹点，此操作将向动态块定义中添加一个翻转参数。系统会自动添加与该翻转参数相关联的翻转动作。

（19）“可见性集”按钮：单击此按钮，执行 BPARAMETER 命令，然后选择可见性参数选项并指定一个夹点，此操作将向动态块定义中添加一个可见性参数并允许定义可见性状态，无须添加与可见性参数相关联的动作。

（20）“查询集”按钮：单击此按钮，执行 BPARAMETER 命令，然后选择查询参数选项并指定一个夹点，此操作将向动态块定义中添加一个查询参数。系统会自动添加与该查询参数相关联的查寻动作。

### 2. “动作”选项卡

“动作”选项卡如图 13.3.6 所示，该选项卡提供用于向块编辑器中的动态块定义中添加动作的工具。动作定义了在图形中操作块参照的自定义特性时，动态块参照的几何图形将如何移动或变化。动作如果不与参数相关联，将没有任何意义。

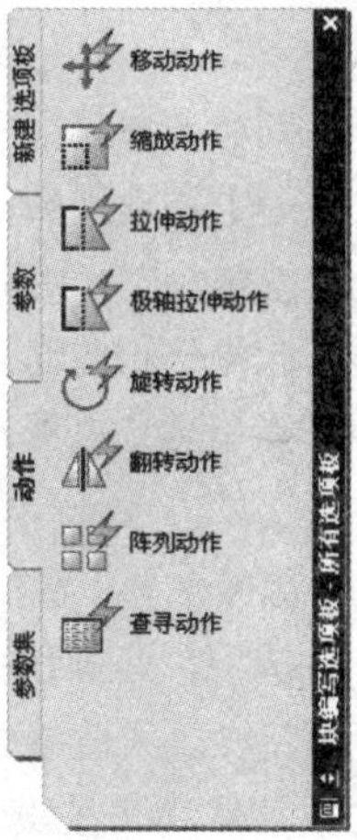

图 13.3.6　“动作”选项卡

该选项卡中各选项功能介绍如下：

（1）“移动动作”按钮：单击此按钮，执行 BACTIONTOOL 命令，然后选择移动动作选项，此操作在用户将移动动作与点参数、线性参数、极轴参数或 XY 参数关联时，将该动作添加到动态块定义中。移动动作类似于 MOVE 命令。在动态块参照中，移动动作将使对象移动指定的距离和角度。

（2）“缩放动作”按钮：单击此按钮，执行 BACTIONTOOL 命令，然后选择缩放动作选项，此操作在用户将缩放动作与线性参数、极轴参数或 XY 参数关联时将该动作添加到动态块定义中。缩放动作类似于 SCALE 命令。在动态块参照中，当通过移动夹点或使用“特性”选项板编辑关联的参数时，缩放动作将使其选择集发生缩放。

（3）“拉伸动作”按钮：单击此按钮，执行 BACTIONTOOL 命令，然后选择拉伸动作选项，此操作在用户将拉伸动作与点参数、线性参数、极轴参数或 XY 参数关联时将该动作添加到动态块定义中。拉伸动作将使对象在指定的位置移动和拉伸指定的距离。

（4）“极轴拉伸动作”按钮：单击此按钮，执行 BACTIONTOOL 命令，然后选择极轴拉伸动作选项，此操作在用户将极轴拉伸动作与极轴参数关联时将该动作添加到动态块定义中。当通过夹点或“特性”选项板更改关联的极轴参数上的关键点时，极轴拉伸动作将使对象旋转、移动和拉伸指定的角度和距离。

（5）“旋转动作”按钮：单击此按钮，执行 BACTIONTOOL 命令，然后选择旋转动作选项，此操作在用户将旋转动作与旋转参数关联时将该动作添加到动态块定义中。旋转动作类似于 ROTATE 命令，在动态块参照中，当通过夹点或“特性”选项板编辑相关联的参数时，旋转动作将使其相关联的对象进行旋转。

（6）“翻转动作”按钮：单击此按钮，执行 BACTIONTOOL 命令，然后选择翻转动作选项，此操作将在用户将翻转动作与翻转参数关联时将该动作添加到动态块定义中。使用翻转动作可以围绕指定的轴（称为投影线）翻转动态块参照。

（7）“阵列动作”按钮：单击此按钮，执行 BACTIONTOOL 命令，然后选择阵列动作选项，此操作将在用户将阵列动作与线性参数、极轴参数或 XY 参数关联时将该工作添加到动态块定义中。通过夹点或“特性”选项板编辑关联的参数时，阵列动作将复制关联的对象并按矩形的方式进行阵列。

（8）“查询动作”按钮：单击此按钮，执行 BACTIONTOOL 命令，然后选择查询动作选项，此操作将向动态块定义中添加一个查询动作。将查询动作添加到动态块定义中并将其与查询参数相关联时，它将创建一个查询表。用户可以使用查询表指定动态块的自定义特性和值。

### 3．“参数”选项卡

“参数”选项卡如图 13.3.7 所示。该选项卡提供用于向块编辑器中的动态块定义中添加参数的工具。参数用于指定几何图形在块参照中的位置、距离和角度。将参数添加到动态块定义中时，该参数将定义块的一个或多个自定义特性。

该选项卡中各选项功能介绍如下：

（1）“点参数”按钮：单击此按钮，运行 BPARAMETER 命令，然后选择点参数选项，此操作将向动态块定义中添加一个点参数，并定义块参照的自定义 X 和 Y 特性。点参数定义图形中的 X 和 Y 位置。在块编辑器中，点参数类似于一个坐标标注。

（2）“线性参数”按钮：单击此按钮，运行 BPARAMETER 命令，然后选择线性参数选项，此操作将向动态块定义中添加一个线性参数，并定义块参照的自定义距离特性。线性参数显示两个目标点之间的距离。线性参数限制沿预置角度进行的夹点移动。在块编辑器中，线性参数类似于对齐标注。

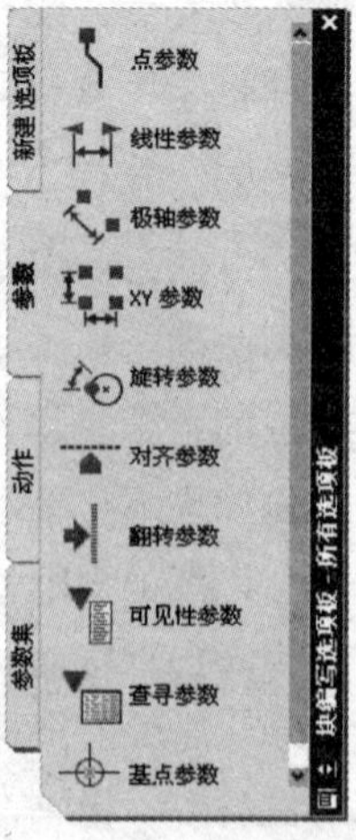

图 13.3.7　“参数”选项卡

（3）“极轴参数”按钮：单击此按钮，运行 BPARAMETER 命令，然后选择极轴参数选项，此操作将向动态块定义中添加一个极轴参数，并定义块参照的自定义距离和角度特性。极轴参数显示两个目标点之间的距离和角度值。可以使用夹点和“特性”选项板来共同更改距离值和角度值。在块编辑器中，极轴参数类似于对齐标注。

（4）“XY 参数”按钮：单击此按钮，运行 BPARAMETER 命令，然后选择 XY 参数选项，此操作将向动态块定义中添加一个 XY 参数，并定义块参照的自定义水平距离和垂直距离特性。XY 参数显示距参数基点的 X 距离和 Y 距离。在块编辑器中，XY 参数显示为一对标注（水平标注和垂直标注）。这一对标注共享一个公共基点。

（5）“旋转参数”按钮：单击此按钮，运行 BPARAMETER 命令，然后选择旋转参数选项，此操作将向动态块定义中添加一个旋转参数，并定义块参照的自定义角度特性。旋转参数用于定义角度。在块编辑器中，旋转参数显示为一个圆。

（6）“对齐参数”按钮：单击此按钮，运行 BPARAMETER 命令，然后选择对齐参数选项，此操作将向动态块定义中添加一个对齐参数。对齐参数用于定义 X 位置、Y 位置和角度。对齐参数总是应用于整个块，并且无须与任何动作相关联。对齐参数允许块参照自动围绕一个点旋转，以便与图形中的其他对象对齐。对齐参数影响块参照的角度特性。在块编辑器中，对齐参数类似于对齐线。

（7）“翻转参数”按钮：单击此按钮，运行 BPARAMETER 命令，然后选择翻转参数选项，此操作将向动态块定义中添加一个翻转参数，并定义块参照的自定义翻转特性。翻转参数用于翻转对象。在块编辑器中，翻转参数显示为投影线，可以围绕这条投影线翻转对象。翻转参数将显示一个值，该值显示块参照是否已被翻转。

（8）“可见性参数”按钮：单击此按钮，运行 BPARAMETER 命令，然后选择可见性参数选项，此操作将向动态块定义中添加一个可见性参数，并定义块参照的自定义可见性特性。可见性参数允许用户创建可见性状态并控制对象在块中的可见性。可见性参数总是应用于整个块，并且无须与任何动作相关联。在图形中单击夹点可以显示块参照中所有可见性状态的列表。在块编辑器中，可见性参数显示为带有关联夹点的文字。

（9）“查询参数”按钮：单击此按钮，运行 BPARAMETER 命令，然后选择查询参数选项，此操作将向动态块定义中添加一个查询参数，并定义块参照的自定义查询特性。查询参数用于定义自定义特性，用户可以指定或设置该特性，以便从定义的列表或表格中计算出某个值。该参数可以与单个查询夹点相关联。在块参照中单击该夹点可以显示可用值的列表。在块编辑器中，查询参数显示为文字。

（10）“基点参数”按钮：单击此按钮，执行 BPARAMETER 命令，然后选择基点参数选项，此操作将向动态块定义中添加一个基点参数。基点参数用于定义动态块参照相对于块中的几何图形的基点。基点参数无法与任何动作相关联，但可以属于某个动作的选择集。在块编辑器中，基点参数显示为带有十字光标的圆。

**4．“新建选项板”选项卡**

“新建选项板”选项卡如图 13.3.8 所示，用户可以在该选项卡中设置选项板的透明度、视图选项、排列顺序，以及为选项板添加文字、分割符，还可以新建、删除和重命名选项板。在该选项板中单击鼠标右键，在弹出的快捷菜单中选择相应的命令即可，如图 13.3.9 所示。

用户可以将常用的图形对象拖放到该选项板中，从而可以快速插入图形对象。

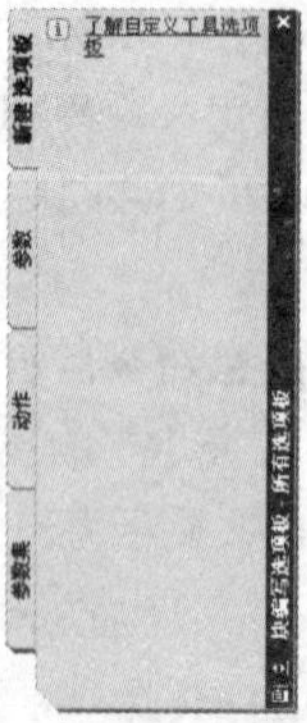

图 13.3.8　“新建选项板”选项卡

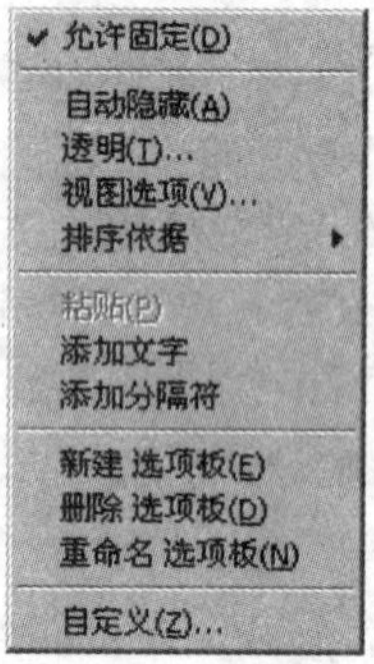


图 13.3.9　“新建选项板”选项卡快捷菜单

## 三、创建动态块

在了解了“块编辑器”和“块编写选项板”的功能后，以下将通过一个实例详细讲述创建动态块的过程。

**例 13.3.1**　绘制如图 13.3.10 所示的图形，并将其创建成动态块，为其添加旋转和翻转参数。具体操作步骤如下：

（1）绘制如图 13.3.10 所示的椅子，并将其创建成块，命名为“摇椅”。

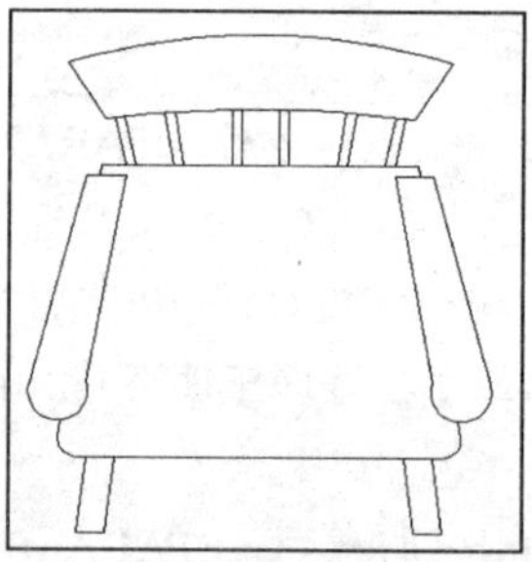

图 13.3.10　绘制并定义为块的椅子

（2）单击“标准”工具栏中的“块编辑器”按钮，弹出 编辑块定义 对话框，如图 13.3.11 所示。在该对话框中的 要创建或编辑的块(B) 列表框中选择“摇椅”选项，此时在该对话框右边的预览框中显示出该块的图形对象，单击 确定 按钮后在块编辑器中打开该块。

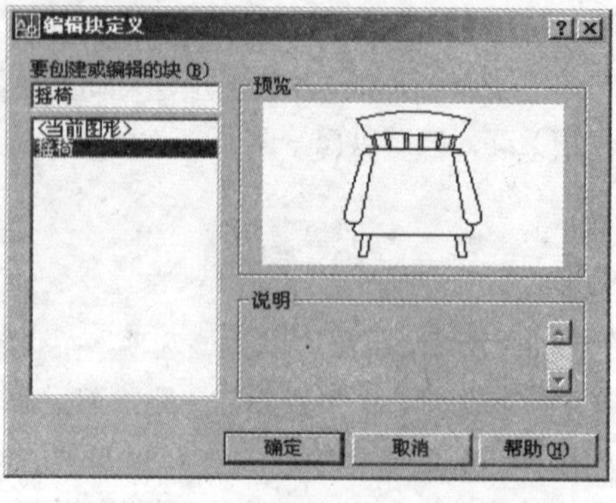


图 13.3.11　“编辑块定义”对话框

**提示**：用户也可以先打开块编辑器，然后在块编辑器中绘制需要创建成块的图形，再单击“块编辑器”工具栏中的“保存块定义”按钮将其以块的形式保存。

（3）打开 块编写选项板 - 所有选项板 面板中的“参数”选项卡，在该选项卡中单击“旋转”按钮，命令行提示如下：

命令: _BParameter 旋转

指定基点或 [名称(N)/标签(L)/链(C)/说明(D)/选项板(P)/值集(V)]:

　　　　　　　　　　　　　　　　　　　　//捕捉如图 13.3.12 所示图形中的 A 点

指定参数半径:　　　　　　　　　　　　　//捕捉如图 13.3.12 所示图形中的 B 点

指定默认旋转角度或 [基准角度(B)] <0>:　　//按回车键结束命令

设置旋转参数后的效果如图 13.3.12 所示。

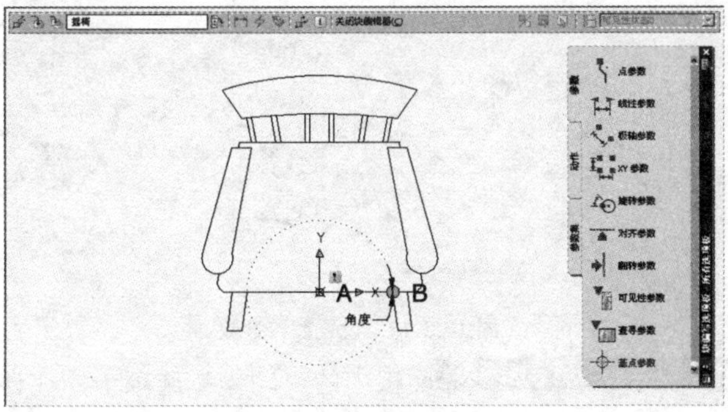


图 13.3.12　设置旋转参数

（4）打开 块编写选项板 - 所有选项板 面板中的“动作”选项卡，在该选项卡中单击“旋转动作”按钮，命令行提示如下：

命令: _BActionTool 旋转

选择参数:　　　　　　　　　　　　//选择如图 13.3.13 所示图形中的虚线圆

指定动作的选择集　　　　　　　　//系统提示

选择对象:

指定对角点: 找到 42 个　　　　　//选择图形中的所有对象

选择对象:　　　　　　　　　　　　//按回车键结束对象选择

指定动作位置或 [基点类型(B)]:　　//在绘图窗口中指定一点

设置旋转动作后的效果如图 13.3.13 所示。

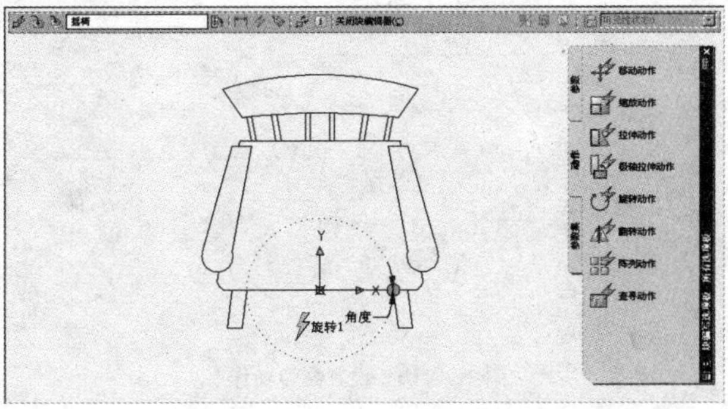


图 13.3.13　设置旋转动作

（5）在打开的块编辑器中单击“块编辑器”工具栏中的“块编写选项板”按钮，打开“块编写选项板 - 所有选项板”面板，打开该窗口中的“参数”选项卡，单击该选项卡中的“翻转参数”按钮，命令行提示如下：

命令: _BParameter 翻转

指定投影线的基点或 [名称(N)/标签(L)/说明(D)/选项板(P)]://捕捉如图 13.3.14 所示图形中的 C 点

指定投影线的端点:　　//捕捉如图 13.3.14 所示图形中的 D 点

指定标签位置:　　//拖动鼠标指定标签位置

设置翻转参数后的效果如图 13.3.14 所示。

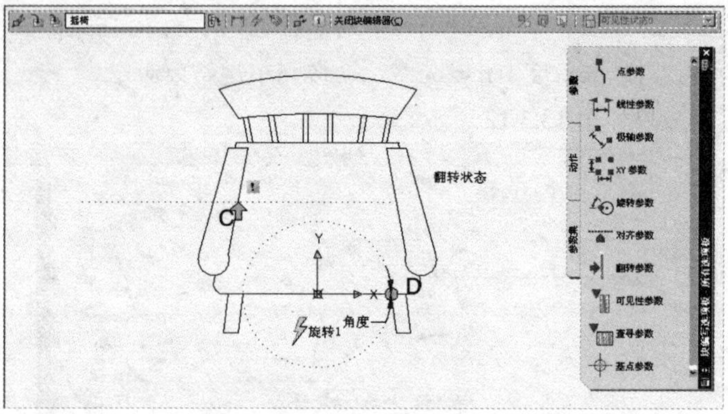


图 13.3.14　设置翻转参数

（6）打开“块编写选项板 - 所有选项板”面板中的“动作”选项卡，在该选项卡中单击“翻转动作”按钮，命令行提示如下：

命令: _BActionTool 翻转

选择参数:　　//选择如图 13.3.15 所示图形中的虚线

指定动作的选择集　　//系统提示

选择对象:

指定对角点: 找到 42 个　　//选择如图 13.3.15 所示图形中的所有对象

选择对象:　　//按回车键结束命令

指定动作位置:　　//拖动鼠标指定动作的位置

设置翻转动作后的效果如图 13.3.15 所示。

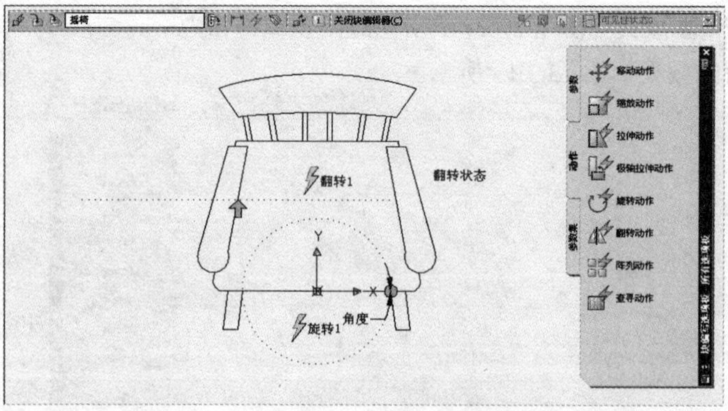


图 13.3.15　设置翻转动作

（7）单击“块编辑器”工具栏中的“保存块定义”按钮，将创建的动态块保存，然后单击该工具栏中的关闭块编辑器(C)按钮，关闭块编辑器，返回到绘图窗口。

（8）选中定义的块后，该块显示如图 13.3.16 所示。选中并激活如图 13.3.16 所示图形中的带有参数的夹点 E，单击该夹点即可翻转定义的块对象，翻转后的效果如图 13.3.17 所示。

（9）选中并激活如图 13.3.17 所示图形中带参数的夹点 F，用鼠标拖动该夹点即可旋转块对象，旋转后的效果如图 13.3.18 所示。

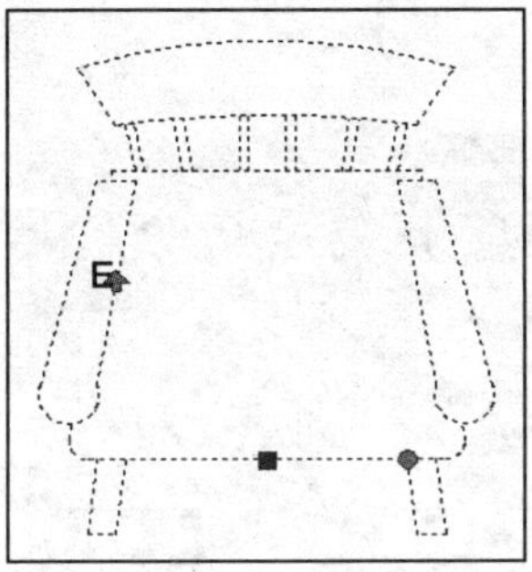

图 13.3.16　选中后的动态块

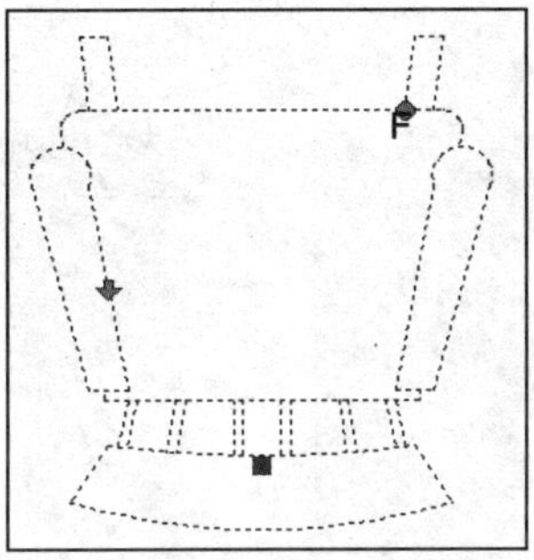

图 13.3.17　翻转后的效果

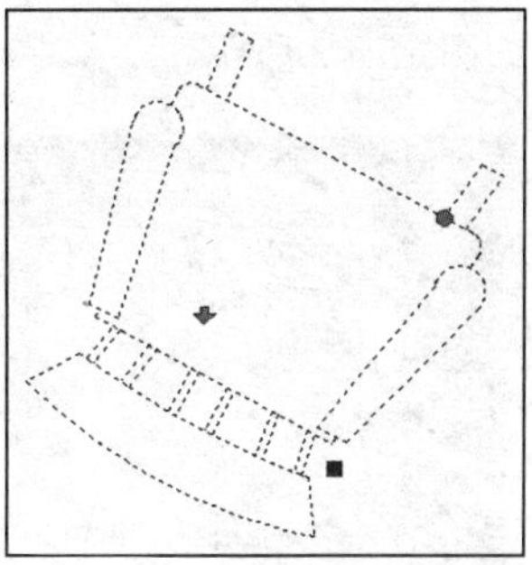
图 13.3.18　旋转后的效果

# 第四节　使用外部参照

外部参照是指在当前图形文件中引用另一幅图形文件作为参照文件。在图形文件中使用外部参照，可以节省存储空间，并随时更新最新的参照内容。使用外部参照是一种资源共享的好方法。

## 一、外部参照与图块

外部参照与块不同，在图形文件中插入块，该块便成为图形文件的一部分，与原来的图形文件失去了关联性；如果使用外部参照，则被参照的图形与当前的图形文件只是引用与被引用的关系，参照图形仍与原来的图形文件保存关联性，这样当原来的图形文件被修改后，在当前图形文件中也能随时反映出参照文件的最新变化。

在当前图形文件中使用外部参照，参照图形文件的图层以“参照图形文件名|图层名”命名，如被引用的参照图形文件名为“轴承”，该参照图形文件中有一个名为“轮廓线”的图层，则在当前的图形文件中就会存在一个名为“轴承|轮廓线”的图层，且该图形显示为灰色，如图 13.4.1 所示。

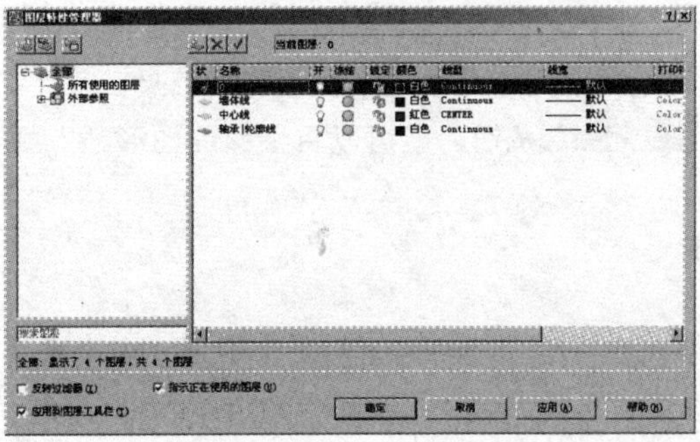
图 13.4.1　参照图形文件的图层显示

## 二、附着外部参照

如果要将一幅图形作为外部参照附着到当前图形文件中，可以按照以下操作步骤进行：

（1）选择 插入(I) → 外部参照(X)... 命令，弹出 选择参照文件 对话框，如图 13.4.2 所示。

（2）在该对话框中的列表框中选择一个参照文件，然后单击 打开(O) 按钮，弹出 外部参照 对话框，如图 13.4.3 所示。

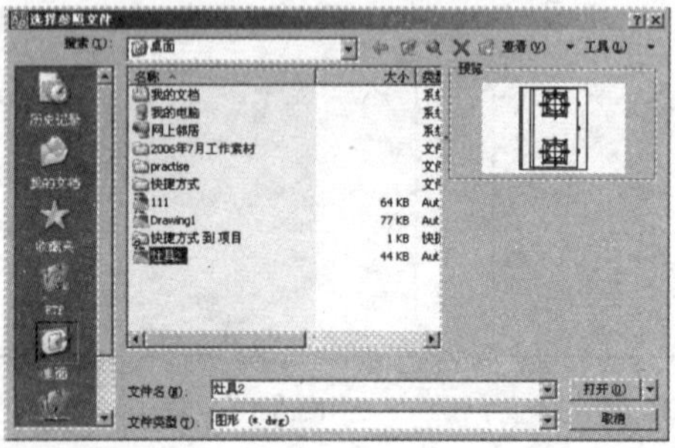

图 13.4.2 “选择参照文件”对话框

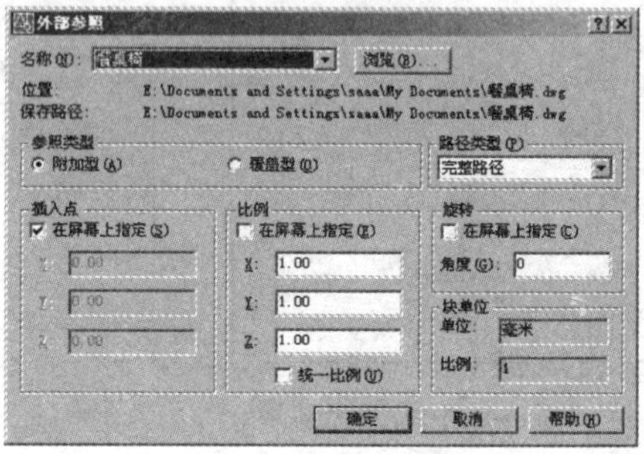

图 13.4.3 “外部参照”对话框

该对话框中各选项的功能介绍如下：

（1）名称(N)：单击该下拉列表框右边的▼按钮，在弹出的下拉列表中选择当前图形中的外部参照文件名；单击 浏览(B)... 按钮，可以参照其他图形文件。

（2）参照类型：该选项组用于指定外部参照的类型，其中包括 ⊙ 附加型(A) 和 ⊙ 覆盖型(O) 两种。“附加型”是指显示出嵌套参照中的嵌套内容，而“覆盖型”是指不显示嵌套参照中的嵌套内容。

注意：“嵌套参照”是指在引用的外部参照文件中还引用了其他的参照文件。

（3）插入点 选项组：该选项组用于指定外部参照的插入点。如果选中 ☑ 在屏幕上指定(S) 复选框，则在绘图窗口中利用鼠标指定插入点，否则在 X:、Y: 和 Z: 文本框中输入插入点即可。

（4）比例 选项组：该选项组用于指定外部参照的插入比例。如果选中 ☑ 在屏幕上指定(E) 复选框，则在绘图窗口中拖动鼠标指定缩放比例，否则在 X:、Y: 和 Z: 文本框中输入 X，Y 和 Z 轴上的缩放比例。

（5）旋转 选项组：该选项组用于指定插入外部参照时参照对象的旋转角度。如果选中 ☑ 在屏幕上指定(C) 复选框，则在绘图窗口中拖动鼠标指定旋转角度，否则在 角度(G): 文本框中输入参照对象的旋转角度。

（6）块单位 选项组：该选项组用于显示关于块单位的信息。

各选项设置好后，单击 确定 按钮，就可以将参照的图形插入到当前图形中。

## 三、管理外部参照

在 AutoCAD 2008 中，系统允许用户在一幅图形文件中插入多个外部参照，这样就会牵扯到多个图形文件的信息及其关联性，为了有效地对这些图形信息进行管理，系统又提供了“外部参照管理器”，用户可以利用“外部参照管理器”对参照图形中的信息进行有效的管理。执行“外部参照管理器”命令的方法有以下 3 种：

（1）单击“参照”工具栏中的“外部参照”按钮。

（2）选择 插入(I) → 外部参照管理器(R)... 命令。

（3）在命令行中输入命令 xref。

执行此命令后，弹出 外部参照管理器 对话框，如图 13.4.4 所示。

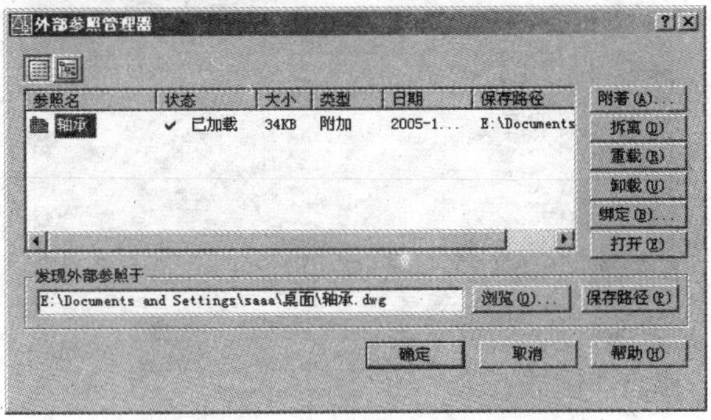


图 13.4.4　“外部参照管理器”对话框

该对话框中主要选项的功能介绍如下：

（1）参照名：该列显示当前图形所参照的图形文件的名称。单击选中的文件名，或按“F2”键可以更改文件名称。

（2）状态：该列显示当前图形所参照的图形文件的状态。外部参照文件的状态有 6 种类型，分别为已加载、已卸载、未参照、未找到、未融入和已孤立。

（3）大小：该列显示相应参照图形的文件大小。如果外部参照被卸载、未找到或未融入，则不显示其大小。

（4）类型：该列指出此外部参照是附着型还是覆盖型。

（5）日期：该列显示关联图形的最后修改日期。如果外部参照被卸载、未找到或未融入，则不显示此日期。

（6）保存路径：该列显示关联外部参照的保存路径（不一定是找到此外部参照的路径）。

（7）附着(A)...：单击该按钮，如果选择外部参照，将弹出 外部参照 对话框，否则将弹出 选择参照文件 对话框。

（8）拆离(D)：单击该按钮，将从图形中拆离一个或多个外部参照，从定义表中清除指定外部参照的所有实例，并将这个外部参照定义删除。

（9）重载(R)：单击此按钮，将一个或多个外部参照标记为“重载”。这个选项重新读取并显示最新保存的图形版本。

（10）卸载(U)：单击此按钮，将卸载一个或多个外部参照。已卸载的外部参照可以很方便地重新加载。与拆离不同，卸载不是永久地删除外部参照，它仅仅是不显示和重新生成外部参照定义，这将有助于提高当前应用程序的工作效率。

（11）绑定(B)...：单击此按钮，弹出 绑定外部参照 对话框，如图 13.4.5 所示。在该对话框中将外部参照绑定或插入到当前图形。

图 13.4.5　“绑定外部参照”对话框

（12）打开(E)：单击此按钮，在新建窗口中打开选定的外部参照进行编辑。

（13）浏览(O)...：单击此按钮，弹出选择新路径对话框，如图 13.4.6 所示，从中可以选择其他路径或文件名。

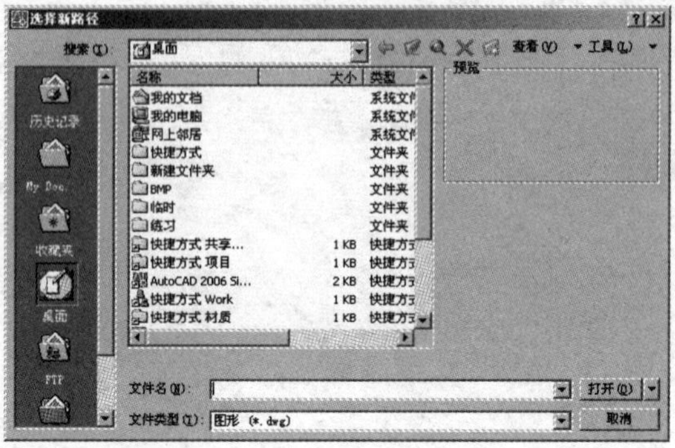


图 13.4.6　“选择新路径”对话框

（14）保存路径(P)：单击此按钮，保存对“发现外部参照于”选项所做的修改。

在该对话框中完成对外部参照所做的修改后，单击确定按钮保存修改内容并关闭对话框。

# 第五节　使用 AutoCAD 设计中心

AutoCAD 设计中心主要用于管理和使用图形内容，用户可以利用 AutoCAD 设计中心方便、快捷地查找和浏览图形内容，对图形对象进行管理。

在 AutoCAD 2008 中执行启动设计中心命令的方法有以下 4 种：

（1）单击“标准”工具栏中的“设计中心”按钮。

（2）选择 工具(T) → 设计中心(G)　CTRL+2 命令。

（3）在命令行中输入命令 adcenter。

（4）按快捷键“Ctrl+2”。

执行该命令后，打开 AutoCAD 2008 设计中心，如图 13.5.1 所示。该设计中心中有一组按钮和 4 个选项卡，用户可以利用这些按钮和选项卡选择和观察设计中心的图形，其各自的功能分别介绍如下：

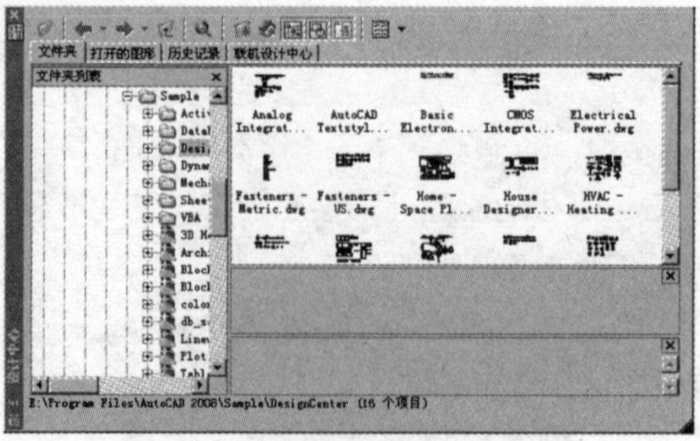


图 13.5.1　AutoCAD 2008 设计中心

（1）“加载”按钮：单击此按钮，弹出加载对话框，利用该对话框将本地或网络驱动器和网页上的文件加载到设计中心。

（2）“上一页”按钮：单击此按钮，返回到历史记录列表中最近一次的位置。

（3）“下一页”按钮：单击此按钮，返回到历史记录列表中下一次的位置。

（4）“上一级”按钮：单击此按钮，显示当前容器的上一级容器的内容。

（5）“搜索”按钮：单击此按钮，弹出搜索对话框，如图 13.5.2 所示。利用该对话框可以按指定搜索条件搜索图形对象、块以及非图形对象。

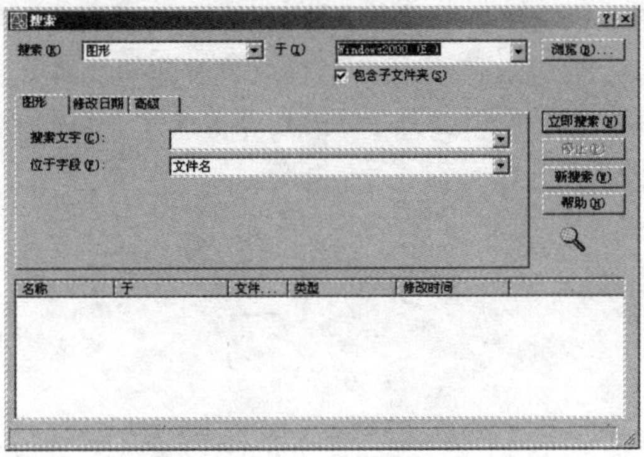


图 13.5.2　“搜索”对话框

（6）“收藏夹”按钮：单击此按钮，在内容区域中显示“收藏夹”的内容。

（7）“主页”按钮：单击此按钮，将由设计中心返回到默认文件夹。

（8）“树状图切换”按钮：单击此按钮，显示或隐藏树状视图。

（9）“预览”按钮：单击此按钮，显示和隐藏内容区域窗格中选定项目的预览，如图 13.5.3 所示。

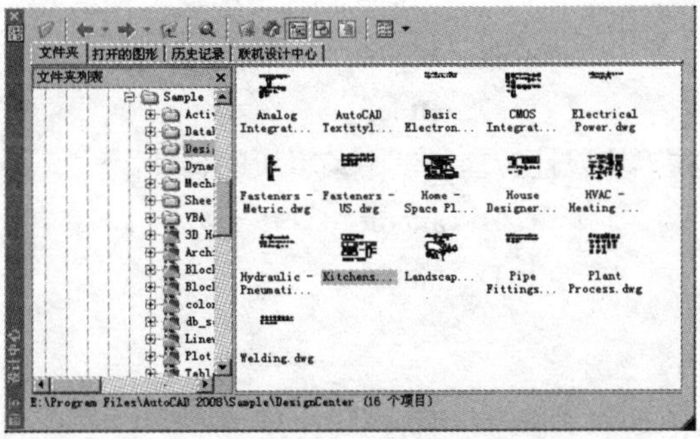


图 13.5.3　在设计中心显示预览图形

（10）“说明”按钮：单击此按钮，将显示和隐藏内容区域窗格中选定项目的文字说明，如图 13.5.4 所示。

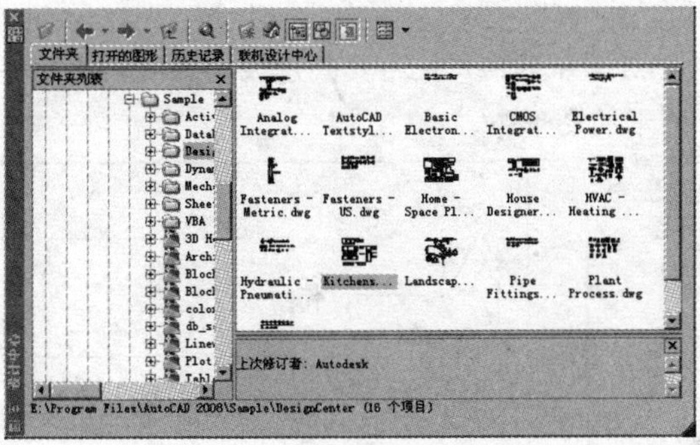


图 13.5.4　在设计中心显示“说明”区域

（11）“视图”按钮：单击此按钮，为加载到内容区域中的内容提供不同的显示格式。

（12）文件夹选项卡：该选项卡用于显示设计中心的资源。

（13）打开的图形选项卡：该选项卡用于显示当前工作任务中打开的所有图形，包括最小化的图形。

（14）历史记录选项卡：该选项卡用于显示最近在设计中心打开的文件的列表。

（15）联机设计中心选项卡：该选项卡用于访问联机设计中心网页。

在 AutoCAD 2008 中，用户可以使用以上介绍的功能在设计中心中浏览、查找并向当前图形文件中插入块、外部参照、光栅图像等。

# 习题十三

## 一、填空题

1．在 AutoCAD 2008 中，创建块的方法有两种：一种是________________；另一种是________________。

2．在 AutoCAD 2008 中，用户可以利用________________命令创建动态块。

3．块与外部参照相比，________________可以被分解，________________不可以被分解。

## 二、选择题

1．（ ）命令用于定义外部块。

A．block　　B．ddedit

C．wblock　　D．attdef

2．执行（ ）命令可以在“块属性管理器”中编辑块的属性。

A．ddedit　　B．attedit

C．eattedit　　D．battman

## 三、问答题

1．在 AutoCAD 2008 中，插入块的方法有哪些？

2．在 AutoCAD 2008 中，如何创建动态块？

3．如何在当前图形中附着外部参照？

## 四、上机操作题

绘制如题图 13.1 和题图 13.2 所示的图形，将其创建成动态块，然后将题图 13.1 所示图形以外部参照的形式插入到题图 13.2 所示的图形中。

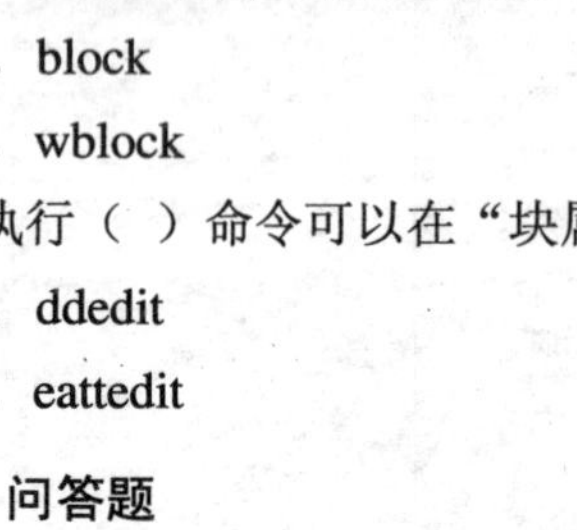

题图　13.1

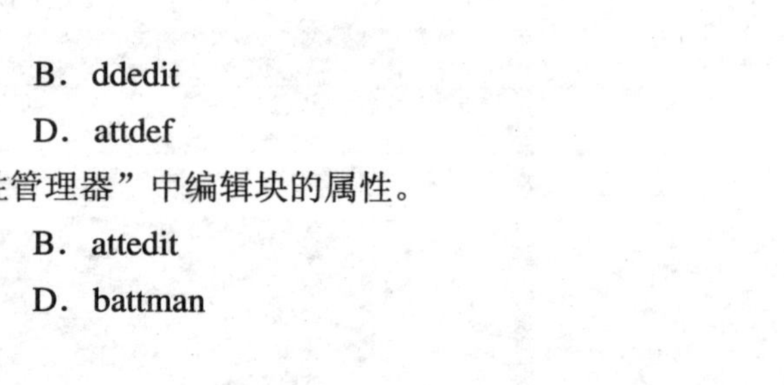

题图　13.2

# 第十四章　建筑设计类行业应用实例

### 教学目标

建筑设计是 AutoCAD 的一个重要应用领域，本章将通过对几个具体实例的详细讲解，帮助读者掌握利用 AutoCAD 绘制建筑图形的方法。

### 教学难点与重点

掌握各种建筑图形的绘制方法。

## 实例 1　独立的标准窗户

### 1. 实例效果

本例将绘制独立窗户，最终效果如图 14.1.1 所示。

图 14.1.1　独立窗户

### 2. 操作步骤

（1）将当前层设置为“WIN-T”图层。

（2）单击“绘图”工具栏中的“矩形”按钮，绘制出 9 个矩形，并从上到下使其长宽分别为：1 940、80；1 840、112；1 640、1 600；1 840、80；1 740、120；300、50；300、50；200、250 和 200、250。把各个图形对称，其对齐方式为中点对齐，如图 14.1.2 所示。

（3）继续用矩形命令绘制一个正方形，长宽都为 100。

（4）选择这个正方形后，单击“修改”工具栏中的“阵列”对话框，然后将“行”数设置为“1”，“列”数设置为“8”，“行偏移”设为“0”，“列偏移”设为“150”，如图 14.1.3 所示。

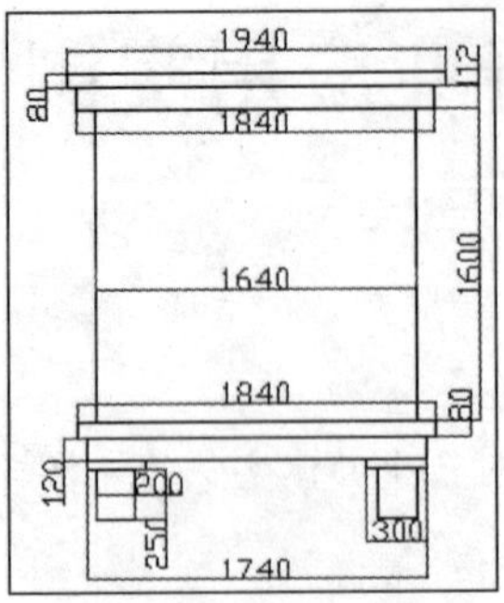

图 14.1.2　绘制 9 个矩形

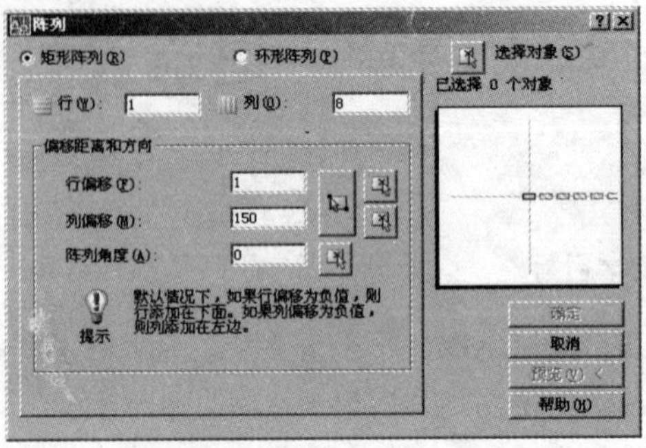

图 14.1.3　“阵列”对话框

（5）用直线命令绘制出一条辅助线，然后将 8 个矩形的上边线连接，并以这条辅助线的中点为基点，移动 8 个矩形使它们与上面的矩形对齐，如图 14.1.4 所示。

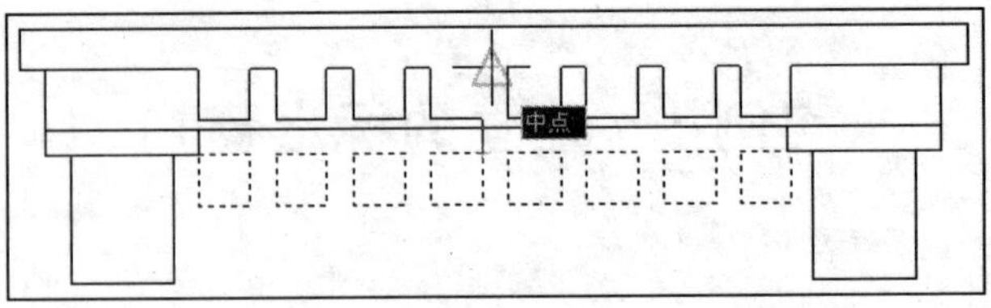

图 14.1.4　绘制辅助线并移动 8 个矩形

（6）将当前层设置为“WIN-L”图层。

（7）执行矩形命令绘制 4 个矩形，从左到右使其长宽分别为：70、1400；1103、1400；1040、1320 和 70、1400。图形仍然对称，其对齐方式为中心对齐，效果如图 14.1.5 所示。

（8）用直线命令将中间小矩形的上下边中点连接起来，并向左右各复制一条垂直中线，距离都为 580，另外再绘制出一条水平线，使它距离矩形上边 420，如图 14.1.6 所示。

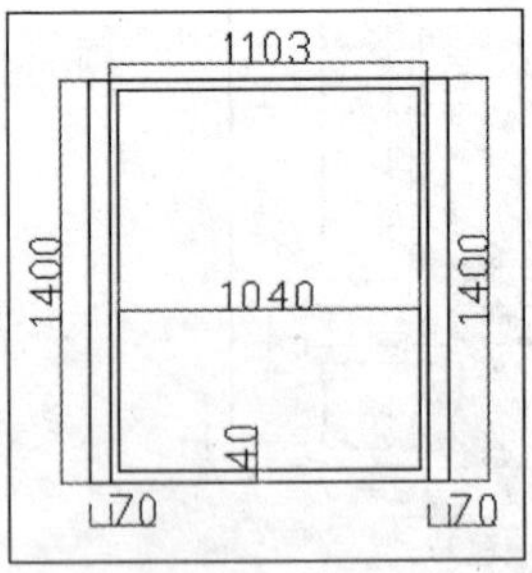

图 14.1.5　绘制 4 个矩形

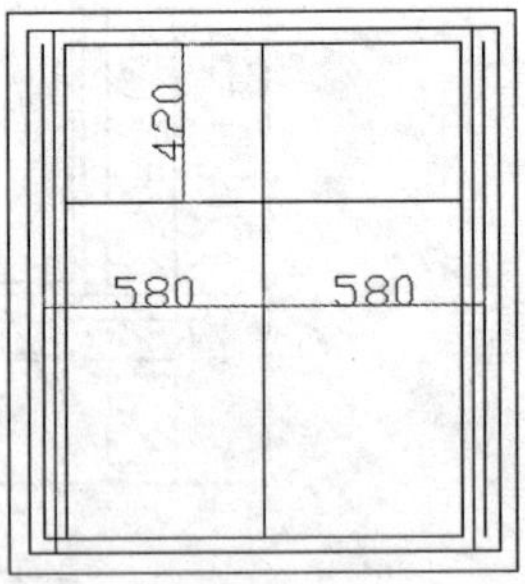

图 14.1.6　绘制垂直线和水平线

（9）将所绘制的窗户制成图块，并命名为“chuang”，方法同上面栏杆块的制作。之后将其移动到窗台上面，如图 14.1.7 所示。

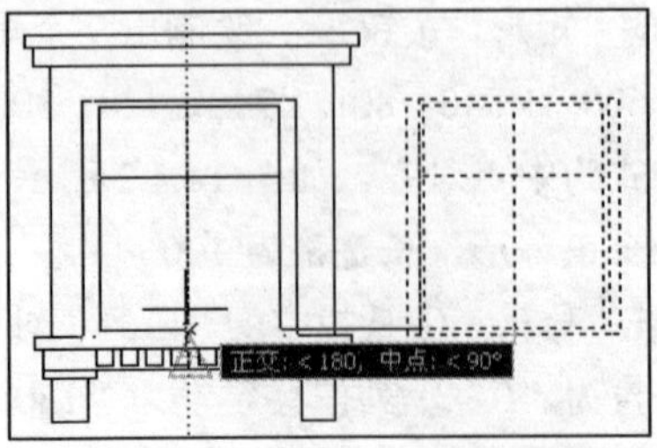

图 14.1.7　将窗户制成图块并移动到窗台上

（10）调整所有图形的位置，去掉多余的辅助线，效果如图 14.1.1 所示。

# 实例 2　经典户型设计

## 1. 实例效果

本例将绘制建筑平面图，最终效果如图 14.2.1 所示。

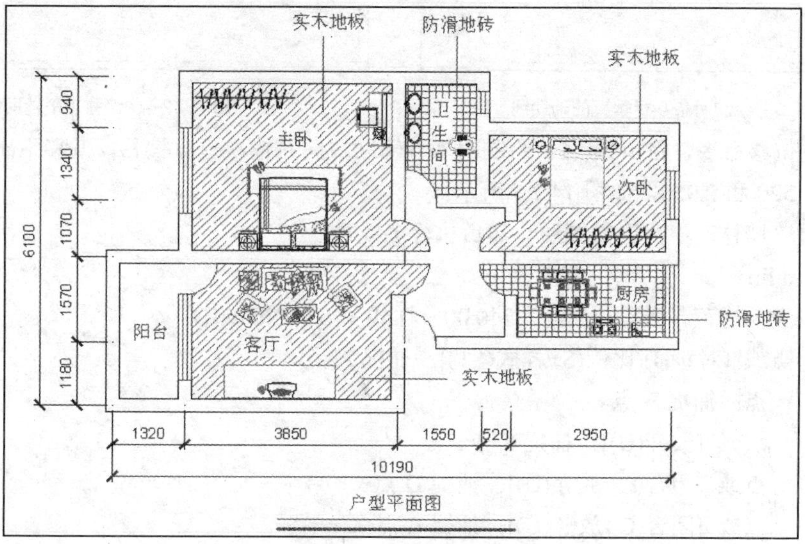


图 14.2.1　建筑平面图

## 2. 操作步骤

（1）选择格式(O)→图层(L)...命令，弹出图层特性管理器对话框，单击“新建图层”按钮，创建 6 个图层，名称分别为“辅助”、“墙体”、“门窗”、“尺寸标注”、“文本标注”和“图案填充”；颜色分别为“红色”、“蓝色”、“品红”、“106”、“220”和“23”。除“辅助”层的线型为 CENTER 外，其余均为默认设置，并设置“辅助”层为当前图层，如图 14.2.2 所示。

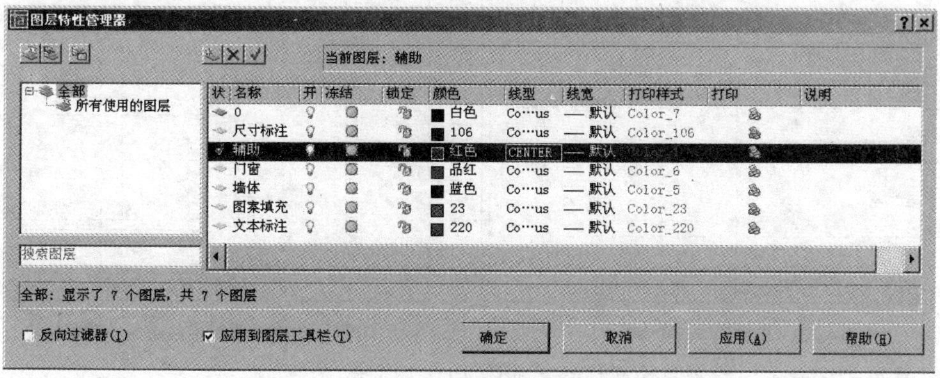


图 14.2.2　“图层特性管理器”对话框

（2）单击“直线”按钮或者在命令行直接输入 line，以原点为起点，绘制两条互相垂直的辅助线，水平线长为 10 190，垂直线长为 6 100，如图 14.2.3 所示。

（3）单击“偏移”按钮或者在命令行直接输入 offset，将步骤（2）中绘制的水平辅助线依次向上偏移，偏移距离分别为 1 180，1 570，1 070，1 340 和 940，如图 14.2.4 所示。

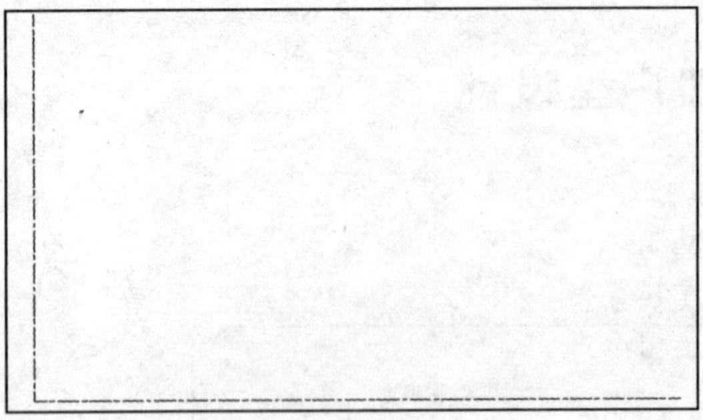

图 14.2.3　绘制两条互相垂直的辅助线

图 14.2.4　偏移水平辅助线

（4）重复偏移命令，将步骤（2）绘制的垂直辅助线向右依次进行偏移，偏移距离分别为 1 320，3 850，1 550，520 和 2 950，如图 14.2.5 所示。

（5）设置“墙体”层为当前图层，然后执行多线命令。

1）命令：mline↙。

2）当前设置：对正 = 无，比例 = 240.00，样式 = STANDARD。

3）指定起点或 [对正(J)/比例(S)/样式(ST)]：捕捉 A 点。

4）指定下一点：捕捉 B 点。

5）指定下一点或 [放弃(U)]：捕捉 C 点。

6）指定下一点或 [闭合(C)/放弃(U)]：捕捉 D 点。

7）指定下一点或 [闭合(C)/放弃(U)]：捕捉 E 点。

8）指定下一点或 [闭合(C)/放弃(U)]：捕捉 F 点。

9）指定下一点或 [闭合(C)/放弃(U)]：捕捉 G 点。

10）指定下一点或 [闭合(C)/放弃(U)]：捕捉 H 点。

11）指定下一点或 [闭合(C)/放弃(U)]：捕捉 I 点。

12）指定下一点或 [闭合(C)/放弃(U)]：捕捉 J 点。

13）指定下一点或 [闭合(C)/放弃(U)]：c↙，如图 14.2.6 所示。

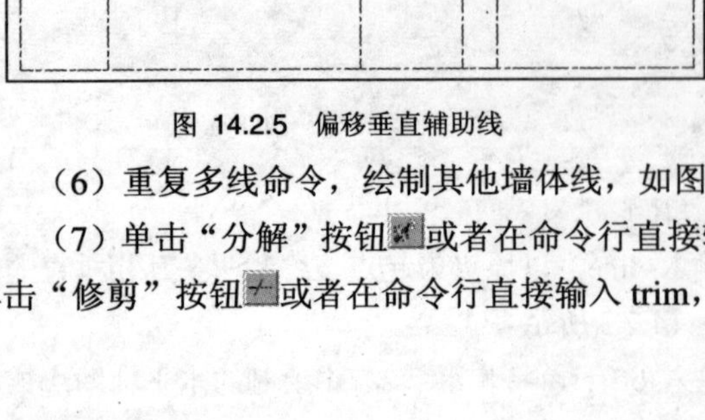

图 14.2.5　偏移垂直辅助线

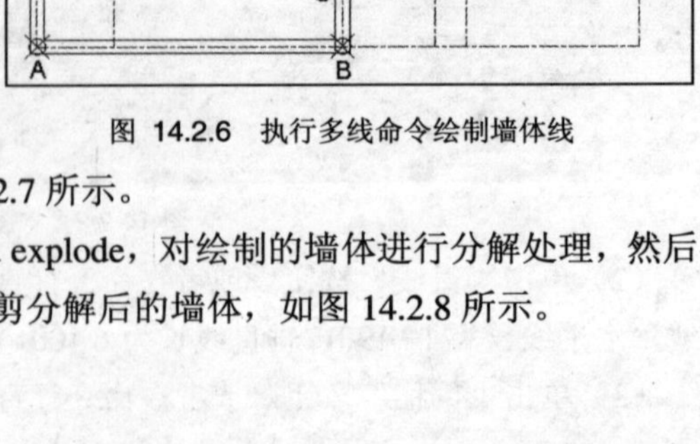


图 14.2.6　执行多线命令绘制墙体线

（6）重复多线命令，绘制其他墙体线，如图 14.2.7 所示。

（7）单击“分解”按钮或者在命令行直接输入 explode，对绘制的墙体进行分解处理，然后再单击“修剪”按钮或者在命令行直接输入 trim，修剪分解后的墙体，如图 14.2.8 所示。

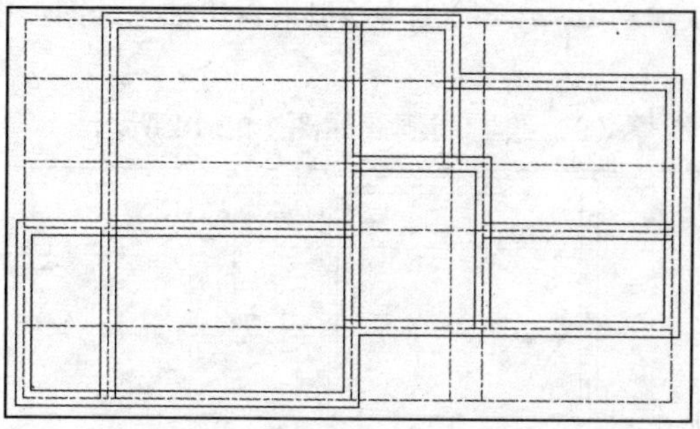

图 14.2.7　绘制其他墙体线

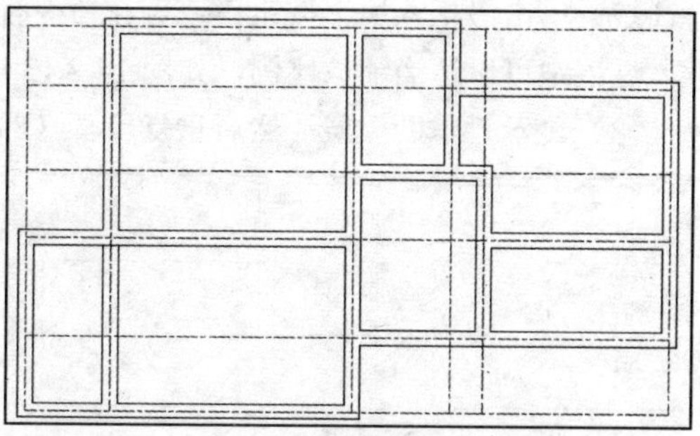

图 14.2.8　对绘制的墙体进行分解和修剪处理

（8）设置“门窗”层为当前图层，然后利用直线和偏移命令绘制窗洞，如图 14.2.9 所示。

（9）利用修剪命令修剪绘制的窗洞，然后隐藏“辅助”层，如图 14.2.10 所示。

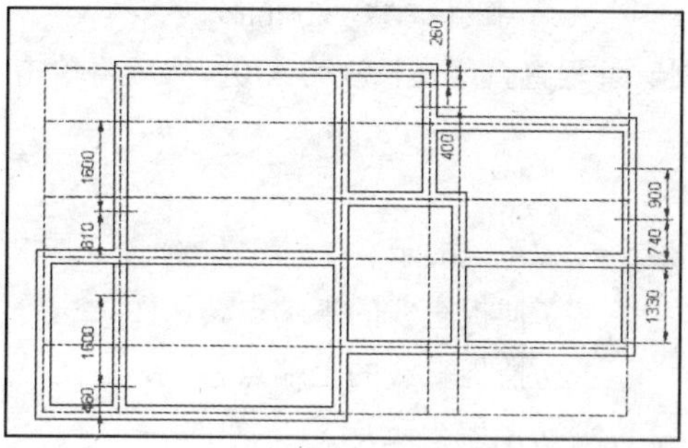


图 14.2.9　绘制窗洞

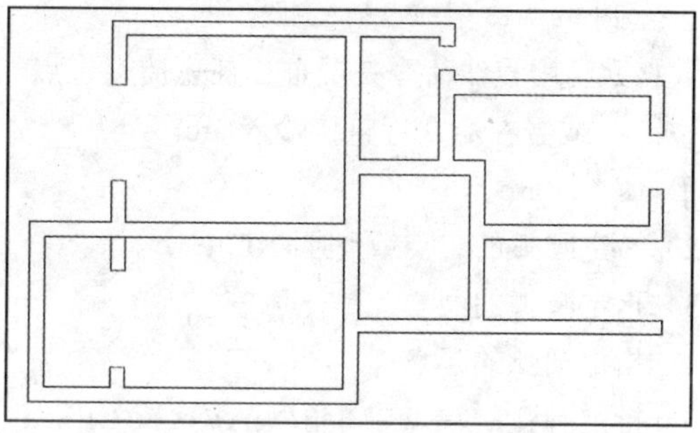

图 14.2.10　修剪窗洞并隐藏“辅助层”

（10）单击“矩形”按钮或者在命令行直接输入 rectang，在屏幕上任意捕捉一点，绘制一个长为 1600，宽为 240 的矩形，如图 14.2.11 所示。

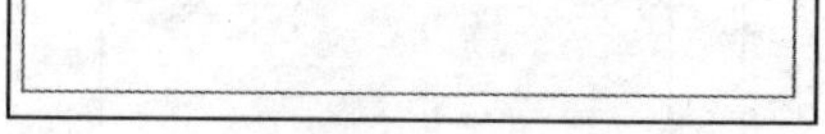

图 14.2.11　绘制矩形

（11）利用直线命令，以矩形的左边线的 3 等分点为端点，绘制两条直线，然后再单击“创建块”按钮或者在命令行直接输入-block，将创建的窗体定义为图块，如图 14.2.12 所示。

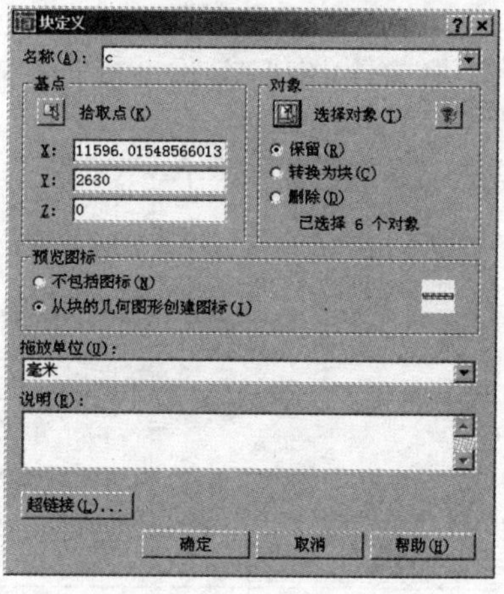


图 14.2.12　“块定义”对话框

（12）单击“插入块”按钮或者在命令行直接输入-insert，将上步绘制的窗块插入到图形中，在插入过程中可以适当缩放比例，如图 14.2.13 所示。

（13）显示“辅助”层，然后重复步骤（8）和步骤（9）绘制门洞，如图 14.2.14 所示。

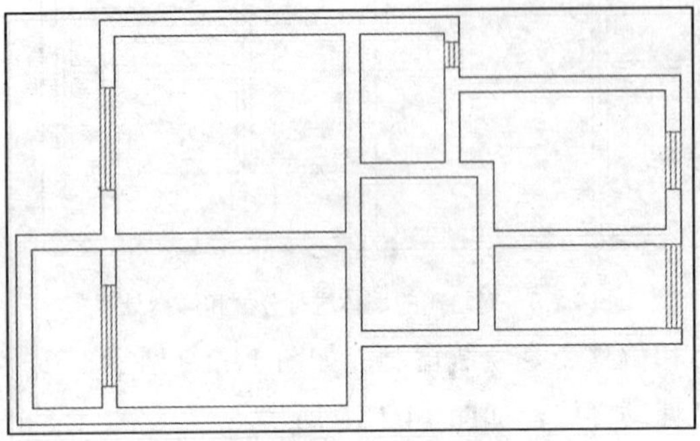

图 14.2.13　将窗块插入到图形中

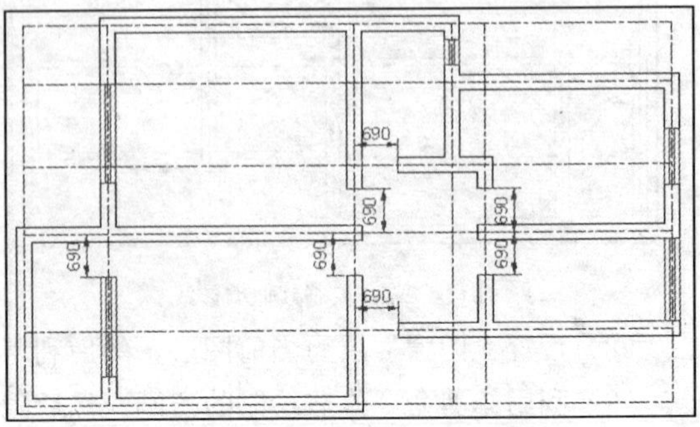


图 14.2.14　绘制门洞

（14）利用直线命令在屏幕上任意捕捉一点，绘制一条垂直直线，长度为 570，然后再单击“圆弧”按钮或者在命令行直接输入 arc。

1）命令：arc

2）指定圆弧的起点或 [圆心(C)]：c　　//系统提示

3）指定圆弧的圆心：　　//捕捉直线的下端点。

4）指定圆弧的起点：　　//捕捉直线的上端点。

5）指定圆弧的端点或 [角度(A)/弦长(L)]：a　　//系统提示

6）指定包含角：　　//输入-90，如图 14.2.15 所示。

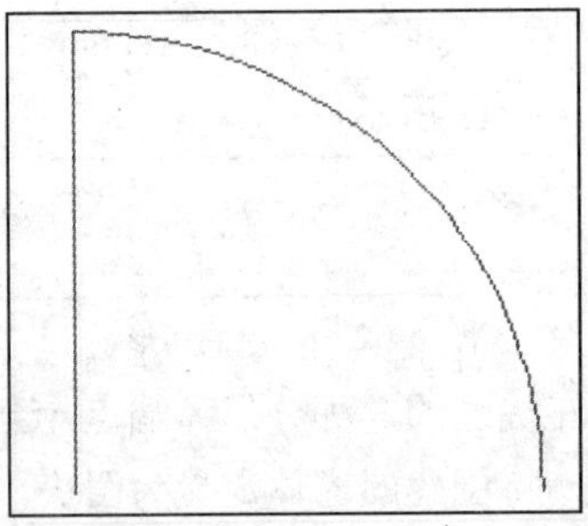

图 14.2.15　绘制门

（15）利用创建块命令将绘制的门创建为图块，然后再利用插入块命令，将其插入到如图 14.2.16 所示的位置。

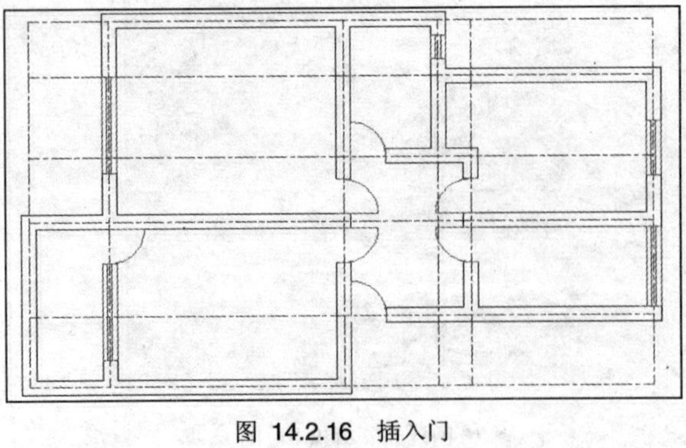

图 14.2.16　插入门

（16）隐藏“辅助”层，然后打开一个室内设计模块库文件，将其插入到如图 14.2.17 所示的位置。

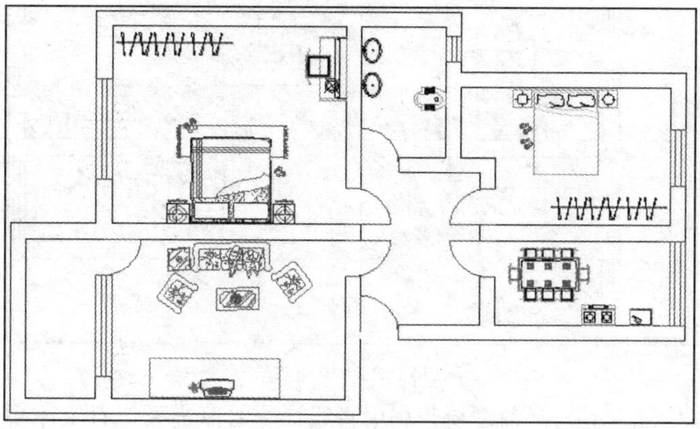

图 14.2.17　插入室内设计模块

（17）设置“文本标注”层为当前图层，利用多行文本对图形进行说明，如图 14.2.18 所示。

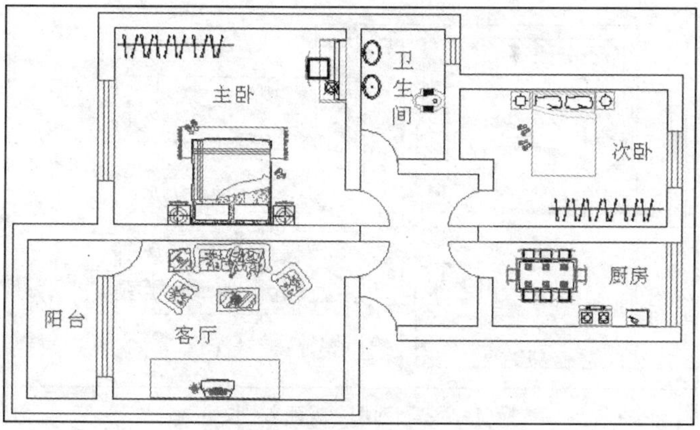


图 14.2.18　文本标注

（18）设置“图案填充”层当前图层，然后选择 绘图(D) → 图案填充(H)... 命令，弹出 边界图案填充 对话框。在该对话框中选择合适的图案进行填充，其设置如图 14.2.19 所示。

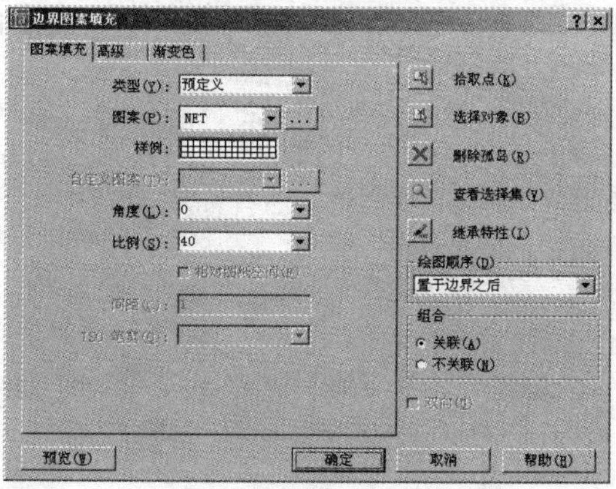


图 14.2.19　“边界图案填充”对话框

（19）重复图案填充命令，对图形的其他部分进行填充，效果如图 14.2.20 所示。

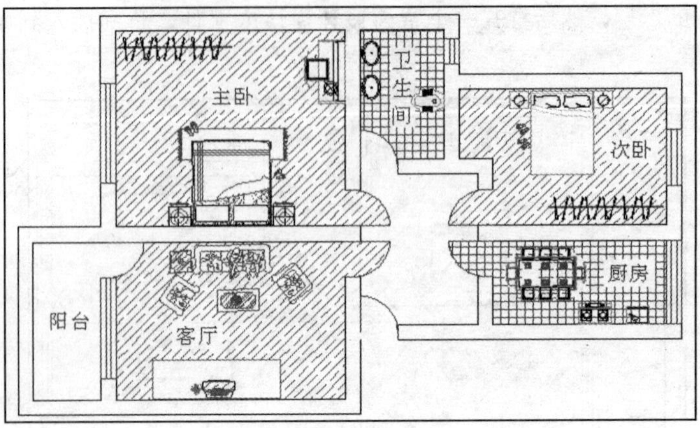


图 14.2.20　填充效果

（20）设置“文本标注”层为当前图层，利用直线命令绘制需要进行文本说明的图形引出线，再利用多行文本标注命令对图形进行文本说明，如图 14.2.21 所示。

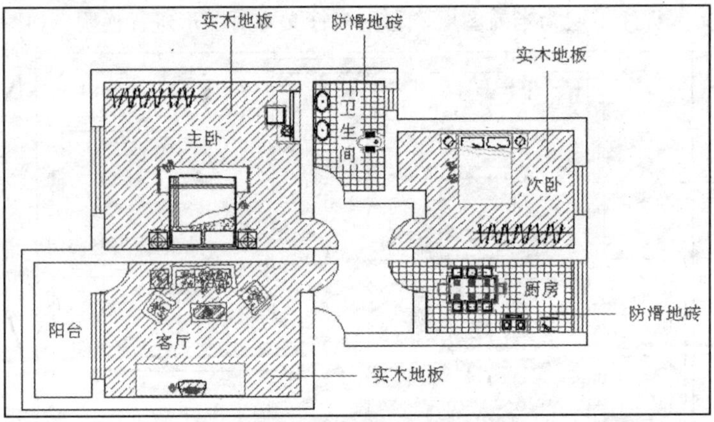


图 14.2.21　对图形进行文本说明

（21）显示“辅助”层，设置“尺寸标注”层为当前图层，利用线性标注命令对图形进行尺寸标注，如图 14.2.22 所示。

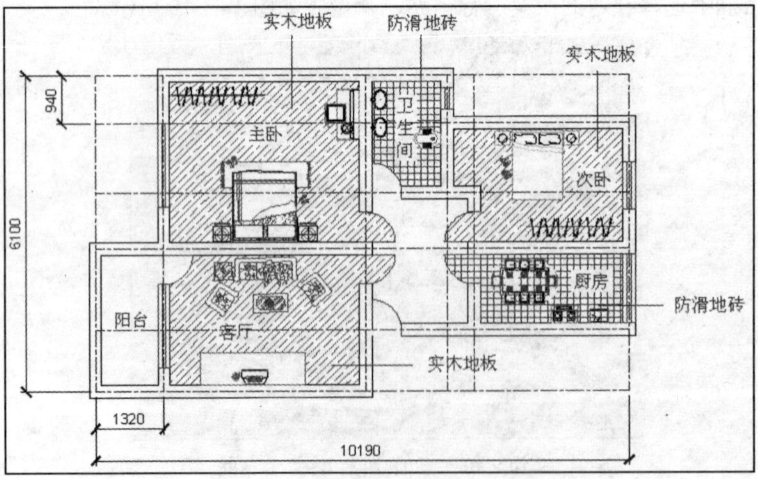


图 14.2.22　利用线性标注命令对图形进行尺寸标注

（22）利用连续标注命令对图形进行尺寸标注，如图 14.2.23 所示。

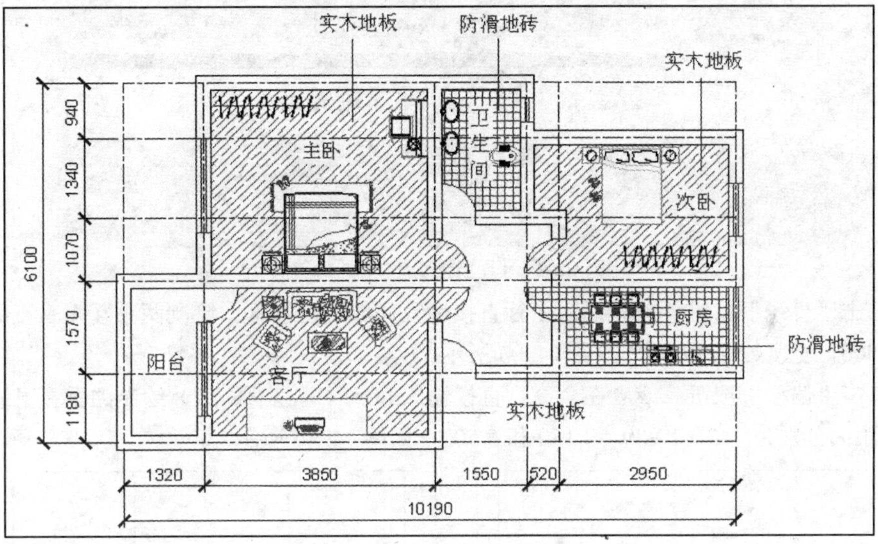


图 14.2.23　利用连续标注命令对图形进行尺寸标注

（23）隐藏“辅助”层，设置“文本标注”层为当前图层，对图形进行标题标注，如图 14.2.1 所示。

# 实例 3　客厅立面图

## 1．实例效果

本例将绘制客厅立面图，最终效果如图 14.3.1 所示。

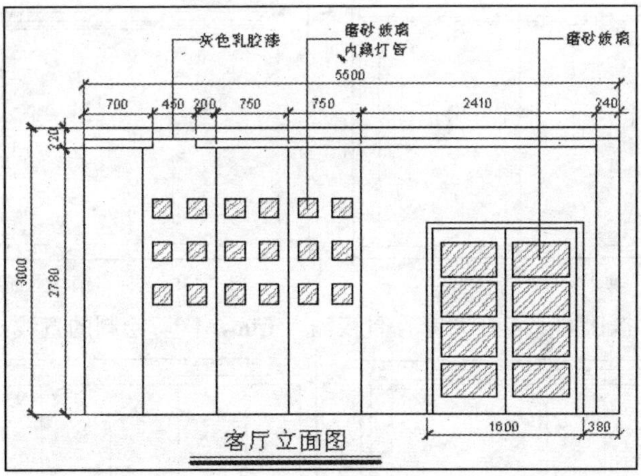


图 14.3.1　客厅立面图

## 2．操作步骤

（1）选择 格式(O) → 图层(L)... 命令，弹出 图层特性管理器 对话框。单击“新建图层”按钮，创建 4 个图层，名称分别为“实体”、“尺寸标注”、“文本标注”和“图案填充”；颜色分别为“蓝色、“品红”、“红色”和“254”。其余为默认设置，设置“实体”层为当前图层，如图 14.3.2 所示。

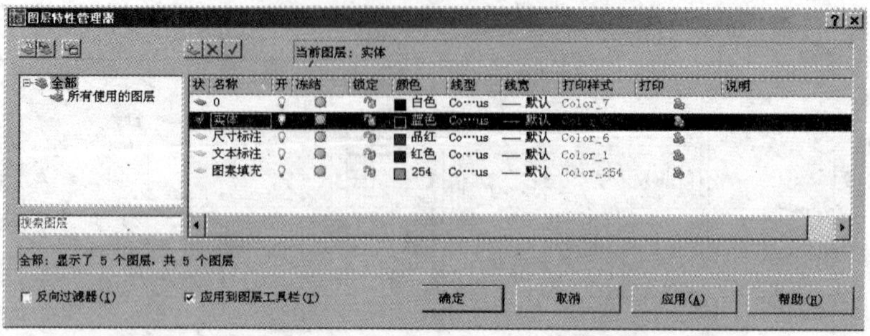


图 14.3.2　“图层特性管理器”对话框

（2）单击“直线”按钮或者在命令行直接输入 line，在屏幕上绘制两条互相垂直的辅助线，长度约为 5 500，宽度约为 3 000，如图 14.3.3 所示。

（3）单击“偏移”按钮或者在命令行直接输入 offset，将步骤（2）绘制的垂直直线向左进行偏移，偏移距离分别为 240，1 980，4 150 和 5 500，如图 14.3.4 所示。

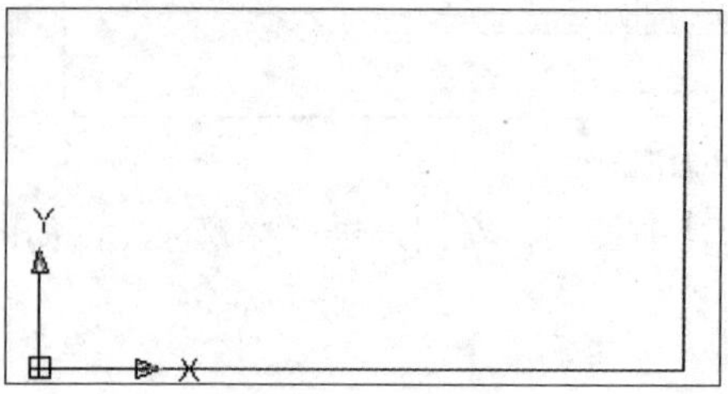

图 14.3.3　绘制辅助线

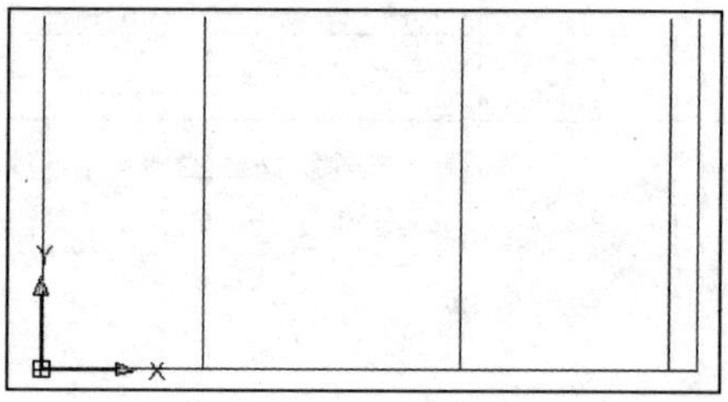

图 14.3.4　向左偏移垂直直线

（4）重复偏移命令，将步骤（2）绘制的水平直线向上偏移，偏移距离分别为 2 780，2 830，2 880 和 3000，如图 14.3.5 所示。

（5）再次重复偏移命令，将如图 14.3.6 所示的直线向右进行偏移，偏移距离分别为 600，700，1 150，2 100 和 2 850，如图 14.3.7 所示。

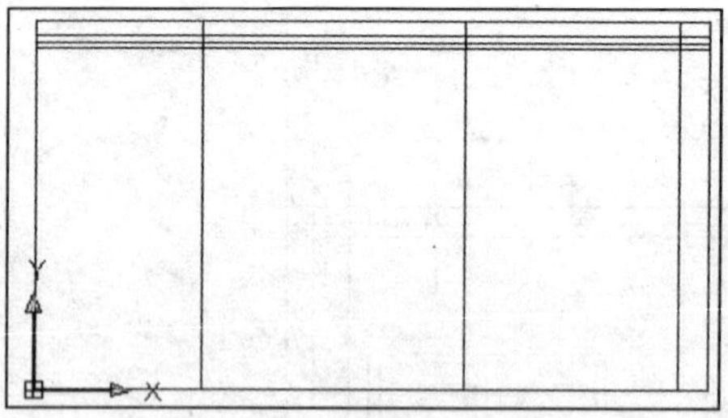

图 14.3.5　向上偏移水平直线

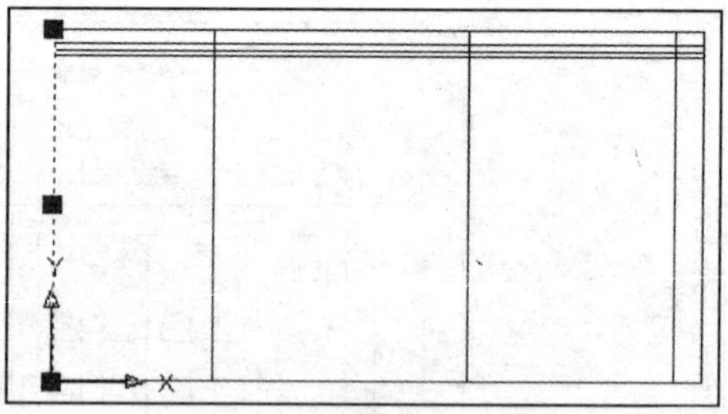

图 14.3.6　向右偏移垂直直线过程

（6）单击“修剪”按钮或者在命令行直接输入 trim，修剪绘制的直线，如图 14.3.8 所示。

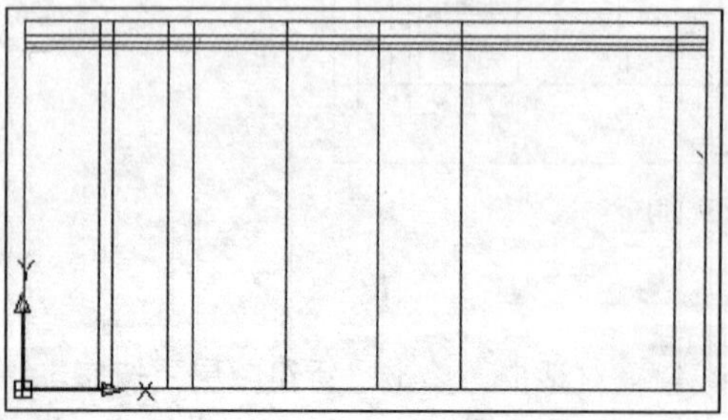

图 14.3.7　向右偏移垂直直线效果

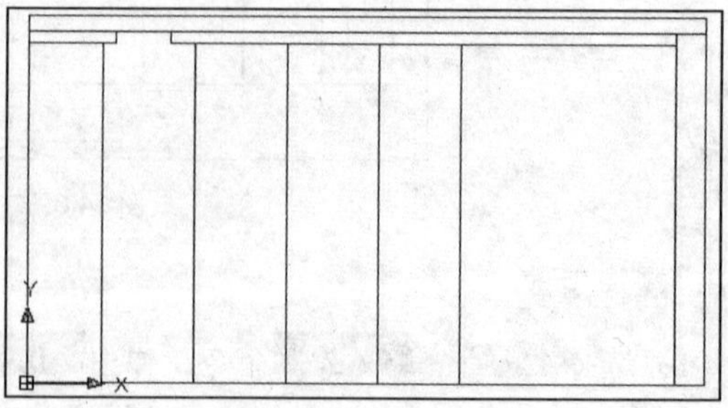

图 14.3.8　修剪直线

（7）单击“多段线”按钮或者在命令行直接输入 pline。

1）命令：pline。

2）指定起点：捕捉如图 14.3.9 所示的端点。

3）当前线宽为 0.0000。

4）指定下一个点或 [圆弧(A)/半宽(H)/长度(L)/放弃(U)/宽度(W)]：@0,2000。

5）指定下一点或 [圆弧(A)/闭合(C)/半宽(H)/长度(L)/放弃(U)/宽度(W)]：@1600,0。

6）指定下一点或 [圆弧(A)/闭合(C)/半宽(H)/长度(L)/放弃(U)/宽度(W)]：@0,-2000。

7）指定下一点或 [圆弧(A)/闭合(C)/半宽(H)/长度(L)/放弃(U)/宽度(W)]：如图 14.3.10 所示。

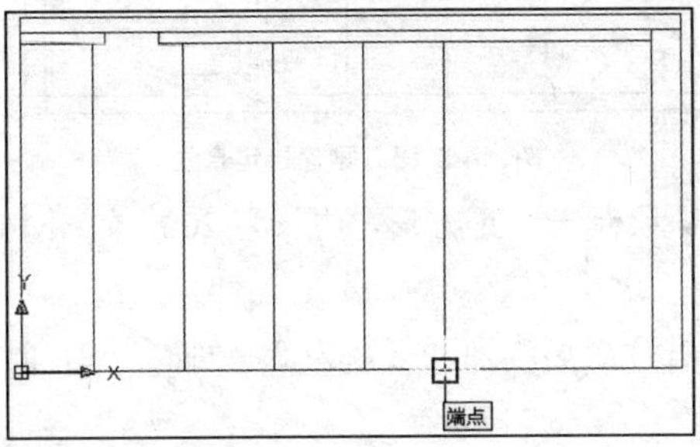


图 14.3.9　捕捉端点

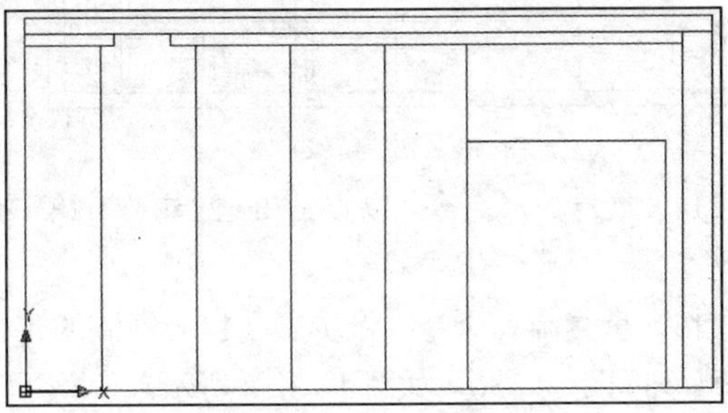

图 14.3.10　绘制多段线

（8）利用偏移命令，将步骤（7）绘制的多段线向里侧偏移，偏移距离为 50，如图 14.3.11 所示。

（9）利用直线命令，以点（4320,1940）为起点，点（4320,0）为终点，绘制一条直线，如图 14.3.12 所示。

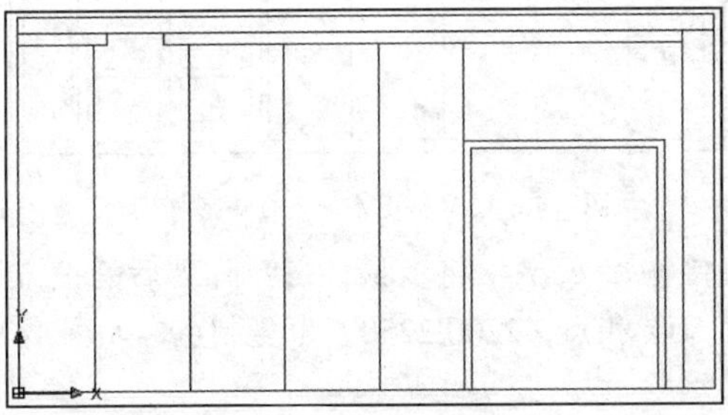

图 14.3.11　偏移多段线

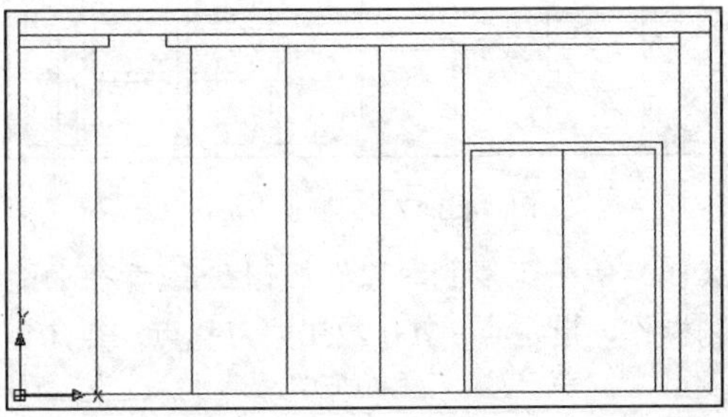

图 14.3.12　绘制直线

（10）单击“矩形”按钮或者在命令行直接输入 rectang，以点（3660,780）为第一角点，绘制一个长为 580，宽为 350 的矩形，如图 14.3.13 所示。

（11）单击“阵列”按钮或者在命令行直接输入-array，将步骤（10）绘制的矩形进行矩形阵列，行数为 4，列数为 1，行间距为-420，如图 14.3.14 所示。

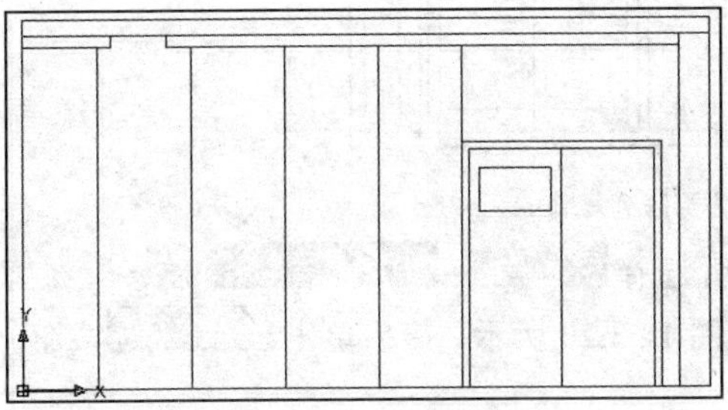

图 14.3.13　绘制矩形

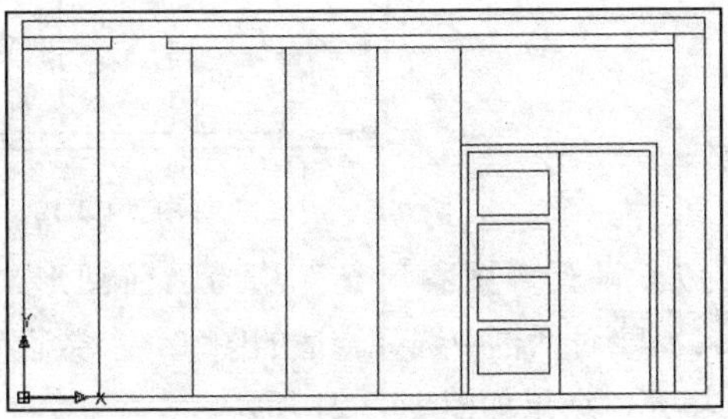

图 14.3.14　将矩形进行矩形阵列

（12）单击“镜像”按钮或者在命令行直接输入 mirror，将阵列后的矩形以步骤（9）绘制的直线的两个端点为镜像轴进行镜像，如图 14.3.15 所示。

（13）单击“删除”按钮或者在命令行直接输入 erase，将如图 14.3.16 所示的直线删除。

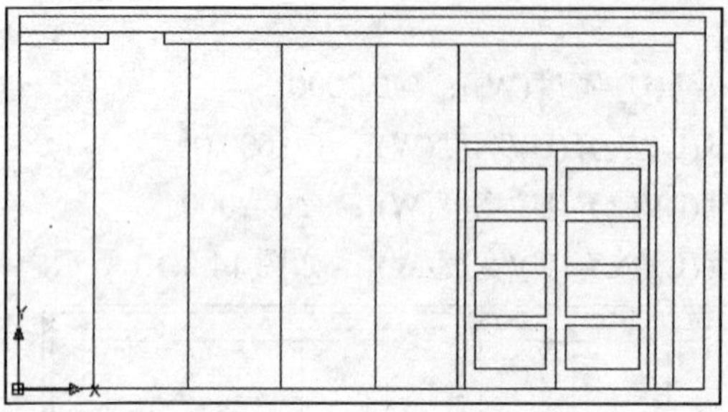

图 14.3.15　镜像

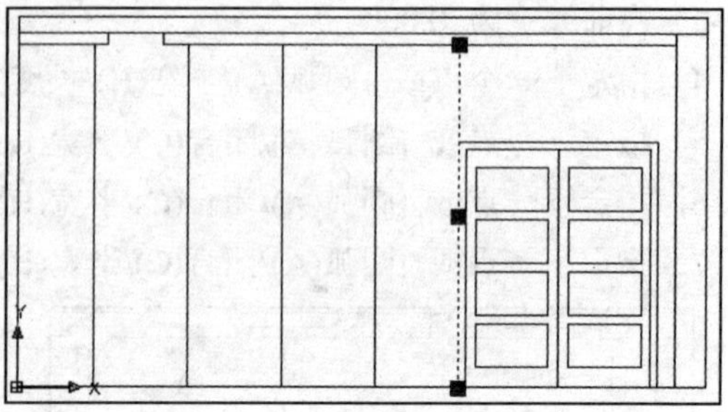

图 14.3.16　删除指定直线

（14）重复矩形命令，以点（700,2250）为第一角点，绘制一个正方形，边长为 200，如图 14.3.17 所示。

（15）重复阵列命令，将步骤（14）绘制的正方形进行矩形阵列，行数为 3，列数为 2，行间距为-450，列间距为 350，如图 14.3.18 所示。

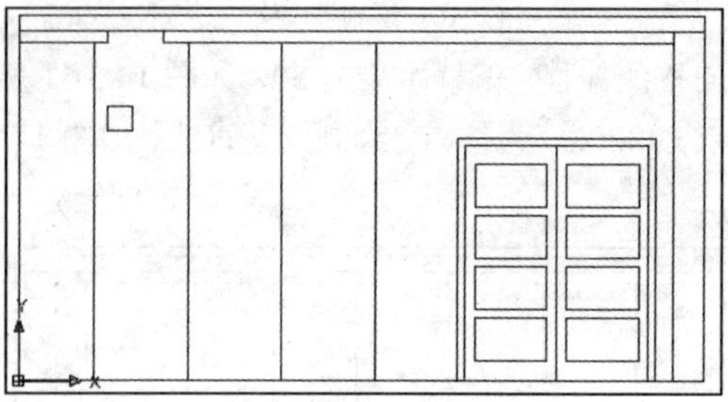

图 14.3.17　绘制正方形

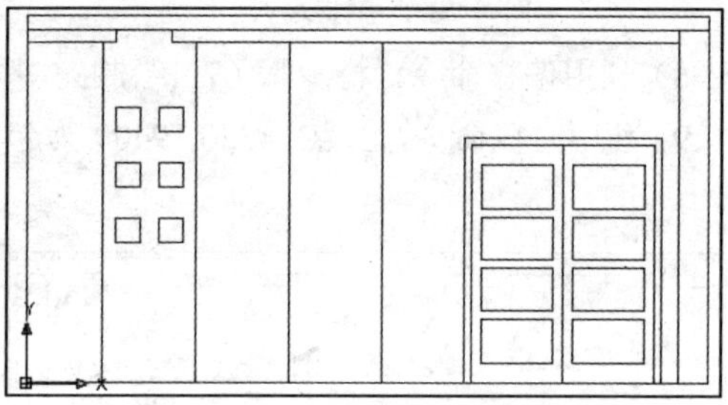

图 14.3.18　将正方形进行矩形阵列

（16）单击“复制对象”按钮或者在命令行直接输入 copy，将步骤（15）阵列后的正方形进行复制操作，指定点（700,2250）为基点，点（1450,2250）和点（2200,2250）为复制点，如图 14.3.19 所示。

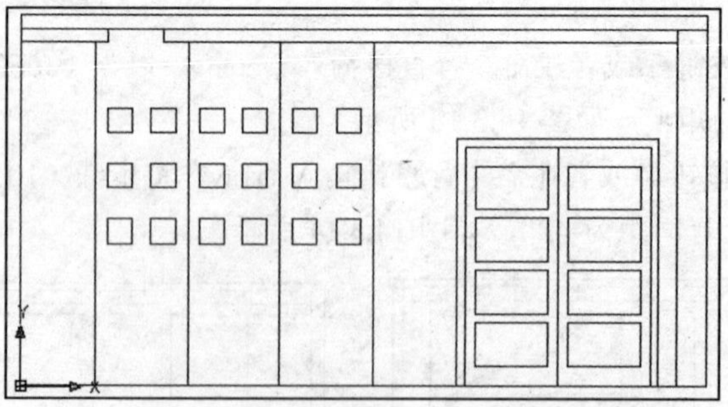

图 14.3.19　将正方形阵列复制

（17）设置“图案填充”层为当前图形，然后选择 绘图(D) → 图案填充(H)... 命令，在弹出的 边界图案填充 对话框中选择合适的图案，参数设置如图 14.3.20 所示。最后单击 确定 按钮，完成图案的填充，结果如图 14.3.21 所示。

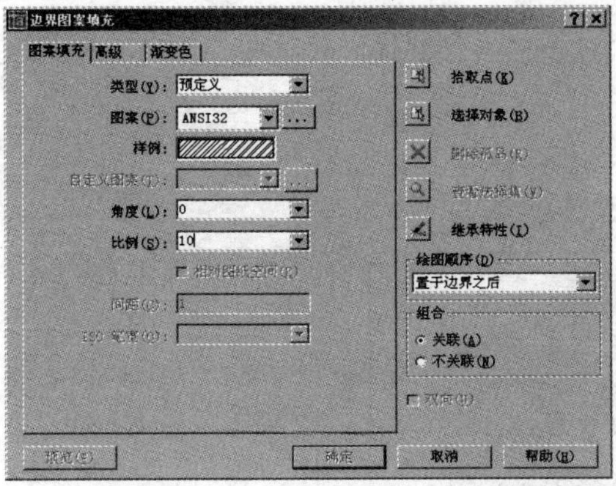


图 14.3.20　“边界图案填充”对话框

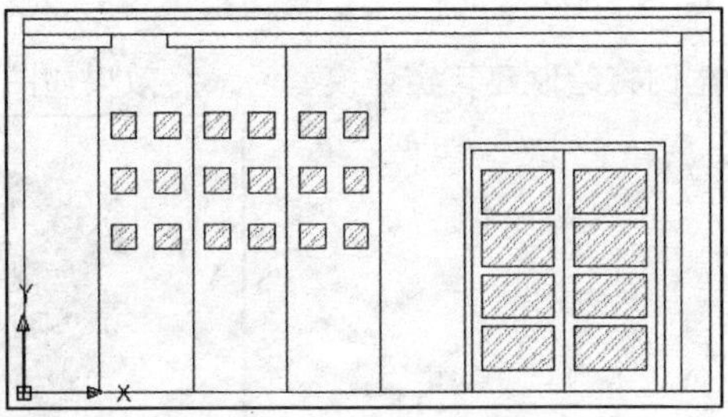

图 14.3.21　图案填充效果

（18）设置“尺寸标注”层为当前图层，利用线性标注命令对图形进行尺寸标注，如图 14.3.22 所示。

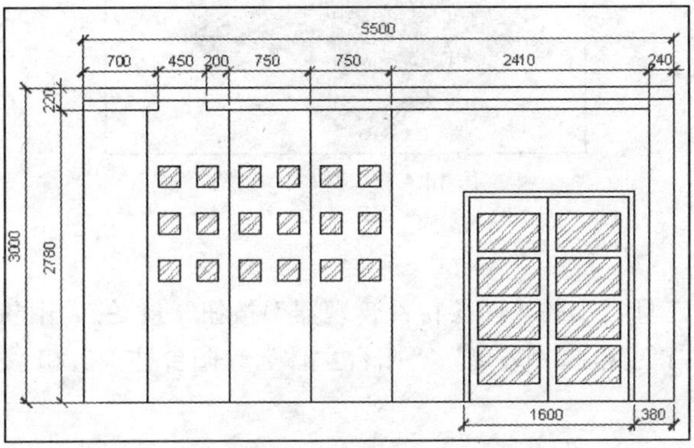


图 14.3.22　对图形进行尺寸标注

（19）设置“文本标注”层为当前图形，利用直线命令绘制需要进行文本说明的图形引出线，再利用多行文本标注命令对图形进行文本说明，如图 14.3.23 所示。

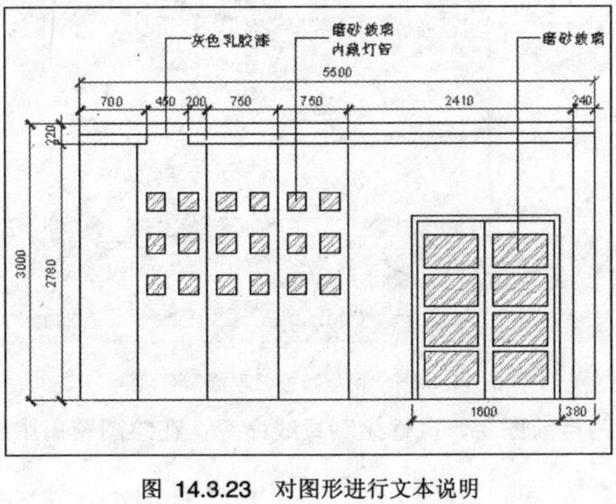


图 14.3.23　对图形进行文本说明

（20）再次利用直线命令绘制标题线，然后利用单行文本命令添加标题，最终效果如图 14.3.1 所示。

# 实例 4　建筑实体模型

## 1. 实例效果

本例将绘制建筑实体模型，最终效果如图 14.4.1 所示。

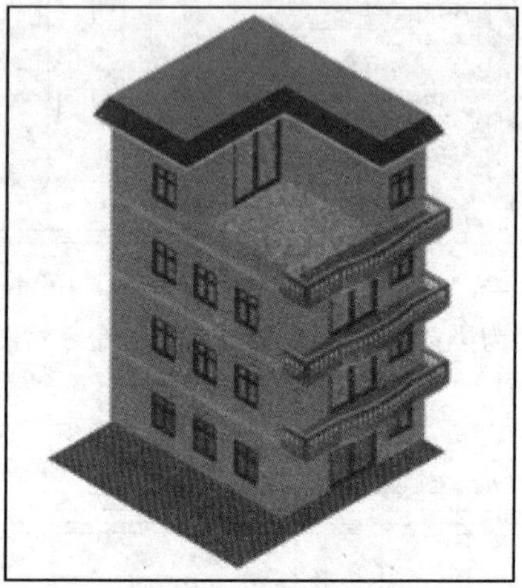

图 14.4.1　建筑实体模型

## 2. 操作步骤

（1）单击“图层”工具栏中的“图层特性管理器”按钮，在弹出的“图层特性管理器”对话框中新建“轴线”、“墙体”、“窗框”、“玻璃”、“阳台主体”、“阳台柱子”和“房顶”7 个新图层，设置其属性如图 14.4.2 所示。

图 14.4.2　“图层特性管理器”对话框

（2）设置“轴线”层为当前图层，执行绘制直线命令，在绘图窗口中绘制两条相互垂直的直线，效果如图 14.4.3 所示。

（3）执行偏移命令，设置偏移距离分别为 4 400 和 8 950，将绘制的垂直直线依次向右进行偏移；再次执行偏移命令，设置偏移距离分别为 1 590 和 10 910，将绘制的水平直线依次向上进行偏移，效果如图 14.4.4 所示。

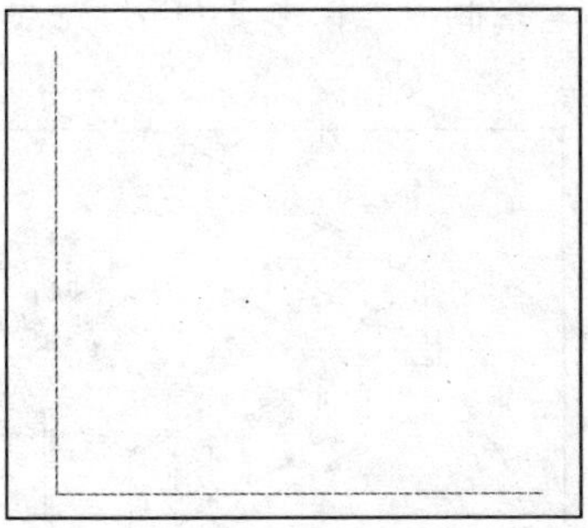

图 14.4.3　绘制直线

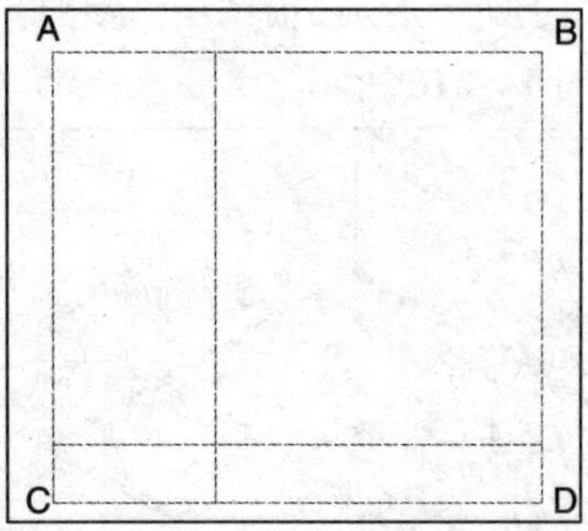


图 14.4.4　偏移效果

（4）设置“墙体”层为当前图层，执行绘制多段线命令。依次捕捉如图 14.4.4 所示图形中的 A，B，C 和 D 点绘制一条封闭的多段线，执行偏移命令，设置偏移距离分别为 120，将绘制的封闭多段线分别向内和向外进行偏移，然后将中间的闭合多段线删除，效果如图 14.4.5 所示。

（5）单击“视图”工具栏中的“西南等轴测”按钮，切换视图到西南等轴测视图。单击“绘图”工具栏中的“面域”按钮，将偏移后的闭合多段线创建成面域对象。执行差集运算命令，对创建的面域图形进行布尔运算，效果如图 14.4.6 所示。

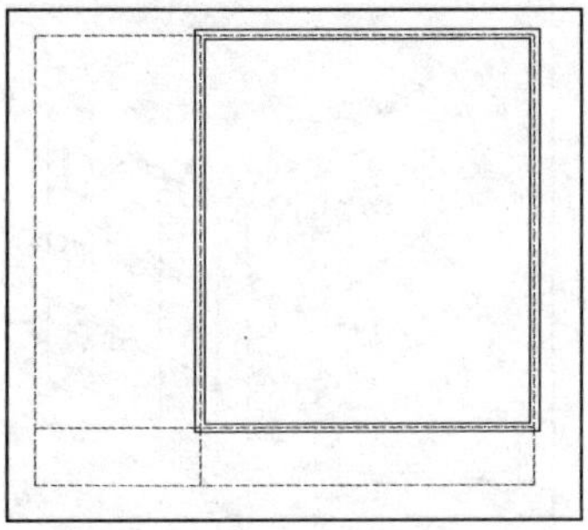

图 14.4.5　绘制多段线并偏移

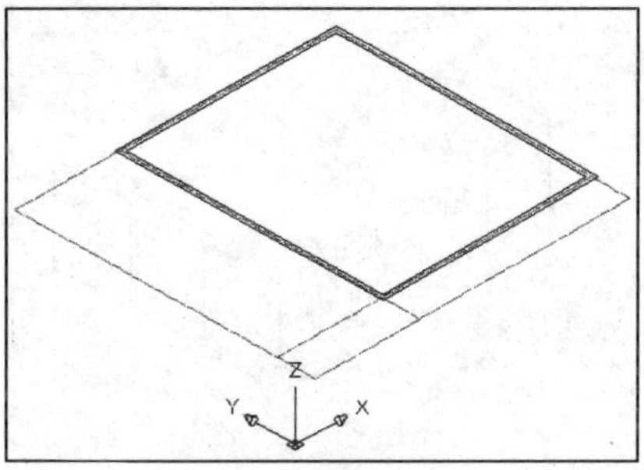


图 14.4.6　布尔运算效果

（6）单击“实体”工具栏中的“拉伸”按钮，将差集后的面域图形垂直向上进行拉伸，拉伸高度为 3 970，效果如图 14.4.7 所示。

（7）新建用户坐标系如图 14.4.8 所示。设置“窗框”层为当前图层，执行绘制长方体命令。指定长方体的第一个角点坐标为（0，1 600，1 000），绘制一个长为 240，宽为 1 500，高为 2 000 的长方体，然后执行差集运算命令，对绘制的长方体和步骤（6）拉伸生成的实体进行差集运算，效果如图 14.4.8 所示。

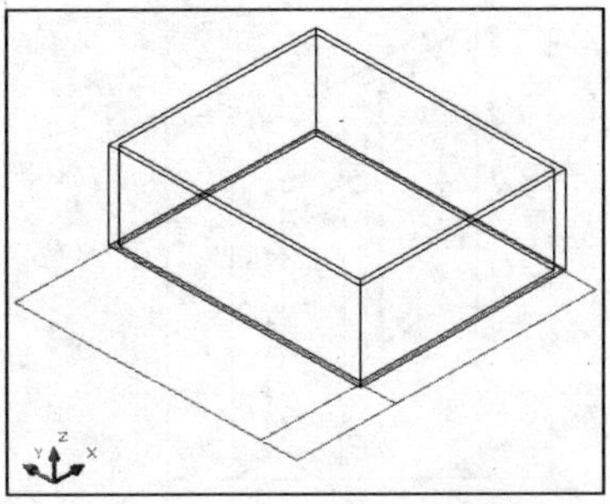


图 14.4.7　垂直向上拉伸效果

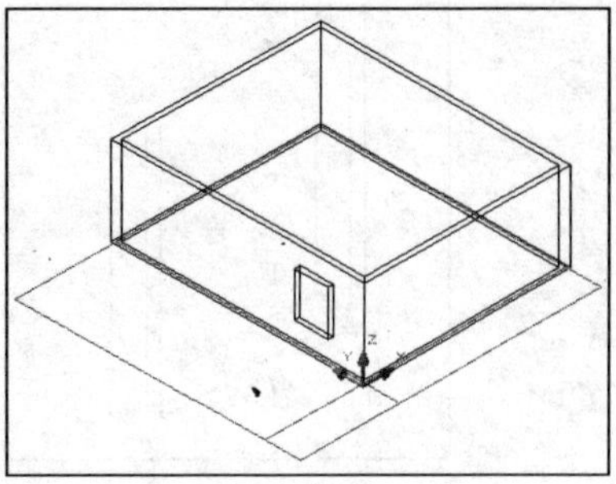

图 14.4.8　差集运算效果

（8）重复步骤（7）的操作绘制其他的窗口，效果如图 14.4.9 所示。

（9）设置“门框”层为当前图层，参照步骤（7）绘制一个长为 3 000，宽为 240，高为 3 970 的门洞，效果如图 14.4.10 所示。

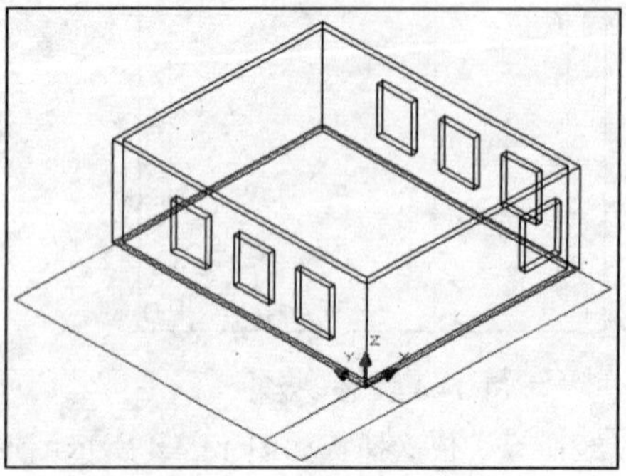
图 14.4.9　绘制其他窗口

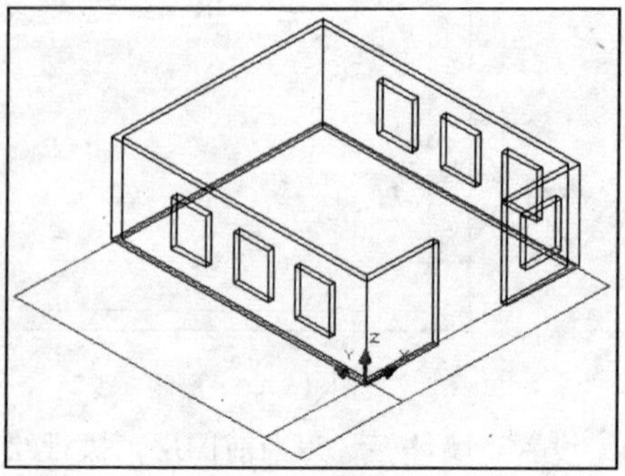
图 14.4.10　绘制门洞

（10）新建用户坐标系如图 14.4.10 所示。执行绘制长方体命令，指定当前坐标系的原点为长方体的第一个角点，绘制一个长为 9 190，宽为 1 1150，高为 400 的长方体，效果如图 14.4.11 所示。

（11）执行三维矩形阵列命令，设置矩形阵列的行数为 1，列数为 1，层数为 3，层间距为 4 370，对绘制的实体进行三维矩形阵列，效果如图 14.4.12 所示。

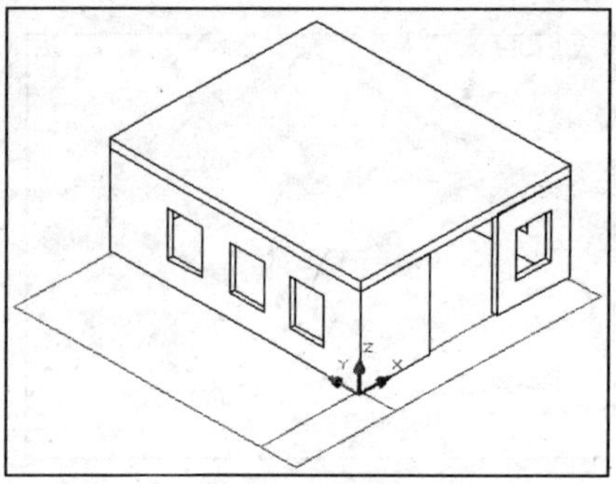
图 14.4.11　绘制长方体

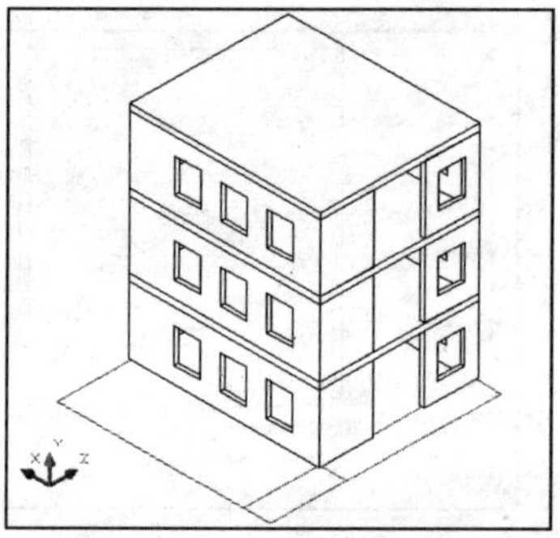
图 14.4.12　三维矩形阵列效果

（12）设置“窗框”层为当前图层，在绘图窗口中绘制一个长为 1 500，宽为 240，高为 2 000 的长方体和一个长为 1 300，宽为 240，高为 1 800 的长方体，用移动命令将这两个长方体的中心点移动到同一点，执行差集运算后的效果如图 14.4.13 所示。

（13）继续执行绘制长方体命令，在如图 14.4.13 所示的图形中绘制窗框，执行并集运算命令，对绘制的长方体和步骤（12）绘制的实体执行并集运算，效果如图 14.4.14 所示。

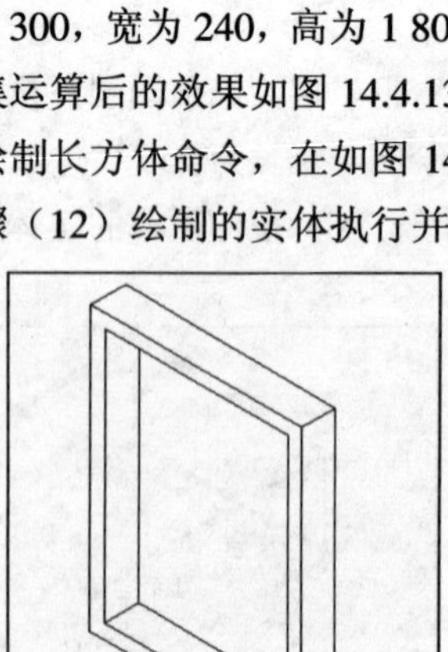
图 14.4.13　差集运算效果

图 14.4.14　并集运算效果

（14）复制如图 14.4.14 所示的实体对象到如图 14.4.15 所示位置。

（15）设置“门框”层为当前图层，执行绘制长方体命令，参照绘制窗框的方法在绘图窗口中绘制如图 14.4.16 所示的门框。

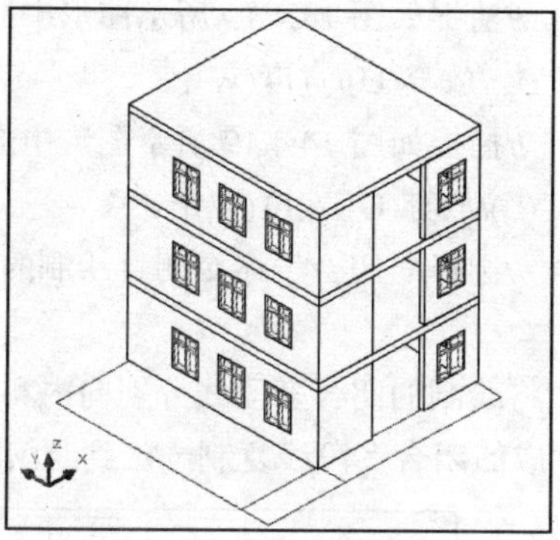

图 14.4.15　复制窗框

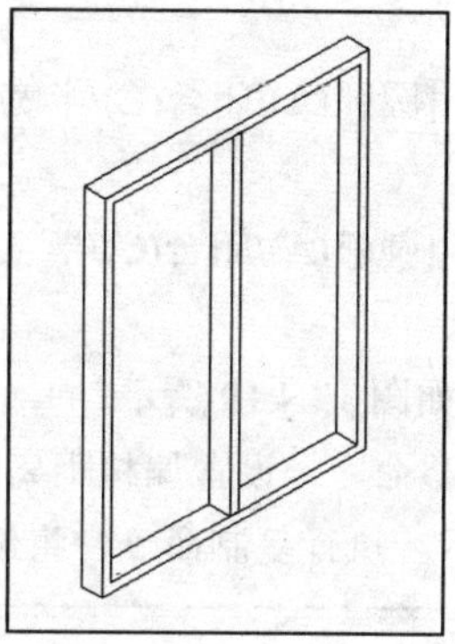

图 14.4.16　绘制门框

（16）复制如图 14.4.16 绘制的实体对象到如图 14.4.17 所示位置。

（17）设置“阳台主体”层为当前图层，关闭“墙体”、“窗框”和“门框”层。单击“视图”工具栏中的“俯视”按钮，切换视图到俯视视图，执行偏移命令，设置偏移距离为 2 200，将如图 14.4.4 所示图形中的轴线 AB 和 CD 分别向左和向右进行偏移，效果如图 14.4.18 所示。

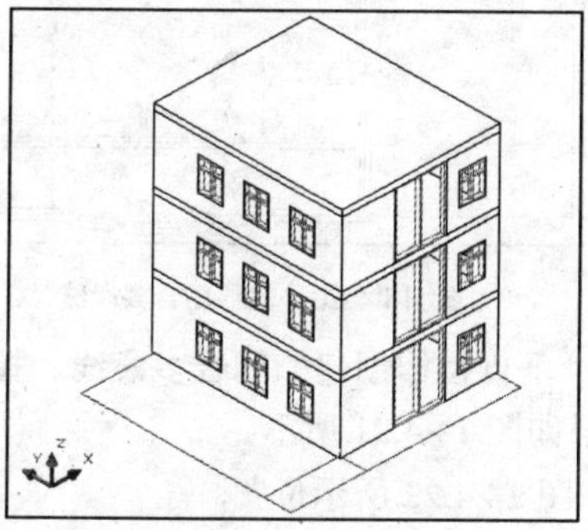

图 14.4.17　复制门框

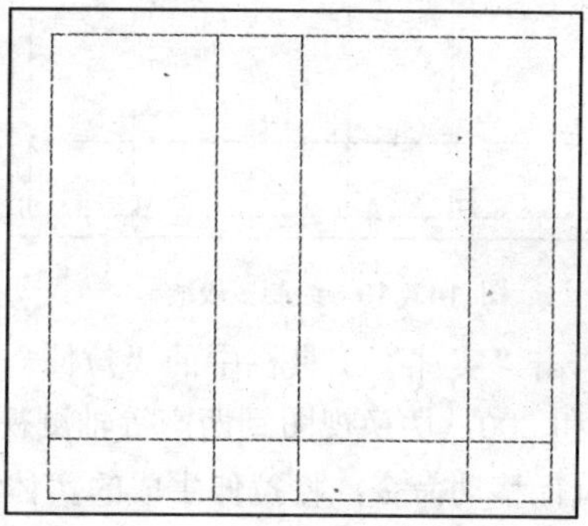

图 14.4.18　在俯视视图中进行偏移

（18）执行绘制多段线命令，命令行提示如下：

命令: _pline

指定起点:　　//捕捉如图 14.4.19 所示图形中的 A 点

当前线宽为 0.0000　　//系统提示

指定下一个点或 [圆弧(A)/半宽(H)/长度(L)/放弃(U)/宽度(W)]: a　　//选择“圆弧”命令选项

指定圆弧的端点或[角度(A)/圆心(CE)/方向(D)/半宽(H)/直线(L)/半径(R)/第二个点(S)/放弃(U)/宽度(W)]: s　　//选择“第二个点”命令选项

指定圆弧上的第二个点: @2 275,-300　　//输入圆弧第二个点的坐标

指定圆弧的端点:　　//捕捉如图 14.4.19 所示图形中的 B 点

指定圆弧的端点或[角度(A)/圆心(CE)/闭合(CL)/方向(D)/半宽(H)/直线(L)/半径(R)/第二个点(S)/放弃(U)/宽度(W)]: l　　//选择“直线”命令选项

指定下一点或 [圆弧(A)/闭合(C)/半宽(H)/长度(L)/放弃(U)/宽度(W)]:

//捕捉如图 14.4.19 所示图形中的 C 点

指定下一点或 [圆弧(A)/闭合(C)/半宽(H)/长度(L)/放弃(U)/宽度(W)]:

//捕捉如图 14.4.19 所示图形中的 D 点

指定下一点或 [圆弧(A)/闭合(C)/半宽(H)/长度(L)/放弃(U)/宽度(W)]:

//捕捉如图 14.4.19 所示图形中的 E 点

指定下一点或 [圆弧(A)/闭合(C)/半宽(H)/长度(L)/放弃(U)/宽度(W)]:

//捕捉如图 14.4.19 所示图形中的 F 点

指定下一点或 [圆弧(A)/闭合(C)/半宽(H)/长度(L)/放弃(U)/宽度(W)]: c

//选择“闭合”命令闭合绘制的多段线

绘制的多段线如图 14.4.19 所示。

（19）执行偏移命令，设置偏移距离为 120，将绘制的闭合多段线分别向内和向外进行偏移，效果如图 14.4.20 所示。执行复制命令，将偏移后生成的闭合多段线复制一份到绘图窗口的空白区域。

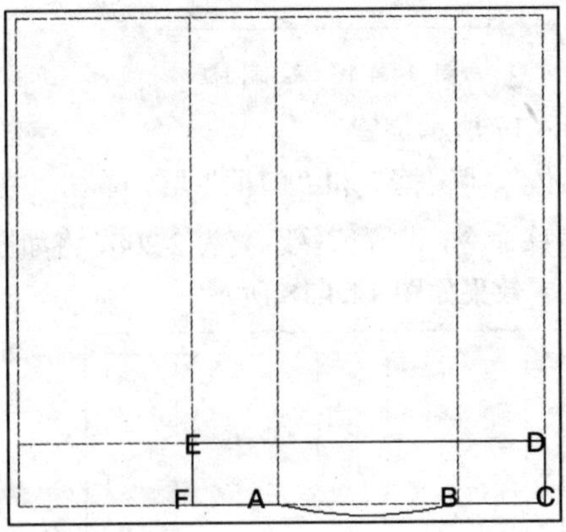


图 14.4.19　绘制多段线

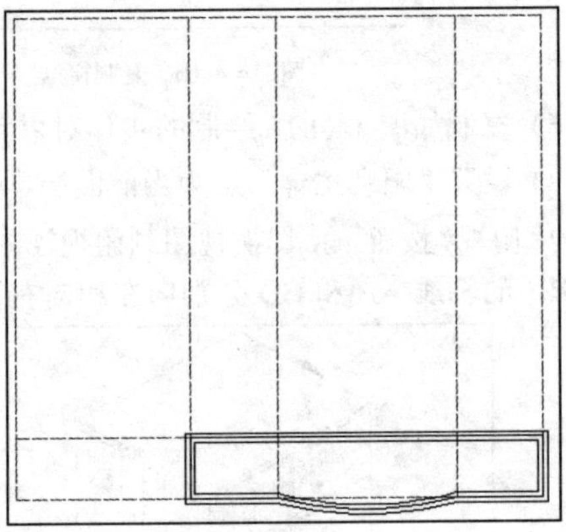

图 14.4.20　偏移闭合多段线

（20）单击“实体”工具栏中的“拉伸”按钮，垂直拉伸创建的闭合多段线，拉伸高度分别为 400，200 和 200，切换视图到西南等轴测视图，效果如图 14.4.21 所示。

（21）执行移动命令，将拉伸生成的实体移动到如图 14.4.22 所示位置。

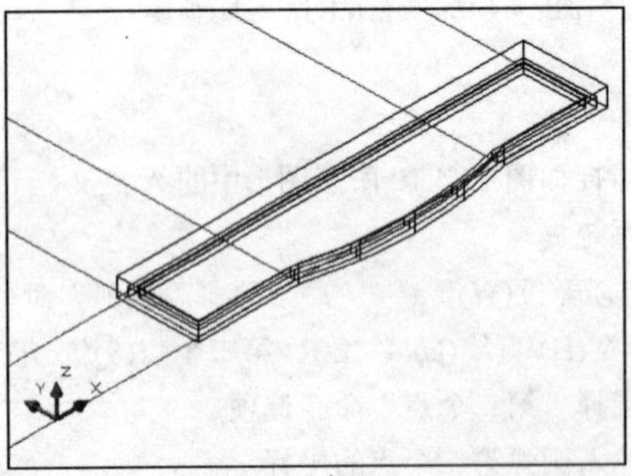

图 14.4.21　拉伸多段线

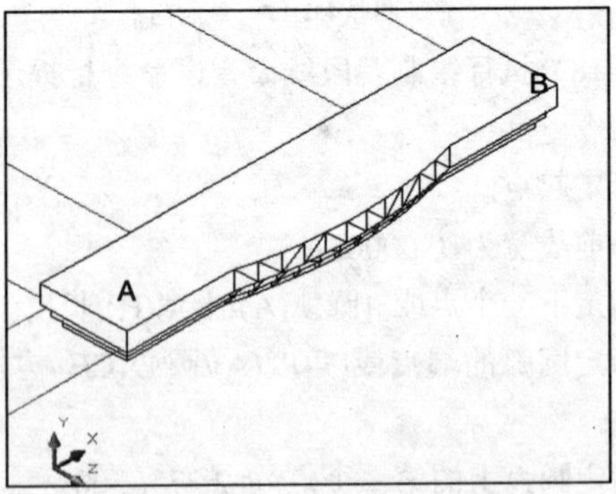


图 14.4.22　移动实体

（22）执行绘制长方体命令，以如图 14.4.22 所示图形中的 A 点和 B 点为第一个角点，分别绘制长为 120，宽为 320，高为 740 和长为 120，宽为-320，高为 740 的两个长方体，效果如图 14.4.23 所示。

（23）设置“阳台柱子”层为当前图层，切换视图到主视图，执行绘制多段线命令，绘制如图 14.4.24 所示图形，并将其创建成面域图形。

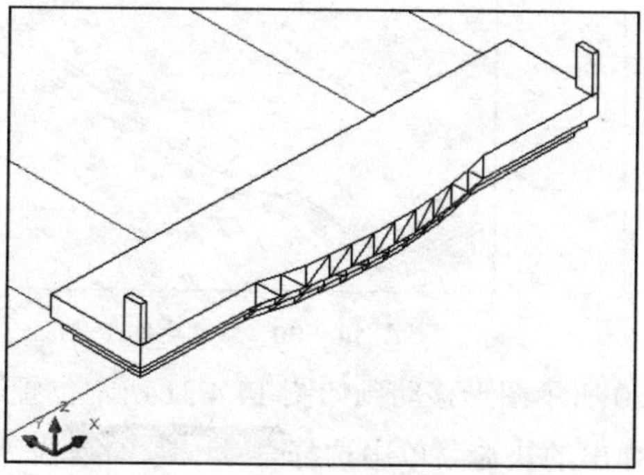


图 14.4.23　绘制两个长方体

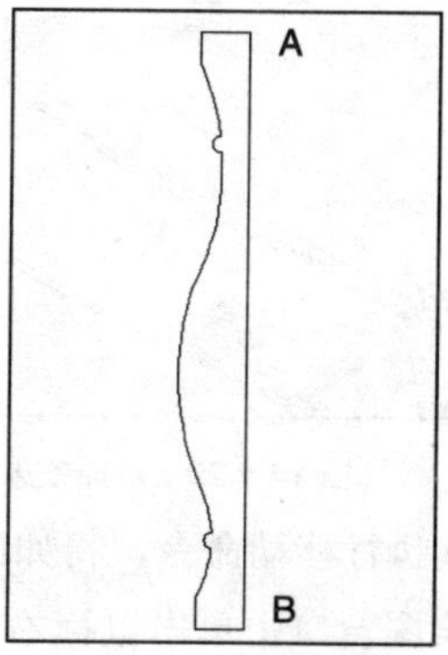


图 14.4.24　绘制多段线

（24）单击“实体”工具栏中的“旋转”按钮，以如图 14.4.24 所示图形中的直线 AB 为旋转轴，将创建的面域旋转 360°，切换视图到西南等轴测视图，旋转生成的实体如图 14.4.25 所示。

（25）执行复制命令，复制如图 14.4.25 所示的实体到如图 14.4.26 所示位置。

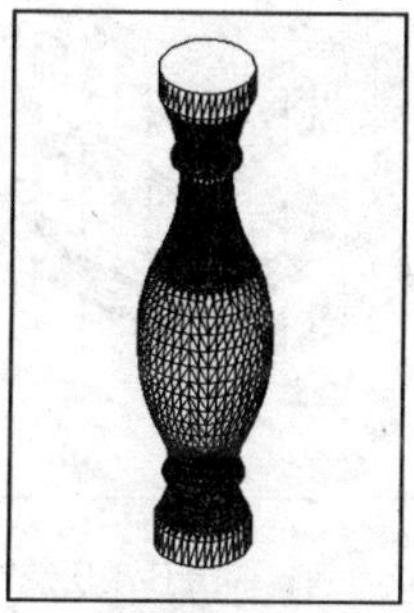

图 14.4.25　旋转

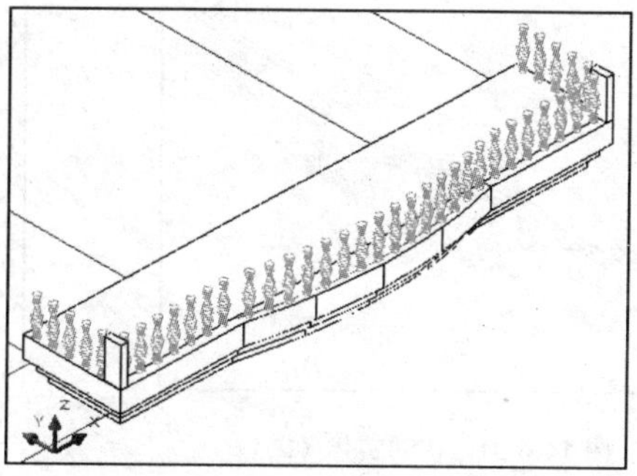


图 14.4.26　复制实体

（26）执行绘制直线命令，分别以步骤（19）复制的多段线图形中的 A 点和 B 点为起点，绘制直线 CD 的垂线，效果如图 14.4.27 所示，执行复制命令，将如图 14.4.27 所示图形复制一份到绘图窗口的空白区域。

（27）执行修剪命令，对步骤（26）创建的图形进行修剪，修剪后的效果如图 14.4.28 所示。然后执行面域命令，将修剪后的图形创建成面域图形。

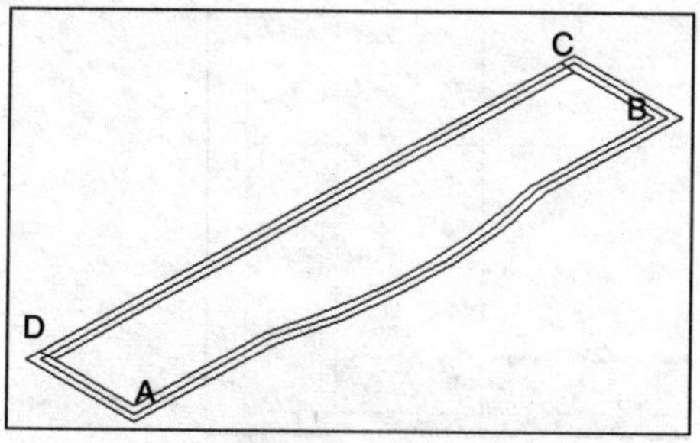


图 14.4.27　绘制直线

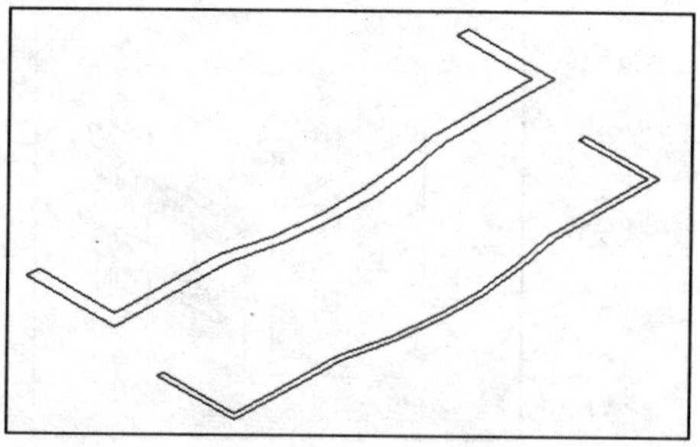

图 14.4.28　修剪效果

（28）单击“实体”工具栏中的“拉伸”按钮，垂直拉伸步骤（27）创建的面域图形，拉伸高度分别为 120 和 60，效果如图 14.4.29 所示。

（29）执行移动命令，移动拉伸后生成的实体到如图 14.4.30 所示位置。

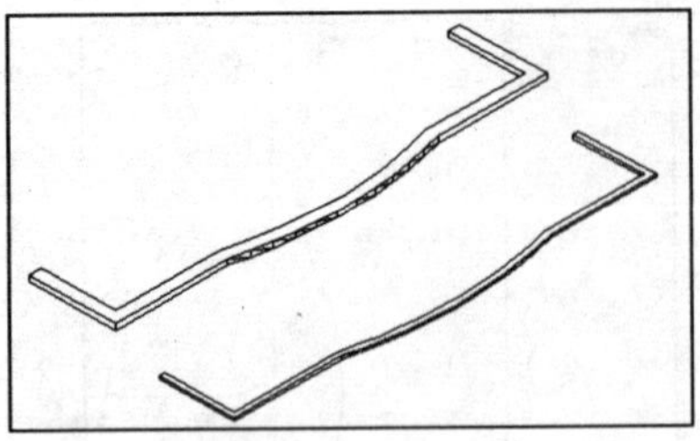

图 14.4.29　拉伸效果

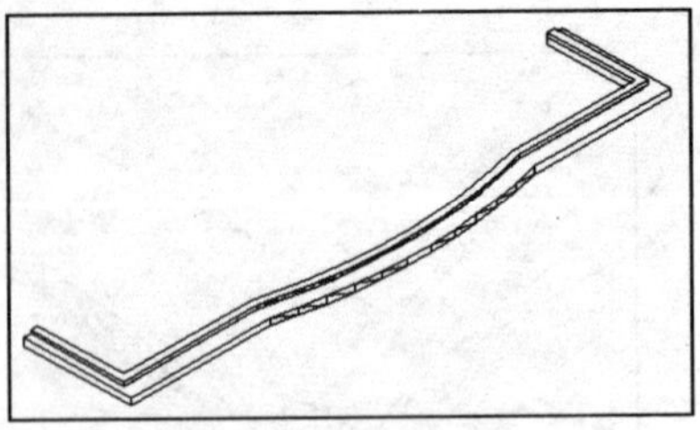

图 14.4.30　移动实体（一）

（30）继续执行移动命令，将如图 14.4.30 所示图形移动到如图 14.4.31 所示位置。

（31）在绘图窗口中单击鼠标右键，在弹出的快捷菜单中选择快速选择(Q)...命令，选中“阳台主体”和“阳台柱子”层上所有的图形对象，执行移动命令，将选中的对象垂直向上移动，移动距离为 3 970，效果如图 14.4.32 所示。

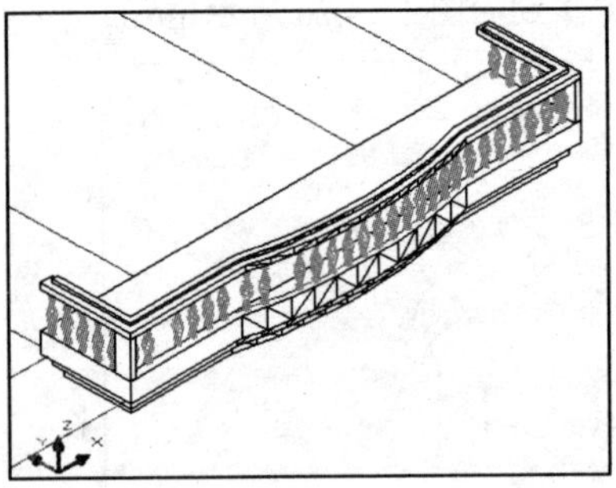

图 14.4.31　移动实体（二）

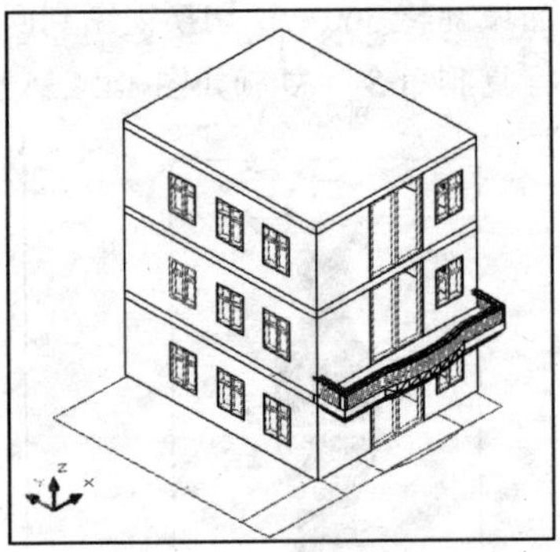

图 14.4.32　垂直向上移动所选对象

（32）重复执行快速选择命令，再次选中“阳台主体”和“阳台柱子”层上的所有图形对象，执行复制命令，将选中的图形对象进行复制并向上移动，移动距离为 4 370，效果如图 14.4.33 所示。

（33）关闭除“轴线”层和 0 层以外所有使用过的图层，切换视图到俯视图。执行偏移命令，设置偏移距离分别为 4 630 和 400，将如图 14.4.34 所示图形中的轴线 AB 和 CD 分别向下和向左进行偏移。

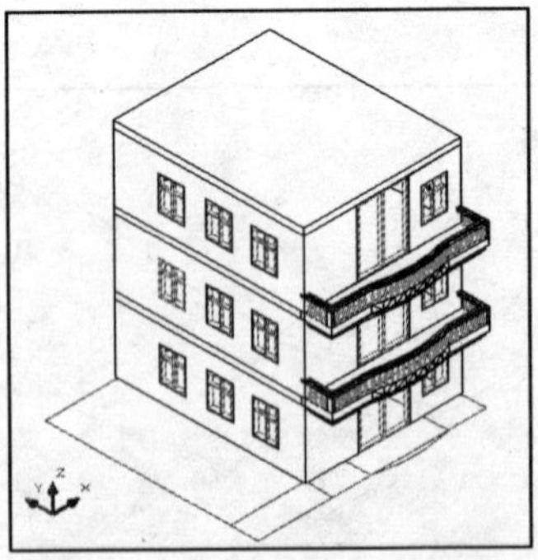

图 14.4.33　复制并移动对象

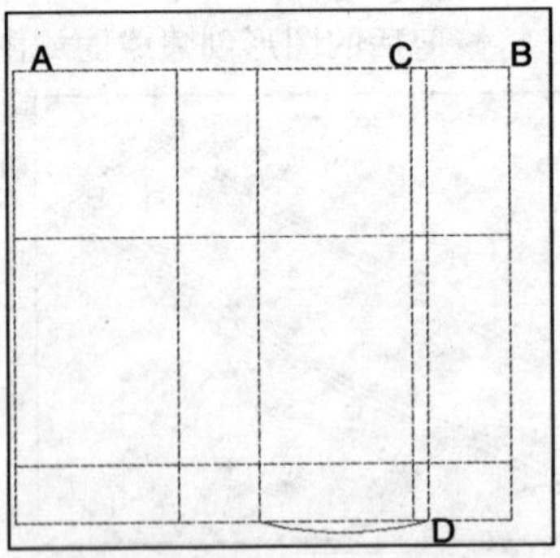


图 14.4.34　偏移

（34）设置 0 图层为当前图层，执行绘制多线命令，设置多线的对正方式为“无”，多线比例为 240，绘制如图 14.4.35 所示的闭合多线。

（35）执行分解命令，对绘制的多线进行分解操作，并将分解后的图形创建成面域图形，对面域图形进行差集运算后的效果如图 14.4.36 所示。

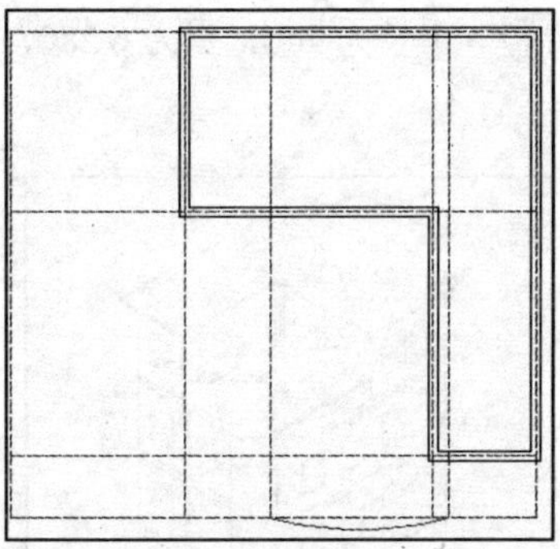

图 14.4.35　绘制闭合多线

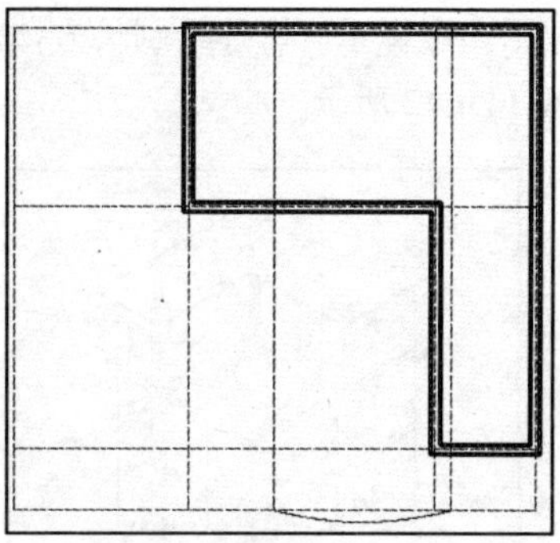

图 14.4.36　差集运算

（36）转换视图到西南等轴测视图，用移动命令将步骤（35）创建的面域图形垂直向上进行移动，移动距离为 13 110，打开“墙体”层后的效果如图 14.4.37 所示。

（37）单击“实体”工具栏中的“拉伸”按钮，设置拉伸高度为 3 970，垂直拉伸步骤（36）移动后的面域图形，效果如图 14.4.38 所示。

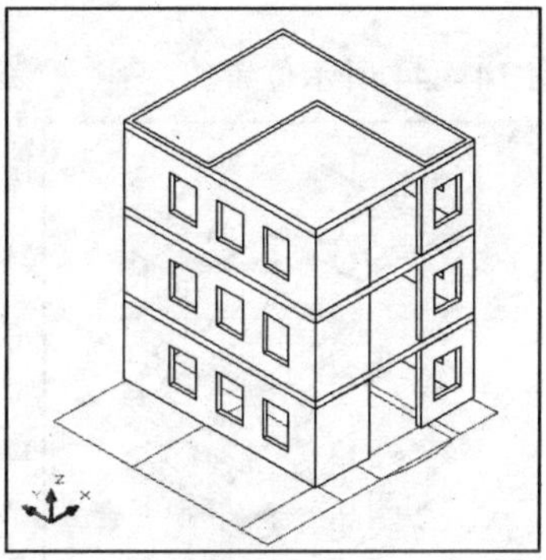

图 14.4.37　移动后打开“墙体”层

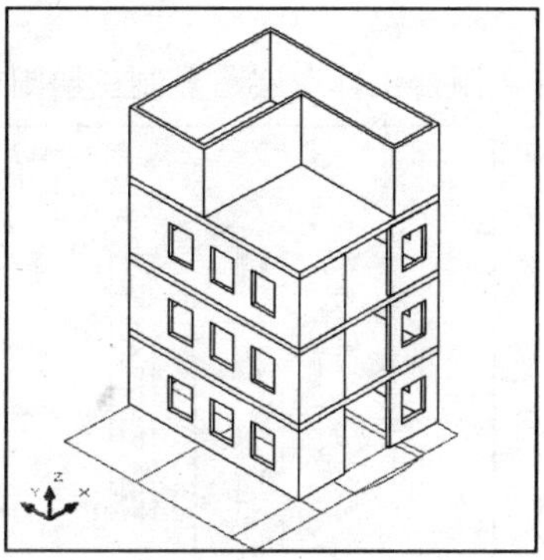

图 14.4.38　垂直拉伸效果

（38）设置“墙体”层为当前图层，执行绘制长方体命令，绘制楼房四层的窗洞和门洞，效果如图 14.4.39 所示。

（39）执行绘制多段线命令，沿着楼房四层墙体的角点绘制闭合的多段线，然后执行偏移命令，设置偏移距离为 400 和 600，将绘制的多段线向外进行偏移，效果如图 14.4.40 所示。

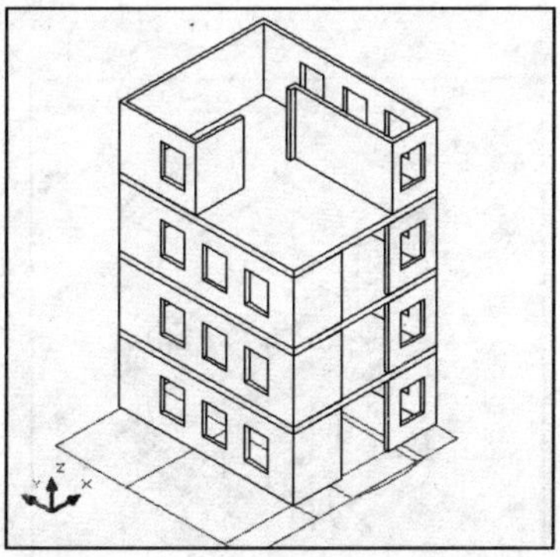

图 14.4.39　绘制四层的窗洞和门洞

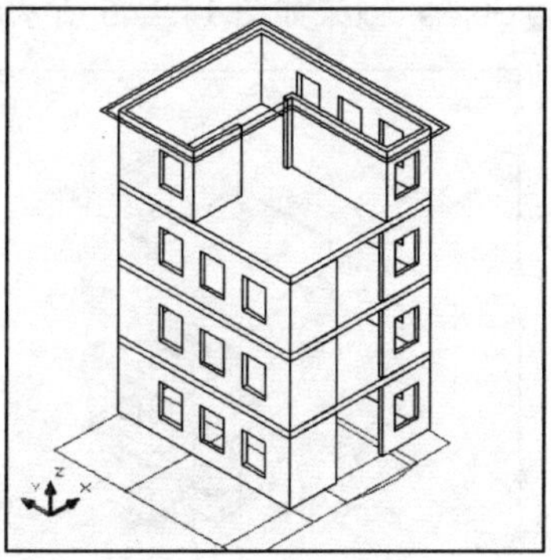

图 14.4.40　偏移多段线

（40）单击“实体”工具栏中的“拉伸”按钮，设置拉伸高度分别为 300 和 100，垂直拉伸偏移后的闭合多段线，并用移动命令将其移动到如图 14.4.41 所示位置。

（41）新建用户坐标系，执行绘制长方体命令，绘制一个长为 240，宽为 6 280，高为 1 100 的长方体，效果如图 14.4.42 所示。

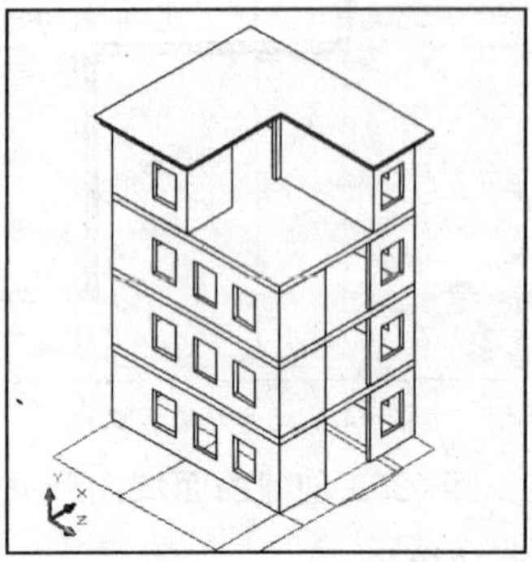

图 14.4.41　拉伸并移动多段线

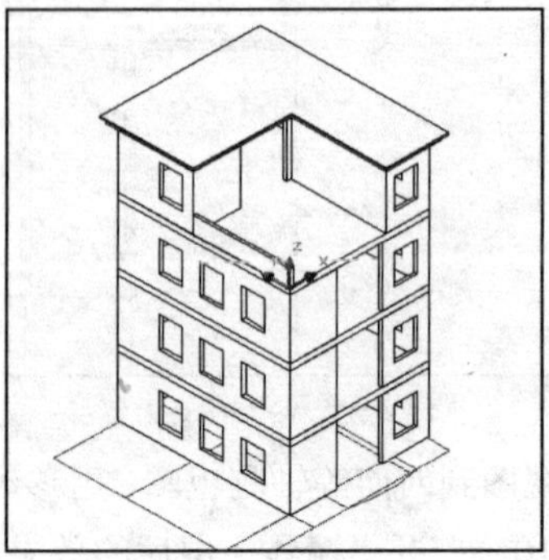

图 14.4.42　绘制长方体

（42）打开“门框”和“窗框”图层，复制三层的门框和窗框到四层的门洞和窗洞处，效果如图 14.4.43 所示。

（43）打开“阳台主体”层，复制三层阳台到如图 14.4.44 所示位置。

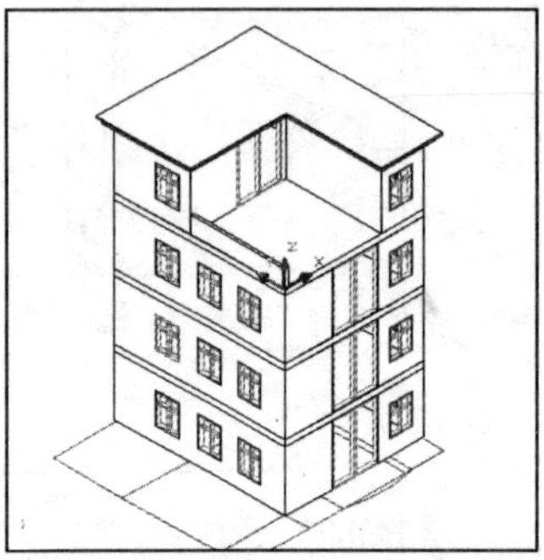

图 14.4.43　复制门框和窗框

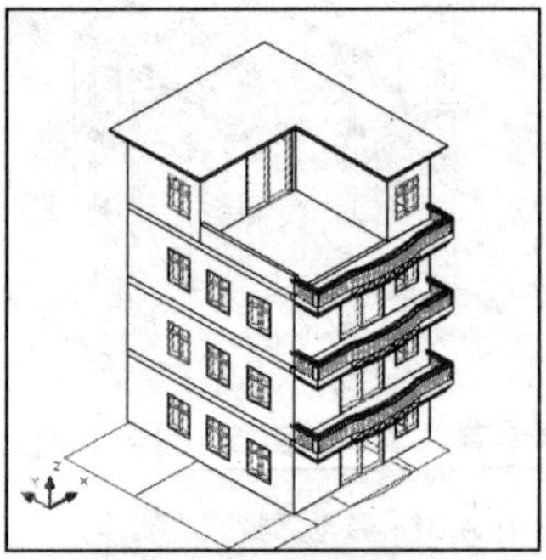

图 14.4.44　复制阳台

（44）执行绘制长方体命令，沿着楼房四层顶面边线绘制宽为 500，高为 1 000 的多个长方体，然后执行并集运算命令，对绘制的长方体进行并集运算，效果如图 14.4.45 所示。

（45）单击“实体编辑”工具栏中的“倾斜面”按钮，对并集后的实体的外侧面进行倾斜操作，倾斜角度为 30°，效果如图 14.4.46 所示。

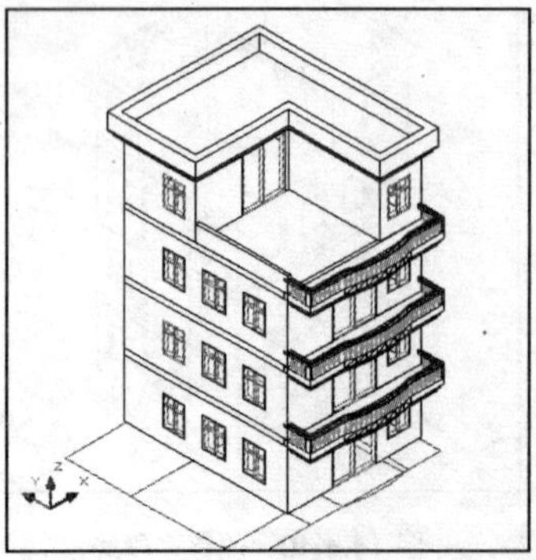

图 14.4.45　对绘制的多个长方体进行并集运算

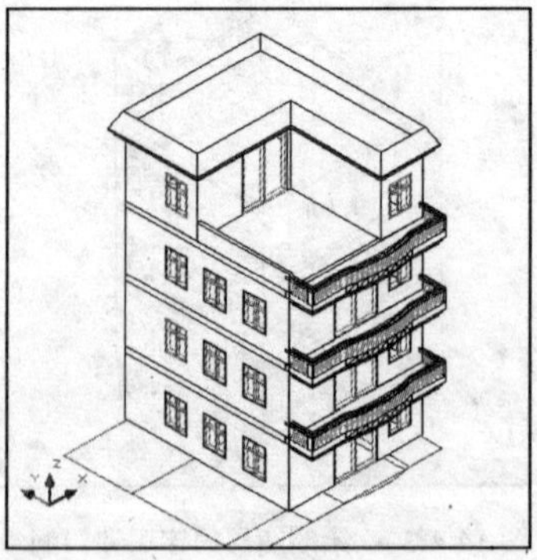

图 14.4.46　外侧面倾斜 30°

（46）设置“玻璃”层为当前图层，执行绘制多段线命令，在窗框的底部绘制一条多段线，然后单击“标准”工具栏中的“对象特性”按钮，在弹出的面板中设置多段线的宽度为 1 800，结果如图 14.4.47 所示。

（47）参照步骤（46）的操作，继续执行绘制多段线命令，在门框的底部绘制一条多段线，然后在面板中设置多段线的宽度为 3 770，结果如图 14.4.48 所示。

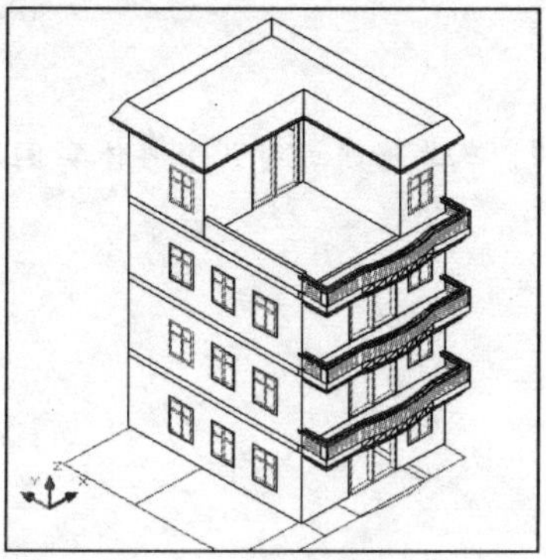

图 14.4.47　在窗框底部绘制多段线

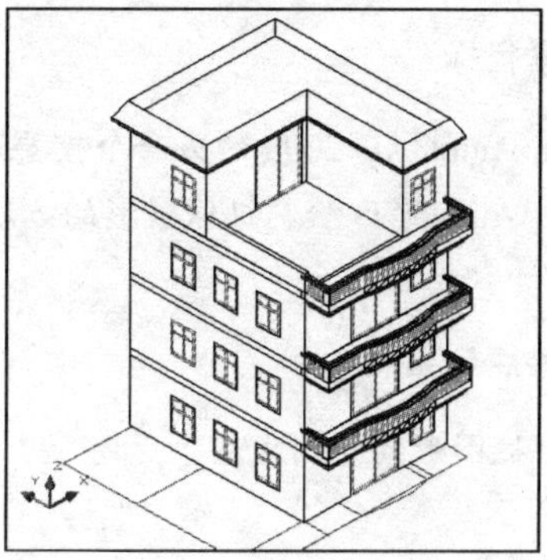

图 14.4.48　在门框底部绘制多段线

（48）新建用户坐标系。执行绘制多段线命令，沿着楼房顶的边缘绘制一条闭合多段线，执行创建面域命令，将绘制的闭合多段线创建成面域图形，效果如图 14.4.49 所示。

（49）关闭除“轴线”以外的所有图层，执行创建面域命令，将轴线围成的外轮廓线创建成面域图形，效果如图 14.4.50 所示。

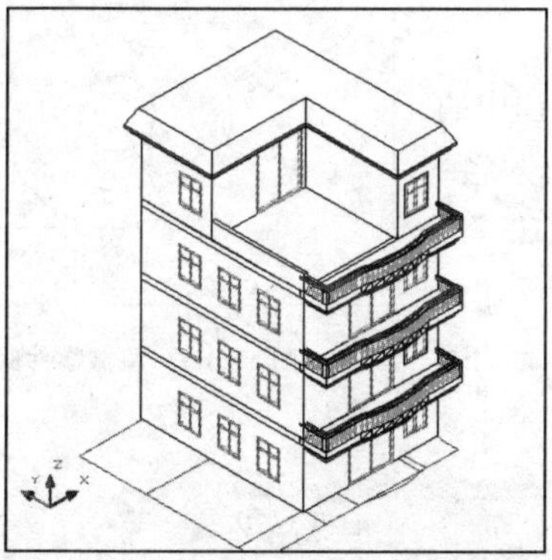

图 14.4.49　绘制多段线并创建成面域图形

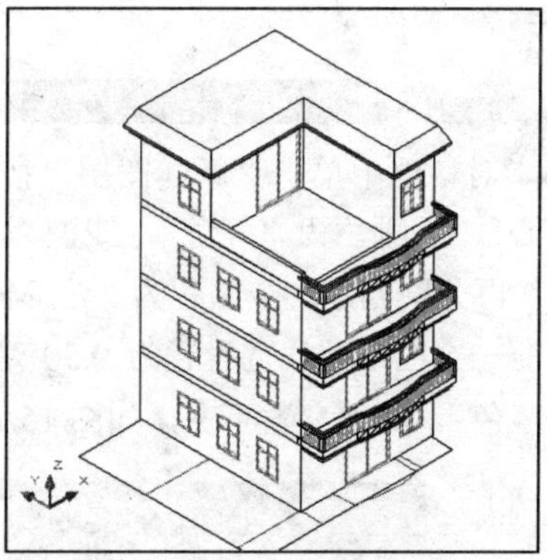

图 14.4.50　将外轮廓线创建成面域图形

（50）为绘制的实体附着材质，并添加光源，渲染后的效果如图 14.4.1 所示。

# 第十五章　机械设计类行业应用实例

## 教学目标

机械设计是 AutoCAD 2008 的另一个重要应用领域，本章将通过对几个具体实例的详细讲解，帮助读者掌握利用 AutoCAD 绘制机械图形的方法。

## 教学难点与重点

掌握各种机械图形的绘制方法。

## 实例 1　机械零件截面图

### 1. 实例效果

本例将绘制机械零件截面图，最终效果如图 15.1.1 所示。

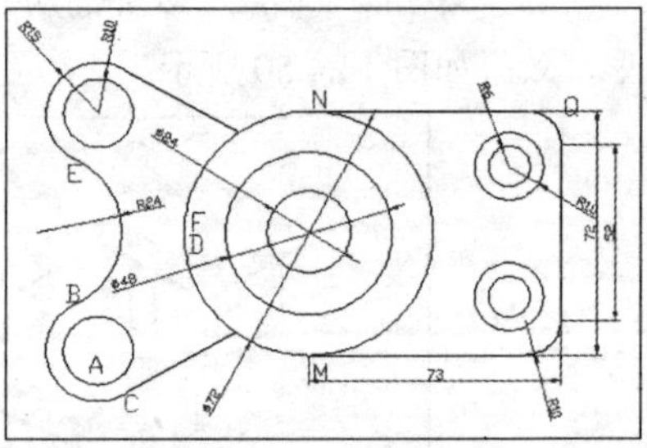


图 15.1.1　机械零件截面图

### 2. 操作步骤

（1）选择 格式(O) → 图层(L)... 命令，在弹出的 图层特性管理器 对话框中单击“新建图层”按钮，设置图层名称为“中心线”，颜色为“红色”，线型为“CENTER”，其他参数不变；再分别创建一个名称为“轮廓线”和“尺寸标注”的图层，前一个图层的线宽设置为 0.30 毫米，后一个的颜色设置为“蓝色”，其他参数不变，如图 15.1.2 所示。

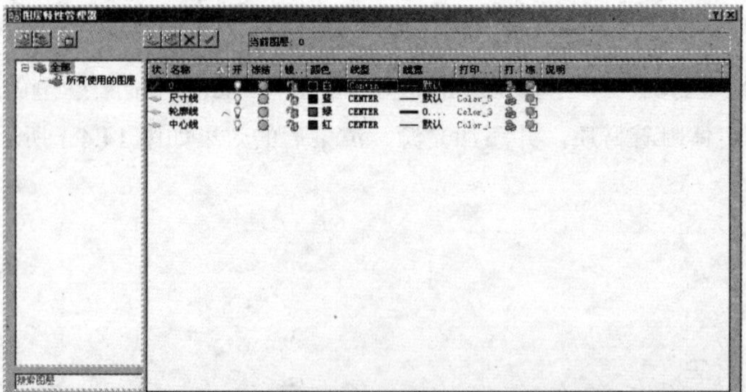

图 15.1.2　“图层特性管理器”对话框

（2）设置“中心线”层为当前图层，单击“绘图”工具栏中的“直线”按钮，在绘图窗口中绘制两条相互垂直的辅助线，如图 15.1.3 所示。

（3）设置“轮廓线”层为当前图层，单击“绘图”工具栏中的“圆”按钮，以辅助线的交点为圆心，分别绘制半径为 12，24 和 36 的圆，如图 15.1.4 所示。

图 15.1.3　绘制辅助线

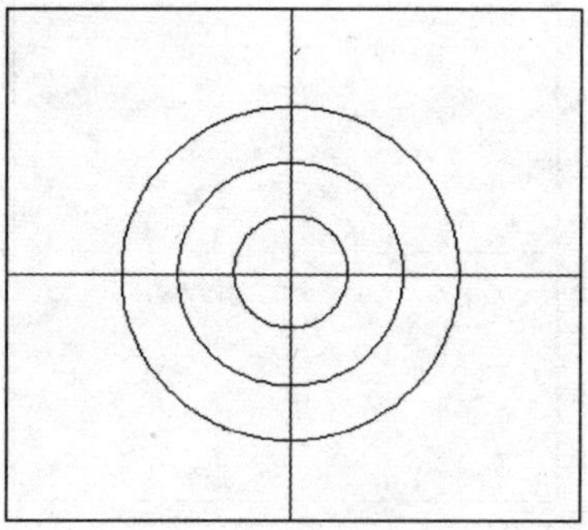

图 15.1.4　绘制圆

（4）单击“修改”工具栏中的“旋转”按钮，执行旋转命令，旋转并复制辅助线后的图形如图 15.1.5 所示。

（5）执行绘制圆命令，以辅助线交点为圆心，绘制一个半径为 70 的圆；再次执行绘制圆命令，以如图 15.1.6 所示图形中的交点 A 为圆心，分别绘制半径为 10 和 15 的圆，结果如图 15.1.6 所示。

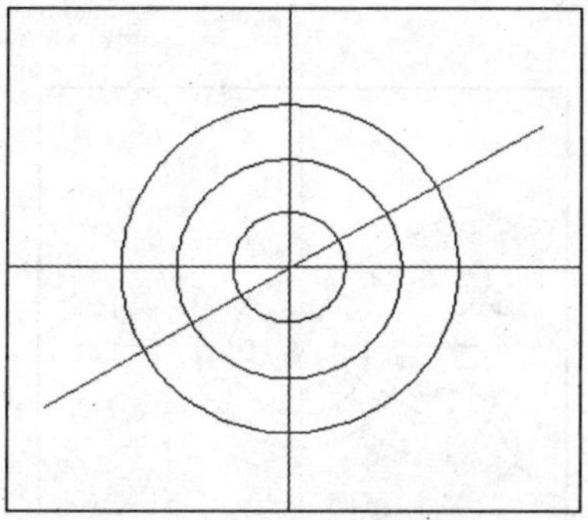

图 15.1.5　旋转并复制辅助线

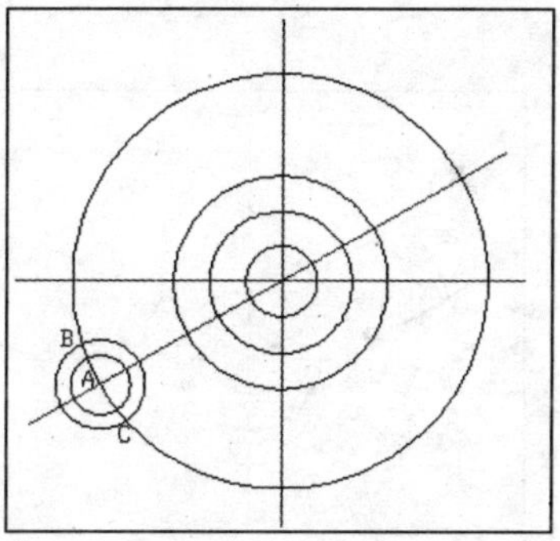


图 15.1.6　绘制圆

（6）执行绘制直线命令，指定如图 15.1.7 所示图形中的 B 点为起点，然后按住“Shift”键，单击鼠标右键，在弹出的快捷菜单中选择 平行线(L) 命令，单击鼠标左键确定直线的端点，用同样的方法绘制另一条平行线，结果如图 15.1.8 所示。

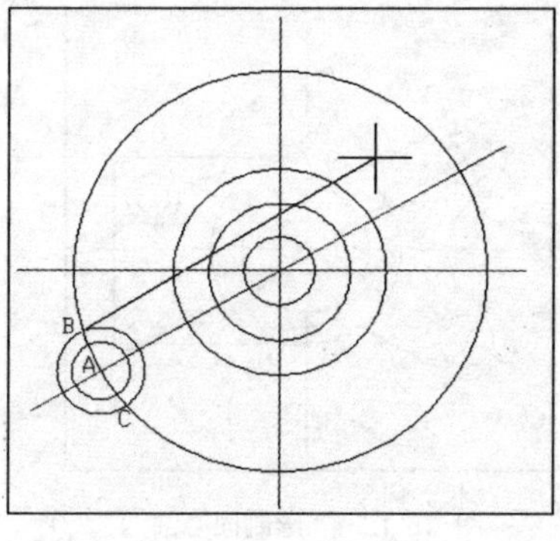


图 15.1.7　绘制平行线

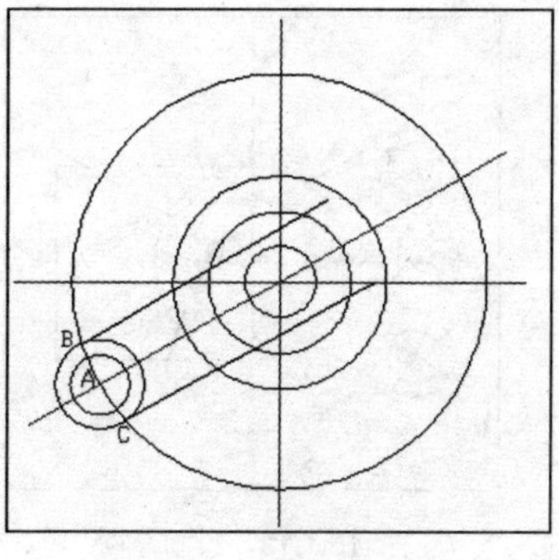


图 15.1.8　修剪前的图形

（7）单击“修改”工具栏中的“修剪”按钮，对如图 15.1.8 所示的图形进行修剪，效果如图 15.1.9 所示。

（8）单击“修改”工具栏中的“镜像”按钮，以水平辅助线为镜像线，镜像如图 15.1.10 所示矩形框中的对象，镜像后的效果如图 15.1.11 所示。

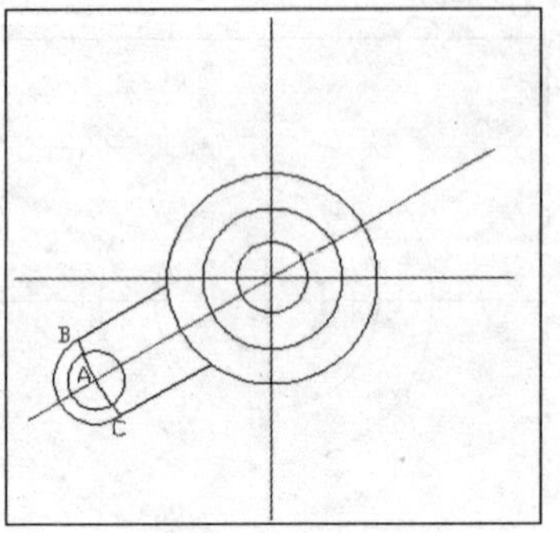


图 15.1.9　修剪后的效果

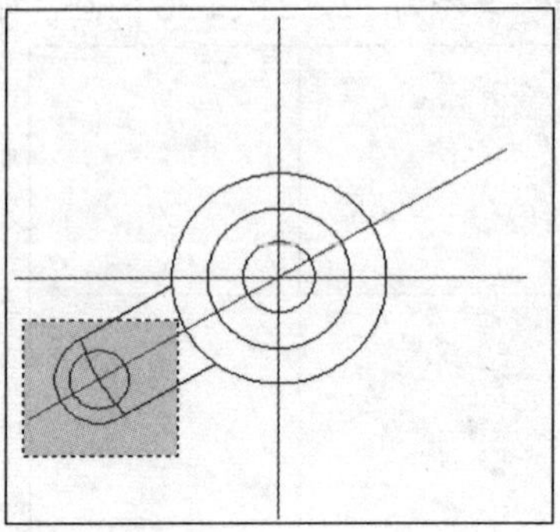

图 15.1.10　镜像效果

（9）单击“修改”工具栏中的“圆角”按钮，设置圆角半径为 24，圆角的边分别选择如图 15.1.11 所示的直线 BD 和直线 EF，圆角后的效果如图 15.1.12 所示。

（10）执行绘制直线命令，指定如图 15.1.12 所示图形中的 M 点为起点，然后依次指定端点坐标为（@72,0）（@0,72），最后捕捉如图 15.1.12 所示图形中的 N 点，按回车键结束命令，效果如图 15.1.13 所示。

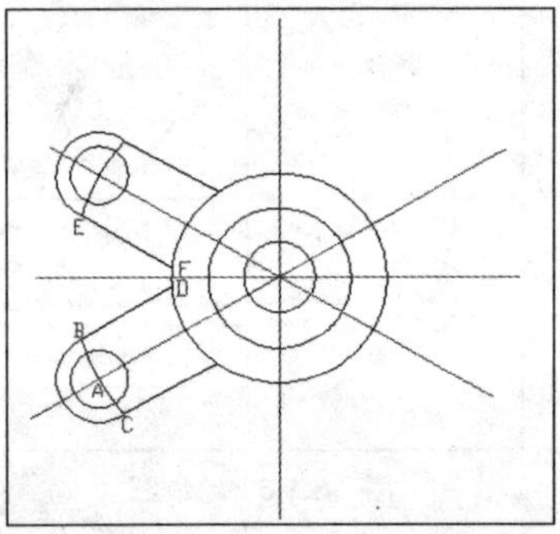


图 15.1.11　圆角效果

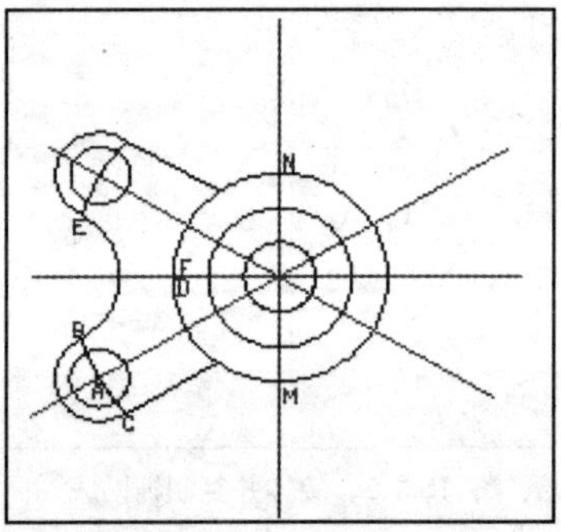


图 15.1.12　以 M 点为起点，捕捉 N 点

（11）执行绘制圆命令，分别绘制半径为 10 和 6 的同心圆，结果如图 15.1.14 所示。

（12）执行镜像命令，以水平辅助线为镜像，镜像步骤（11）绘制的圆，效果如图 15.1.15 所示。

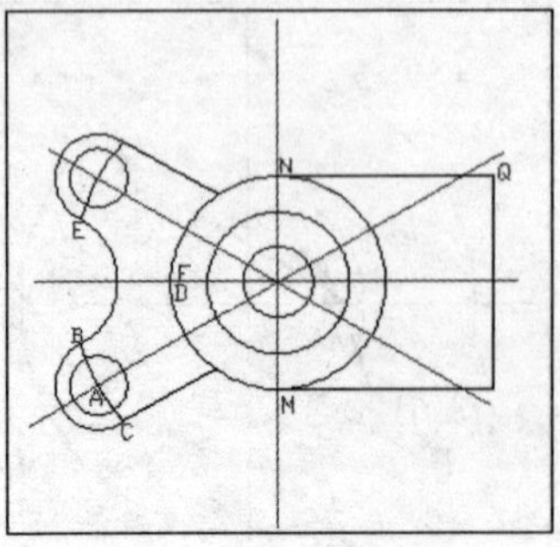


图 15.1.13　绘制直线

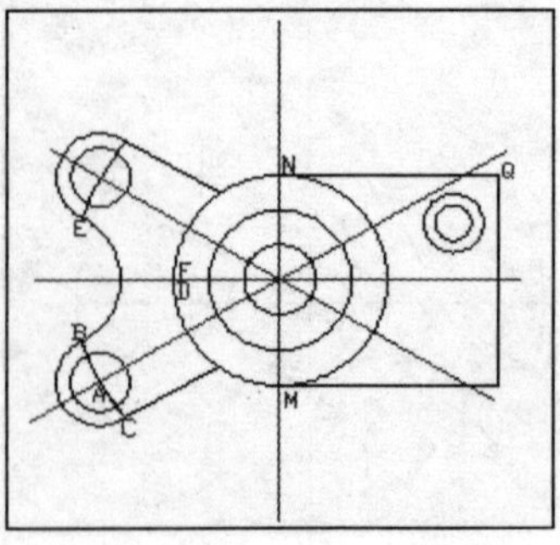


图 15.1.14　绘制同心圆

（13）执行圆角命令，设置圆角半径为 10，对如图 15.1.15 所示图形进行圆角操作，圆角后的效果如图 15.1.16 所示。

（14）单击“标准”工具栏中的“特型匹配”按钮[图标]，将如图 15.1.16 所示图形中的圆弧匹配成中心线层。

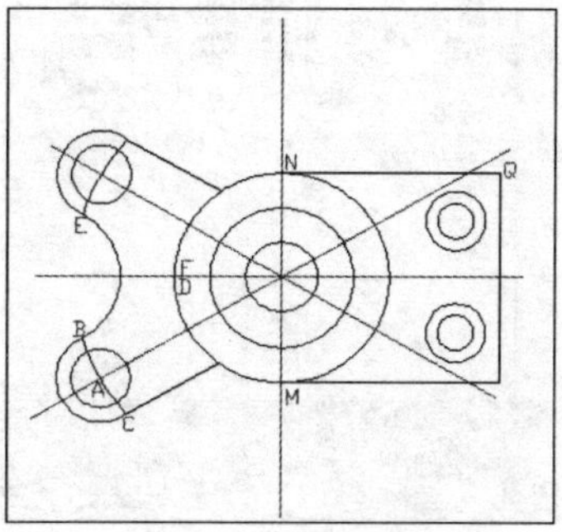


图 15.1.15　镜像效果

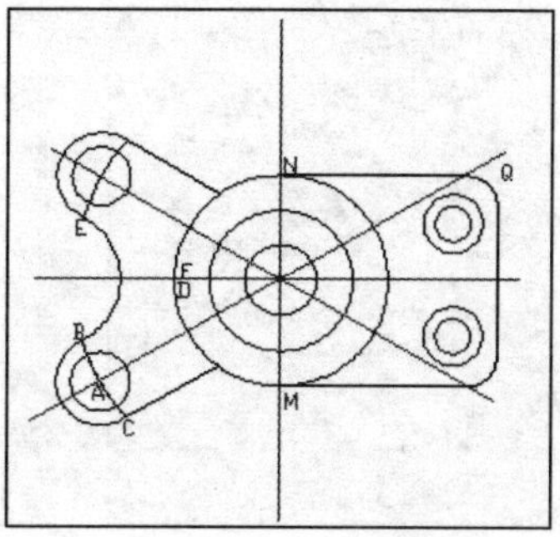


图 15.1.16　圆角效果

（15）设置标注层为当前图层，对绘制的图形进行尺寸标注，最终效果如图 15.1.1 所示。

# 实例 2　支撑架轴测图

### 1. 实例效果

本例将绘制支撑架轴测图，最终效果如图 15.2.1 所示。

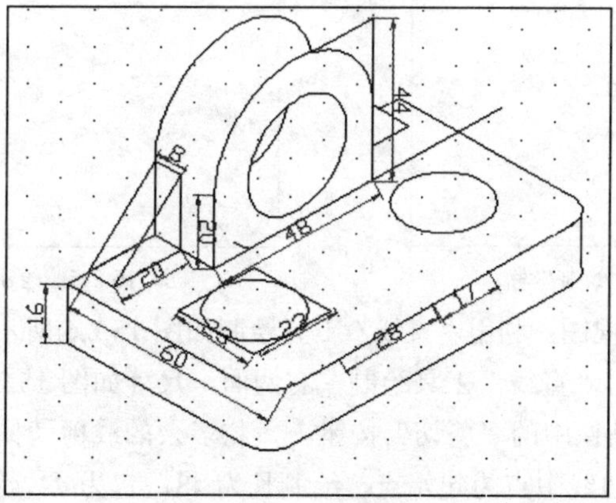


图 15.2.1　支撑架轴测图

### 2. 操作步骤

（1）选择“工具”菜单栏中的“草图设置”命令，或用鼠标右键单击状态栏中的“栅格”按钮，在系统弹出的快捷菜单中选择“设置”命令，系统弹出[草图设置(F)...]对话框，如图 15.2.2 所示。在该对话框中选中[等轴测捕捉(M)]单选按钮，并选中[启用栅格 (F7)(G)]复选框，其余参数接受系统的默认设置，然后单击[确定]按钮即可。

（2）选择[格式(O)]→[图层(L)...]命令，在弹出的[图层特性管理器]对话框中单击“新建图层”按钮[图标]，新建 4 个图层，并分别命名为“实线”、“虚线”、“中心线”和“尺寸线”，如图 15.2.3 所示。

（3）切换视频并设置图层，按 F5 键切换到等轴测俯视图，并打开“正交”和“对象捕捉”功能，把坐标线图层设为当前图层。

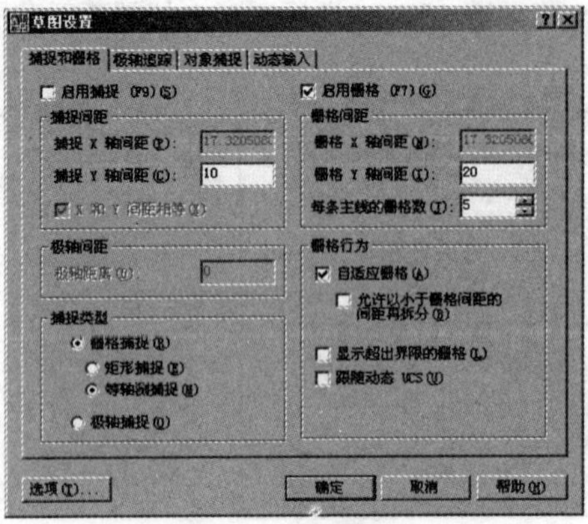


图 15.2.2　“草图设置”对话框

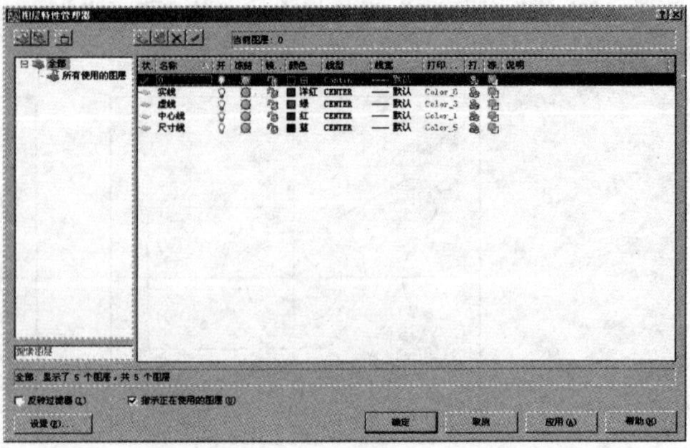

图 15.2.3　“图层特性管理器”对话框

（4）为了作图方便，在绘制轴测图之前利用直线绘制坐标线，并单击“绘图”工具栏中的“多行文字”按钮 A，标出坐标名称，如图 15.2.4 所示。

（5）设置实线为当前图层，绘制底平面，以坐标原点为起始点，利用“直线”工具绘制一个长为 100，宽为 60 的闭合图形，如图 15.2.5 所示。

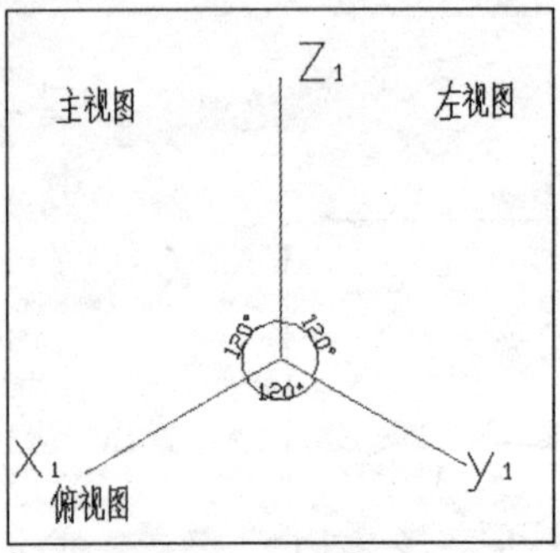


图 15.2.4　绘制坐标

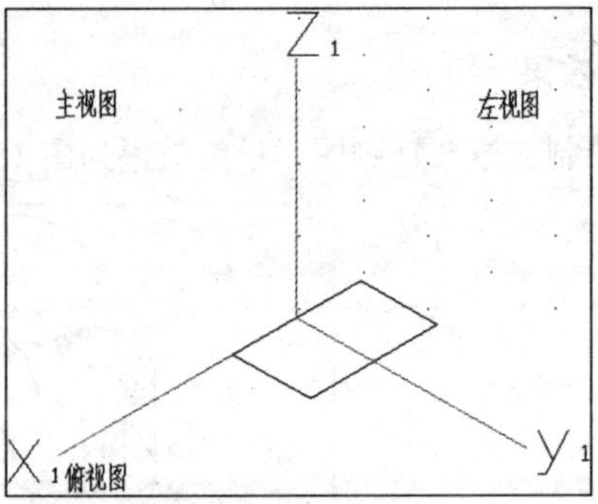


图 15.2.5　绘制底平面

（6）按 F5 键切换到主视图。利用“直线”工具绘制如图 15.2.6 所示的图形底板前后两面。接着按 F5 键切换到左视图，利用“直线”工具绘制左右两面，尺寸如图 15.2.1 所示。

（7）单击“修改”工具栏中的“剪切”按钮，将多余的线剪切掉。

（8）以底板 X 方向的边线中点为起始点，绘制长为 48，宽为 44，如图 15.2.7 所示的图框。

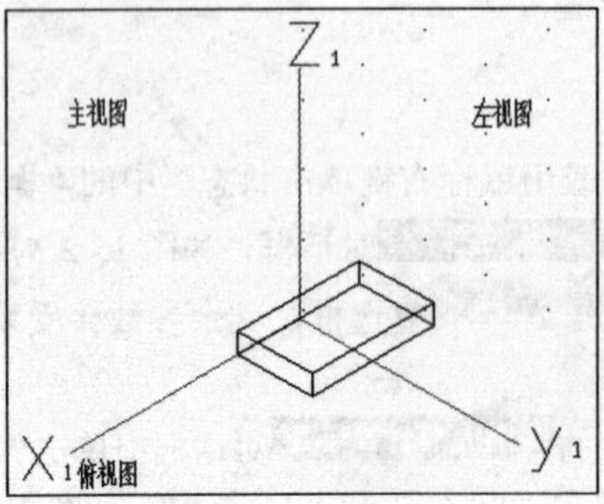


图 15.2.6　绘制图形底板四面

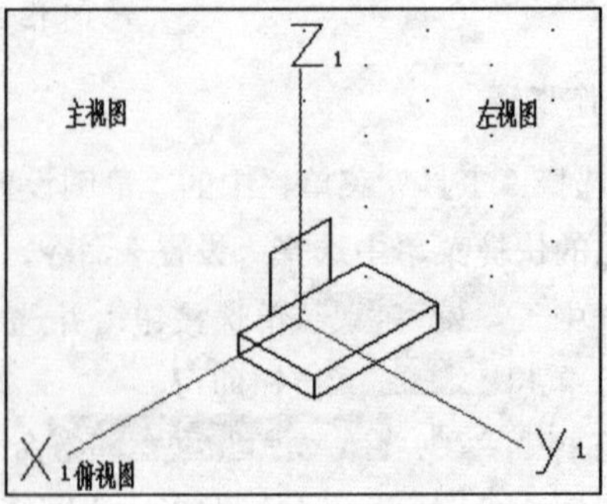


图 15.2.7　绘制图框

（9）按“F5”键切换到左视图，利用“直线”工具绘制上板左右两侧平面，如图 15.2.8 所示。

（10）按“F5”键切换视图到俯视图，利用“直线”工具绘制剩下的两个边线，如图 15.2.9 所示。

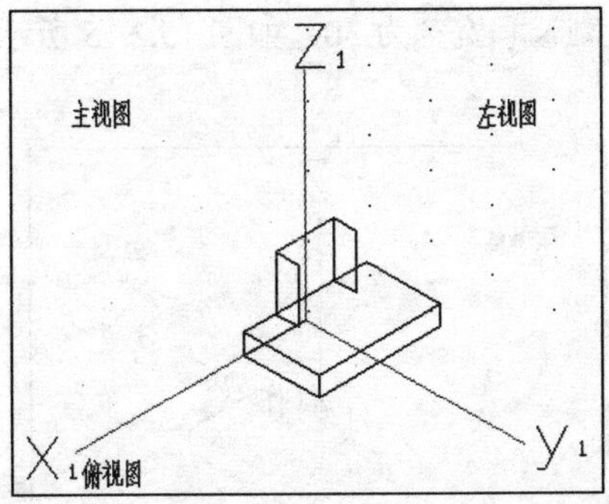


图 15.2.8　绘制上板两侧平面

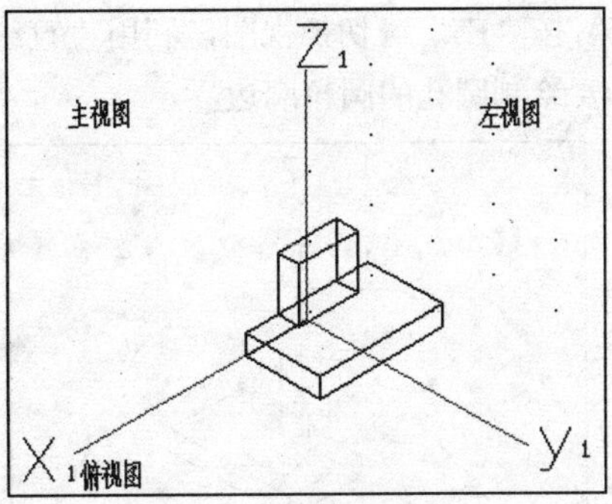


图 15.2.9　绘制两边线

（11）单击“修改”工具栏中的“剪切”按钮，将绘制的上板多余线剪切掉，得到如图 15.2.10 所示的图形。

（12）设置中心线为当前层，绘制水平垂直中心线，该中心线的交点就是将要绘制半圆柱板的中心点，如图 15.2.11 所示。

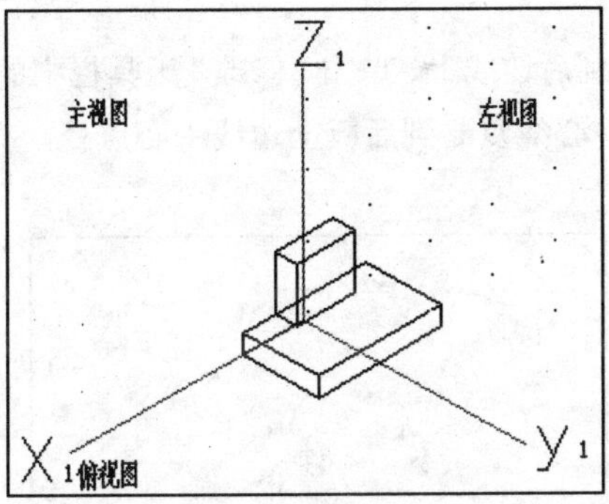


图 15.2.10　剪切多余线后效果

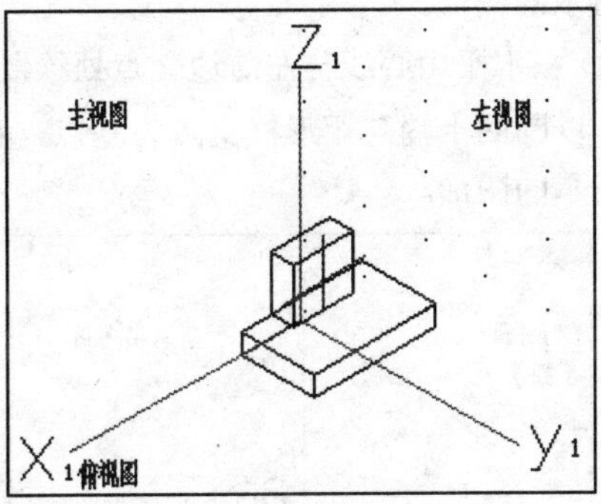


图 15.2.11　绘制中心线

（13）按“F5”键切换主视图，单击“绘图”工具栏中的“椭圆”按钮，在信息栏中输入字母 I，即绘制等轴测图，接着在屏幕上指定中心点，圆轮廓直接延伸到左右两侧边上，得到如图 15.2.12 所示的图形。

（14）单击“修改”工具栏中的“复制”按钮，以圆的上端与矩形框交点为基点，将椭圆复制到后板上边线中心点处，得到如图 15.2.13 所示的图形。

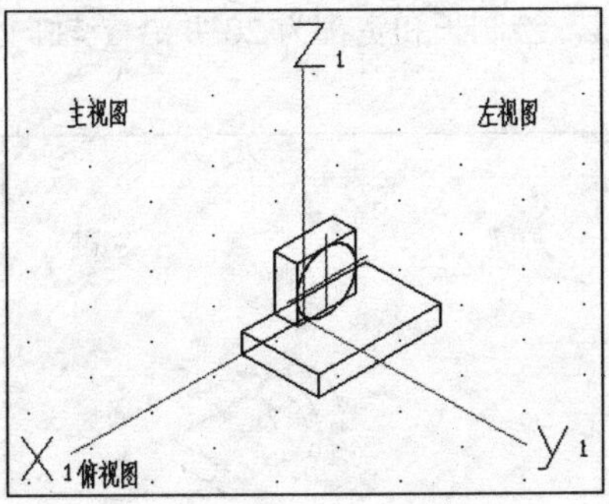


图 15.2.12　绘制等轴测图

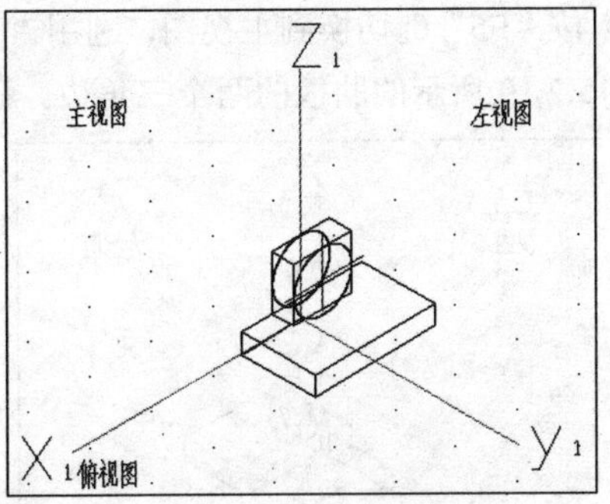


图 15.2.13　复制椭圆

（15）单击“修改”工具栏中的“剪切”按钮，将绘制的上板多余线剪切掉，得到如图 15.2.14 所示的图形。

（16）按“F5”键切换视图，利用“直线”工具绘制长和宽都为 30，如图 15.2.15 所示的图框，以确定将要绘制圆孔的圆轮廓边界。

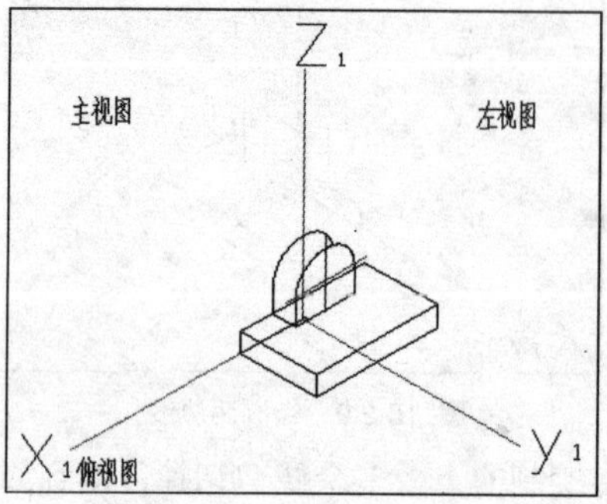


图 15.2.14　剪切多余线后效果

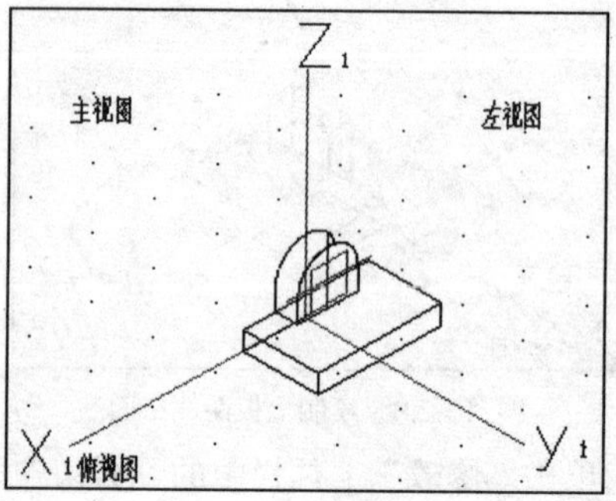


图 15.2.15 绘制图框

（17）按“F5”键切换到主视图，单击“绘图”工具栏中的“椭圆”按钮，在信息栏中输入字母“I”，即绘制等轴测图，接着在屏幕上指定中心点，绘制的圆轮廓与左右两侧边相切，得到如图 15.2.16 所示的图形。

（18）在水平中心线与左前边交点处绘制一条直线到后边线上，单击“修改”工具栏中的“复制”按钮，以圆的上端与矩形框交点为基点，将椭圆和中心线复制到后板上边线中心点处，得到如图 15.2.17 所示的图形。

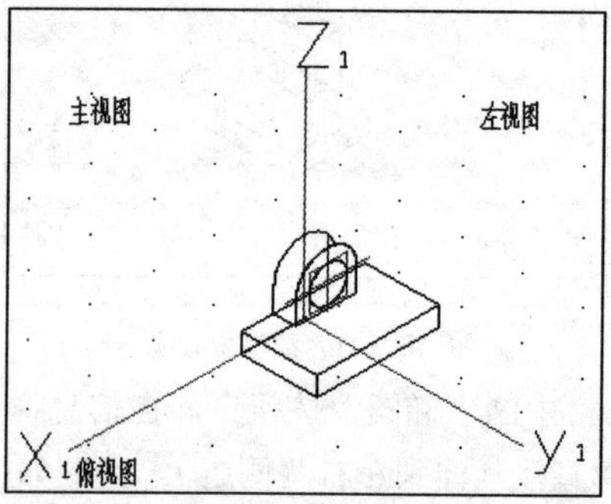


图 15.2.16　绘制椭圆

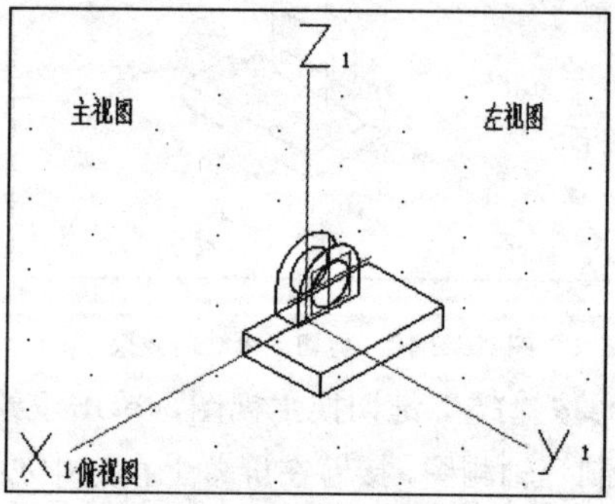


图 15.2.17　复制椭圆和中心线

（19）单击“修改”工具栏中的“剪切”按钮，将绘制的上板圆孔多余线剪切掉，得到如图 15.2.18 所示的图形。

（20）按“F5”键切换到主视图，利用“直线”工具，绘制长和宽都为 20 并沿 Y 轴向上偏移 8，得到如图 15.2.19 所示的肋板的两个三角边。

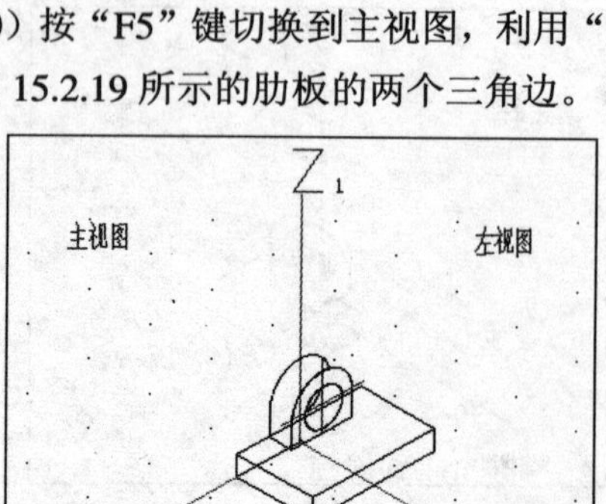


图 15.2.18　剪切上板圆孔多余线

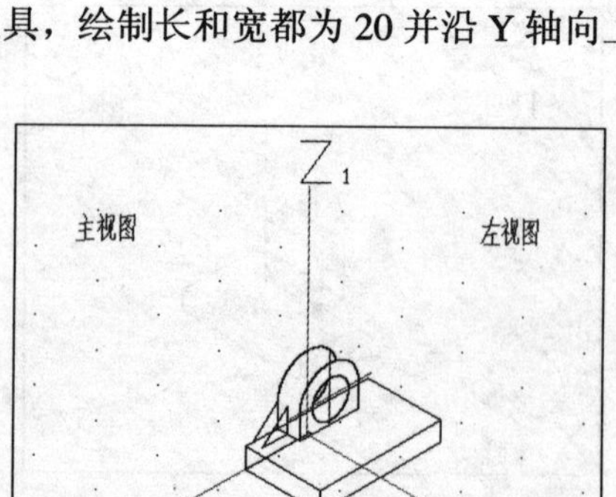


图 15.2.19　绘制肋板的三角边

(21) 按“F5”键切换到左视图，利用“直线”工具绘制肋板剩余的边界线，如图 15.2.20 所示。

(22) 按“F5”键切换视图，利用“直线”工具绘制上板右端的隐藏线，为下一步创建右端肋板做准备，如图 15.2.21 所示。

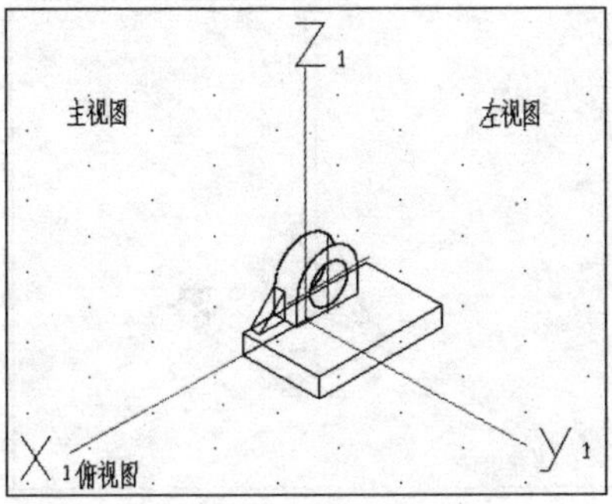


图 15.2.20　绘制肋板剩余的边界线

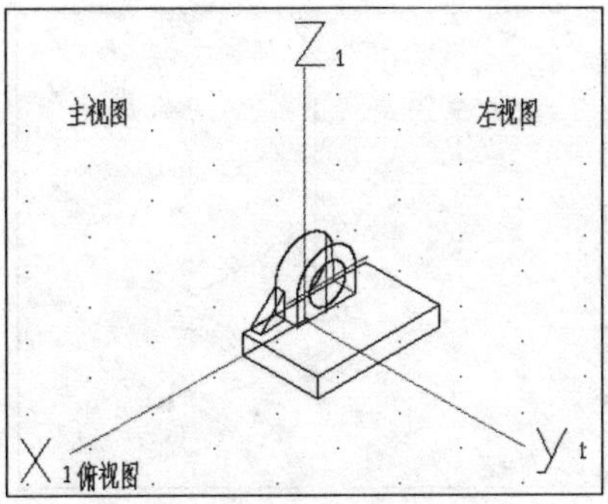


图 15.2.21　绘制上板右端的隐藏线

(23) 利用“直线”工具，绘制如图 15.2.22 所示的右端肋板，绘制方法与左端肋板的方法相同。

(24) 单击“修改”工具栏中的“剪切”按钮，将绘制的右肋板隐藏线剪切掉，得到如图 15.2.23 所示的图形。

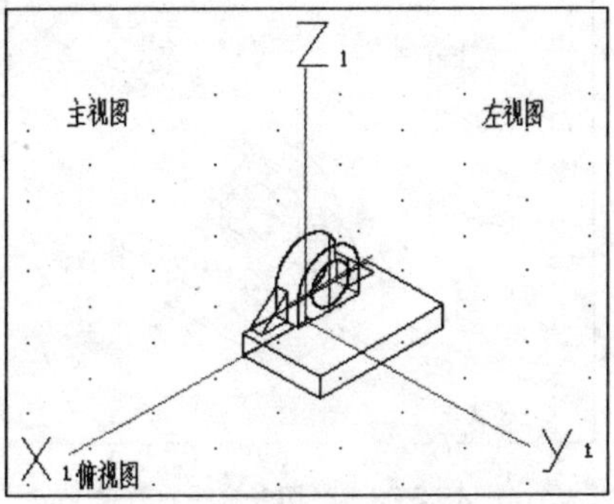


图 15.2.22　绘制右端肋板

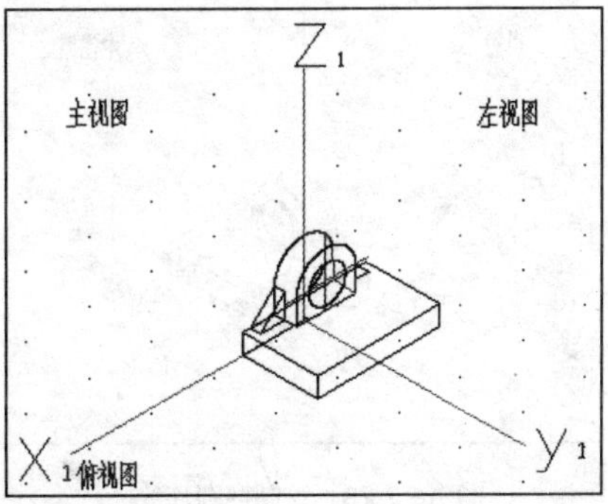


图 15.2.23　剪切右肋板隐藏线

(25) 按“F5”键切换到俯视图，利用“直线”工具，绘制长和宽都为 15 的矩形框，如图 15.2.24 所示。并绘制两条对称中心线，以确定底板倒圆角的位置。

(26) 利用“椭圆”工具绘制图形。在信息栏中输入字母“I”，即绘制等轴测圆，接着在屏幕上指定中心点，圆轮廓直接延伸到左右两侧边上，得到如图 15.2.25 所示的图形。

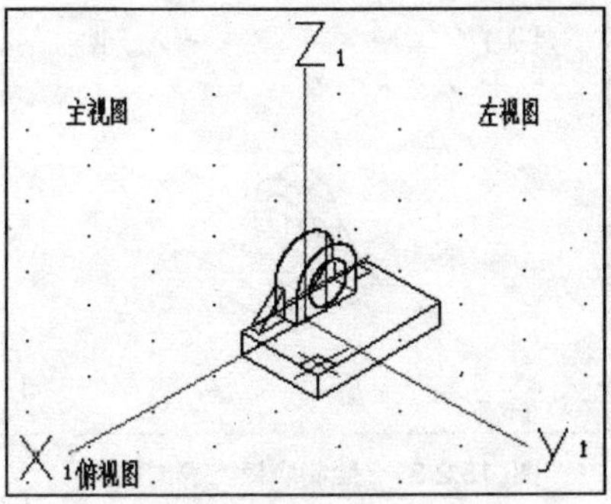


图 15.2.24　确定底板倒圆角位置

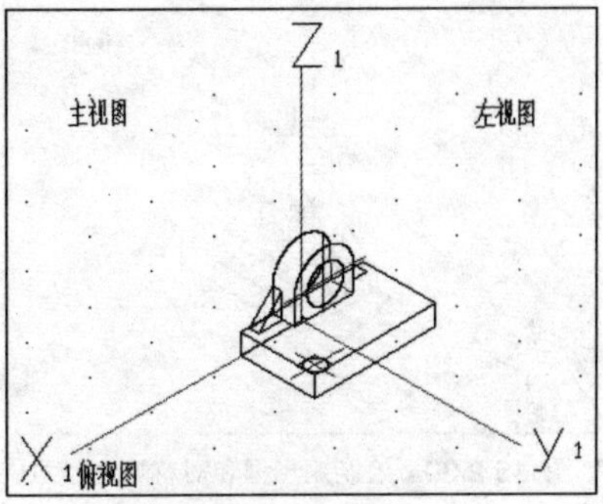


图 15.2.25　绘制等轴测圆

(27) 单击“修改”工具栏中的“复制”按钮，以底板上交点为基点，将椭圆和中心线复制到后板上边线的中心点处，得到如图 15.2.26 所示的图形。

（28）同样利用“复制”工具，将两个椭圆复制到右端对应的直角边上，基点是上椭圆边界线右下段交点，得到如图 15.2.27 所示的图形。

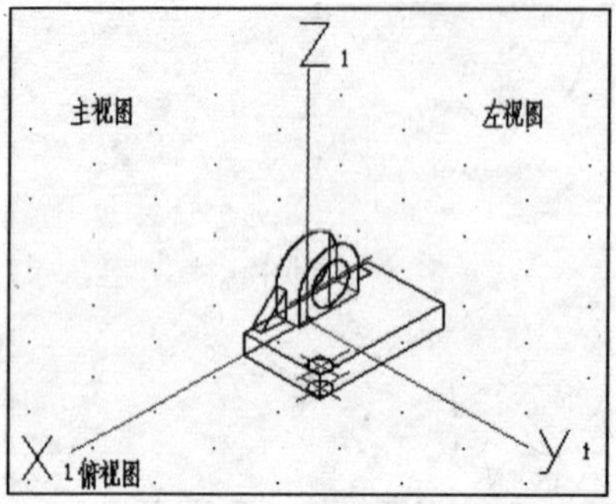


图 15.2.26　复制椭圆和中心线

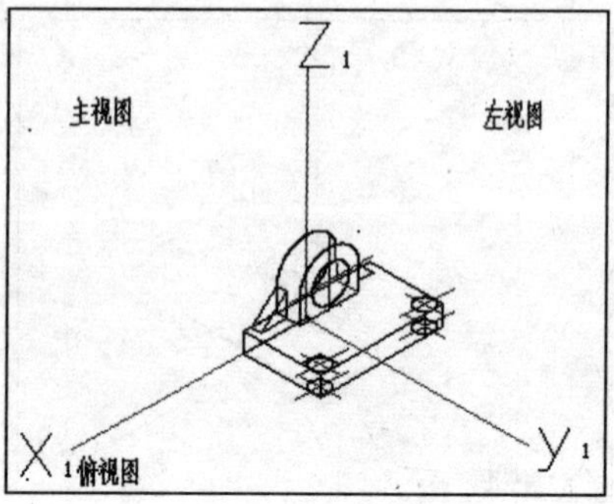


图 15.2.27　复制椭圆到右端

（29）利用“直线”工具绘制上下两椭圆的连线，得到如图 15.2.28 所示的图形。

（30）利用“剪切”工具，将多余的线剪切掉，得到如图 15.2.29 所示的下板倒圆角图形。

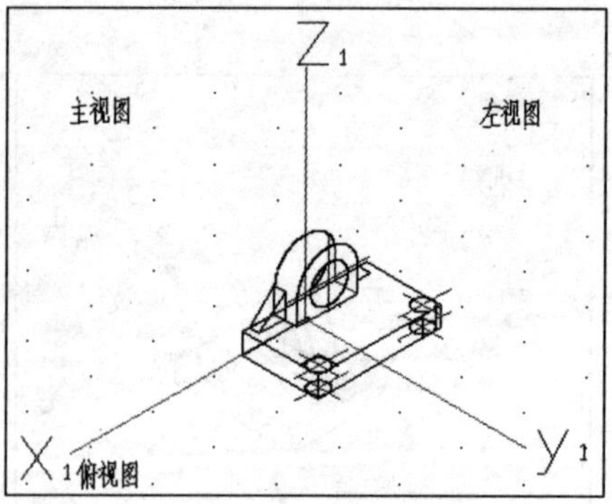


图 15.2.28　绘制椭圆连线

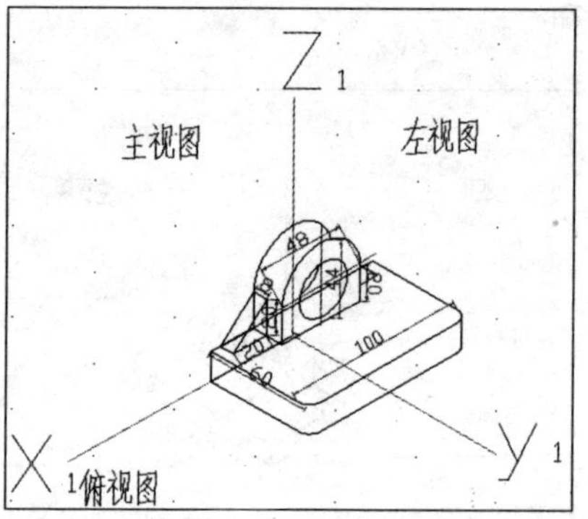


图 15.2.29　剪切多余线后效果

（31）视图处于俯视图，利用“直线”工具绘制矩形框和对称中心线，方法同绘制底板倒角相同，得到如图 15.2.30 所示的图形（尺寸见图 15.2.33）。

（32）利用“椭圆”工具绘制零件底板上表面椭圆。输入字母“I”，在绘图窗口上选取中心，将椭圆延伸到边界线，得到如图 15.2.31 所示的图形。

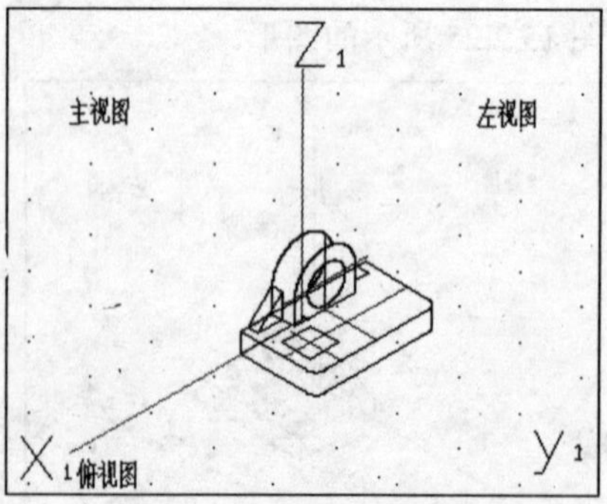


图 15.2.30　绘制矩形框和对称中心线

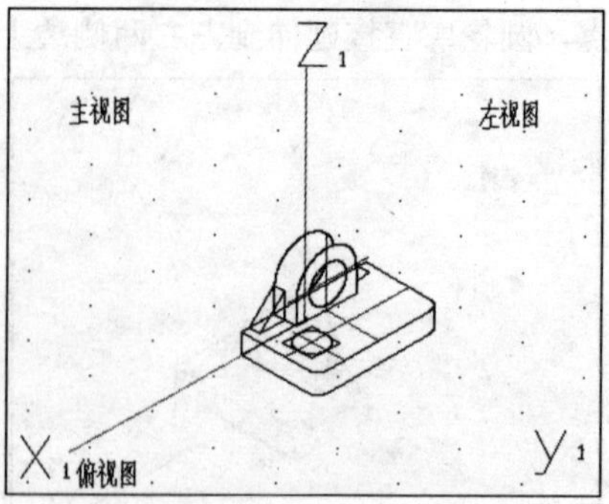


图 15.2.31　绘制底板上表面椭圆

（33）按“F5”键切换到主视图，绘制一条垂直线段，并将该椭圆复制到线段的下端点，再按“F5”键切换到俯视图，将两椭圆复制到右端对称位置，得到如图 15.2.32 所示的图形。

（34）设置标注层为当前图层，对绘制的图形进行尺寸标注，得到如图 15.2.33 所示的图形。

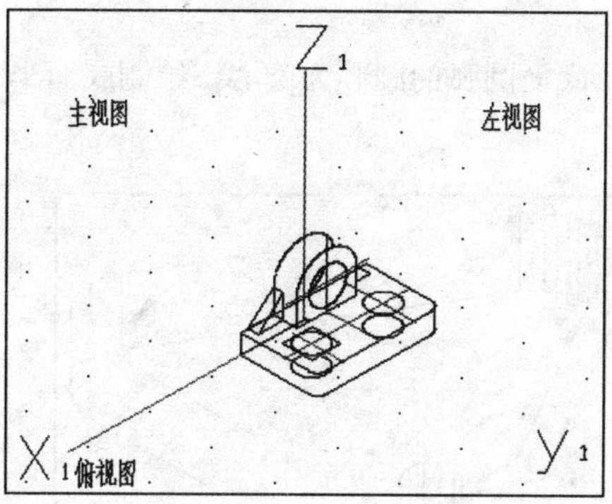


图 15.2.32　复制椭圆

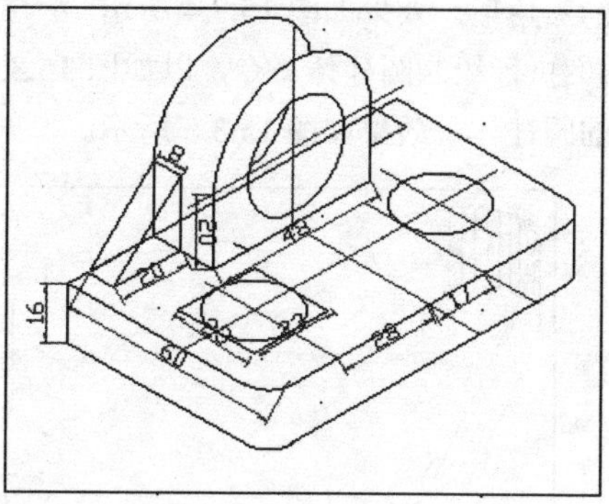

图 15.2.33　尺寸标注

（35）利用“剪切”工具将多余的线剪切掉，最终效果如图 15.2.1 所示。

# 实例 3　单机叉架基座

## 1．实例效果

本例将绘制单机叉架基座，最终效果如图 15.3.1 所示。

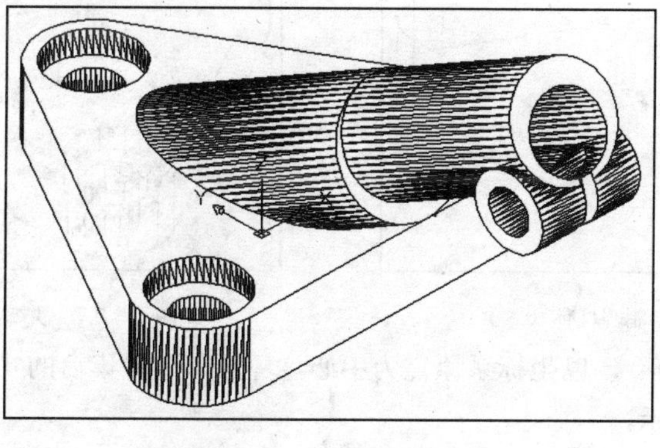

图 15.3.1　单机叉架基座

## 2．操作步骤

（1）执行绘制正多边形命令，以坐标系原点为圆心，绘制内接圆半径为 12 的三角形，效果如图 15.3.2 所示。

（2）执行圆角命令，设置圆角半径为 4.5，对绘制的三角形进行圆角操作，效果如图 15.3.3 所示。

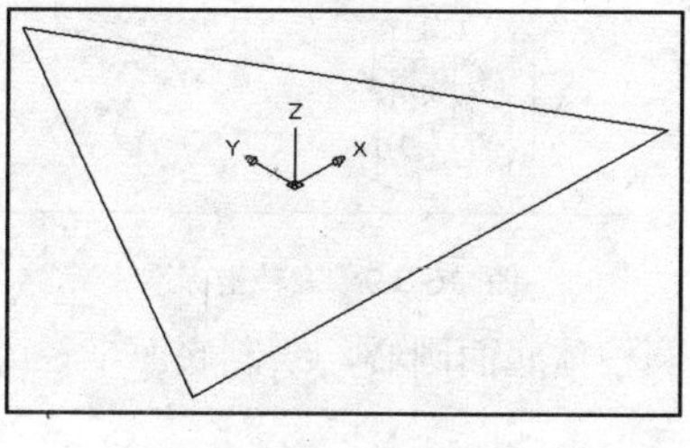


图 15.3.2　绘制三角形

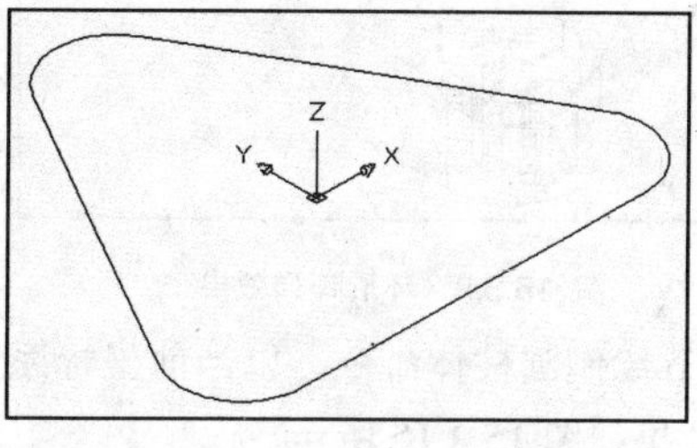


图 15.3.3　对绘制的三角形进行圆角操作

（3）单击“实体”工具栏中的“拉伸”按钮，设置拉伸高度为 6，拉伸角度为 0，垂直拉伸圆角后的三角形，效果如图 15.3.4 所示。

（4）执行绘制圆柱体命令，以如图 15.3.4 所示图形底面圆弧的圆心为圆心，绘制底面半径为 2，高为 6 的圆柱体，效果如图 15.3.5 所示。

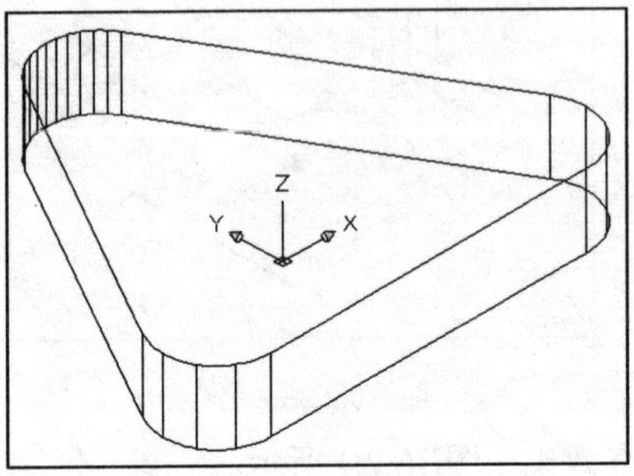


图 15.3.4　拉伸效果

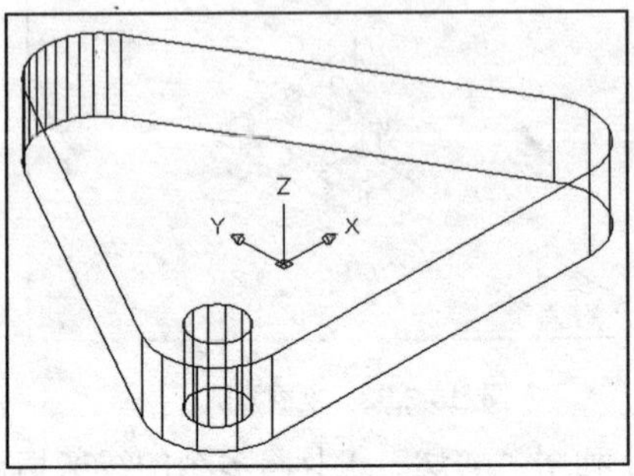


图 15.3.5　绘制圆柱体（一）

（5）执行绘制圆柱体命令，以如图 15.3.5 所示圆柱体的上底面圆心为圆心，绘制底面半径为 3.5，高为-2 的圆柱体，效果如图 15.3.6 所示。

（6）执行并集运算命令，合并步骤（4）和步骤（5）绘制的圆柱体，效果如图 15.3.7 所示。

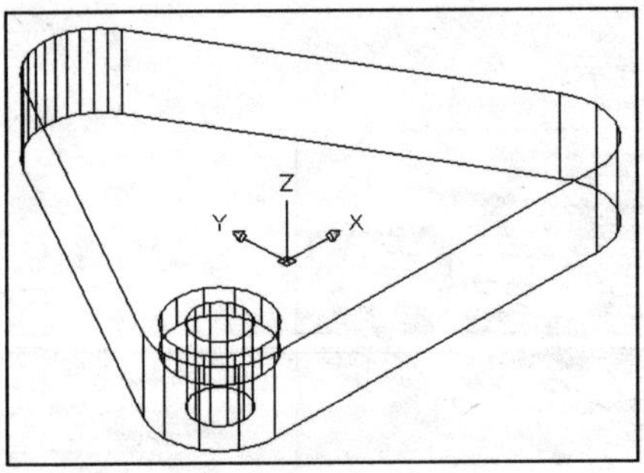


图 15.3.6　绘制圆柱体（二）

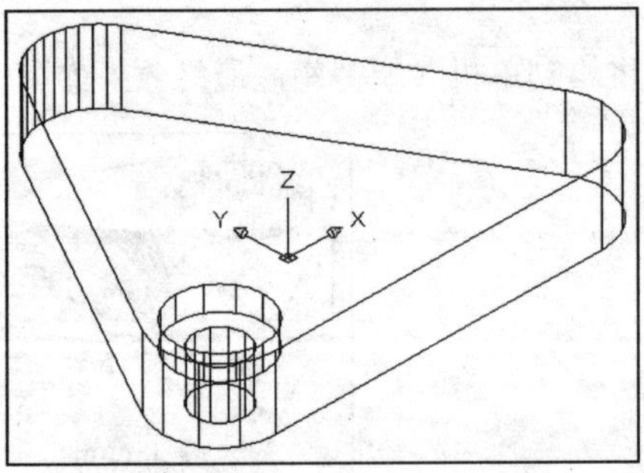


图 15.3.7　并集运算（一）

（7）执行环形阵列命令，以坐标系原点为中心，环形阵列并集后的实体，阵列的数目为 3，阵列后的效果如图 15.3.8 所示。

（8）移动坐标系原点到点（0，0，6），然后将坐标系绕 X 轴旋转 60°，效果如图 15.3.9 所示。

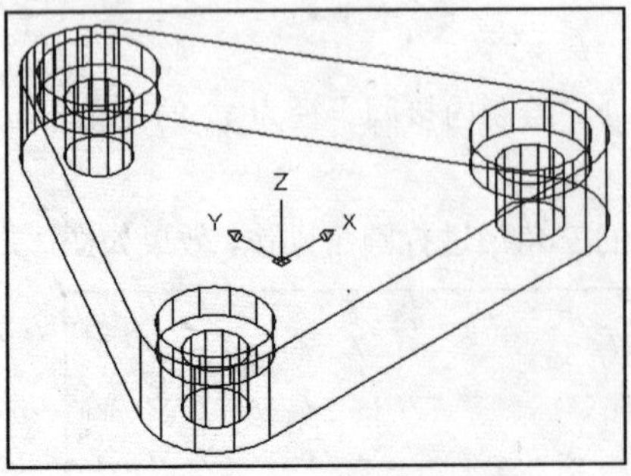


图 15.3.8　环形阵列效果

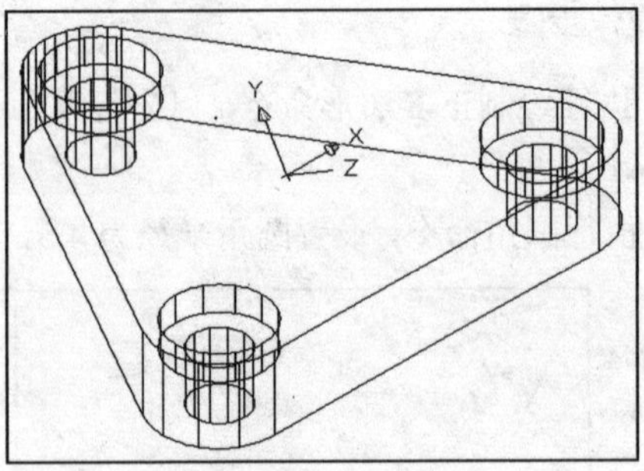


图 15.3.9　旋转坐标系

（9）执行绘制圆柱体命令，以当前坐标系原点为圆柱体底面圆心，绘制底面半径为 5，高为 14 的圆柱体，效果如图 15.3.10 所示。

（10）执行三维旋转命令，旋转绘制的圆柱体，效果如图 15.3.11 所示。

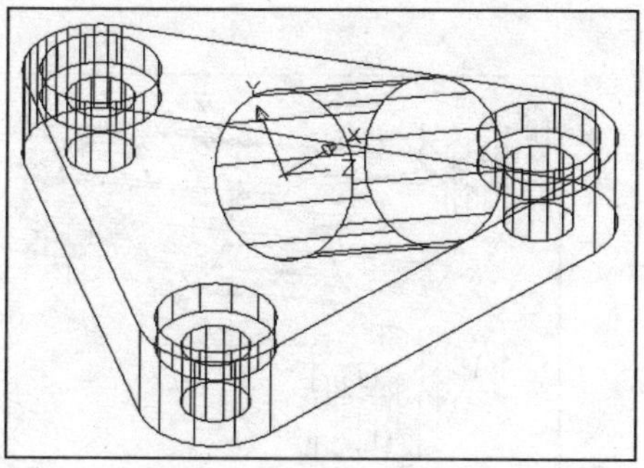


图 15.3.10　绘制圆柱体（三）

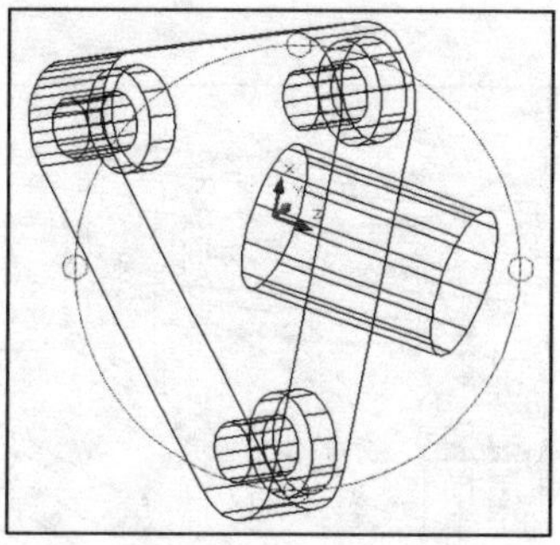

图 15.3.11　旋转圆柱体

（11）单击“实体编辑”工具栏中的“拉伸面”按钮，垂直拉伸步骤（9）绘制的圆柱体的底面，拉伸高度为 9，效果如图 15.3.12 所示。

（12）恢复视图到“西南等轴测”视图，效果如图 15.3.13 所示。

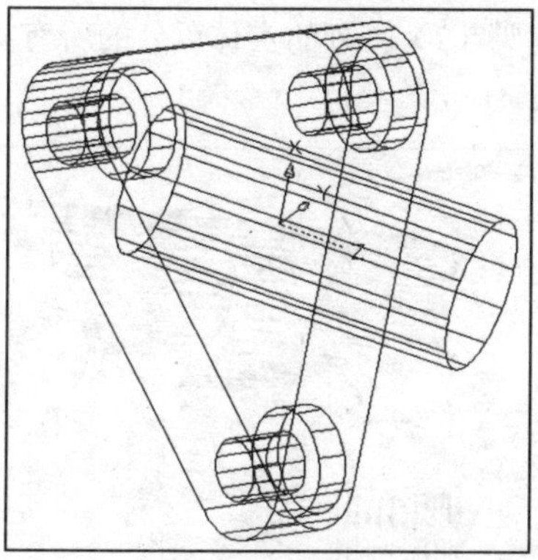


图 15.3.12　垂直拉伸面

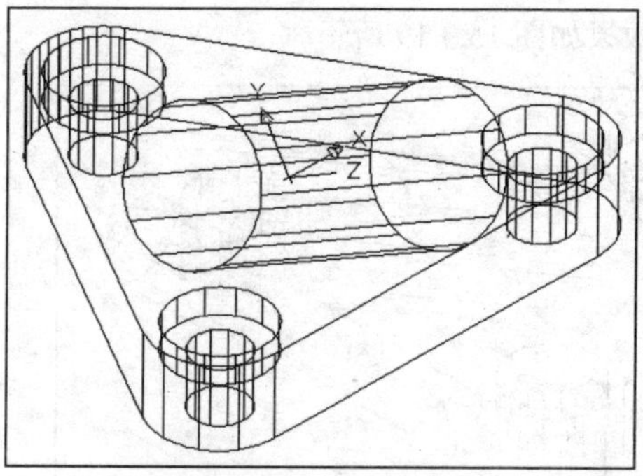


图 15.3.13　恢复视图

（13）执行绘制圆柱体命令，以拉伸后的圆柱体的上底面圆心为圆心，绘制底面直径为 8.5，高为 17 的圆柱体，效果如图 15.3.14 所示。

（14）执行移动命令，捕捉步骤（13）绘制的圆柱体底面的象限点为基点，指定拉伸后圆柱体上底面的象限点为目标点，移动步骤（13）绘制的圆柱体，效果如图 15.3.15 所示。

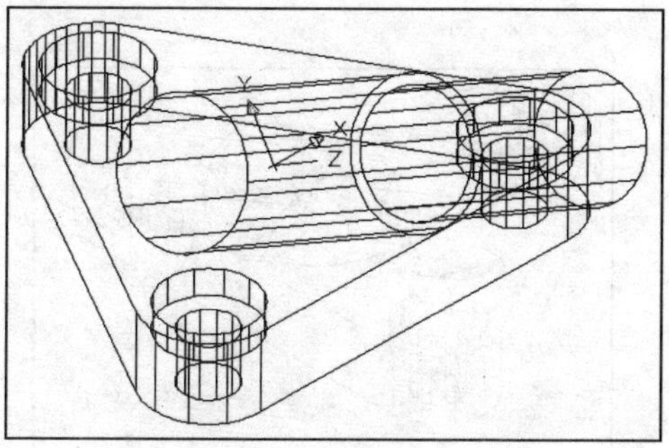


图 15.3.14　绘制圆柱体（四）

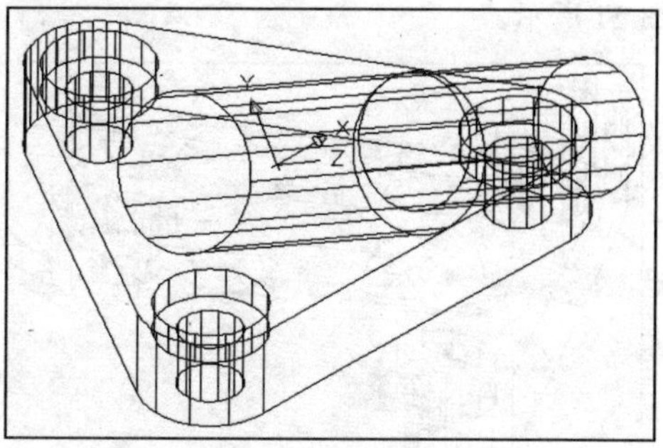


图 15.3.15　移动圆柱体（一）

（15）将坐标系绕 Y 轴旋转 90°，执行绘制圆柱体命令，在绘图窗口中绘制一个底面半径为 3、高为 8.5 的圆柱体，效果如图 15.3.16 所示。

（16）单击“实体”工具栏中的“切割”按钮，执行切割命令，以经过步骤（15）绘制的圆柱体的一个底面圆心，并平行于 ZX 平面的平面为截面，切割步骤（15）绘制的圆柱体，效果如图 15.3.17 所示。

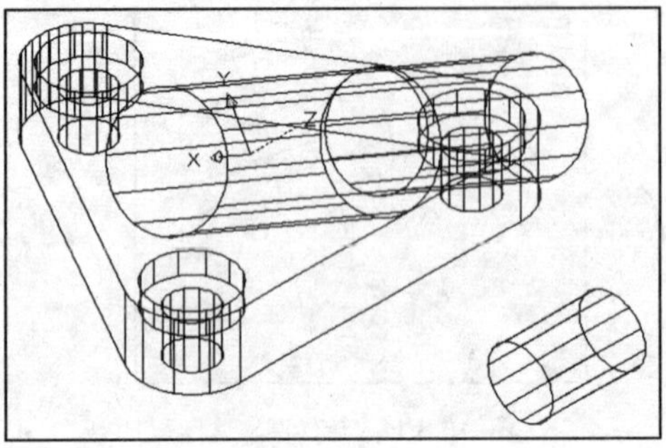


图 15.3.16　绘制圆柱体（五）

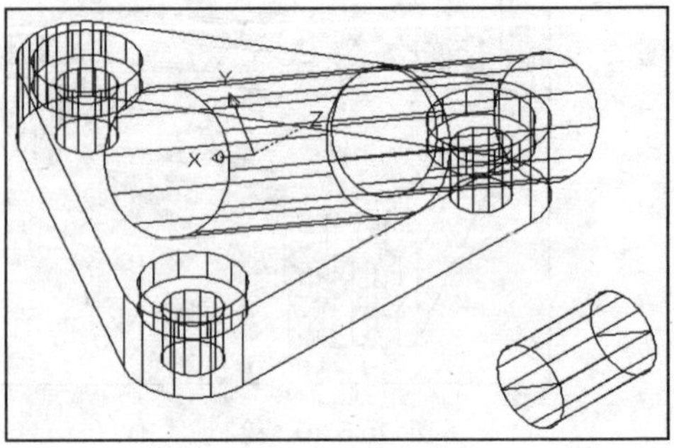


图 15.3.17　切割效果

（17）执行移动命令，以创建的截面上棱边的中点为基点，以直径为 8.5，高为 17 的圆柱体的上底面象限点为目标点，移动步骤（15）绘制的圆柱体，效果如图 15.3.18 所示。

（18）删除创建的截面，执行并集运算命令，合并除步骤（7）阵列的实体以外的所有实体对象，消隐后的效果如图 15.3.19 所示。

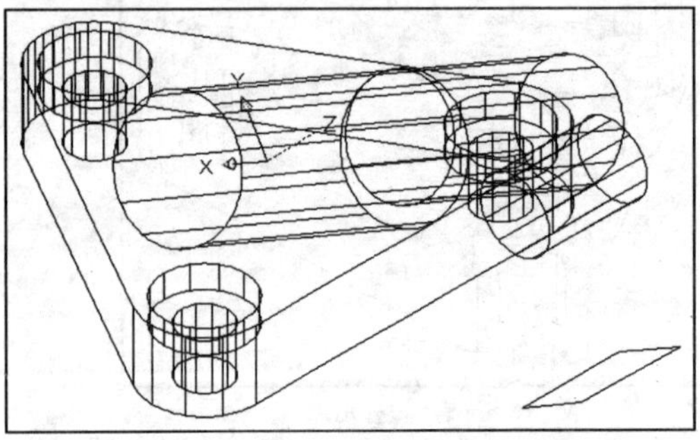


图 15.3.18　移动圆柱体（二）

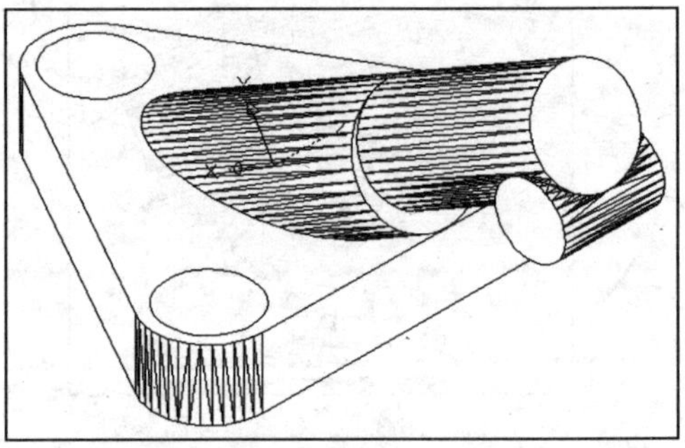

图 15.3.19　并集运算（二）

（19）选择 工具(T) → 新建 UCS(W) → 上一个 命令，恢复上一个坐标系，如图 15.3.20 所示。

（20）执行绘制圆柱体命令，在绘图窗口中绘制一个底面半径为 3，高为-20 的圆柱体，效果如图 15.3.21 所示。

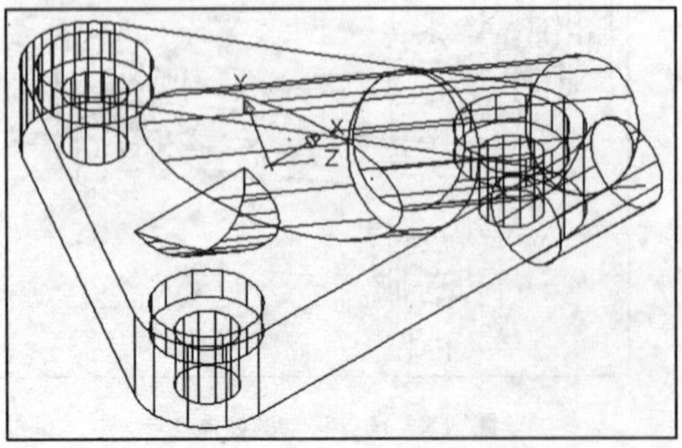


图 15.3.20　恢复上一个坐标系

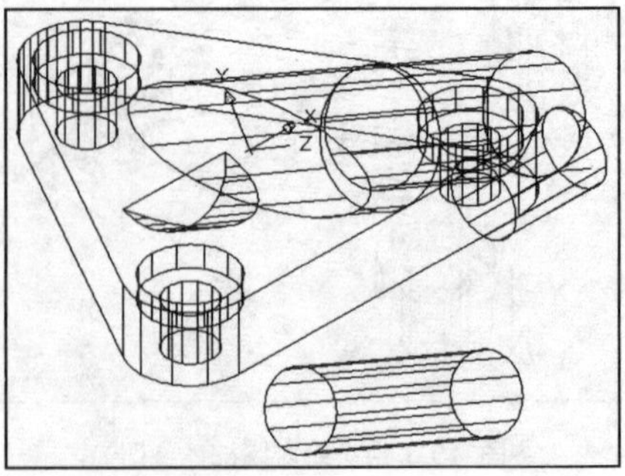


图 15.3.21　绘制圆柱体（六）

（21）单击“实体编辑”工具栏中的“拉伸面”按钮，选中绘制的圆柱体的下底面，设置拉伸高度为 1，拉伸角度为 60°，拉伸选中的底面，效果如图 15.3.22 所示。

（22）执行绘制圆柱体命令，以拉伸面的圆心为底面圆心，绘制底面半径为 3，高为-30 的圆柱体，效果如图 15.3.23 所示。

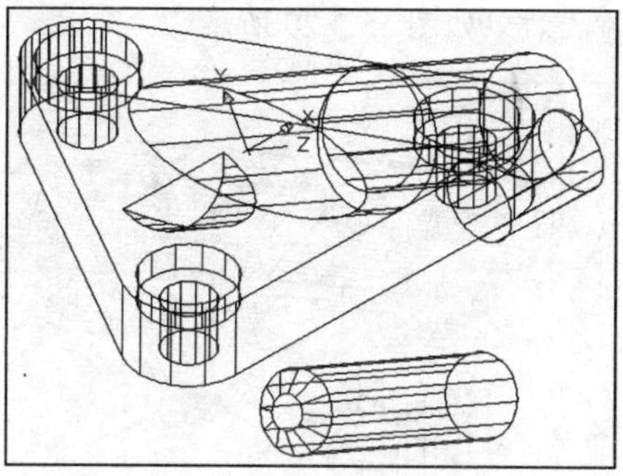

图 15.3.22　60°拉伸选中的底面

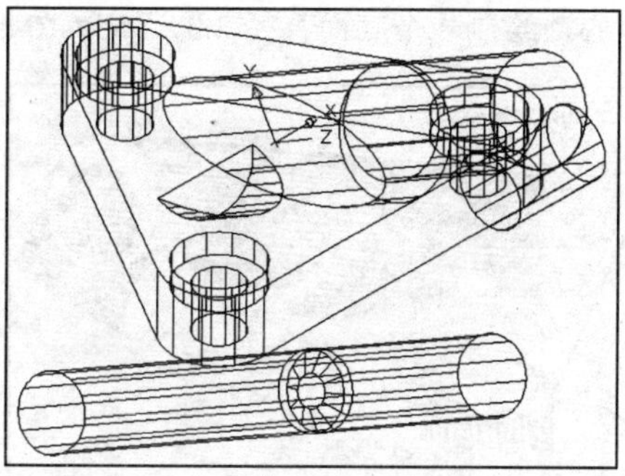

图 15.3.23　绘制圆柱体（七）

（23）执行并集运算命令，合并拉伸后的圆柱体和步骤（22）创建的圆柱体。

（24）执行移动命令，以并集后实体的前端面的象限点为基点，以底面直径为 8.5，高为 17 的圆柱体的上底面象限点为目标点，移动并集后的实体，效果如图 15.3.24 所示。

（25）恢复世界坐标系，将坐标系原点向 Z 轴方向移动，移动距离为 6，然后再将坐标系绕 X 轴旋转，旋转角度为 60°，效果如图 15.3.25 所示。

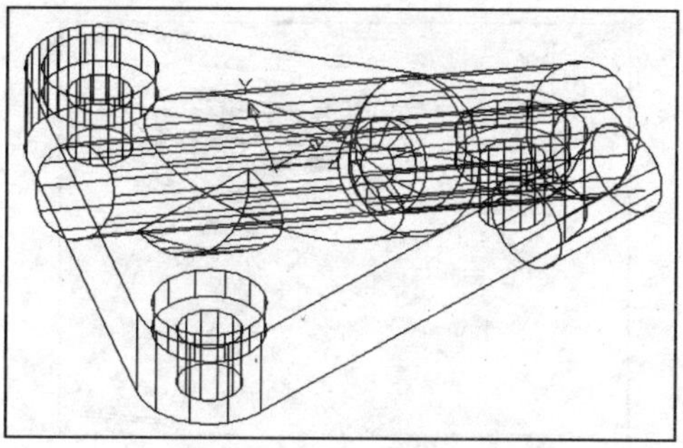

图 15.3.24　移动并集后的实体

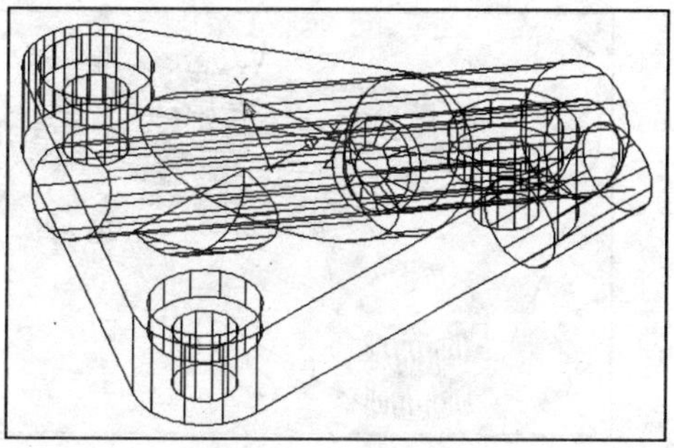

图 15.3.25　移动旋转坐标系

（26）单击“实体”工具栏中的“切割”按钮，以 XY 所在平面为切割面，切割步骤（24）移动后的实体，效果如图 15.3.26 所示。

（27）执行移动命令，以创建的截面圆心为基点，以当前坐标系原点为目标点，移动切割的实体，效果如图 15.3.27 所示。

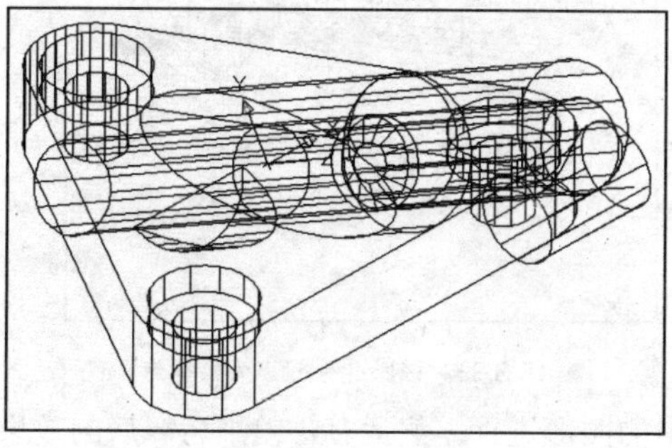

图 15.3.26　切割实体

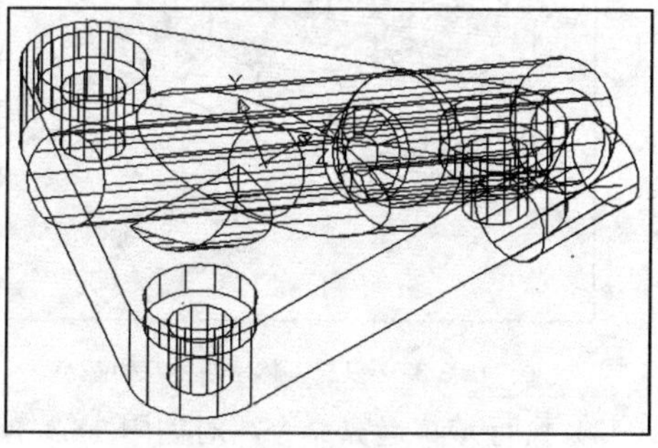

图 15.3.27　移动切割的实体

（28）执行差集运算命令，用步骤（18）创建的实体减去步骤（27）移动后的实体，消隐后的效果如图 15.3.28 所示。

（29）将当前坐标系绕 Y 轴旋转 90°，执行绘制圆柱体命令，以步骤（15）绘制的圆柱体底面圆心为圆心，绘制一个底面直径 3.5，高为 10 的圆柱体，效果如图 15.3.29 所示。

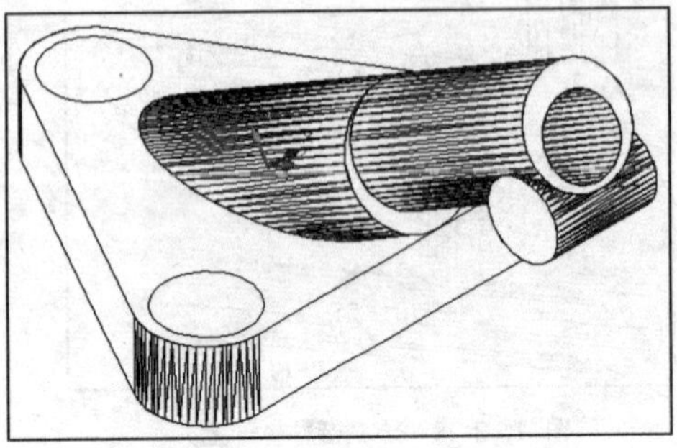

图 15.3.28　差集运算（一）

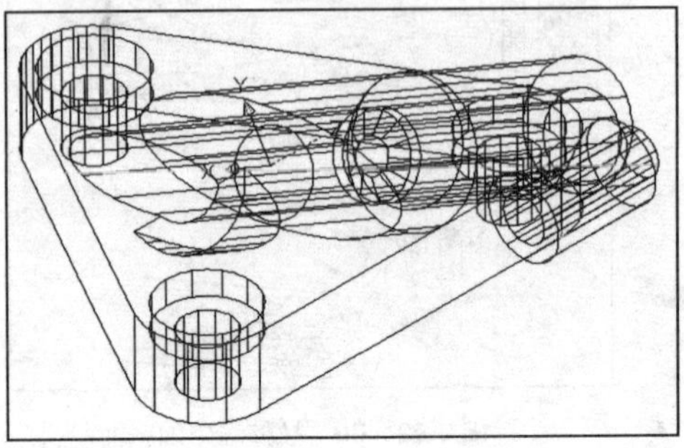

图 15.3.29　绘制圆柱体（八）

（30）执行差集运算命令，用步骤（28）创建的实体减去步骤（29）绘制的圆柱体，消隐后的效果如图 15.3.30 所示

（31）选择 工具(T) → 新建 UCS(W) → 上一个 命令，恢复上一个坐标系，执行绘制长方体命令，在绘图窗口中绘制一个长为 1，宽为 15，高为 12 的长方体，效果如图 15.3.31 所示。

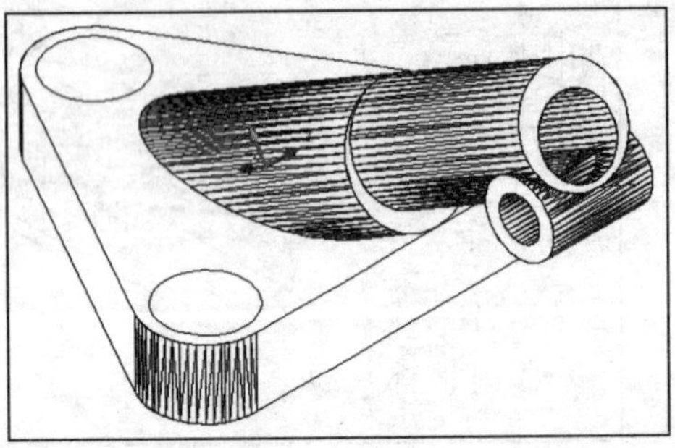

图 15.3.30　差集运算（二）

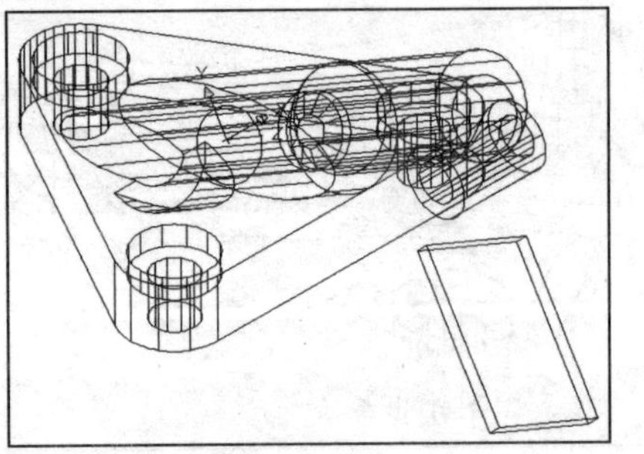

图 15.3.31　绘制长方体

（32）执行移动命令，以如图 15.3.32 所示长方体棱边中点为基点，以如图 15.3.33 所示圆孔象限点为目标点，移动绘制的长方体，消隐后的效果如图 15.3.34 所示。

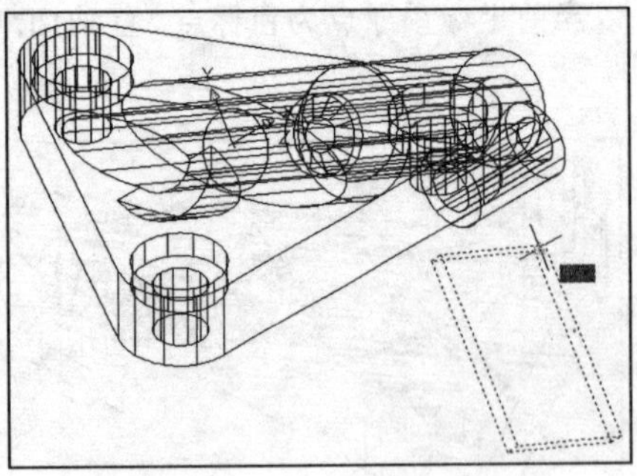

图 15.3.32　以长方体棱边中点为基点

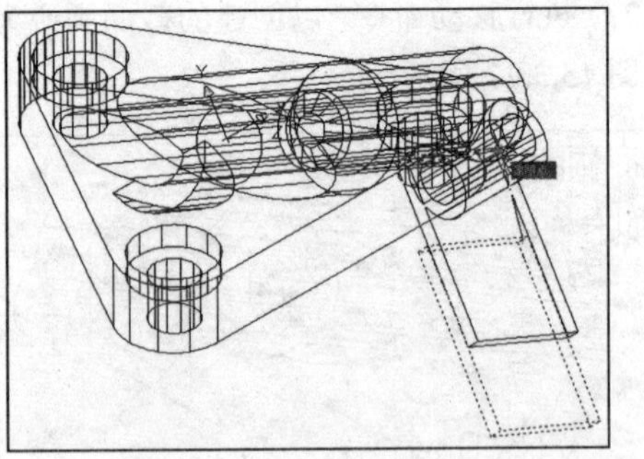

图 15.3.33　以圆孔象限点为目标点

（33）执行差集运算命令，对如图 15.3.34 所示中的图形进行差集运算，差集运算后的效果如图 15.3.35 所示。

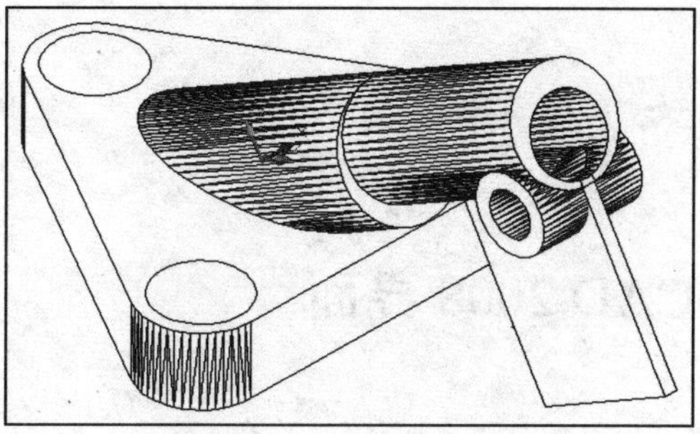

图 15.3.34　移动长方体

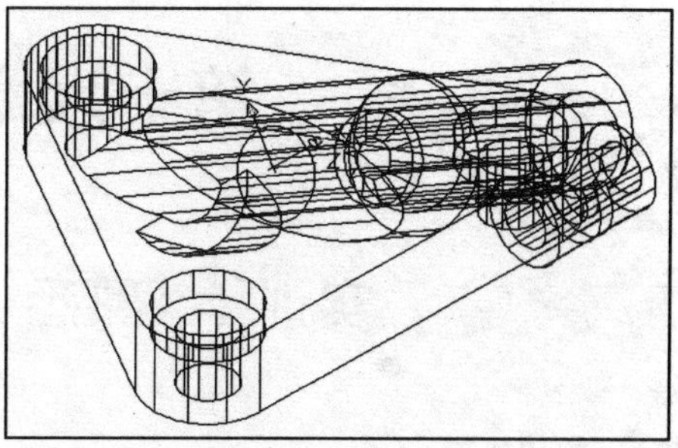

图 15.3.35　差集运算（三）

（34）恢复世界坐标系，单击“实体”工具栏中的“剖切”按钮，以 XY 平面为剖切面，剖切差集后的实体，保留上半部分，消隐后的效果如图 15.3.1 所示。

# 第十六章　实　　训

## 实训 1　熟悉 AutoCAD 2008 界面

### 1. 目的和要求

通过练习和观察，熟悉 AutoCAD 2008 界面的基本组成元素。

### 2. 要点及说明

（1）熟悉 AutoCAD 2008 工具栏的组成。

（2）熟悉 AutoCAD 2008 菜单栏的组成。

（3）熟悉 AutoCAD 2008 工作界面的基本元素。

（4）熟练掌握 AutoCAD 中命令的执行方法。

### 3. 实训内容

通过绘制如图 16.1.1 所示的基本二维图形，使用户掌握 AutoCAD 中命令的执行方法。

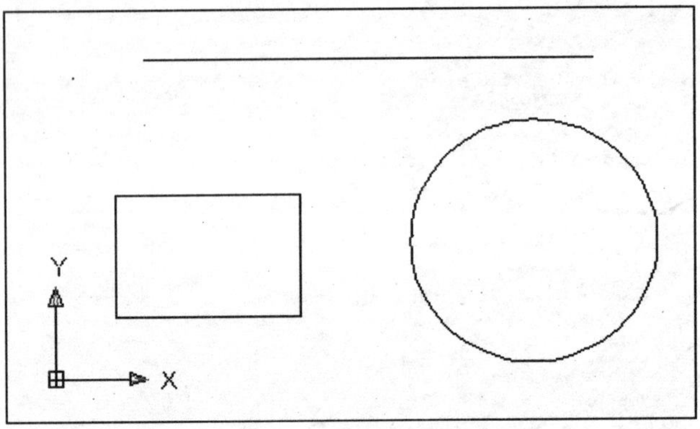


图 16.1.1　绘制基本二维图形

### 4. 上机操作

（1）单击桌面上 AutoCAD 2008 的“快捷方式”图标，启动 AutoCAD 2008 程序。

（2）单击“绘图”工具栏中的“直线”按钮，在绘图窗口中单击鼠标左键确定直线的起点位置，然后拖动鼠标到另一个位置，再次单击鼠标左键确定直线端点的位置，接着单击鼠标右键，在弹出的快捷菜单中选择 **确认(E)** 命令，这样就完成了一条直线的绘制。

（3）选择 **绘图(D)** → **圆(C)** → **圆心、半径(R)** 命令，在绘图窗口中单击鼠标左键确定圆心的位置，然后输入 15 确定圆的半径，按回车键后完成圆的绘制。

（4）输入命令 rectang 或 rec 后按回车键，在命令行“指定第一个角点或[倒角(C)/标高(E)/圆角(F)/厚度(T)/宽度(W)]”的提示下输入矩形第一个角点坐标（120，120），在命令行“指定另一个角点或[面积(A)/尺寸(D)/旋转(R)]”的提示下输入矩形的另一个角点坐标（500，400），按回车键后完成矩形的绘制，最终效果如图 16.1.1 所示。

# 实训 2　绘制简单二维图形

### 1. 目的和要求

通过简单二维图形的绘制，掌握 AutoCAD 中各种基本二维图形的绘制方法。

### 2. 要点及说明

（1）掌握直线的绘制方法。
（2）掌握圆的绘制方法。

### 3. 实训内容

利用直线、矩形和圆命令绘制如图 16.2.1 所示的图形。

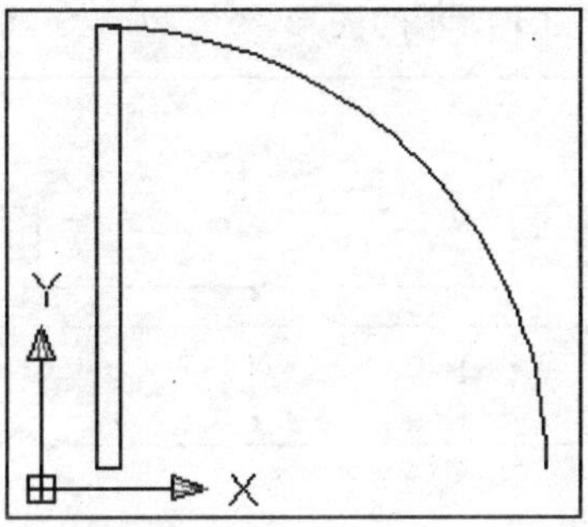


图 16.2.1　绘制直线和圆

### 4. 上机操作

（1）新建一个图形文件。

（2）单击“绘图”工具栏中的“矩形”按钮，指定矩形的起点坐标为（-60，20），输入长为 40，宽为 800 的矩形。单击“绘图”工具栏中的“直线”按钮，以矩形的左下交点为起点，绘制一个长为 800 的直线，绘制的图形如图 16.2.2 所示。

（3）单击“绘图”工具栏中的“圆”按钮，以矩形的左下交点为圆心，绘制一个半径为 800 的圆，绘制的圆如图 16.2.3 所示。

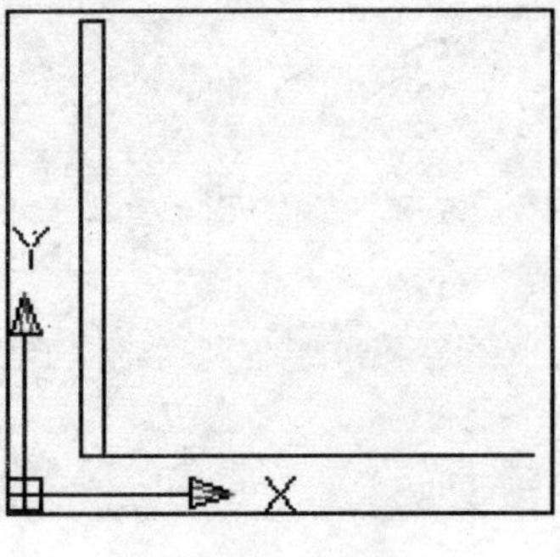


图 16.2.2　绘制直线

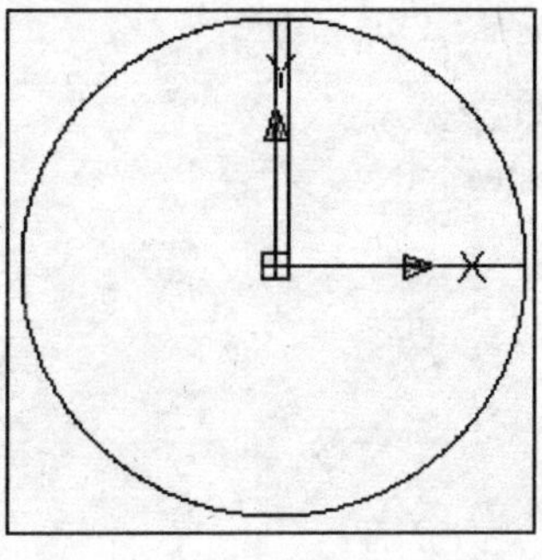


图 16.2.3　绘制圆

（4）单击“修改”工具栏中的“修剪”命令，把绘制的圆进行修剪，最终效果如图 16.2.1 所示。

# 实训 3　使用辅助绘图工具绘制图形

## 1. 目的和要求

使用辅助绘图工具绘制图形，提高绘图效率和质量。

## 2. 要点及说明

（1）熟悉对象捕捉的使用方法。

（2）掌握对象追踪的使用方法。

（3）熟悉栅格的使用方法。

## 3. 实训内容

利用辅助绘图工具绘制如图 16.3.1 所示的图形。

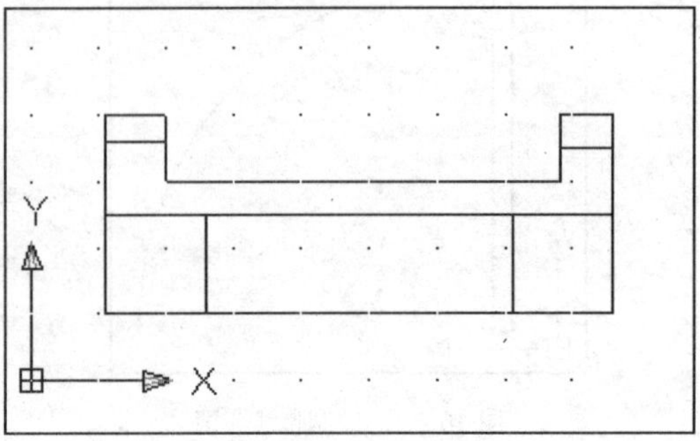


图 16.3.1　绘制图形

## 4. 上机操作

（1）选择 工具(T) → 草图设置(F)... 命令，弹出 草图设置 对话框，在该对话框中选择 捕捉和栅格 选项卡，在该选项卡中设置参数（见图 16.3.2），然后选择该对话框中的 对象捕捉 选项卡，在该选项卡中选中 ☑ 端点(E) 复选框，如图 16.3.3 所示。

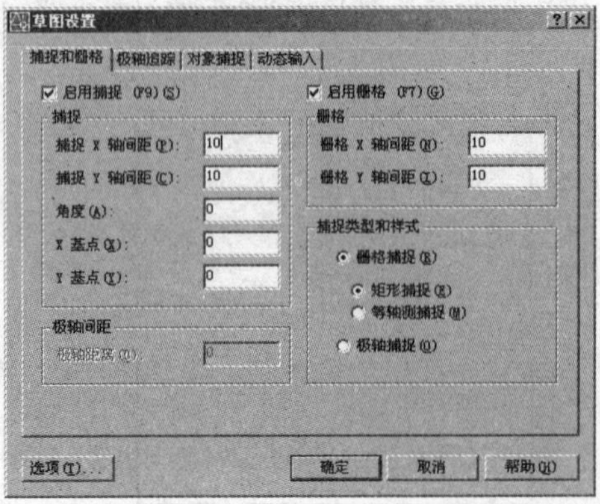


图 16.3.2　“捕捉和栅格”选项卡

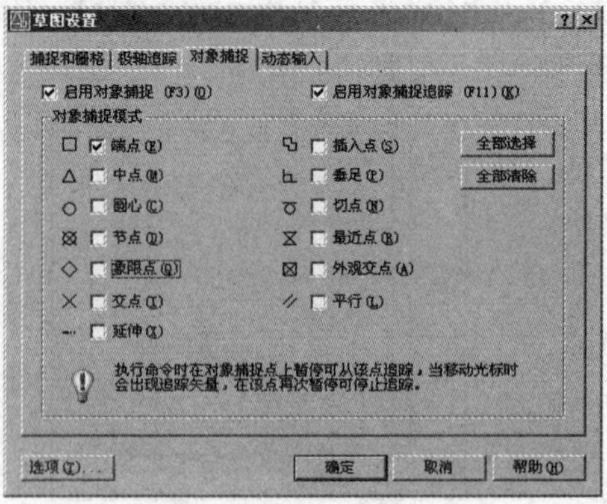


图 16.3.3　“对象捕捉”选项卡

（2）单击“绘图”工具栏中的“直线”按钮，捕捉绘图窗口中的栅格点，绘制水平直线，结果如图 16.3.4 所示。

（3）继续执行绘制直线命令，分别捕捉水平直线的各个端点，绘制垂直直线，结果如图 16.3.5 所示。

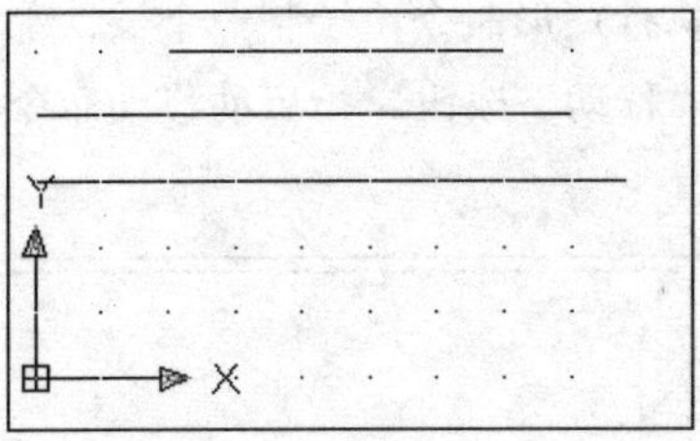


图 16.3.4　绘制水平直线

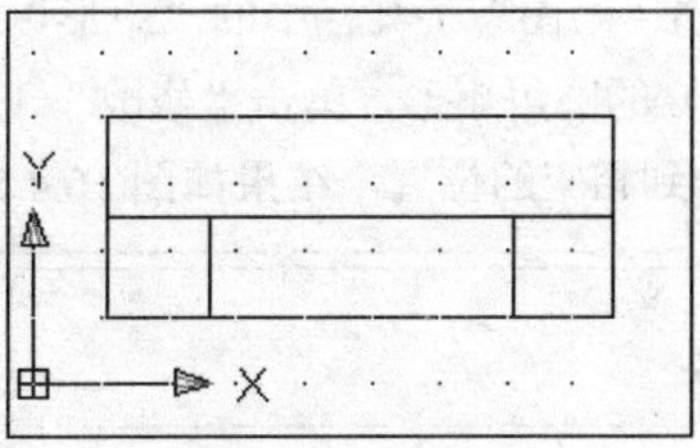


图 16.3.5　绘制垂直直线

（4）执行绘制直线命令，捕捉栅格点绘制直线，最终效果如图 16.3.1 所示。

# 实训 4　绘制复杂二维图形

### 1. 目的与要求

读者应熟练掌握各种基本绘图工具和修改工具的使用方法。

### 2. 要点及说明

复杂二维图形的绘制是 AutoCAD 2008 的基本操作，读者应熟悉各种相关的绘图工具和修改工具的使用方法。

### 3. 实训内容

运用各种基本绘图工具和修改工具绘制出如图 16.4.1 所示的沙发图形。

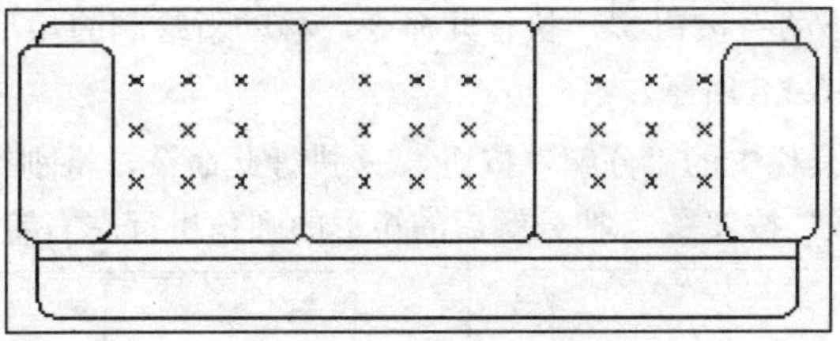

图 16.4.1　最终效果图

### 4. 上机操作

（1）单击“绘图”工具栏中的“矩形”按钮，执行矩形命令，绘制一个长、宽和圆角半径分别为 1950、770 和 50 的圆角矩形，结果如图 16.4.2 所示。

（2）单击“绘图”工具栏中的“直线”按钮，启动直线命令，捕捉如图 16.4.2 所示中的两宽边的中点，绘制一条辅助线，如图 16.4.3 所示。

图 16.4.2　绘制圆角矩形

图 16.4.3　绘制辅助线

（3）单击“修改”工具栏中“偏移”按钮，执行偏移命令，以刚绘制的直线为基底，向下偏移距离分别为 185、235，结果如图 16.4.4 所示。

（4）单击“绘图”工具栏中的“矩形”按钮，执行矩形命令，绘制一个长、宽和圆角分别为 240、510 和 50 的圆角矩形，单击“修改”工具栏中的“移动”按钮，启动移动命令，把刚绘制的圆角矩形移动到相应的位置，结果如图 16.4.5 所示。

图 16.4.4　偏移直线

图 16.4.5　绘制并移动小圆角矩形

（5）单击“修改”工具栏中的“镜像”按钮，执行镜像命令，对小矩形进行镜像复制，对称中心选择第一个矩形上下边的中点，如图 16.4.6 所示。

（6）单击“修改”工具栏中的“修剪”按钮，执行修剪命令，把刚绘制的两个小矩形内的线条修剪掉，结果如图 16.4.7 所示。

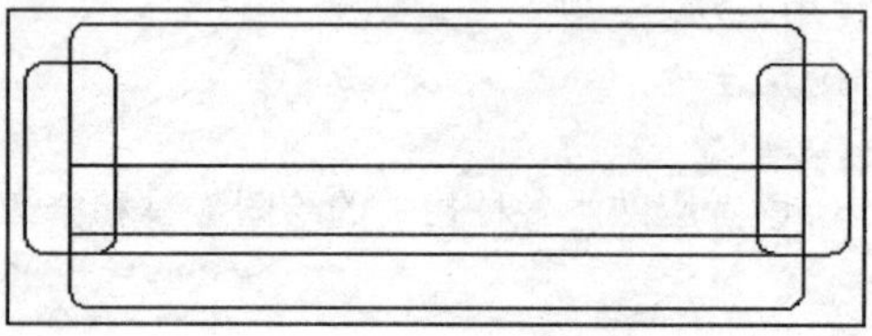

图 16.4.6　镜像复制矩形

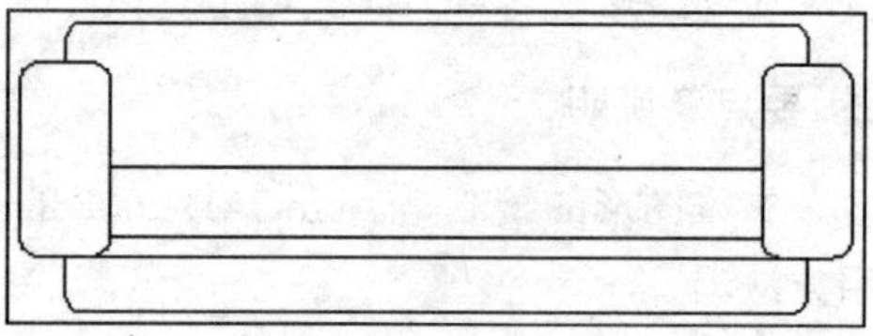

图 16.4.7　修剪效果

（7）重复步骤（1）的操作绘制一个长、宽和圆角半径分别为 596、570 和 30 的圆角矩形。再单击“修改”工具栏中的“移动”按钮，执行此命令，移动新绘制的矩形，使其上边线中间与大矩形上边线中间对齐，如图 16.4.8 所示。

（8）单击“修改”工具栏中的“分解”按钮，执行此命令，将刚绘制的矩形分解后，再单击“修改”工具栏中的“镜像”按钮，把分解后的矩形的圆角进行左右镜像，结果如图 16.4.9 所示。

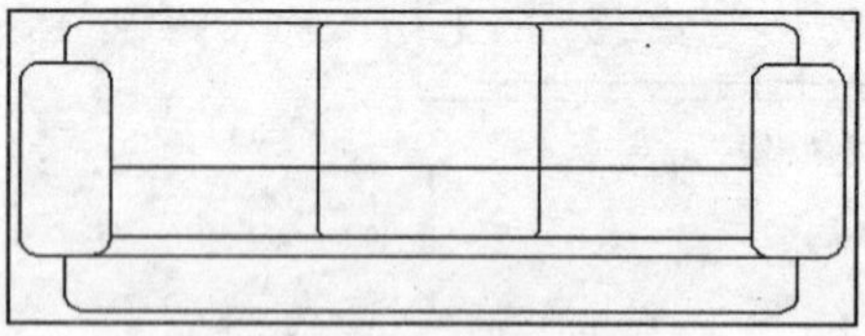

图 16.4.8　绘制并移动中间矩形

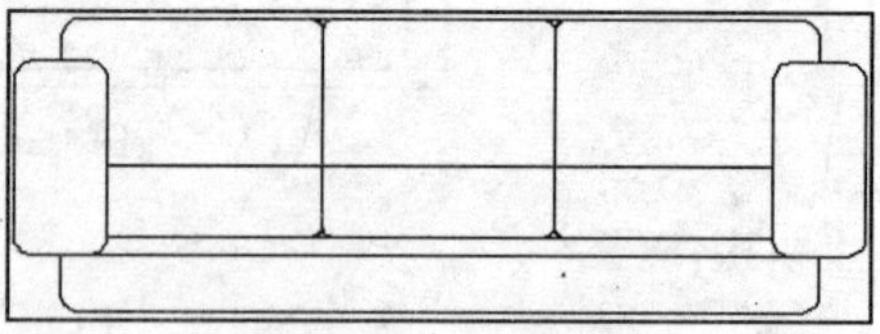

图 16.4.9　分解并镜像

（9）单击“修改”工具栏中的“修剪”按钮，执行修剪命令，将两弧中的线条修剪掉，如图 16.4.10 所示。

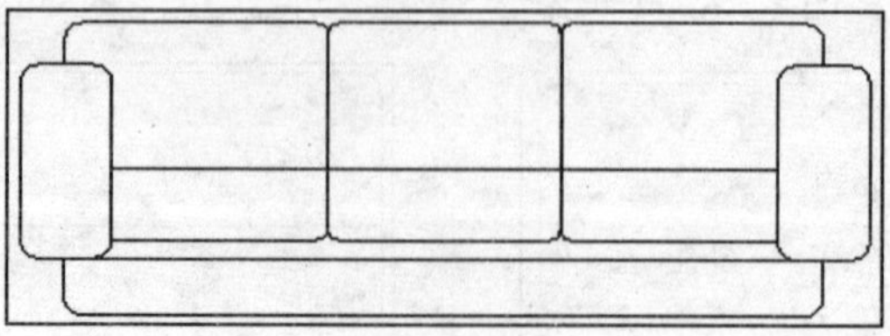

图 16.4.10　修剪效果

(10)选择格式(O)→点样式(P)...命令，弹出点样式对话框，进行其点样式的设置，结果如图 16.4.11 所示。

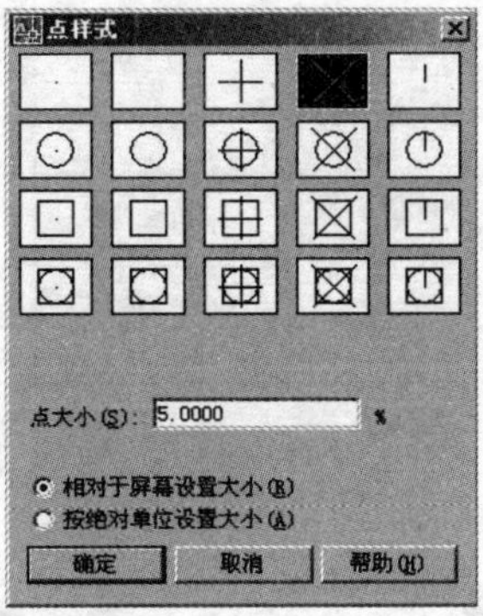


图 16.4.11 “点样式设置”对话框

(11) 单击“绘图”工具栏中的“点”按钮，执行点命令，绘制一个点后单击“修改”工具栏中的“阵列”按钮，弹出阵列对话框（见图 16.4.12），对其点进行设置，结果如图 16.4.13 所示。

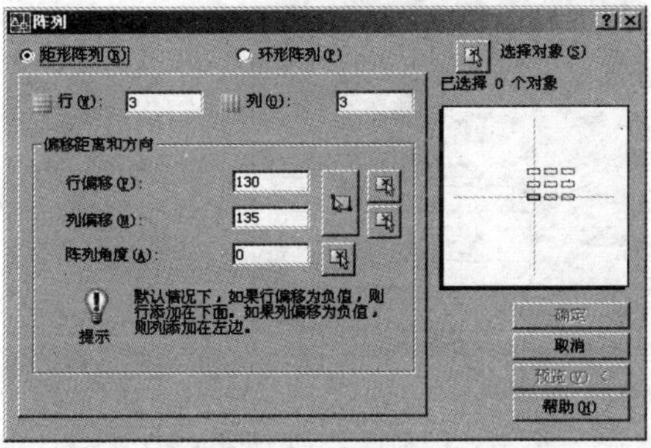


图 16.4.12 “阵列”对话框

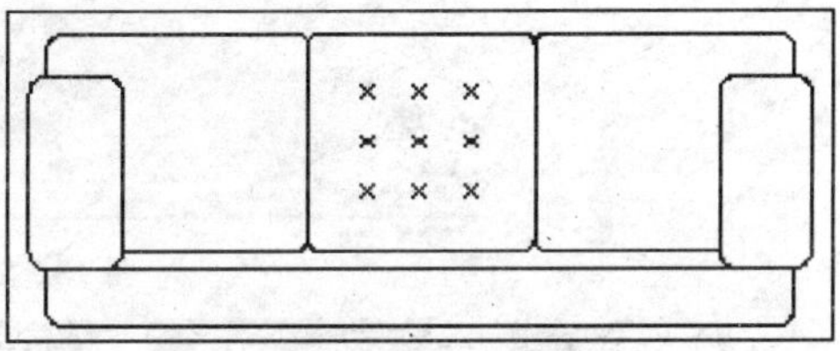

图 16.4.13 阵列后的点

(12) 单击“修改”工具栏中的“复制”按钮，执行复制命令，将阵列后的点分别水平左右各复制一份，效果如图 16.4.1 所示。

# 实训 5 绘制表格与标注文字

### 1. 目的和要求

通过绘制表格与标注文字，掌握表格和文字的创建方法。

### 2. 要点及说明

(1) 熟练掌握表格的创建方法。
(2) 熟练掌握文字的标注方法。

### 3. 实训内容

绘制如图 16.5.1 所示的表格和文字。

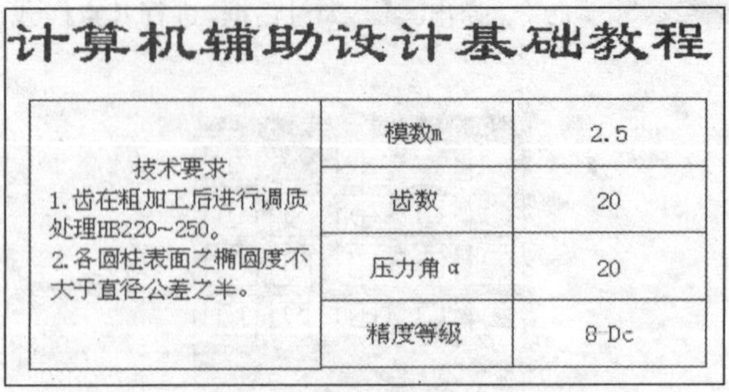


图 16.5.1　绘制表格

**4. 上机操作**

（1）选择格式(O)→文字样式(S)...命令，在弹出的文字样式对话框中新建名为“样式 1”的文字样式，如图 16.5.2 所示。

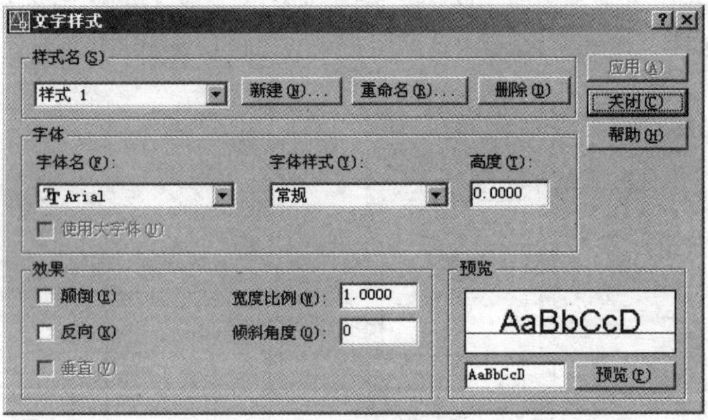


图 16.5.2　“文字样式”对话框

（2）选择绘图(D)→文字(X)→多行文字(M)...命令，在弹出的多行文字编辑器中的文本框中输入文字“技术要求 1.齿在粗加工后进行调质处理 HB220~250。2.各圆柱表面之椭圆度不大于直径公差之半。”，如图 16.5.3 所示。

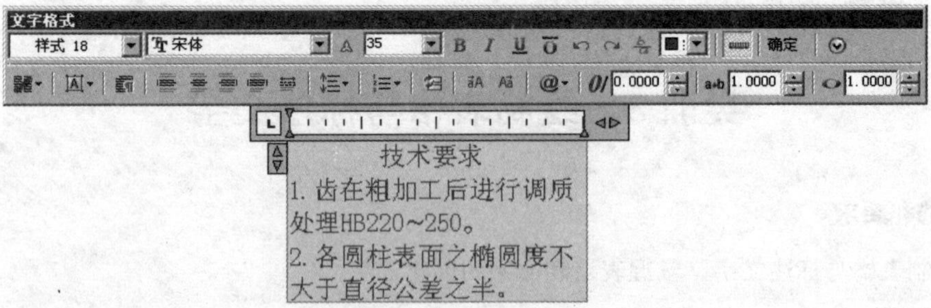


图 16.5.3　输入文字

（3）单击多行文字编辑器中的确定按钮，完成多行文字的标注，结果如图 16.5.4 所示。

（4）选择格式(O)→表格样式(B)...命令，弹出表格样式对话框，如图 16.5.5 所示。在该对话框中新建一个名为“表格 1”的表格样式，设置该表格样式的“数据”、“列标题”和“标题”所用文字均为“样式 1”，其他参数保持不变，如图 16.5.6 所示。

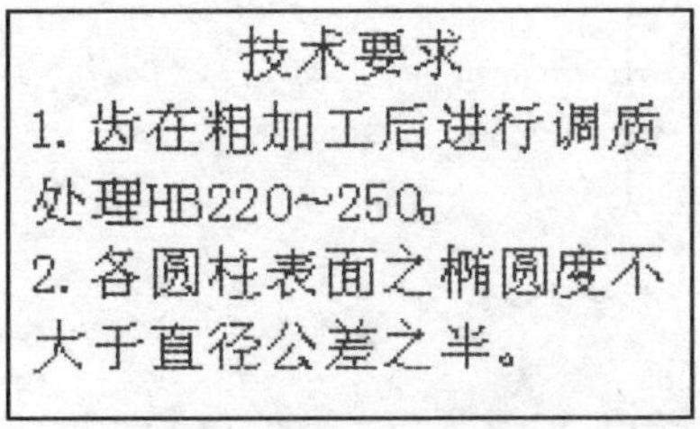


图 16.5.4　创建多行文字

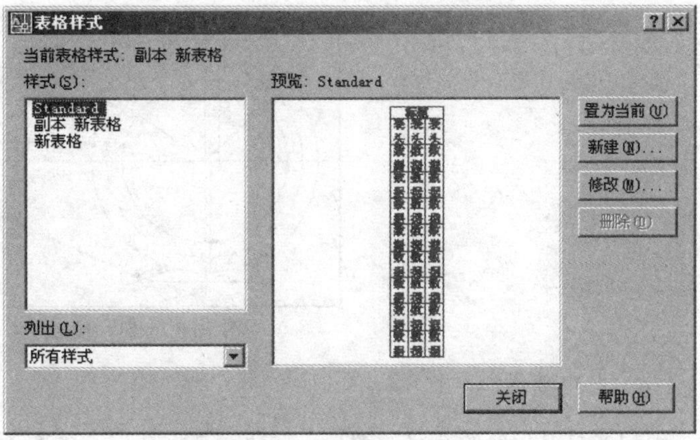


图 16.5.5　“表格样式”对话框

（5）选择 绘图(D) → 表格... 命令，弹出 插入表格 对话框，在该对话框中设置表格样式名称为“表格 1”，列数为 3，数据行数为 4，其他参数不变，如图 16.5.7 所示。

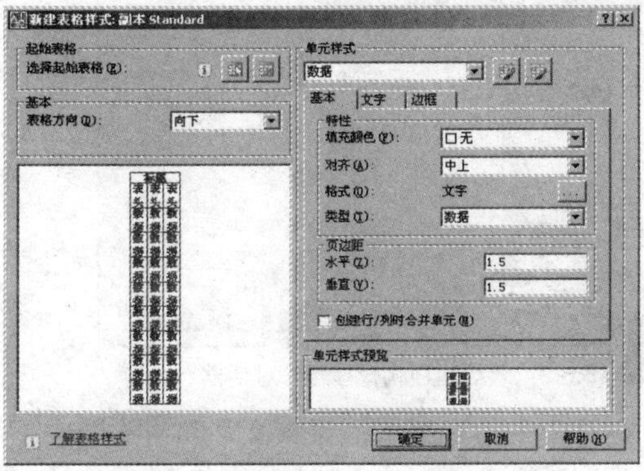


图 16.5.6　“新建表格样式：表格 1”对话框

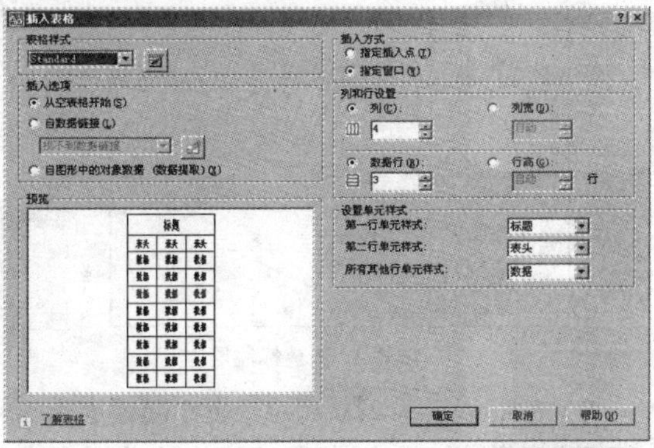


图 16.5.7　“插入表格”对话框

（6）单击 确定 按钮后，在绘图窗口中指定一点，然后在插入的表格中输入数据，最终效果如图 16.5.1 所示。

# 实训 6　标注图形尺寸

## 1. 目的和要求

通过创建标注样式并标注图形，掌握标注图形尺寸的方法。

## 2. 要点及说明

（1）熟练掌握创建标注样式的方法。

（2）熟练掌握标注各种图形尺寸的方法。

（3）熟练掌握编辑标注尺寸的方法。

## 3. 实训内容

绘制并标注图形尺寸，最终效果如图 16.6.1 所示。

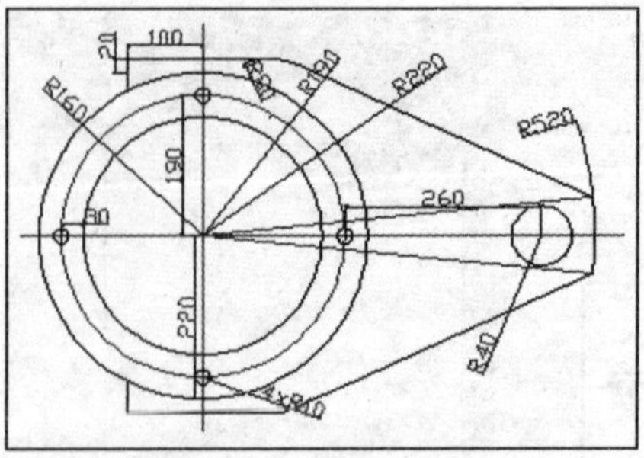


图 16.6.1　标注图形尺寸

**4. 上机操作**

（1）打开已经绘制好的图形，新建一个标注层，如图 16.6.2 所示。

（2）选择 格式(O) → 标注样式(D)... 命令，弹出 标注样式管理器 对话框，如图 16.6.3 所示。

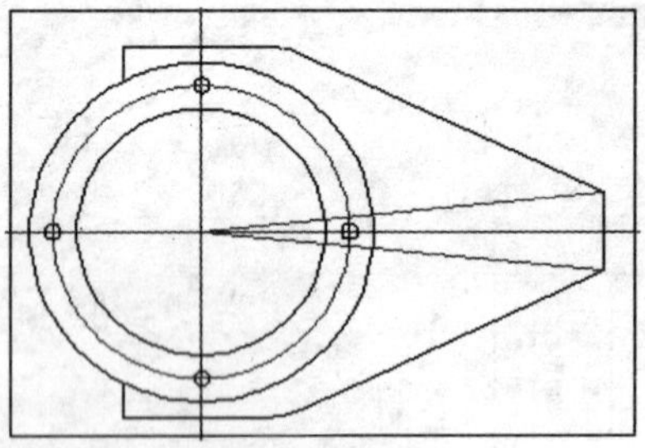

图 16.6.2　新建标注层

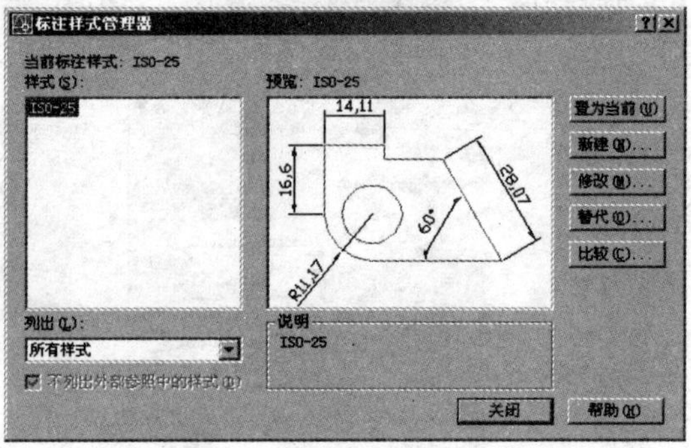


图 16.6.3　“标注样式管理器”对话框

（3）在 标注样式管理器 对话框中新建名为“尺寸标注”的标注样式，设置文字和箭头的大小均为 1.5，文字样式选择实训 5 中创建的名为“样式 1”的文字样式，文字对齐方式选择“ISO 标准”，小数分隔符选择为“句号”，其他参数保持不变。

（4）单击 确定 按钮返回到 标注样式管理器 对话框，单击该对话框中的 置为当前(U) 按钮，将新创建的标注样式设置为当前样式。

（5）单击“标注”工具栏中的“线性”按钮，对如图 16.6.2 所示图形中的线性尺寸进行标注，结果如图 16.6.4 所示。

（6）单击“标注”工具栏中的“半径”按钮，对如图 16.6.4 所示图形中的半径尺寸进行标注，结果如图 16.6.5 所示。

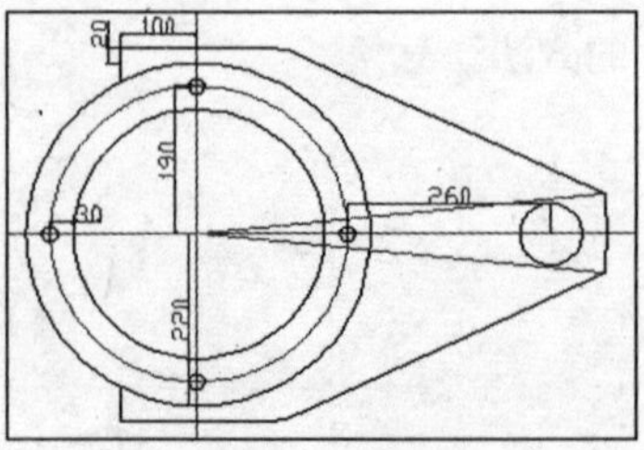


图 16.6.4　标注线性尺寸

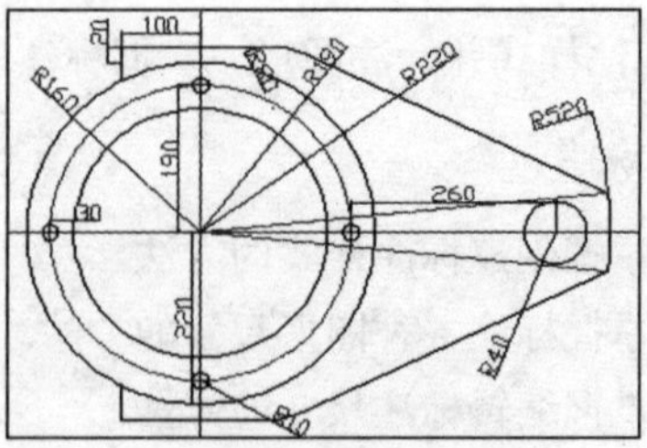


图 16.6.5　标注半径尺寸

（7）选择 修改(M) → 对象(O) → 文字(T) → 编辑(E)... 命令，再选择如图 16.6.5 所示图形中尺寸为 30 的半径标注，弹出多行文字编辑器，在该编辑器文本框中文字的前边添加“4×”符号，然后单击 确定 按钮完成对尺寸标注的编辑，最终效果如图 16.6.1 所示。

# 实训 7　绘制块与外部参照

## 1. 目的和要求

掌握创建块、插入块和编辑块属性的方法，并了解外部参照功能。

## 2. 要点及说明

这是 AutoCAD 2008 的基础操作，读者应熟悉其多种操作方式。

## 3. 实训内容

绘制基本三维实体，并通过布尔运算创建如图 16.7.1 所示的三维实体。

图 16.7.1　最终效果图

## 4. 上机操作

（1）选择视图(V)→三维视图(D)→东南等轴测(E)命令，切换视图。单击“建模”工具栏中的“长方体”按钮，在绘图窗口中绘制一个长、宽、高分别为 100、80、30 的长方体，如图 16.7.2 所示。

（2）单击“建模”工具栏中的“圆柱体”按钮，以长方体的底面宽边的中点为圆心，分别绘制两个底面半径为 40，高为 30 的圆柱体。执行并集布尔运算，对创建的圆柱体和长方体执行并集操作，结果如图 16.7.3 所示。

（3）再次执行绘制圆柱体命令，如图 16.7.3 所示实体上底面两个圆的圆心，绘制底面半径为 10，高为-30 的圆柱体。执行差集布尔运算，用步骤（2）创建的实体减去绘制的圆柱体，结果如图 16.7.4 所示。

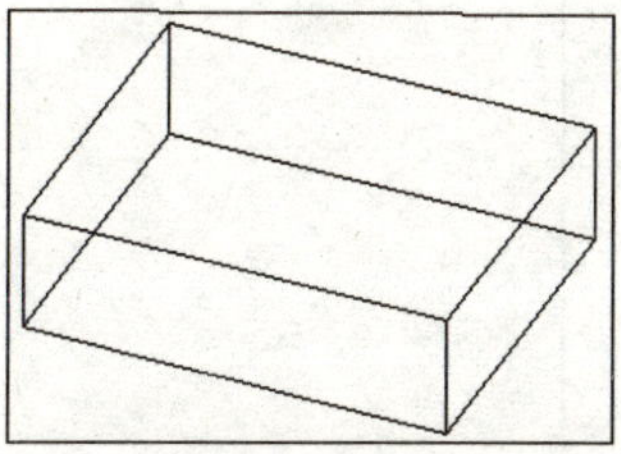

图 16.7.2　绘制长方体

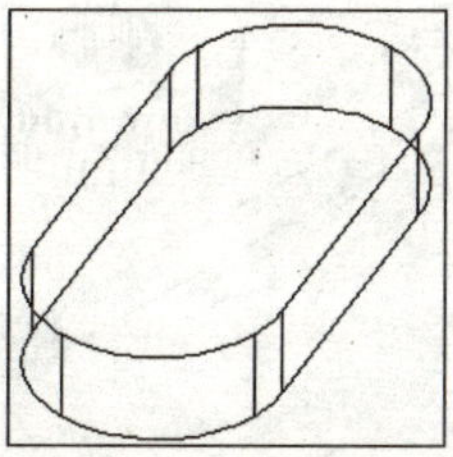

图 16.7.3　并集操作

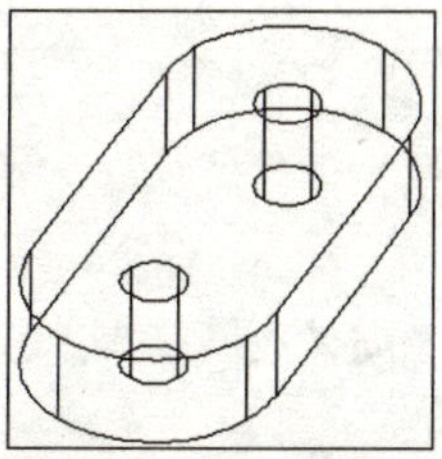

图 16.7.4　绘制底座中的圆孔

（4）再次绘制圆柱体命令，捕捉如图 16.7.3 所示实体下底面两个圆心的中点，绘制底面半径分别为 30 和 20，高均为 130 的圆柱体。先执行并集布尔运算，对半径为 30 的圆柱体和上步创建的实体进行并集布尔运算；再次执行差集布尔运算，用创建的实体对象减去半径为 20 的圆柱体，结果如图 16.7.5 所示。

（5）再次执行绘制长方体命令，在绘图窗口中绘制一个长、宽、高分别为 60、80、20 的长方体，用移动命令将其移动到如图 16.7.6 所示位置，执行差集布尔运算命令，用步骤（4）创建的实体减去该长方体，结果如图 16.7.7 所示。

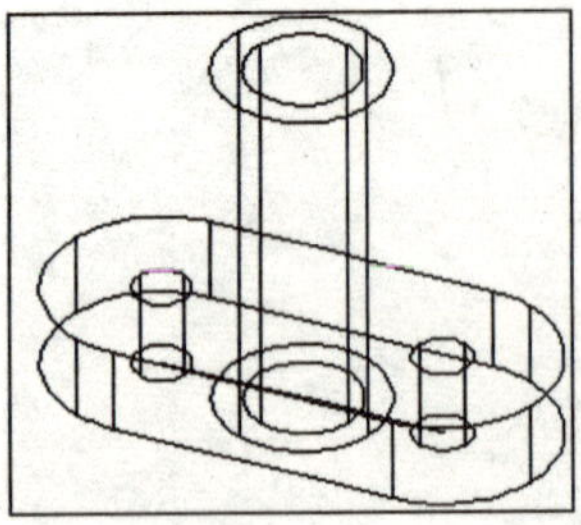

图 16.7.5　绘制底座上的圆柱体

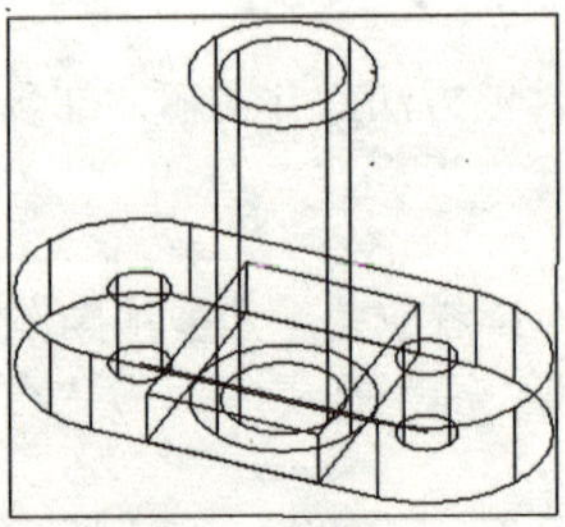

图 16.7.6　移动长方体

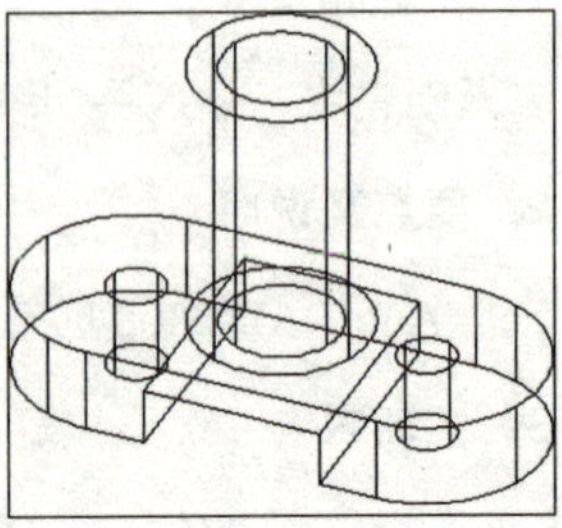

图 16.7.7　布尔运算

（6）执行并集命令，对绘制的所有实体进行并集运算，消隐着色后的效果如图 16.7.1 所示。

# 实训 8　绘制三维实体

### 1. 目的和要求

通过绘制三维实体，掌握各种三维实体的绘制方法。

### 2. 要点及说明

（1）熟练掌握各种基本三维实体的绘制方法。

（2）熟练掌握通过拉伸创建三维实体的方法。

（3）熟练掌握通过布尔运算创建三维实体的方法。

### 3. 实训内容

利用各种方法绘制如图 16.8.1 所示的三维实体。

图 16.8.1　绘制三维实体

### 4. 上机操作

（1）单击“图层”工具栏中的“图层特性管理器”按钮，在弹出的图层特性管理器对话框中新建两个图层。设置第一个图层名称为“辅助线”，颜色为红色，线型为“ACAD_IS002W100”，设置第二个图层名称为“实线”，其他参数选择默认，如图 16.8.2 所示。

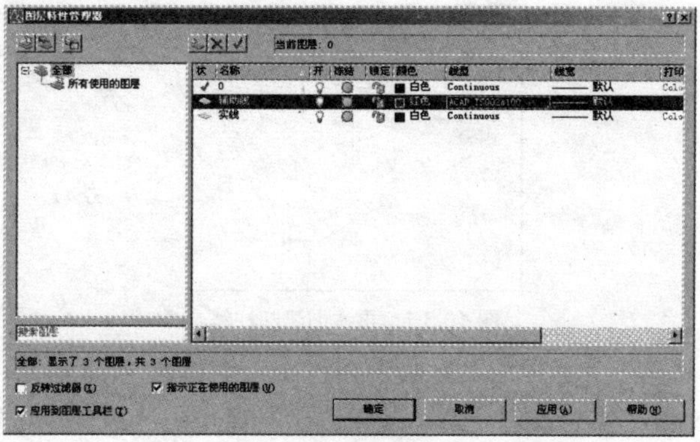


图 16.8.2 “图层特性管理器”对话框

（2）切换到西南等轴测视图，利用直线和圆命令绘制如图 16.8.3 所示的图形。

（3）利用修剪命令对如图 16.8.3 所示的图形进行修剪，结果如图 16.8.4 所示。

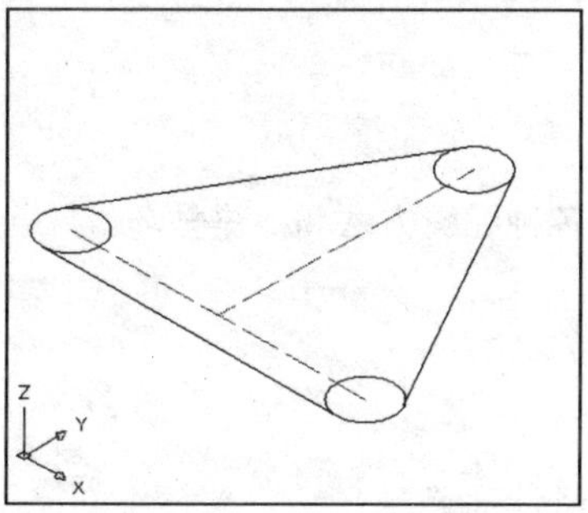


图 16.8.3 绘制直线和圆

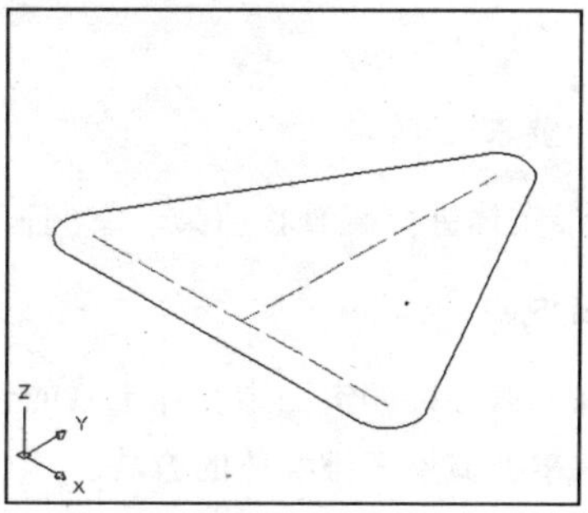


图 16.8.4 修剪图形

（4）单击“绘图”工具栏中的“面域”按钮，将修剪后的实体对象创建成面域图形，然后单击“实体”工具栏中的“拉伸”按钮，将创建的面域图形垂直向上拉伸，拉伸距离为 10，结果如图 16.8.5 所示。

（5）单击“实体”工具栏中的“圆柱体”按钮，分别以如图 16.8.5 所示图形中辅助线的 3 个端点为圆柱体底面圆心，绘制半径为 6，高为-7 的 3 个圆柱体，结果如图 16.8.6 所示。

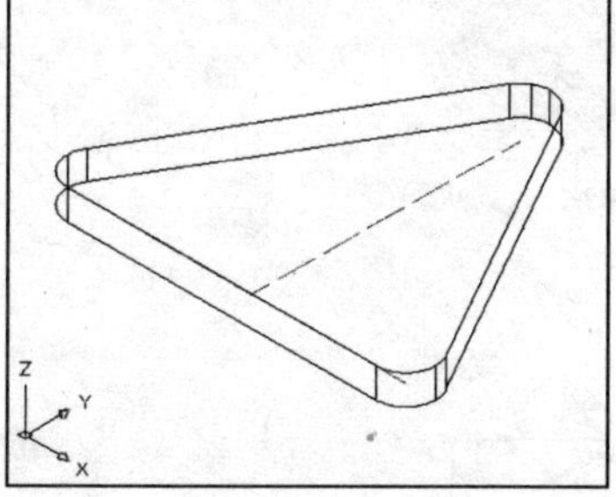


图 16.8.5 拉伸图形

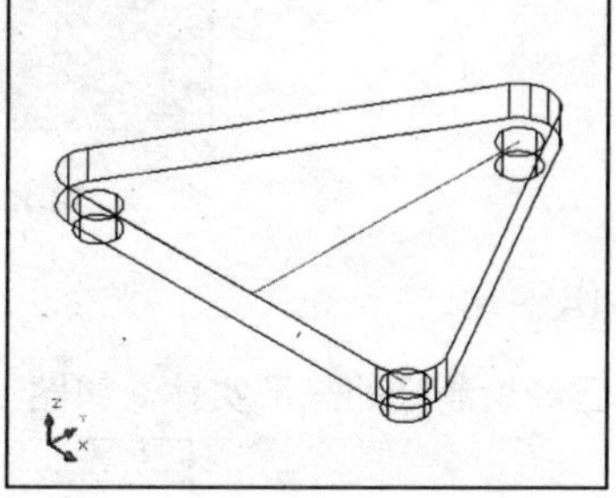

图 16.8.6 创建圆柱体

（6）利用夹点编辑方法以 A 点为基点将如图 16.8.7 所示的辅助线 AB 旋转 30° 并复制，然后执行绘制圆柱体命令，以辅助线的交点 C 为圆柱体底面半径，分别绘制底面半径为 25，高为 25 和底面半径为 10，高为 25 的圆柱体，结果如图 16.8.7 所示。

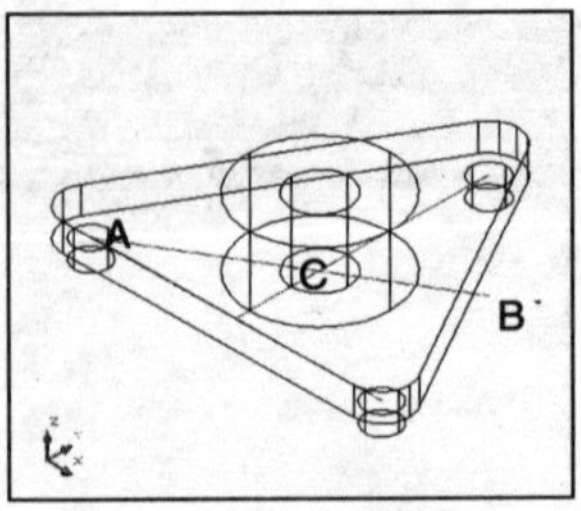


图 16.8.7　再次创建圆柱体

（7）单击“实体编辑”工具栏中的“并集”按钮，将底面半径为 25，高为 25 的圆柱体和拉伸生成的实体进行并集操作，然后单击“实体编辑”工具栏中的“差集”按钮，用并集后的实体减去底面半径为 10，高为 25 的圆柱体，消隐后的结果如图 16.8.1 所示。

# 实训 9　编辑与渲染三维对象

### 1．目的和要求

通过对三维实体进行编辑和渲染，掌握三维实体的各种编辑方法和渲染技巧。

### 2．要点及说明

（1）熟练掌握各种编辑三维实体工具的使用方法。

（2）熟练掌握渲染三维实体的方法。

### 3．实训内容

渲染三维实体对象，最终效果如图 16.9.1 所示。

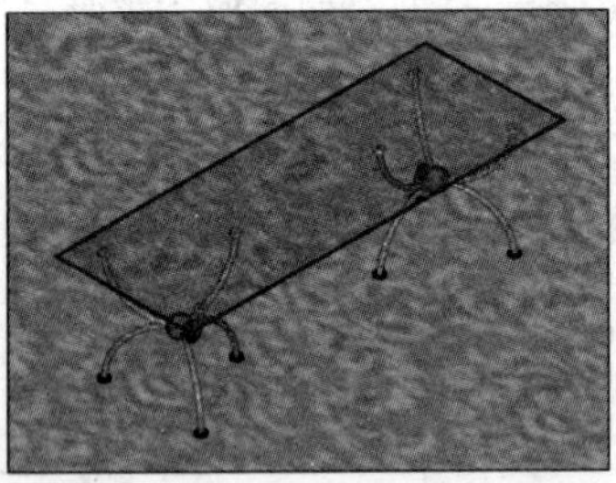

图 16.9.1　渲染图形

### 4．上机操作

（1）打开已经绘制好的三维实体，如图 16.9.2 所示。

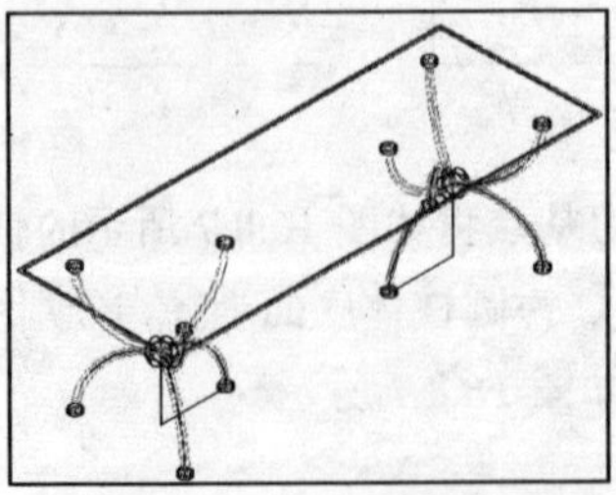

图 16.9.2　打开三维实体图形

（2）单击“渲染”工具栏中的“材质”按钮，在弹出的材质对话框中为实体对象选择合适的材质，如图 16.9.3 所示。

（3）单击“渲染”工具栏中的“光源”按钮，在弹出的光源对话框中为实体对象新建合适的光源，如图 16.9.4 所示。

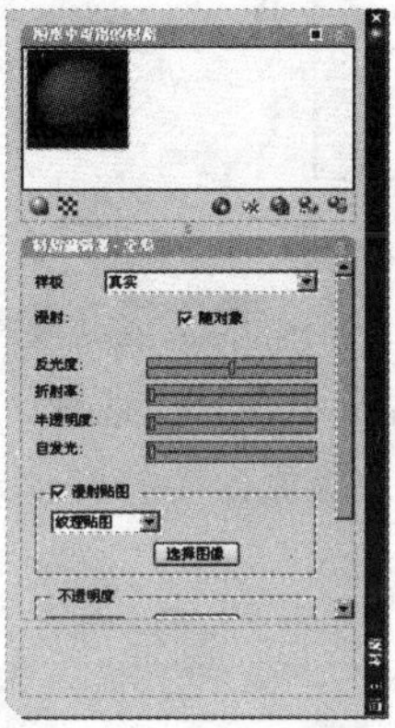


图 16.9.3　“材质”对话框

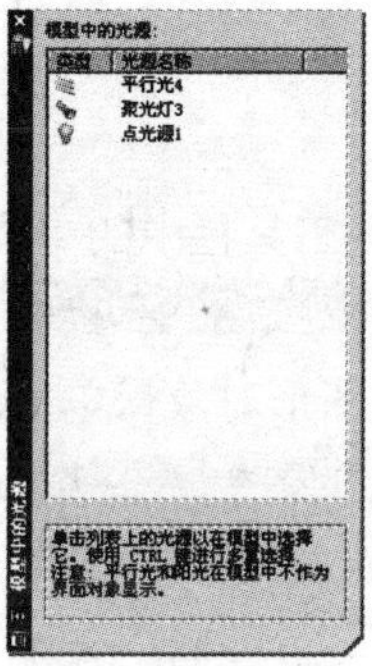


图 16.9.4　“光源”对话框

（4）单击“渲染”工具栏中的“渲染”按钮，对绘制的三维实体进行渲染，最终效果如图 16.9.1 所示。

# 实训 10　创建动态块

## 1．目的和要求

通过具体操作熟悉创建动态块的过程，掌握创建动态块的一般方法。

## 2．要点及说明

（1）熟练掌握块参数的操作。

（2）熟练掌握块动作的操作。

## 3．实训内容

绘制餐桌和椅子，并将其创建成动态块，最终效果如图 16.10.1 所示。

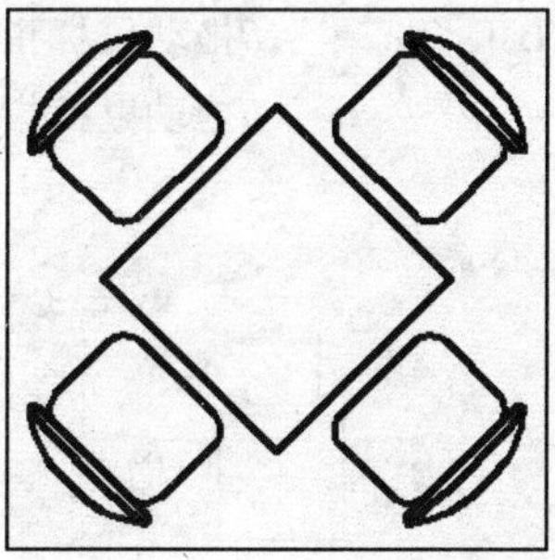

图 16.10.1　创建动态块

## 4．上机操作

（1）绘制如图 16.10.2 所示的图形对象，并将其创建成块，块名为“餐桌和椅子”。

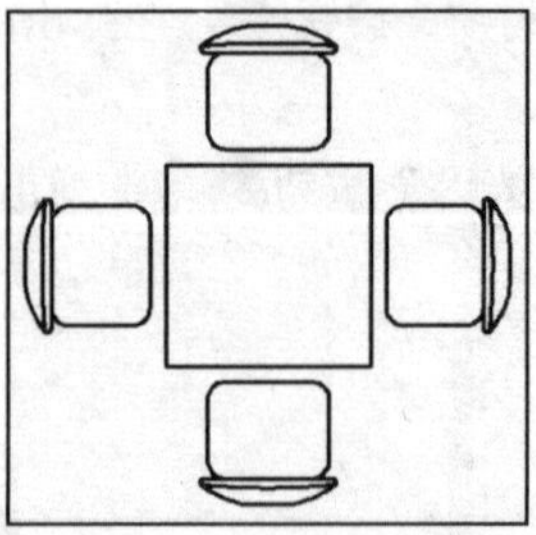

图 16.10.2　绘制餐桌和椅子

（2）单击“标准”工具栏中的“块编辑器”按钮，弹出编辑块定义对话框，如图 16.10.3 所示。在该对话框中的要创建或编辑的块(B)列表框中选择“餐桌和椅子”选项，此时在该对话框右边的预览框中显示出该块的图形对象，单击确定按钮后在块编辑器中打开该块，如图 16.10.4 所示。

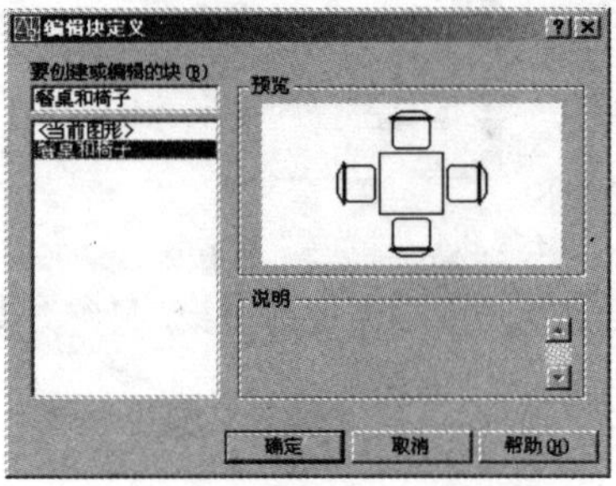


图 16.10.3　“编辑块定义”对话框

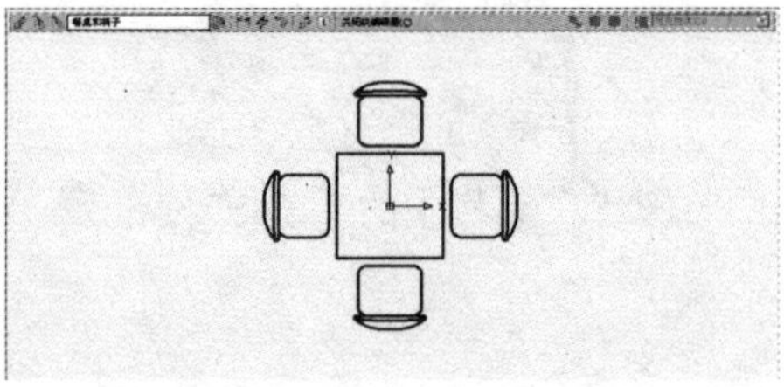

图 16.10.4　在“块编辑器”中打开块

**提示**：用户也可以先打开块编辑器，然后在块编辑器中绘制需要创建成块的图形，再单击“块编辑器”工具栏中的“保存块定义”按钮将其以块的形式保存。

（3）在打开的块编辑器中单击“块编辑器”工具栏中的“块编写选项板”按钮，打开块编写选项板 - 所有选项板面板，选择该窗口中的“参数”选项卡，单击该选项卡中的“旋转参数”按钮，命令行提示如下：

命令: _BParameter 旋转　　//系统提示

指定基点或 [名称(N)/标签(L)/链(C)/说明(D)/选项板(P)/值集(V)]:

　　//捕捉如图 16.10.4 所示图形中的正方形的中心点

指定参数半径:　　//拖动鼠标至虚线圆将所有图形对象包围

指定默认旋转角度或 [基准角度(B)] <0>:　　//拖动鼠标指定默认的旋转角度

指定标签位置:　　//拖动鼠标指定标签位置

结果如图 16.10.5 所示。

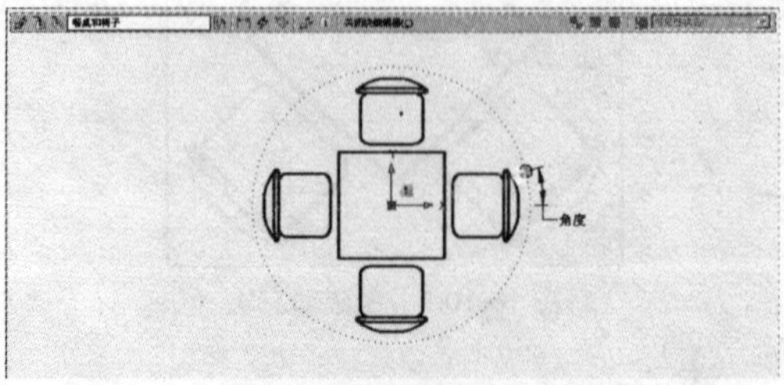


图 16.10.5　为块指定参数

（4）选择 块编写选项板 - 所有选项板 面板中的“动作”选项卡，在该选项卡中单击“旋转动作”按钮，命令行提示如下：

命令: _BActionTool 旋转 //系统提示

选择参数: //选择如图 16.10.5 所示图形中的虚线圆

指定动作的选择集 //系统提示

选择对象:

指定对角点: 找到 70 个 //选择所有的图形对象

选择对象: //按回车键结束对象选择

指定动作位置或 [基点类型(B)]: //拖动鼠标确定旋转动作的位置

效果如图 16.10.6 所示。

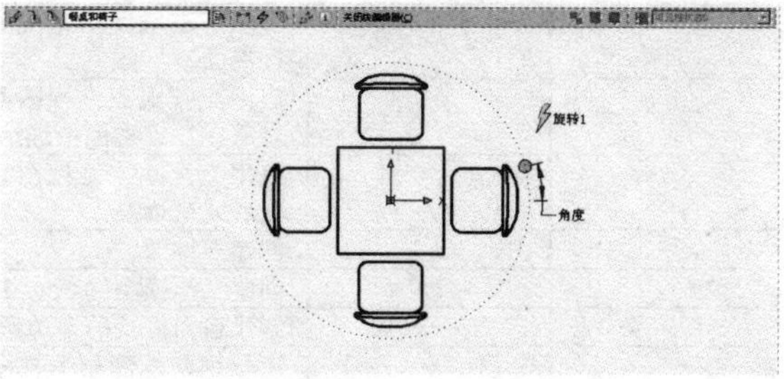


图 16.10.6 为块指定动作

（5）单击“块编辑器”工具栏中的“保存块定义”按钮，将创建的动态块保存，然后单击该工具栏中的 关闭块编辑器(C) 按钮，关闭块编辑器，返回到绘图窗口。

（6）选中定义的块后，该块显示如图 16.10.7 所示。选中并激活如图 16.10.7 所示图形中的带有参数的夹点 A，命令行提示如下：

指定旋转角度或 [基点(B)/放弃(U)/退出(X)]: //拖动鼠标确定旋转角度

旋转后的效果如图 16.10.1 所示。

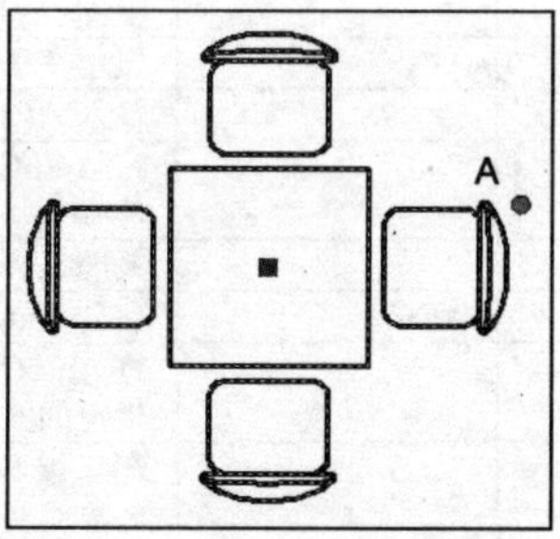


图 16.10.7 选中后的动态块

# 附录　AutoCAD 命令表

AutoCAD 2008 中常用的绘图命令及其功能都列于下表中，部分还提供了简捷命令，用户可以参考以进行练习。

| 序　号 | 变量名 | 简捷命令 | 命令说明 | 备　注 |
|---|---|---|---|---|
| 1 | 3D | | 创建三维多边形网格 | |
| 2 | 3DARRAY | 3A | 创建三维阵列 | |
| 3 | 3DCLIP | | 启用交互式三维视图并打开“调整剪裁平面”窗口 | |
| 4 | 3DCONFIG | | 提供了三维图形系统配置设置的命令行界面 | 新增命令 |
| 5 | 3DCORBIT | | 启用交互式三维视图并允许用户设置对象在三维视图中连续运动 | |
| 6 | 3DDISTANCE | | 启用交互式三维视图并使对象显示得更近或更远 | |
| 7 | 3DFACE | 3F | 创建三维面 | |
| 8 | 3DDWFPUBLISH | | 创建三维模型的三维 DWF 文件 | 新增命令 |
| 9 | 3DMESH | | 创建自由格式的多边形网格 | |
| 10 | 3DORBITCTR | | 在三维动态观察器视图中设置旋转的中心 | 新增命令 |
| 11 | 3DORBIT | 3DO | 控制在三维空间中交互式查看对象 | |
| 12 | 3DPAN | | 启用交互式三维视图并允许用户水平或垂直拖动视图 | |
| 13 | 3DPOLY | 3P | 在三维空间中使用“连续”线型创建由直线段组成的多段线 | |
| 14 | 3DSIN | | 输入 3Dstudio（3DS）文件 | |
| 15 | 3DSOUT | | 输出 3Dstudio（3DS）文件 | |
| 16 | 3DSWIVEL | | 启用交互式三维视图模拟旋转相机的效果 | |
| 17 | 3DZOOM | | 启用交互式三维视图使用户可以缩放视图 | |
| 18 | ABOUT | | 显示关于 AutoCAD 的信息 | 透明命令 |
| 19 | ACISIN | | 输入 ACIS 文件 | |
| 20 | ACISOUT | | 将 AutoCAD 实体对象输出到 ACIS 文件中 | |
| 21 | ADCCLOSE | | 关闭 AutoCAD 设计中心 | |
| 22 | ADCENTER | ADC | 启动 AutoCAD 设计中心 | |
| 23 | ADCNAVIGATE | | 将 AutoCAD 设计中心的桌面引至用户指定的文件名、目录名或网络路径 | |
| 24 | ALIGN | AL | 在二维和三维空间中将某对象与其他对象对齐 | |
| 25 | AMECONVERT | | 将 AME 实体模型转换为 AutoCAD 实体对象 | |
| 26 | APERTURE | | 控制对象捕捉靶框大小 | 透明命令 |
| 27 | APPLOAD | AP | 加载或卸载应用程序并指定启动时要加载的应用程序 | 透明命令 |
| 28 | ARCHIVE | | 将当前要归档的图纸集文件打包 | |
| 29 | ARC | A | 创建圆弧 | |
| 30 | AREA | AA | 计算对象或指定区域的面积和周长 | |
| 31 | ARRAY | AR | 创建按指定方式排列的多重对象副本 | |
| 32 | ARX | | 加载、卸载和提供关于 ObjectARX 应用程序的信息 | |
| 33 | ASSISTCLOSE | | 关闭“快速帮助”和信息选项板 | 透明使用 |

续表

| 序 号 | 变量名 | 简捷命令 | 命令说明 | 备 注 |
|---|---|---|---|---|
| 34 | ASSIST | | 打开信息选项板中的"快速帮助" | 透明使用 |
| 35 | ATTACHURL | | 将超链接附着到图形中的对象或区域 | |
| 36 | ATTDEF | ATT | 创建属性定义 | |
| 37 | ATTDISP | | 全局控制属性的可见性 | 透明命令 |
| 38 | ATTEDIT | ATE | 改变属性信息 | |
| 39 | ATTEXT | DDATTEXT | 提取属性数据 | |
| 40 | ATTREDEF | | 重定义块并更新关联属性 | |
| 41 | ATTSYNC | | 用当前属性定义更新所有块中的实例 | |
| 42 | AUDIT | | 检查图形的完整性 | |
| 43 | BACKGROUND | | 设置场景的背景效果 | |
| 44 | BACTIONSET | | 指定与动态块定义中的动作相关联的对象选择集 | 新增命令 |
| 45 | BACTIONTOOL | | 为参数指定动作对象 | 新增命令 |
| 46 | BACTION | | 向动态块定义中添加动作 | 新增命令 |
| 47 | BASE | | 设置当前图形的插入基点 | 透明命令 |
| 48 | BASSOCIATE | | 将动作与动态块定义中的参数相关联 | 新增命令 |
| 49 | BATTMAN | | 激活块属性管理器，以便编辑某一块中包含的属性 | |
| 50 | BATTORDER | | 指定块属性的顺序 | 新增命令 |
| 51 | BAUTHORPALETTECLOSE | | 关闭块编辑器中的"块编写选项板"窗口 | 新增命令 |
| 52 | BAUTHORPALETTE | | 打开块编辑器中的"块编写选项板"窗口 | 新增命令 |
| 53 | BCLOSE | | 关闭块编辑器 | 新增命令 |
| 54 | BCYCLEORDER | | 更改动态块参照夹点的循环次序 | 新增命令 |
| 55 | BEDIT | | 打开"编辑块定义"对话框，然后打开块编辑器 | 新增命令 |
| 56 | BGRIPSET | | 创建、删除或重置与参数相关联的夹点 | 新增命令 |
| 57 | BHATCH | BH 或 H | 使用图案填充封闭区域或选定对象 | |
| 58 | BLIPMODE | | 控制点标记的显示 | |
| 59 | BLOCK | | 根据选定对象创建块定义 | |
| 60 | BLOCKICON | | 为 AutoCAD R14 或更早版本创建的块生成预览图像 | |
| 61 | BMPOUT | | 按与设备无关的位图格式将选定对象保存到文件中 | |
| 62 | BOUNDARY | | 从封闭区域创建面域或多段线 | |
| 63 | BOX | | 创建三维的长方体 | |
| 64 | BPARAMETER | | 向动态块定义中添加带有夹点的参数 | 新增命令 |
| 65 | BREAK | BR | 部分删除对象或把对象分解为两部分 | |
| 66 | BROWSER | | 启动系统注册表中设置的缺省 Web 浏览器 | |
| 67 | BSAVEAS | | 用新名称保存当前块定义的副本 | 新增命令 |
| 68 | BSAVE | | 保存当前块定义 | 新增命令 |
| 69 | BVHIDE | | 使对象在动态块定义中的当前可见性状态或所有可见性状态中不可见 | 新增命令 |
| 70 | BVSHOW | | 使对象在动态块定义中的当前可见性状态或所有可见性状态中均可见 | 新增命令 |
| 71 | BVSTATE | | 创建、设置或删除动态块中的可见性状态 | 新增命令 |
| 72 | CAL | | 计算算术和几何表达式的值 | 透明命令 |
| 73 | CAMERA | | 设置相机和目标的不同位置 | |
| 74 | CHAMFER | CHA | 给对象的边加倒角 | |
| 75 | CHANGE | CH | 修改现有对象的特性 | |
| 76 | CHPROP | | 修改对象的颜色、图层、线型、线型比例因子、线宽、厚度和打印样式 | |
| 77 | CHECKSTANDARDS | | 对当前文件进行标准检查 | |
| 78 | CIRCLE | C | 创建圆 | |

续表

| 序　号 | 变量名 | 简捷命令 | 命令说明 | 备　注 |
|---|---|---|---|---|
| 79 | CLEANSCREENOFF | | 恢复工具栏和可固定窗口（命令行除外）的显示 | 新增命令 |
| 80 | CLEANSCREENON | | 清除工具栏和可固定窗口（命令行除外）的屏幕 | 新增命令 |
| 81 | CLOSEALL | | 关闭当前所有打开的图形 | 新增命令 |
| 82 | CLOSE | | 关闭当前图形 | |
| 83 | COLOR | COL | 定义新对象的颜色 | |
| 84 | COMMANDLINE | | 显示命令行 | 新增命令 |
| 85 | COMMANDLINEHIDE | | 隐藏命令行 | 新增命令 |
| 86 | COMPILE | | 编译形文件和 PostScript 字体文件 | |
| 87 | CONE | | 创建三维实体圆锥 | |
| 88 | CONVERT | | 优化 AutoCAD R13 或更早版本创建的二维多段线和关联填充 | |
| 89 | CONVERTCTB | | 将颜色相关的打印样式表（CTB） 转换为命名打印样式表（STB） | 新增命令 |
| 90 | CONVERTPSTYLES | | 将当前图形转换为命名或颜色相关打印样式 | 新增命令 |
| 91 | COPY | CO 或 CP | 复制对象 | |
| 92 | COPYBASE | | 带指定基点复制对象 | |
| 93 | COPYCLIP | | 将对象复制到剪贴板 | Ctrl+C |
| 94 | COPYHIST | | 将命令行历史记录文字复制到剪贴板 | |
| 95 | COPYLINK | | 将当前视图复制到剪贴板中，以使其可被链接到其他 OLE 应用程序 | |
| 96 | CUI | | 管理自定义用户界面元素 | 新增命令 |
| 97 | CUIEXPORT | | 将自定义设置从 acad.cui 输出到企业或部分 CUI 文件中 | 新增命令 |
| 98 | CUIIMPORT | | 将自定义设置从企业或部分 CUI 文件输入到 acad.cui 中 | 新增命令 |
| 99 | CUILOAD | | 加载 CUI 文件 | 新增命令 |
| 100 | CUIUNLOAD | | 卸载 CUI 文件 | 新增命令 |
| 101 | CUSTOMIZE | | 自定义工具选项板 | 新增命令 |
| 102 | CUTCLIP | | 将对象复制到剪贴板并从图形中删除对象 | |
| 103 | CYLINDER | | 创建三维实体圆柱 | |
| 104 | DBCCLOSE | | 关闭“数据库连接”管理器 | |
| 105 | DBCONNECT | DBC | 为外部数据库表提供 AutoCAD 接口 | |
| 106 | DBLCLKEDIT | | 控制双击操作 | 新增命令 |
| 107 | DBLIST | | 列出图形中每个对象的数据库信息 | |
| 108 | DDEDIT | ED | 编辑文字和属性定义 | |
| 109 | DDPTYPE | | 指定点对象的显示模式及大小 | 透明命令 |
| 110 | DDVPOINT | VP | 设置三维观察方向 | |
| 111 | DELAY | | 在脚本文件中提供指定时间的暂停 | 透明命令 |
| 112 | DETACHURL | | 删除图形中的超链接 | 新增命令 |
| 113 | DIM 和 DIM1 | | 进入标注模式 | |
| 114 | DIMALIGNED | DAL | 创建对齐标注 | |
| 115 | DIMANGULAR | DAN | 创建角度标注 | |
| 116 | DIMARC | | 创建圆弧长度标注 | 新增命令 |
| 117 | DIMBASELINE | DBA | 从上一个或选定标注的基线处创建线性、角度或坐标标注 | |
| 118 | DIMCENTER | DCE | 创建圆和圆弧的圆心标记或中心线 | |
| 119 | DIMCONTINUE | DCO | 从上一个或选定标注的第二尺寸界线处创建线性、角度或坐标标注 | |
| 120 | DIMDIAMETER | DDI | 创建圆和圆弧的直径标注 | |
| 121 | DIMDISASSOCIATE | | 将关联性尺寸标注转换成非关联性的尺寸标注 | |
| 122 | DIMEDIT | DED | 编辑标注 | |
| 123 | DIMJOGGED | | 创建折弯半径标注 | 新增命令 |

续表

| 序　号 | 变量名 | 简捷命令 | 命令说明 | 备　注 |
|---|---|---|---|---|
| 124 | DIMLINEAR | DLI | 创建线性标注 | |
| 125 | DIMORDINATE | DOR | 创建坐标点标注 | |
| 126 | DIMOVERRIDE | DOV | 替换标注系统变量 | |
| 127 | DIMRADIUS | DRA | 创建圆和圆弧的半径标注 | |
| 128 | DIMREASSOCIATE | | 将选点的尺寸标注对象与某一对象关联 | |
| 129 | DIMREGEN | | 更新关联性尺寸标注对象 | |
| 130 | DIMSTYLE | DST 或 DIMSTY | 创建或修改标注样式 | |
| 131 | DIMTEDIT | DIMTED | 移动和旋转标注文字 | |
| 132 | DIST | DI | 测量两点之间的距离和角度 | 透明命令 |
| 133 | DIVIDE | DIV | 将点对象或块沿对象的长度或周长等间隔排列 | |
| 134 | DONUT | DO | 绘制填充的圆和环 | |
| 135 | DRAGMODE | | 控制 AutoCAD 显示拖动对象的方式 | 透明命令 |
| 136 | DRAWINGRECOVERYHIDE | DR | 关闭“图形修复管理器” | 新增命令 |
| 137 | DRAWINGRECOVERY | | 显示可以在程序或系统失败后修复的图形文件的列表 | 新增命令 |
| 138 | DRAWORDER | | 修改图像和其他对象的显示顺序 | |
| 139 | DSETTINGS | DS | 指定捕捉模式、栅格、极坐标和对象捕捉追踪的设置 | |
| 140 | DSVIEWER | | 打开“鸟瞰视图”窗口 | |
| 141 | DVIEW | DV | 定义平行投影或透视图 | |
| 142 | DWGPROPS | | 设置和显示当前图形的特性 | |
| 143 | DXBIN | | 输入特殊编码的二进制文件 | |
| 144 | EATTEDIT | | 增强的属性编辑命令 | |
| 145 | EATTEXT | | 增强的属性导出命令 | |
| 146 | EDGE | | 修改三维面的边缘可见性 | |
| 147 | EDGESURF | | 创建三维多边形网格 | |
| 148 | ELEV | | 设置新对象的拉伸厚度和标高特性 | 透明命令 |
| 149 | ELLIPSE | | 创建椭圆或椭圆弧 | |
| 150 | ERASE | | 从图形中删除对象 | |
| 151 | ETRANSMIT | | 将一组文件打包以进行 Internet 传递 | 新增功能 |
| 152 | EXPLODE | X | 将组合对象分解为对象组件 | |
| 153 | EXPORT | EXP | 以其他文件格式保存对象 | |
| 154 | EXPRESSTOOLS | | 如果已安装 AutoCAD 快捷工具但没有运行，则运行该工具 | |
| 155 | EXTEND | EX | 延伸对象到另一对象 | |
| 156 | EXTRUDE | | 通过拉伸现有二维对象来创建三维模型 | |
| 157 | FIELD | | 创建带字段的多行文字对象，该对象可以随着字段值的更改而自动更新 | 新增功能 |
| 158 | FILL | F | 控制多线、宽线、二维填充、图案填充和宽多段线的填充 | 透明命令 |
| 159 | FILLET | | 给对象的边加圆角 | |
| 160 | FILTER | FI | 创建可重复使用的过滤器以便根据特性选择对象 | 透明命令 |
| 161 | FIND | | 查找、替换、选择或缩放指定的文字 | |
| 162 | FOG | | 控制渲染雾化 | |
| 163 | GOTOURL | | 打开文件或与附加到对象的超链接关联的网页 | 新增功能 |
| 164 | GRADIENT | | 使用渐变填充填充封闭区域或选定对象 | 新增功能 |
| 165 | GRAPHSCR | | 从文本窗口切换到图形窗口 | 快捷键 F2 |
| 166 | GRID | | 在当前视口中显示点栅格 | |
| 167 | GROUP | G | 创建对象的命名选择集 | |
| 168 | HATCH | H | 用图案填充一块指定边界的区域 | |

续表

| 序　号 | 变量名 | 简捷命令 | 命令说明 | 备　注 |
|---|---|---|---|---|
| 169 | HATCHEDIT | HE | 修改现有的图案填充对象 | |
| 170 | HELP | | 显示联机帮助 | 快捷键 F1 |
| 171 | HIDE | | 重生成三维模型时不显示隐藏线 | |
| 172 | HYPERLINK | | 附着超级链接到图形对象或修改已有的超级链接 | |
| 173 | HLSETTINGS | | 更改隐藏线的显示特性 | 新增功能 |
| 174 | HYPERLINKOPTIONS | HI | 控制超级链接光标的可见性及超级链接工具栏提示的显示 | |
| 175 | ID | | 显示位置的坐标 | 透明命令 |
| 176 | IMAGE | | 管理图像 | |
| 177 | IMAGEADJUST | | 控制选定图像的亮度、对比度和褪色度 | |
| 178 | IMAGEATTACH | | 向当前图形中附着新的图像对象 | |
| 179 | IMAGECLIP | | 为图像对象创建新剪裁边界 | |
| 180 | IMAGEFRAME | | 控制图像边框是显示在屏幕上还是在视图中隐藏 | |
| 181 | IMAGEQUALITY | | 控制图像显示质量 | |
| 182 | IMPORT | | 向 AutoCAD 输入多种文件格式 | |
| 183 | INSERT | | 将命名块或图形插入到当前图形中 | |
| 184 | INSERTOBJ | | 插入链接或嵌入对象 | |
| 185 | INTERFERE | | 用两个或多个三维实体的公用部分创建三维组合实体 | |
| 186 | INTERSECT | | 用两个或多个实体或面域的交集创建组合实体或面域并删除交集以外的部分 | |
| 187 | ISOPLANE | | 指定当前等轴测平面 | 透明命令 |
| 188 | JOIN | | 将对象合并以形成一个完整的对象 | 新增命令 |
| 189 | JPGOUT | | 将选定对象保存为 JPEG 文件格式的文件 | 新增命令 |
| 190 | JUSTIFYTEXT | | 改变文字的对齐位置而不改变其位置 | |
| 191 | LAYER | LA | 管理图层 | |
| 192 | LAYERPMODE | | 打开或关闭图层设置跟踪模式 | |
| 193 | LAYERP | | 取消对图层的上一次编辑 | |
| 194 | LAYOUT | | 创建新布局和重命名、复制、保存或删除现有布局 | |
| 195 | LAYTRANS | | 激活图层转换器，以便对当前图形进行图层匹配 | |
| 196 | LAYOUTWIZARD | | 启动“布局”向导， 通过它可以指定布局的页面和打印设置 | |
| 197 | LEADER | | 创建一条引线将注释与一个几何特征相连 | |
| 198 | LENGTHEN | LEN | 拉长对象 | |
| 199 | LIGHT | | 处理光源和光照效果 | |
| 200 | LIMITS | | 设置并控制图形边界和栅格显示 | 透明命令 |
| 201 | LINE | L | 创建直线段 | |
| 202 | LINETYPE | LT | 创建、加载和设置线型 | 透明命令 |
| 203 | LIST | LS | 显示选定对象的数据库信息 | |
| 204 | LOAD | | 加载形文件，为 SHAPE 命令加载可调用的形 | |
| 205 | LOGFILEOFF | | 关闭 LOGFILEON 命令打开的日志文件 | |
| 206 | LOGFILEON | | 将文本窗口中的内容写入文件 | |
| 207 | LSEDIT | | 编辑配景对象 | |
| 208 | LSLIB | | 管理配景对象库 | |
| 209 | LSNEW | | 在图形上添加具有真实感的配景对象，例如树和灌木丛 | |
| 210 | LTSCALE | LTS | 设置线型比例因子 | 透明命令 |

续表

| 序号 | 变量名 | 简捷命令 | 命令说明 | 备注 |
|---|---|---|---|---|
| 211 | LWEIGHT | LW | 设置当前线宽、线宽显示选项和线宽单位 | |
| 212 | MARKUPCLOSE | | 关闭“标记集管理器” | 新增功能 |
| 213 | MARKUP | | 显示标记的详细信息并允许用户更改其状态 | 新增功能 |
| 214 | MASSPROP | MA | 计算并显示面域或实体的质量特性 | 透明命令 |
| 215 | MATCHCELL | | 将选定表格单元的特性应用到其他表格单元 | 新增功能 |
| 216 | MATCHPROP | | 把某一对象的特性复制给其他若干对象 | |
| 217 | MATLIB | | 控制材质库输入输出 | |
| 218 | MEASURE | | 将点对象或块按指定的间距放置 | |
| 219 | MENU | | 加载菜单文件 | |
| 220 | MENULOAD | | 加载部分菜单文件 | |
| 221 | MENUUNLOAD | | 卸载部分菜单文件 | |
| 222 | MINSERT | | 在矩形阵列中插入一个块的多个引用 | |
| 223 | MIRROR | MI | 创建对象的镜像副本 | |
| 224 | MIRROR3D | | 创建相对于某一平面的镜像对象 | |
| 225 | MLEDIT | | 编辑多重平行线 | |
| 226 | MLINE | ML | 创建多重平行线 | |
| 227 | MLSTYLE | | 定义多重平行线的样式 | |
| 228 | MODEL | | 从“布局”选项卡切换到“模型”选项卡并把它置为当前 | |
| 229 | MOVE | M | 在指定方向上按指定距离移动对象 | |
| 230 | MREDO | | 恢复前面几个用 UNDO 或 U 命令放弃的效果 | 新增功能 |
| 231 | MSLIDE | | 为模型空间的当前视口或图纸空间的所有视口创建幻灯片文件 | |
| 232 | MSPACE | MS | 从图纸空间切换到模型空间视口 | |
| 233 | MTEDIT | | 编辑多行文字 | 新增功能 |
| 234 | MTEXT | MT 或 T | 创建多行文字 | |
| 235 | MULTIPLE | | 重复下一条命令直到被取消 | |
| 236 | MVIEW | MV | 创建浮动视口和打开现有的浮动视口 | |
| 237 | MVSETUP | | 设置图形规格 | |
| 238 | NETLOAD | | 加载 .NET 应用程序 | 新增功能 |
| 239 | NEWSHEETSET | | 创建新图纸集 | 新增功能 |
| 240 | NEW | | 创建新的图形文件 | Ctrl+N |
| 241 | OFFSET | O | 创建同心圆、平行线和平行曲线 | |
| 242 | OLELINKS | | 更新、修改和取消现有的 OLE 链接 | |
| 243 | OLESCALE | | 显示“OLE 特性”对话框 | |
| 244 | OOPS | | 恢复已被删除的对象 | |
| 245 | OPENDWFMARKUP | | 打开包含标记的 DWF 文件 | 新增功能 |
| 246 | OPENSHEETSET | | 打开选定的图纸集 | 新增功能 |
| 247 | OPEN | | 打开图形文件 | Ctrl+O |
| 248 | OPTIONS | OP 或 PR | 自定义 AutoCAD 设置 | |
| 249 | ORTHO | | 约束光标的移动 | 透明命令 |
| 250 | OSNAP | OS | 设置对象捕捉模式 | 透明命令 |
| 251 | PAGESETUP | | 指定页面布局、打印设备、图纸尺寸、以及为每个新布局指定设置 | |
| 252 | PAN | P | 移动当前视口中显示的图形 | 透明命令 |
| 253 | PARTIALOAD | | 将附加的几何图形加载到局部打开的图形中 | |
| 254 | PARTIALOPEN | | 将选定视图或图层中的几何图形加载到图形中 | |
| 255 | PASTEASHYPERLINK | | 将剪贴板中的数据作为超链接插入 | 新增功能 |
| 256 | PASTEBLOCK | | 将复制的块粘贴到新图形中 | |
| 257 | PASTECLIP | | 插入剪贴板数据 | Ctrl+V |

续表

| 序　号 | 变量名 | 简捷命令 | 命令说明 | 备　注 |
|---|---|---|---|---|
| 258 | PASTEORIG | | 使用原图形的坐标将复制的对象粘贴到新图形中 | |
| 259 | PASTESPEC | PA | 插入剪贴板数据并控制数据格式 | |
| 260 | PCINWIZARD | | 显示向导，将 PCP 和 PC2 配置文件中的打印设置输入到“模型”选项卡或当前布局 | |
| 261 | PEDIT | PE | 编辑多段线和三维多边形网格 | |
| 262 | PFACE | | 逐点创建三维多面网格 | |
| 263 | PLAN | PL | 显示用户坐标系平面视图 | |
| 264 | PLINE | | 创建二维多段线 | |
| 265 | PLOT | PRINT | 将图形打印到打印设备或文件 | Ctrl+P |
| 266 | PLOTSTAMP | | 在每一个图形的指定角放置打印戳记并将其记录到文件中 | 新增功能 |
| 267 | PLOTSTYLE | | 设置新对象的当前打印样式，或者选定对象中已指定的打印样式 | |
| 268 | PLOTTERMANAGER | | 显示打印机管理器，从中可以启动“添加打印机”向导和“打印机配置编辑器” | |
| 269 | PNGOUT | | 将选定对象保存为“便携式网络图形”格式的文件 | 新增功能 |
| 270 | POINT | PO | 创建点对象 | |
| 271 | POLYGON | POL | 创建闭合的等边多段线 | |
| 272 | PREVIEW | PRE | 显示打印图形的效果 | |
| 273 | PROPERTIES | CH 或 MO | 控制现有对象的特性 | |
| 274 | PROPERTIESCLOSE | PRCLOSE | 关闭“特性”窗口 | |
| 275 | PSDRAG | | 在使用 PSIN 输入 PostScript 图像并拖动到适当位置时控制图像的显示 | |
| 276 | PSETUPIN | | 将用户定义的页面设置输入到新的图形布局 | |
| 277 | PSFILL | | 用 PostScript 图案填充二维多段线的轮廓 | |
| 278 | PSIN | | 输入 PostScript 文件 | |
| 279 | PSOUT | | 创建封装 PostScript 文件 | |
| 280 | PSPACE | PS | 从模型空间视口切换到图纸空间 | |
| 281 | PUBLISHTOWEB | | 创建包括选定图形的图像的网页 | 新增功能 |
| 282 | PUBLISH | | 将图形发布到 DWF 文件或绘图仪 | 新增功能 |
| 283 | PURGE | PU | 删除图形数据库中没有使用的命名对象，例如块或图层 | |
| 284 | QCCLOSE | | 关闭“快速计算” | 新增功能 |
| 285 | QDIM | | 快速创建标注 | |
| 286 | QLEADER | LE | 快速创建引线和引线注释 | |
| 287 | QNEW | | 通过使用默认图形样板文件的选项启动新图形 | 新增功能 |
| 288 | QSAVE | | 快速保存当前图形 | |
| 289 | QSELECT | | 基于过滤条件快速创建选择集 | |
| 290 | QTEXT | | 控制文字和属性对象的显示和打印 | 透明命令 |
| 291 | QUICKCALC | | 打开“快速计算”计算器 | 新增功能 |
| 292 | QUIT | EXIT | 退出 AutoCAD | |
| 293 | RAY | | 创建单向无限长的直线 | |
| 294 | RECOVER | | 修复损坏的图形 | |
| 295 | RECTANG | REC | 绘制矩形多段线 | |
| 296 | REDEFINE | | 恢复被 UNDEFINE 替代的 AutoCAD 内部命令 | |
| 297 | REDO | | 恢复前一个 UNDO 或 U 命令放弃执行的效果 | Ctrl+Y |
| 298 | REDRAW | R | 刷新显示当前视口 | |
| 299 | REDRAWALL | RA | 刷新显示所有视口 | |

续表

| 序　号 | 变量名 | 简捷命令 | 命令说明 | 备　注 |
|---|---|---|---|---|
| 300 | REFCLOSE | | 存回或放弃在位编辑参照(外部参照或块）时所做的修改 | |
| 301 | REFEDIT | | 选择要编辑的参照 | |
| 302 | REFSET | | 在位编辑参照（外部参照或块）时，从工作集中添加或删除对象 | |
| 303 | REGEN | RE | 重生成图形并刷新显示当前视口 | |
| 304 | REGENALL | REA | 重新生成图形并刷新所有视口 | |
| 305 | REGENAUTO | | 控制自动重新生成图形 | 透明命令 |
| 306 | REGION | REG | 从现有对象的选择集中创建面域对象 | |
| 307 | REINIT | | 重新初始化数字化仪、数字化仪的输入/输出端口和程序参数文件 | |
| 308 | RENAME | PEN | 修改对象名 | |
| 309 | RENDER | RR | 创建三维线框或实体模型的具有真实感的着色图像 | |
| 310 | RENDSCR | | 重新显示由 RENDER 命令执行的最后一次渲染 | |
| 311 | REPLAY | | 显示 BMP，TGA 或 TIFF 图像 | |
| 312 | RESETBLOCK | | 将一个或多个动态块参照重置为块定义的默认值 | 新增功能 |
| 313 | RESUME | | 继续执行一个被中断的脚本文件 | 透明命令 |
| 314 | REVCLOUD | | 创建由连续圆弧组成的多段线以构成云线形 | 新增功能 |
| 315 | REVOLVE | REV | 绕轴旋转二维对象以创建实体 | |
| 316 | REVSURF | | 创建围绕选定轴旋转而成的旋转曲面 | |
| 317 | RMAT | | 管理渲染材质 | |
| 318 | ROTATE | RO | 绕基点移动对象 | |
| 319 | ROTATE3D | | 绕三维轴移动对象 | |
| 320 | RPREF | RPR | 设置渲染系统配置 | |
| 321 | RSCRIPT | | 创建不断重复的脚本 | |
| 322 | RULESURF | | 在两条曲线间创建直纹曲面 | |
| 323 | SAVE | | 用当前或指定文件名保存图形 | Ctrl+S |
| 324 | SAVEAS | | 指定名称保存未命名的图形或重命名当前图形 | |
| 325 | SAVEIMG | | 用文件保存渲染图像 | |
| 326 | SCALELISTEDIT | | 控制布局视口、页面布局和打印的可用缩放比例列表 | 透明命令 |
| 327 | SCALE | SC | 在 X，Y 和 Z 方向等比例放大或缩小对象 | |
| 328 | SCALETEXT | | 放大或缩小选定的文字而不改变其位置 | |
| 329 | SCENE | | 管理模型空间的场景 | |
| 330 | SCRIPT | SCR | 用脚本文件执行一系列命令 | 透明命令 |
| 331 | SECTION | SEC | 用剖切平面和实体截交创建面域 | |
| 332 | SECURITYOPTIONS | | 使用“安全选项”对话框控制安全设置 | 新增功能 |
| 333 | SELECT | | 将选定对象置于“上一个”选择集中 | |
| 334 | SETIDROPHANDLER | | 为当前 Autodesk 应用程序指定 i-drop 内容的默认类型 | 新增功能 |
| 335 | SETUV | | 将材质贴图到对象表面 | |
| 336 | SETVAR | SET | 列出系统变量或修改变量值 | |
| 337 | SHADEMODE | | 在当前视口中着色对象 | |
| 338 | SHAPE | | 插入形 | |
| 339 | SHEETSETHIDE | | 关闭“图纸集管理器” | 新增功能 |
| 340 | SHEETSET | | 打开图纸集管理器 | 新增功能 |
| 341 | SHELL | SH | 访问操作系统命令 | |
| 342 | SHOWMAT | | 列出选定对象的材质类型和附着方法 | |
| 343 | SIGVALIDATE | | 显示关于附加到文件的数字签名的信息 | 新增功能 |

续表

| 序　号 | 变量名 | 简捷命令 | 命令说明 | 备　注 |
|---|---|---|---|---|
| 344 | SKETCH | | 创建一系列徒手画线段 | |
| 345 | SLICE | SL | 用平面剖切一组实体 | |
| 346 | SNAP | SN | 规定光标按指定的间距移动 | 透明命令 |
| 347 | SOLDRAW | | 在用 SOLVIEW 命令创建的视口中生成轮廓图和剖视图 | |
| 348 | SOLID | SO | 创建二维填充多边形 | |
| 349 | SOLIDEDIT | | 编辑三维实体对象的面和边 | |
| 350 | SOLPROF | | 创建三维实体图像的剖视图 | |
| 351 | SOLVIEW | | 在布局中使用正投影法创建浮动视口来生成三维实体及体对象的多面视图与剖视图 | |
| 352 | SPACETRANS | | 在图纸空间和模型空间进行长度换算 | |
| 353 | SPELL | SP | 检查图形中文字的拼写 | 透明命令 |
| 354 | SPHERE | SPL | 创建三维实体球体 | |
| 355 | SPLINE | | 创建二次或三次（NURBS）样条曲线 | |
| 356 | SPLINEDIT | SPE | 编辑样条曲线对象 | |
| 357 | STANDARDS | | 配置 CAD 标准文件，或对当前文件进行标准性检查 | |
| 358 | STATS | | 显示渲染统计信息 | |
| 359 | STATUS | | 显示图形统计信息、模式及范围 | 透明命令 |
| 360 | STLOUT | | 将实体保存到 ASCII 或二进制文件中 | |
| 361 | STRETCH | S | 移动或拉伸对象 | |
| 362 | STYLE | SE | 创建或修改已命名的文字样式以及设置图形中文字的当前样式 | |
| 363 | STYLESMANAGER | | 显示“打印样式管理器” | |
| 364 | SYSWINDOWS | | 排列窗口 | |
| 365 | TABLEDIT | | 编辑表格单元中的文字 | 新增功能 |
| 366 | TABLEEXPORT | | 以 CSV 文件格式从表格对象输出数据 | 新增功能 |
| 367 | TABLESTYLE | | 定义新的表格样式 | 新增功能 |
| 368 | TABLET | TA | 校准、配置、打开和关闭已安装的数字化仪 | |
| 369 | TABLE | | 在图形中创建空白表格对象 | 新增功能 |
| 370 | TABSURF | | 沿方向矢量和路径曲线创建平移曲面 | |
| 371 | TASKBAR | | 控制图形在 Windows 任务栏上的显示方式 | 新增功能 |
| 372 | TEXT | | 创建单行文字 | |
| 373 | TEXTSCR | | 打开 AutoCAD 文本窗口 | 透明命令 |
| 374 | TEXTTOFRONT | | 将文字和标注置于图形中的其他所有对象之前 | 新增功能 |
| 375 | TIFOUT | | 将选定的对象以 TIFF 文件格式保存到文件中 | 新增功能 |
| 376 | TIME | | 显示图形的日期及时间统计信息 | 透明命令 |
| 377 | TINSERT | | 在表格单元中插入块 | 新增功能 |
| 378 | TOLERANCE | TOL | 创建形位公差标注 | |
| 379 | TOOLBAR | TO | 显示、隐藏和自定义工具栏 | |
| 380 | TOOLPALETTESCLOSE | | 关闭“工具选项板”窗口 | 新增功能 |
| 381 | TOOLPALETTES | | 打开“工具选项板”窗口 | 新增功能 |
| 382 | TORUS | TOR | 创建圆环形实体 | |
| 383 | TRACE | | 创建实线 | |
| 384 | TRANSPARENCY | | 控制图像的背景像素是否透明 | |